河南省“十四五”普通高等教育规划教材

高等学校粮食工程专业教材

油脂化学

毕艳兰 主编

中国轻工业出版社

图书在版编目（CIP）数据

油脂化学／毕艳兰主编．—北京：中国轻工业出版社，
2023.4
ISBN 978-7-5184-4222-5

Ⅰ.①油… Ⅱ.①毕… Ⅲ.①油脂化学—教材
Ⅳ.①TQ641

中国版本图书馆 CIP 数据核字（2022）第 255581 号

责任编辑：马 妍　　责任终审：劳国强
文字编辑：巩孟悦　　责任校对：吴大朋　　封面设计：锋尚设计
策划编辑：马 妍　　版式设计：砚祥志远　　责任监印：张 可

出版发行：中国轻工业出版社（北京东长安街 6 号，邮编：100740）
印　　刷：三河市国英印务有限公司
经　　销：各地新华书店
版　　次：2023 年 4 月第 1 版第 1 次印刷
开　　本：787×1092　1/16　印张：21.5
字　　数：485 千字
书　　号：ISBN 978-7-5184-4222-5　定价：60.00 元
邮购电话：010-65241695
发行电话：010-85119835　传真：85113293
网　　址：http://www.chlip.com.cn
Email：club@chlip.com.cn
如发现图书残缺请与我社邮购联系调换
210344J1X101ZBW

本书编写人员

主　　编　毕艳兰　河南工业大学

副 主 编　杨国龙　河南工业大学

孙尚德　河南工业大学

刘　伟　河南工业大学

参编人员（排名以编写章节作者出现先后为序）

徐学兵　丰益（上海）生物技术研发中心有限公司

孙　聪　河南工业大学

陈小威　河南工业大学

陈竞男　河南工业大学

彭　丹　河南工业大学

张林尚　河南工业大学

李　军　河南工业大学

孟鹏程　河南工业大学

序 Preface

随着科学技术的不断发展，油脂化学已从有机化学中分化出来，发展成为一门独立的学科。油脂化学是在化学和食品科学基础上，交叉融合形成的一个分支学科，在化学工程、医药生产、生命科学和生物工程等领域，发挥着重要作用。

进入 21 世纪以来，中国科技、经济的迅猛发展也对油脂的分析与应用提出了新的要求，进一步促进了油脂化学的飞速发展，如新资源油料油脂的开发、油脂氧化与抗氧化机制的深入剖析、油脂改性技术的提升和产品应用的拓展、对油脂中微量营养成分更加全面的认识、油脂加工过程中风险因子形成机制与分析等，使得油脂化学在食品科学及生命科学等领域占有重要的地位。

主编毕艳兰教授在油脂化学领域勤奋耕耘几十载，其学术功底深厚，实验技能娴熟，从而赋予本书内容以时代感和翔实性。鉴于此，本书的出版不仅为我国油脂科技高等教育提供了一本优秀教材，而且也为广大油脂科技工作者及行业内外从业人员提供了一本难得的参考书。毫无疑问这将为我国油脂科技与相关领域的发展作出有益的贡献。

张根旺

2023 年 1 月

前言 | Preface

自1854年M. E. Cheveul首次系统研究油脂以来，油脂化学的研究经历了一百多年的发展历程，尤其是在20世纪60年代以后，随着分析仪器及实验技术的发展，才逐渐形成一门系统的学科。

油脂化学涉及面很广，近几十年来，油脂化学继续向纵深发展，不再是仅仅为油脂加工行业服务的专业基础化学，而是逐渐与生命科学融合起来，并渗透到化学、化工、农业、机械、医药、能源、材料、生物、生态环境等学科中，形成较为完整的化学体系。许多新的理论不断出现，完善了油脂化学的理论体系；与油脂化学有关的专题、期刊和专著也大量涌现，信息量呈指数增加，这些都使油脂化学呈现欣欣向荣的局面和广阔的发展前景。

油脂工业的不断发展、教育思想观念的更新和专业教学改革的推进给《油脂化学》教材改革提出了新的要求。本教材注重多学科交叉融合、基础理论与实际应用相结合以及油脂化学和化工方面新进展、新需求、新技术和新成果的融入。本教材的出版将为实现牢牢端稳中国人的“油瓶子”助力，对食品科学与工程专业学科建设、工程教育专业认证和河南省“双一流”学科创建等起到重要的支撑作用。

本书共十一章，内容涉及油脂发展简介、脂肪酸与油脂的基本组成、脂肪酸与油脂的物理化学性质、油脂改性理论与实践、油脂氧化与抗氧化、油脂与健康的关系、油脂分离与分析、油脂分类综述以及与之相关的重要参数等，可作为油脂、食品、化工、轻工、医药、生物等专业的教材，同时也可供相关领域的科研人员参考。

本书主要由河南工业大学油脂化学研究室编写，毕艳兰任主编，杨国龙、孙尚德、刘伟任副主编。具体编写分工：第一章由徐学兵编写，第二章由孙聪编写，第三章由陈小威编写，第四章和第八章由杨国龙编写，第五章由刘伟编写，第六章和第十一章由毕艳兰编写，第七章由孙尚德编写，第九章由陈竞男编写，第十章由彭丹、张林尚、李军编写，附录由彭丹、孟鹏程编写。杨瑞楠参与了本书的统稿和校对工作。

本书编写过程中，河南省教育厅、河南工业大学和中原食品实验室有关领导及老师给予了大力支持，借此书出版之际向他们表示衷心地感谢。

由于编者水平和经验所限，书中难免存在不妥和疏漏之处，恳请专家、学者及读者批评指正。

编　者

2023 年 1 月

目录 Contents

第一章

CHAPTER 1

绪论

学习要点

1. 掌握天然油脂的概念、组成成分，了解天然油脂在日常生活中的应用。
2. 掌握脂肪酸、油脂、油、脂、脂肪、酯、甘油酯、脂质的化学含义。
3. 从科学发展的角度理解油脂化学的历史发展过程。
4. 了解油脂化学的研究现状与发展趋势。

第一节　天然油脂简介

油脂、蛋白质、碳水化合物是自然界存在的三大重要物质，是食品的三大主要成分。自然界一切生物过程都是在酶、维生素、激素等物质催化和参与下进行代谢、合成和转化的。蛋白质是由氨基酸构成的复杂高分子化合物，淀粉、纤维素、糖元等多糖是由单糖通过不同糖苷键连接构成的高聚体，油脂的主要成分是一系列脂肪酸的甘油三酯。

油脂是一大类天然有机化合物，从化学概念上它被定义为混脂肪酸甘油三酯的混合物（the mixtures of mixed triglycerides）。就一般天然油脂而言，其组成中除95%左右为甘油三酯外，还有含量极少而成分又非常复杂的非甘油三酯成分，所以油脂的含义在不同场合和不同文献中有很大差异。油脂（脂肪）和脂质（类脂）在外文文献中都常被使用，但含义不同，其英文常用定义分别为：

Oils and fats are the bulk storage material produced by plants, animals, and microorganisms that contain aliphatic moieties, such as fatty acid derivatives. These are mainly, but not entirely, mixtures of triacylglycerols. Oils and fats are termed depending on whether they are liquid or solid at room temperature.

（译文：油脂广泛存在于植物、动物和微生物体内，属于包括脂肪酸衍生物在内的脂肪族化合物。这些脂肪族化合物主要是但不限于甘油三酯的混合物。油和脂的命名取决于其在室温下是液态还是固态。）

Lipids are fatty acids and their derivatives, and substances related biosynthetically or functionally to these compounds. This is a more specific definition than one based simply on solubility. Most scientists active in this field would happily restrict the use of "lipid" to fatty acids and their naturally occurring derivatives (esters or amides). The definition could be stretched to include compounds related closely to fatty acid derivatives through biosynthetic pathways (e. g. , prostanoids, aliphatic ethers or alcohols) or by their biochemical or functional properties (e. g. , cholesterol) .

[译文：脂质是脂肪酸及其衍生物，以及与这些化合物生物合成或功能相关的物质。该定义比单纯基于溶解度进行脂质定义更为具体。大多数脂质领域的科学家一般更倾向于将“脂质”的定义限制在脂肪酸及其天然衍生物（酯或酰胺）层面。该定义可以扩展到包括通过生物合成途径（例如，前列腺素、脂肪族醚或醇），或者其生化或功能特性（例如，胆固醇）与脂肪酸衍生物密切相关的化合物等方面。]

油脂和脂质的中文含义尚无科学界定，但油脂更常用一些。油脂又称脂肪，室温下呈液态，一般称为油，呈固态一般称为脂。油和脂都是由甘油三酯组成，主要是由于脂肪酸组成不同而造成物理状态的不同。液体油通过冷冻可变成固态，固体脂加热又可变成液态，固体脂和液体油的变化是可逆的。

油脂是食品中不可缺少的重要成分之一，其主要功能之一就是提供热量。油脂中含碳量达73%~76%，高于蛋白质和碳水化合物，单位质量油脂的含热量是蛋白质和碳水化合物的2倍（每克油脂产生热量4.0×10^4J）。除提供热量外，油脂还提供人体无法合成而必须从植物油脂中获得的必需脂肪酸（亚油酸、α-亚麻酸等）和各种脂溶性维生素（维生素A、维生素D、维生素E和维生素K）等，缺乏这些物质，人体会产生多种疾病甚至危及生命。油脂是重要的热媒介质，能增进食品风味和参与食品制作过程，如用于煎炸食品等。塑性脂肪可以提供造型功能，如制作人造奶油、蛋糕或其他食品上的造型图案等。塑性脂肪制作的起酥油还可使糕点产生酥性，专用油脂给糕点提供很多重要功能。油脂还赋予食品良好的口感和风味，增加消费者食欲。

油脂还有很重要的工业用途，历来被用作润滑油、制作肥皂等。随着科学的进步，由脂肪酸生产的产品日益增多，经济意义越来越重要。例如，适合各种不同结构要求的表面活性剂（洗涤剂、乳化剂、破乳剂、润湿剂、印染剂、浮选剂、起泡剂等）以及涂料、增塑剂和合成的多聚物等，在矿冶、石油、机械、航空、汽车、电器、化工、纺织、建筑、药品、食品等工业，都起到了非常重要的作用，这一切都是源于天然脂肪酸结构的奥妙，既有非极性长短适当的碳链，又有能起许许多多化学反应的活性基团羧基和长短不等的不饱和链。在石油化学工业未发展前，油脂是长碳链烃的唯一来源。当今世界资源日趋紧张，动植物油脂是具有极大潜力的再生资源，作为不可缺少的食品和工业原料，其应用价值受到高度重视。

油脂是天然有机化合物中的一类。油脂化学主要包括油脂及其伴随脂质的结构、组成、性质、营养和风味、分离和分析等诸方面的研究，其学科涉及功能、化学、风味、营养、分析、类脂、工艺和工程等体系。油脂化学的基础学科包括有机化学、分析化学、物理化学、无机化学、化工原理和生物化学等。油脂化学与食品化学、油料化学等学科也具有相关性，对油脂制取、加工、利用具有指导作用。近些年来，通过植物科学及其他农业科学带动的油脂组成变化快速发展，高油酸菜籽油、大豆油、花生油以及葵花油正在进入产业供应链并逐渐成为常态供应，根据终端应用需求通过农业或微生物来改变油脂组成及性质的时代已经到来，油脂化学与相关农业科学或微生物学的联系也会加强。油脂的性质和油脂的生产与应用有紧密的联系，要认识油脂必须建立油脂化学的系统知识，从这方面看，油脂化学是指导油脂生产、加工和应用的科学。

第二节 油脂化学发展简史

人类对油脂的认识和利用远远早于化学体系的产生，在古代文明中人类在长期的实践中认识到油脂可以食用、照明、制作肥皂和油漆等。油脂化学的真正发展始于化学的产生之后，虽然在公元 5 世纪化学一词开始出现，但直到公元 17 世纪，化学才取得独立学科的地位。18 世纪初，“燃素说”产生并被接受，1870 年有机化学与无机化学被分开，J. J. Berzelius（1779—1848 年）第一次在教科书中使用有机化学这一概念（1806 年）。1789 年 A. L. Lavoisier（1742—1794 年）推翻了“燃素说”，现代化学开始产生。1858 年，F. A. Kekule（1829—1896 年）证实了碳四价结构，并于 1861 年定义有机化学是研究碳水化合物的化学。19 世纪，“生命力学说”曾对有机化学造成重大影响，经长达数十年的争论被否定后，有机化学才得到迅速发展并很快成为一门系统的科学。

油脂化学是在有机化学发展过程中产生的，中世纪炼金术士们首先对橄榄油进行了命名，这可以说是有机化学史上最早的命名。1779 年，C. W. Scheele（1742—1786 年）在加热橄榄油和草灰的混合物时发现了甘油。1789 年，A. E. Fourcroy 在研究动物油脂时对蜡进行了详细的研究，在 A. E. Fourcroy 建议下，M. Vauquelin 系统研究了动物油脂中含磷成分的存在，从这时起，脂质化学发展迅速，A. E. Fourcroy 被认为是脂质化学的奠基人。在前述研究的基础上，油脂化学的系统研究始于法国著名油脂化学家 M. E. Chevreul（1776—1889 年），他从 1813 年开始研究油脂皂化制肥皂的原理，并酸化分离制备出脂肪酸，鉴别了从丁酸到硬脂酸的一系列脂肪酸结构，研究了胆固醇、鲸蜡醇等，阐述了脂肪中脂肪酸与甘油的关系，并认为脂肪是有机酸和甘油的化合物，由此提出“最小分布学说”。M. E. Chevreul 还第一次通过冷冻分离将猪油分成两个部分，认为它们是油脂的基本成分，反映这些系统的研究成果的是《动物脂肪的化学研究》。由于 M. E. Chevreul 的杰出贡献，他被认为是油脂化学的真正鼻祖。在此期间，1819 年，Poutet 用氧化氮作催化剂使油酸变为反油酸，1828 年，Gusserow 根据脂肪酸铅盐的溶解度差异区别了油酸和其他不饱和脂肪酸，1854 年，M. Berthlot 首次合成了甘油三酯，这些成果奠定了油脂化学的基础。

M. E. Chevreul 等的工作实际上是对当时流行的“生命力学说”的有力批判（“生命力学说”认为有机物不可分，无法合成），但当时许多化学家对油脂研究成果并没引起足够重视。虽然油脂合成对否定“生命力学说”起了一定作用，但毋庸置疑，油脂化学本来对有机化学应有较大的贡献，却并未起到应有的影响，自此以后油脂化学的发展就远远落后于有机化学。

19 世纪 50 年代以后，有机化学渐趋成熟，对油脂以及脂肪酸衍生物有较多研究，发现了一些新的脂肪酸，对油脂的生物代谢合成也有所研究，油脂改性开始起步，分提的牛油、羊油代替部分黄油，人造奶油、氢化和酯-酯交换的概念也相继出现，油脂工业水解制备脂肪酸开始工业化。由于战争的需要，加之液压榨油和螺旋榨油方法的发展以及溶剂浸出法的出现，油脂工业不再是自给自足的本土经济。油脂贸易开始发展，油脂质量和掺伪问题就上升为主要矛盾，促使科学家们进行了深入的研究，这一阶段出现了许多目前仍在使用的油脂理化指标。油脂掺伪如橄榄油、奶油和猪油掺伪等曾困扰了一代科学家。这一阶段油脂分析方法取得了较大进展，造就了一大批油脂人才。

直到1890年，对油脂的认识仍然十分模糊，主要还是建立在M. E. Chevreul的研究基础上。1902年，F. Guth在研究油脂合成时，首次提出油脂为混脂肪酸甘油三酯的混合物，明确否定了最小分布理论。由于战争期间油脂短缺，德国化学家对油脂合成进行了详细的研究并首次实现工业化生产。在这期间由于氢化技术发展，油脂营养问题的研究也有所开展。但直到1920年油脂化学的研究仍然没有引起足够的重视，以致1924年英国化学工业协会主席E. F. Armstrong在题为“被化学界忽略了的一章”的就职演说中，认为在当时没有其他化学领域像油脂化学这样得到如此少的研究。

分析这一阶段油脂化学发展缓慢的原因，可以从以下几方面来说明。首先，油脂与人类密切相关，人类在长期的实践中摸索了利用油脂的经验。这些一代代传下来的经验足可以解决油脂用于生产食品、肥皂、油漆、涂料及其他产品中出现的问题，而不需要高深的化学知识。因为人类熟悉油脂，所以才不被化学家们注意和重视。其次，油脂在当时并不是价格便宜产量很大的有机原料，生产加工中也不产生大量的副产品，不像煤炭工业产生大量无法利用的煤焦油，更容易引起生产者和科学家的重视。从学术角度去分析，油脂也引不起科学家们的兴趣，相对于蛋白质和碳水化合物而言，当时的科学家们认为油脂的结构是简单的，不过就是脂肪酸和甘油的化合物。利用当时的冷冻分离和真空蒸馏方法无法将单一甘油三酯分子分开，给研究带来困难，皂化分解后可产生脂肪酸，而脂肪酸也无法用当时常用的结晶法分离。加之认为结构简单，没有多少吸引人的性质，因而很难引起科学家的研究兴趣。而正是这一点，恰恰说明油脂组成和结构的复杂性。

20世纪20年代后，油脂化学发展较快，仅从文献上去分析就能说明问题。1917年《化学文摘》收录油脂文献150篇，到1932年达到800篇，而到了1952年仅部分统计即达4000篇，这一阶段出现了许多著名油脂化学家，形成了油脂化学研究的第二个高潮。首先应提到的是英国著名学者T. P. Hilditch（1886—1965年），这位在M. E. Chevreul去世前出生的科学家，从20世纪20年代开始研究油脂氢化机制、空气氧化机制等。T. P. Hildtch改进了低温结晶分离法，提出高锰酸钾氧化法测定三饱和脂肪酸甘油酯含量，并和他的80多位研究生一起详细分离、鉴定、确定了大量脂肪酸的结构，研究了这些脂肪酸的性质，通过改进测定方法分离测定了数百种油脂的甘油酯成分，于1927年提出了“均匀分布”理论。1940年他出版了重要著作《天然油脂的化学组成》（*The Chemical Constitution of Natural Fats*）。由于T. P. Hildtch的杰出贡献，很多学者都认为油脂化学真正发展始于1927年。

从20世纪20年代到50年代，必需脂肪酸和脂溶性维生素研究逐渐深入，分离手段如逆流分布法、纸色谱法、脲包合法等有较大发展，脂肪酸衍生物在原来基础上进一步拓宽，油脂分析手段也不断完善。T. Malkin等详细研究了同质多晶现象；A. Grun等在甘油酯、磷脂合成方面也有很大进展；G. O. Burr和M. M. Burr夫妇发现了必需脂肪酸的功能；H. M. Evan等研究了维生素E的生理价值。由于油脂储存稳定性的需要，油脂的空气氧化机理已经引起重视。20世纪40年代前后英国橡胶生产者协会的E. H. Farmer等以及美国明尼苏达大学

Hormel 研究所的 W. O. Lundberg 和 J. R. Chipault 等以及其他大批科学家都进行了卓有成效的研究，E. H. Farmer 的自动氧化机理是现代油脂氧化研究的基础。

到 20 世纪 50 年代前，油脂改性工业已初具规模，棉籽油、棕榈油分提等已被广泛采用，氢化理论和实践都有很大发展，已基本成为比较成熟的工业。1948 年 E. W. Eckey 等研究了低温催化酯交换并首次研究了定向酯交换，使酯交换改性成为可能。20 世纪 50 年代酯交换被用于猪油改性工业。在晶型研究的基础上，不少科学家研究了塑性脂肪的膨胀性，值得一提的是美国著名油脂化学家 A. E. Bailey（1907—1953 年），他一生除详细研究油脂的膨胀性、熔化特性外，还详细研究了油脂氢化机理、酯-酯交换、油脂水解和酯化、油脂脱臭机理等，为油脂科学做出了突出贡献。他一生有多部著作发表，其中最有影响的两部著作是《油脂工业产品》和《脂肪的熔化与凝固》。

20 世纪 50 年代以前，脂肪酸工业也得到重大发展，脂肪酸衍生物的研究基本上达到初步完善的程度。K. S. Markley 于 1947 年出版的《脂肪酸》一书，系统概括了当时的研究成果。综观这一阶段的成就，油脂化学有了较大的发展，但人们对于油脂本身组成和结构的认识仍不完整，乃至 20 世纪初科学家们面临的难题仍然没有解决。

油脂化学的第三个重大发展时期是 20 世纪 50 年代以后，仪器分析得到重大发展，色谱分离技术被广泛研究。这一阶段，A. T. P. Martin 发明的气相色谱（GC）方法已经成熟，被 A. T. James 首次用于脂肪酸组成分析，从此脂肪酸分离分析不再是一项烦琐的研究工作，既简便又准确。1961 年，气相色谱被用于直接分离甘油三酯，1962 年硝酸银薄层色谱被用于甘油三酯分离，20 世纪 70 年代以后，高效液相色谱（HPLC）被广泛用于研究分离甘油三酯，这些色谱技术使油脂分离成单一的甘油三酯分子成为可能。1956 年，应用胰脂酶定向水解技术测定甘油酯的 *sn*-2 位脂肪酸分布，这是油脂化学研究的一个重要突破。1965 年，H. Brocherhoff 发明了立体专一分析方法，使甘油三酯上 *sn*-1、*sn*-2、*sn*-3 位不同的脂肪酸分布可以确定下来，由此我们就可以清楚地了解油脂的结构和组成。这一阶段对数百种油脂的甘油酯结构和组成进行了研究。在此基础上“1,3-随机-2-随机分布学说”和“1-随机-2-随机-3-随机分布学说”等被建立起来，所有这些对研究油脂生物合成与代谢起了极大的推进作用。油脂结构的深入研究还带动油脂改性工业和专用油脂工业的快速发展。油脂氢化理论及氢化动力学的研究进一步深入，酯交换、分提等在油脂结构研究基础上从理论到方法都获得了进一步地完善。这一阶段油脂分析技术发展很快，紫外、红外、质谱、核磁共振、色-质联用等技术被系统应用于油脂研究。在此基础上，油脂风味化学的研究开始进行，油脂中的许多微量成分被大量分离和分析。

仪器分析技术的发展以及油脂结构的研究使油脂化学向纵深方向进行，油脂论著大量增加，文献量急剧膨胀，为适应形势发展，出现了许多新型杂志，使油脂化学进入一个新的阶段。现代油脂化学研究方向逐步扩展，在传统油脂化学基础上形成的许多油脂化学领域已经自成体系，多种专著也相继出现。

新油源研究得到各国普遍重视并有不少成果，如无棉酚棉籽、低芥子苷低芥酸菜籽等，还有很多有发展前途并可以增加工业新原料的新油源，都受到普遍重视。油棕的改良和棕榈油的开发利用研究已经使棕榈油成为一种很重要的食用和工业油脂。生物科学的发展及近期营养科学的进步，高油酸油种得到快速发展和产业化，其他含功能脂肪酸的植物或微生物也越来越多地开发出来。

肥胖现象的普遍性引起了社会的“油脂恐慌”，油脂营养问题、脂质生物化学、脂质与疾病的关系已引起科学家们的高度重视，油脂营养研究近十几年发生了很多概念性的变化，反式脂肪酸或部分氢化油已经基本成为历史，油脂提供的能量占比也基本上达成共识，不是越少越好。新的研究高潮已经开始或者在一个新的维度上继续，新的观点已改变了过去的传统看法，例如，饱和脂肪酸问题、多不饱和脂肪酸问题、中链脂肪酸及其他结构脂质等的营养问题仍然会是研究热点。油脂化学已加入到生命科学的行列，日益显示出其重要性，这些都显示出油脂化学的广阔前景。

第三节　油脂化学研究现状及发展趋势

油脂化学的发展不仅仅用于解释油脂制取和加工中的现象，更重要的是提供发展油脂制取、油脂加工的新思路和新技术。从另一个角度来讲，如果说油脂化学与蛋白质化学、碳水化合物化学一样是天然产物化学的一个重要部分，那么它现在开始更多地与生命化学走到了一起，越来越多地与人类的重大命题相关联。从某种意义说，油脂化学与相邻其他学科无法截然分开，在现代科学发展的过程中，学科的融合和交叉是创新和发展的重要手段，与更多相关学科的交叉互动会对油脂化学的发展带来新的动力。油脂化学从根本上是应用科学的一部分，它更多的是为解决实际问题而存在，这为油脂化学的发展目标提供了坐标和指导。

油脂化学的研究现状与趋势是一个很大的课题，作者自感学识不足以高屋建瓴地描绘一个大的轮廓，现从中国行业关注的角度谈几点看法：

（1）油脂食品安全　油脂食用带来的安全问题早期一般不是食品安全的核心问题，相反对食品安全提升在历史上有很大的推动作用，特别是在赤道周边热带地区，煎炸是减少食品腐败的重要方式。但随着食品安全的升级及消费者认知的提高，油脂带来的食品安全问题也越来越引起重视。举几个例子，油料由于真菌污染带来的毒素如黄曲霉毒素、玉米赤霉烯酮等，油脂加工过程中产生的污染物如三氯丙醇酯、聚合物等，操作过程带入的污染物如增塑剂、矿物油等，以及油脂使用不当造成的食品安全风险物等。食品安全是食品工业的底线，安全问题随着社会经济的升级会成为消费者关注的首要问题，这个问题如何强调都不过分。因此，相关学科建设和深入研究在我国现阶段的发展中仍然非常重要，我们必须系统建立中国的食品安全体系，打造中国食品的安全品牌，建立人人重视的安全文化，深入探索安全升级所需的科技支撑。

（2）油脂生理生化和营养　随着经济的发展，中国社会发生了翻天覆地的变化，人们不再为温饱而发愁。油脂也由提供食品加工性能、提供能量到导致能量过剩甚至营养过剩，甚至带来一系列社会问题和健康问题。也基于此，中国政府提出来“健康中国 2030”的目标，这是一个宏大的目标，也是一个有重大影响的目标。就全球油脂营养的研究现状而言，营养学科的发展在急速变动中，很多研究结果在不断的螺旋式上升中进一步完善更新和深入，研究方法论在大科学不断提升的背景下更加深入和升级，营养代谢组学、肠道菌群营养学等方向的研究不断深化营养机理的理解，大众统计营养也在向个体精准营养靠近。在这样的背景下，如何解决好健康中国 2030 的目标，需要针对中国人群在中国饮食文化、消费升级及中国人群健康状况，认真研究中国的健康方案。针对油脂从摄入量不足到目前摄入量普遍过剩，科学工作者提出了“少吃油吃好油”的建议。广泛的科学基础和指导还远远不足，急需大量的科学研究支撑。

（3）农业生物技术　油脂资源供应是一个战略问题，对中国至关重要。中国油脂供应严重依赖进口，如何在有限的土地资源条件下，减少油脂进口依赖是个很重要的考量。农业生物技术的发展非常重要，国际上有很好的发展案例，例如，棕榈油在20世纪中叶还是一个很小的油脂品种，目前全球棕榈油供应几近全球所有油脂的35%，棕榈农业有极大的经济价值，带动了农业和产业操作的发展。在这个过程中农业生物技术的发展是很重要的驱动力，从品种优化到农业技术发展都成为棕榈油产业体系发展的基石。另一个案例是近期快速发展的高油酸油脂，如高油酸菜籽油、高油酸大豆油、高油酸葵花油、高油酸花生油等，有传统生物育种，也有转基因生物技术，近期的基因编辑也成为技术发展的重要领域。通过生物技术不仅可以有效提高产量和质量，降低农业操作成本，还可以开发使用性能和营养性能更高的油脂品种，从技术层面带来无穷的可能性。

（4）绿色加工技术　关注环境污染、能耗降低、可持续性及食品适度加工在现在的中国不再是理想和理念，已经变成刚性需求，已经变成社会的、政府的和消费者的需求。研究绿色加工技术来升级现有的加工技术已经成为当务之急。生物技术的特性是低温加工，少用化学物料，反应选择性强，少产生非自然成分等，在很多情况下，减少了废水废气的排放。酶催化加工已经逐渐替代化学催化剂或高温高压加工，例如，酶法制油、酶法油脂精炼、酶法油脂改性、酶法油脂化学品生产等正在逐步替换传统油脂加工方式。我国油脂工业生物技术应用还在初期，但是相信会在不久的将来，随着技术的完善和进一步成熟被广泛接受。

（5）大数据、信息化和智能化时代的油脂化学　新时代的到来给油脂化学的发展带来无限的想象力。首先油脂分析的智能化正在快速发展中，传统油脂分析正在发生着革命性的改变，人工智能（artificial intelligence，AI）时代的到来，快速分析技术、持续学习优化型分析技术、基于大数据的品质检测技术、智能化真伪鉴定技术等正在成为现实，基于大数据的AI油脂性能、品质、风味等表征、预测及开发体系将成为油脂科技工作者的常态工具和手段。太多的未知领域及油脂化学的价值还需要系统地探索。

第二章 天然脂肪酸

CHAPTER 2

学习要点

1. 掌握天然脂肪酸的六大特点。

2. 熟练掌握常见天然脂肪酸，包括月桂酸、豆蔻酸、棕榈酸、硬脂酸、油酸、芥酸、亚油酸、α-亚麻酸、γ-亚麻酸、花生四烯酸、EPA、DHA、桐酸等的结构、俗名、系统命名和速记方法。

3. 掌握 n、ω 命名法的命名规则，掌握常见的 $\omega3$、$\omega6$ 和 $\omega9$ 脂肪酸的化学结构式。

4. 熟练掌握人体必需脂肪酸的含义、结构、生理功能。

5. 了解特殊脂肪酸，包括支链脂肪酸、环脂肪酸、含氧酸、炔酸的含义和结构特点。

第一节 天然脂肪酸的特性

动植物油脂的主要成分是三脂肪酸甘油酯，简称甘油三酯。从结构来看，可认为甘油三酯是由一个甘油分子与三个脂肪酸分子缩合而成，生成三个水分子和一个甘油三酯分子。如果三个脂肪酸相同，则生成物为同酸甘油三酯；如不相同，生成的则是异酸甘油三酯。

$$
\begin{array}{l}
CH_2-O-\overset{O}{\overset{\|}{C}}-R_1 \\
| \\
CH-O-\overset{O}{\overset{\|}{C}}-R_2 \\
| \\
CH_2-O-\overset{O}{\overset{\|}{C}}-R_3
\end{array}
$$

甘油三酯结构

R_i代表不同的脂肪酸烃基

在甘油三酯分子中，甘油基部分的相对分子质量是 41，其余部分为脂肪酸基团

（RCOO—），随油脂种类的不同，脂肪酸基团也有很大的变化，总相对分子质量为650~970。由于脂肪酸在甘油三酯分子中所占的体积质量很大，它们对甘油三酯的物理和化学性质的影响起主导作用。因此，脂肪酸化学是油脂化学的重要组成部分，认识油脂，必须首先了解脂肪酸。

脂肪酸最初是油脂水解得到的，具有酸性，因而得名。根据 IUPAC-IUB（国际理论和应用化学—国际生物化学联合会）在 1976 年修改公布的命名法中，脂肪酸被定义为天然油脂加水分解生成的脂肪族羧酸化合物的总称，属于脂肪族的一元羧酸（只有一个羧基和一个烃基）。天然油脂中含有 800 种以上的脂肪酸，已经得到鉴别的有 500 种之多。综合分析已鉴定过的天然脂肪酸，发现有如下特点：

（1）天然脂肪酸绝大多数为偶碳直链，极少数为奇数碳链和具有支链的酸。

（2）根据脂肪酸碳链中的双键数，可对脂肪酸进行分类：脂肪酸碳链中不含双键的为饱和脂肪酸，含有双键的为不饱和脂肪酸；不饱和脂肪酸根据碳链中所含双键的多少，又分为一烯酸、二烯酸和二烯以上的多烯脂肪酸。

（3）二烯以上的不饱和酸有共轭与非共轭酸之分，非共轭酸是指碳链的双键被一个亚甲基隔开的脂肪酸（1,4-不饱和系统），而共轭酸是指在某些碳原子间交替的出现单键与双键的脂肪酸（1,3-不饱和系统），化学结构式如下所示。多烯酸的双键一般为非共轭酸的五碳双烯结构，少数为共轭酸。

$$—CH{=}CHCH_2CH{=}CH—$$

非共轭酸（1,4-不饱和系统）

$$—CH{=}CHCH{=}CH—$$

共轭酸（1,3-不饱和系统）

（4）天然存在的不饱和脂肪酸多数为顺式结构，极少数为反式结构。不饱和脂肪酸的顺、反式几何异构体是指双键两边碳原子上相连的原子或原子团在空间排列不同，氢原子在双键同侧为顺式，异侧为反式，化学结构式如下：

顺式脂肪酸　　反式脂肪酸

（5）天然脂肪酸的碳链长度范围虽广（C_2~C_{30}），但大多数天然脂肪酸的链长为 C_4~C_{22}，最常见的是 C_{18}，其他的脂肪酸含量很少。

天然脂肪酸中还有脂肪酸碳链上氢原子被其他原子或原子团取代的特殊脂肪酸，主要有支链脂肪酸、环脂肪酸、含氧脂肪酸、炔酸等，特殊脂肪酸种类较少，仅存在于个别种类油脂中，含量也很少。

总之，各种脂肪酸的碳链长度、饱和程度及结构可能不同，其物理和化学性质也不相同，由其组成的甘油三酯性质显然也不同。因此，由各种不同类型的脂肪酸组成的油脂，其性质和用途也有较大的差别。

第二节　饱和脂肪酸

饱和脂肪酸的通式为 $C_nH_{2n}O_2$，常用 IUPAC 命名法命名，以含同一数量的碳原子的烃而命名。例如，$CH_3(CH_2)_{10}COOH$ 的相应烷烃为正十二烷，故称为正十二烷酸，有时“正”字可以省略，称为十二烷酸。十碳以下的饱和脂肪酸一般用天干命名法表示，如 $CH_3(CH_2)_2COOH$ 称为丁酸，$CH_3(CH_2)_6COOH$ 称为辛酸等。另外，也可采用速记写法表示饱和脂肪酸，原则是在碳原子数后面加冒号，冒号后面再写一个 0（表示无双键）。例如，十四烷酸速记写法为 $C_{14:0}$ 或 14：0。普通的脂肪酸一般都用俗名相称，例如，月桂酸（$C_{12:0}$）、豆蔻酸（$C_{14:0}$）、棕榈酸（$C_{16:0}$）、硬脂酸（$C_{18:0}$）、花生酸（$C_{20:0}$）等。

天然油脂中饱和脂肪酸从 C_2~C_{30} 都存在（表 2-1）。$C_{10:0}$（癸酸）以下的饱和脂肪酸只在少数油脂中存在，$C_{24:0}$（木焦油酸）以上的高碳链脂肪酸则多存在于蜡中。

表 2-1 天然油脂中的主要饱和脂肪酸

系统命名	俗名	速记表示	分子式	相对分子质量	熔点/℃	来源
正丁酸 (butanoic)	酪酸 (butyric，Bu)	$C_{4:0}$	$C_4H_8O_2$	88.10	-7.9	乳脂
正己酸 (hexanoic)	低羊脂酸 (caproic，Co)	$C_{6:0}$	$C_6H_{12}O_2$	116.5	-3.4	乳脂
正辛酸 (octanoic)	亚羊脂酸 (caprylic，Cy)	$C_{8:0}$	$C_8H_{16}O_2$	144.21	16.7	乳脂、椰子油
正癸酸 (decanoic)	羊脂酸 (capric，Ca)	$C_{10:0}$	$C_{10}H_{20}O_2$	172.26	31.6	乳脂、椰子油
十二烷酸 (dodecanoic)	月桂酸 (lauric，La)	$C_{12:0}$	$C_{12}H_{24}O_2$	200.31	44.2	椰子油、棕榈仁油
十四烷酸 (tetradecanoic)	豆蔻酸 (myristic，M)	$C_{14:0}$	$C_{14}H_{28}O_2$	228.36	53.9	肉豆蔻种子油
十六烷酸 (hexadecanoic)	棕榈酸 (palmitic，P)	$C_{16:0}$	$C_{16}H_{32}O_2$	256.42	63.1	所有动、植物油
十八烷酸 (octadecanoic)	硬脂酸 (stearic，St)	$C_{18:0}$	$C_{18}H_{36}O_2$	284.47	69.6	所有动、植物油
二十烷酸 (eicosonoic)	花生酸 (arachidic，A)	$C_{20:0}$	$C_{20}H_{40}O_2$	312.52	75.3	花生油中含少量
二十二烷酸 (docosanoic)	山嵛酸 (behenic，B)	$C_{22:0}$	$C_{22}H_{44}O_2$	340.57	79.9	花生油、菜籽油中含有少量
二十四烷酸 (tetracosanoic)	木焦油酸 (lignoceric)	$C_{24:0}$	$C_{24}H_{48}O_2$	368.62	84.2	花生与豆科种子油含有少量
二十六烷酸 (hexacosenoic)	蜡酸 (cerotic)	$C_{26:0}$	$C_{26}H_{52}O_2$	396.68	87.7	巴西棕榈蜡、蜂蜡

续表

系统命名	俗名	速记表示	分子式	相对分子质量	熔点/℃	来源
二十八烷酸（octacosanoic）	褐煤酸（montanic）	$C_{28:0}$	$C_{28}H_{56}O_2$	424.73	90.0	褐煤蜡、蜂蜡
三十烷酸（triacotanoic）	蜂花酸（melissic）	$C_{30:0}$	$C_{30}H_{60}O_2$	452.78	93.6	巴西棕榈蜡、蜂蜡

天然油脂中某种脂肪酸含量超过10%时，即称该种脂肪酸为这种油脂的主要脂肪酸，小于10%的为次要脂肪酸。

棕榈酸和硬脂酸是已知分布最广的两种饱和脂肪酸，存在于所有的动植物油脂中。其中，棕榈酸在猪油、牛油和可可脂中占25%～30%，在棕榈油中占30%～50%，而在乌桕油中棕榈酸的含量高达60%以上；硬脂酸主要存在于动物脂中，如猪油、牛油中占12%～20%，羊油中占35%左右，可可脂中硬脂酸的含量也高达35%。

大多数植物油脂中豆蔻酸的含量少于5%，但在肉豆蔻种子油中其含量达到70%以上；月桂酸主要存在于椰子油、棕榈仁油中，含量达40%～50%，其他常见油脂中月桂酸的含量较少。

十二碳以下的短碳链饱和脂肪酸和中碳链脂肪酸（$C_{4:0}$～$C_{10:0}$）仅存在于少数油脂中，如乳脂、椰子油等；二十碳以上的长链饱和脂肪酸（如$C_{20:0}$、$C_{22:0}$、$C_{24:0}$）分布于常见的花生油、菜籽油中，但含量很少。

天然油脂中奇碳酸含量很少，但在部分油脂中含有戊烷酸、$C_{9:0}$～$C_{19:0}$的奇碳饱和脂肪酸，如反刍动物的脂肪和鱼油等，含量较高；十七烷酸普遍存在于动物油脂中，而在天然植物油脂中含量极低，几乎为零；个别植物油中也有少量的奇碳饱和脂肪酸，如棉籽油中含十五烷酸。

第三节　单不饱和脂肪酸

单不饱和脂肪酸为含有一个双键的脂肪酸，也称为一烯酸，比饱和脂肪酸少两个氢，通式为$C_nH_{2n-2}O_2$。天然油脂中常见的单不饱和脂肪酸如表2-2所示。

表2-2　常见的单不饱和脂肪酸

系统命名	俗名	速记表示	分子式	熔点/℃	主要来源
顺-4-十碳烯酸（*cis*-4-decenoic）	4*c*-十碳酸（obtusilic）	4*c*-10：1	$C_{10}H_{18}O_2$		三桠乌药（*Lindera obtusiloba*）油脂
顺-9-十碳烯酸（*cis*-9-decenoic）	癸烯酸	9*c*-10：1	$C_{10}H_{18}O_2$		动物乳脂

续表

系统命名	俗名	速记表示	分子式	熔点/℃	主要来源
顺-4-十二碳烯酸 (*cis*-4-dodecenoic)	林德酸 (linderic)	4*c*-12：1	$C_{12}H_{22}O_2$	1.3	三桠乌药 (*Lindera obtusiloba*) 油脂
顺-9-十二碳烯酸 (*cis*-9-dodecanoic)	月桂烯酸	9*c*-12：1	$C_{12}H_{22}O_2$		动物乳脂
顺-4-十四碳烯酸 (*cis*-4-teradecenoic)	粗租酸 (tsuzuic)	4*c*-14：1	$C_{14}H_{26}O_2$	18.5	舟山新木姜子 (*Neolitsea sericea*) 油脂
顺-5-十四碳烯酸 (*cis*-5-tetradecenoic)	抹香鲸酸 (physeteric)	5*c*-14：1	$C_{14}H_{26}O_2$		抹香鲸油（14%）
顺-9-十四碳烯酸 (*cis*-9-tetradecenoic)	肉豆蔻烯酸 (myristoleic)	9*c*-14：1	$C_{14}H_{26}O_2$		动物乳脂、抹香鲸油及密花楠属 (*Pycnanthus*) Kombo 油脂（23%）
顺-9-十六碳烯酸 (*cis*-4-hexadecenoic)	棕榈油酸 (palmtoleic，Po)	9*c*-16：1	$C_{16}H_{30}O_2$		动物乳脂、海洋动物油（60%~70%）、种子油、美洲水貂油、牛油等
9-十七碳烯酸 (heptadecenoic)		9-17：1	$C_{17}H_{32}O_2$		牛油、加拿大麝香牛脂
顺-6-十八碳烯酸 (*cis*-6-octadecenoic)	岩芹酸 (petroselinic)	6*c*-18：1	$C_{18}H_{34}O_2$	30	伞形科植物、特别是香芹籽油（75%）
顺-9-十八碳烯酸 (*cis*-9-Octadecenoic)	油酸 (oleic，O)	9*c*-18：1	$C_{18}H_{34}O_2$	14.16	橄榄油、山核桃油、各种动植物油脂
反-9-十八碳烯酸 (*trans*-9-octadecenoic)	反油酸 (elaidic)	9*t*-18：1	$C_{18}H_{34}O_2$	44	牛油、多种动物脂
反-11-十八碳烯酸 (*trans*-11-octadecenoic)	11*t*-十八碳烯酸 (vaccenic)	11*t*-18：1	$C_{18}H_{34}O_2$	44	奶油、牛油
顺-5-二十碳烯酸 (*cis*-5-eicosenoic)		5*c*-20：1	$C_{20}H_{38}O_2$		沼沫花 (*Limnanthes*) 属
顺-9-二十碳烯酸 (*cis*-9-eicosenoic)	9*c*-二十碳烯酸 (gadoleic)	9*c*-20：1	$C_{20}H_{38}O_2$		海洋动物油脂
顺-11-二十碳烯酸 (*cis*-11-eicosenoic)		11*c*-20：1	$C_{20}H_{38}O_2$		霍霍巴蜡
顺-11-二十二碳烯酸 (*cis*-11-docosenoic)	鲸蜡烯酸 (cetoleic)	11*c*-22：1	$C_{22}H_{42}O_2$		海洋动物油脂

续表

系统命名	俗名	速记表示	分子式	熔点/℃	主要来源
顺-13-二十二碳烯酸 (*cis*-13-docosenoic)	芥酸 (erucic, E)	13*c*-22∶1	$C_{22}H_{42}O_2$	33.5	十字花科 芥子属（40%）以上
顺-15-二十四碳一烯酸 (*cis*-15-tetracosenoic)	鲨油酸 (selacholeic)	15*c*-24∶1	$C_{24}H_{46}O_2$		海洋动物油脂
顺-17-二十六碳烯酸 (*cis*-17-hexacosenoic)	山梅酸 (ximenic)	17*c*-26∶1	$C_{26}H_{50}O_2$		海檀木 (*Ximenia americana*) 油脂
顺-21-三十碳烯酸 (*cis*-21-triacotenoic)	三十碳烯酸 (lumegueic)	21*c*-30∶1	$C_{30}H_{58}O_2$		海檀木 (*Ximenia americana*) 油脂

单不饱和脂肪酸由IUPAC系统命名法命名，命名时碳原子编号从羧基上的碳原子作为1，然后依次编排至碳链末端，其中，反式脂肪酸（trans fatty acid，TFA）以*trans*或*t*表示，顺式脂肪酸以*cis*或*c*表示。另外，顺式单不饱和脂肪酸还可采用能表明脂肪酸中双键离甲基位置的*n*、*ω*速记法表示，以甲基端碳原子为1，依次编号，以离甲基端最近的双键第一个碳原子号数表示双键的位置。以油酸为例，其化学结构式及命名如下：

$$CH_3(CH_2)_7CH \overset{c}{=} CH(CH_2)_7COOH$$

$$CH_3(CH_2)_7\underset{}{\overset{H}{\overset{|}{C}}} = \overset{H}{\overset{|}{C}}(CH_2)_7COOH$$

顺-9-十八碳一烯酸，速记表示为9*c*-18∶1，又可表示为18∶1（*n*-9）或18∶1*ω*9

单不饱和脂肪酸在自然界分布很广，天然油脂中已发现的单不饱和脂肪酸多达100多种，其中以*ω*9为主。其中，最具代表性的单不饱和脂肪酸是油酸（oleic acid），几乎存在于所有的天然油脂中。油酸是大多数植物油的主要脂肪酸，茶油、橄榄油中油酸的含量高达80%，花生油、棕榈油和可可脂中约含40%，玉米油、芝麻油、葵花籽油等也含有相当多的油酸。动物脂如猪油、羊油中油酸含量也高达40%。随着育种技术的发展，现在也培育出一些富含油酸的高油酸葵花籽油、高油酸花生油等，其油酸含量高达75%以上。

天然油脂中的油酸绝大多数为顺式脂肪酸，极少数为反式脂肪酸。油脂在加工过程中的脱臭工序（主要与脱臭温度和时间有关）可形成反式油酸（9*t*-18∶1），同时产生多种位置的油酸异构体，如8*t*-18∶1、10*t*-18∶1。在反刍动物的脂肪组织和乳脂中存在天然的反式油酸，主要是11*t*-18∶1，含量较少，形成的原因主要是因为反刍动物的饲料中含有不饱和脂肪酸，其经过反刍动物瘤胃中微生物的酶促生物作用，形成反式不饱和脂肪酸，这些脂肪酸能结合于机体组织或分泌入乳中。除此以外，在香芹籽油等伞形科植物种子油中还发现一种6*c*-18∶1，俗称岩芹酸。

天然油脂中还存在另外一种重要的单不饱和脂肪酸：顺-13-二十二碳一烯酸，俗称为芥酸。其化学结构式为：

$$CH_3(CH_2)_7CH \overset{c}{=} CH(CH_2)_{11}COOH$$

速记表示为13*c*-22∶1

芥酸是十字花科和旱金莲科种子油的主要脂肪酸，菜籽油、芥籽油和桂竹香籽油中通常含40%~50%的芥酸，旱金莲种子中芥酸的含量高达80%。目前，已培育出低芥酸菜籽油，其芥酸含量低于3%。

顺-9-十六碳一烯酸（9*c*-16∶1）的俗称为棕榈油酸，普遍存在于天然油脂中。常见的植物种子油中棕榈油酸含量通常低于1%，但在橄榄油、大豆油中含量为1.2%~1.6%，在乳类和乳脂中含量为2%~6%，海洋动物油为15%~20%，鱼油及两栖类和爬行类动物的储存性脂肪中含量为8%~15%。

第四节　多不饱和脂肪酸

多不饱和脂肪酸是指碳链中含有两个及两个以上双键的脂肪酸，天然油脂中存在的多不饱和脂肪酸大多数都是偶数碳原子，所含双键多是顺式构型，除少数为共轭酸外，大部分是非共轭的五碳双烯结构（—CH═CHCH$_2$CH═CH—）。

天然油脂中含有大量的多不饱和脂肪酸，具有二个和三个双键的十八碳脂肪酸普遍存在于动植物油脂中，四个或四个以上双键的20~24个碳原子的多不饱和脂肪酸主要存在于海洋动物油脂中，个别油脂中也有高达七个双键的脂肪酸。

含有两个双键的多不饱和脂肪酸称为二不饱和脂肪酸或二烯酸，含有三个双键的称为三不饱和脂肪酸或三烯酸。多不饱和脂肪酸的命名方式与单不饱和脂肪酸相似，可采用IUPAC系统命名法、*n*或*ω*速记法、俗称命名法。

一、二不饱和脂肪酸

二不饱和脂肪酸的通式为$C_nH_{2n-4}O_2$，天然油脂中重要的二不饱和脂肪酸如表2-3所示。

表2-3　常见的二不饱和脂肪酸

系统命名	俗称	速记表示	分子式	熔点/℃	主要来源
2,4-己二烯酸（2,4-hexadienoic）		2,4-6∶2	$C_6H_8O_2$	134.5	山梨籽油
反-2，顺-4-癸二烯酸（*trans*-2，*cis*-4-decadienoic）		2*t*,4*c*-10∶2	$C_{10}H_{16}O_2$		大戟科乌桕籽仁油
顺-2，顺-4-十二碳二烯酸（*cis*-2，*cis*-4-dodecdienoic）		2*c*,4*c*-12∶2	$C_{12}H_{20}O_2$		乌桕籽仁油
反-3，顺-9-十八碳二烯酸（*trans*-3，*cis*-9-octadecadienoic）		3*t*,9*c*-18∶2	$C_{18}H_{32}O_2$		菊科种子油
反-5，顺-9-十八碳二烯酸（*trans*-5，*cis*-9-octadecadienoic）		5*t*,9*c*-18∶2	$C_{18}H_{32}O_2$		毛茛科（Ranunculaceae）种子油

续表

系统命名	俗称	速记表示	分子式	熔点/℃	主要来源
顺-5，顺-11-十八碳二烯酸（*cis*-5，*cis*-11-octadecadienoic）		5*c*,11*c*-18∶2	$C_{18}H_{32}O_2$		银杏科（Ginkgoaceae）坚果油
顺-9，反-12-十八碳二烯酸（*cis*-9，*trans*-12-octadecadienoic）		9*c*,12*t*-18∶2	$C_{18}H_{32}O_2$		菊科种子油
顺-9，顺-12-十八碳二烯酸（*cis*-9，*cis*-12-octadecadienoic）	亚油酸（linoleic，L）	9*c*,12*c*-18∶2	$C_{18}H_{32}O_2$	-5	存在于多种植物油中，如豆油、红花油、核桃油、葵花油
顺-11，顺-14-二十碳二烯酸（*cis*-11，*cis*-14-eicosadienoic）		11*c*,14*c*-20∶2	$C_{20}H_{36}O_2$		麻黄科（Ephedraceae）种子油
顺-5，顺-13-二十二碳二烯酸（*cis*-5，*cis*-13-docosadienoic）		5*c*,13*c*-22∶2	$C_{22}H_{40}O_2$		沼沫花科（Limnanthaceae）种子油

其中，最常见也最重要的二不饱和脂肪酸是顺-9，顺-12-十八碳二烯酸，简写为9*c*，12*c*-18∶2，采用*n*、*ω*速记法命名为18∶2（*n*-6）或18∶2*ω*6，俗称为亚油酸或α-亚油酸。利用红外光谱证实，天然油脂中的亚油酸不含反式，其化学结构式为：

$$CH_3(CH_2)_4CH\overset{c}{=\!=}CHCH_2CH\overset{c}{=\!=}CH(CH_2)_7COOH$$

顺-9，顺-12-十八碳二烯酸或9*c*,12*c*-18∶2

亚油酸普遍存在于植物油中，大豆油、芝麻油、棉籽油、玉米油中含量40%~60%，苍耳籽油、葵花籽油中含量约60%，个别油脂如红花油、烟草籽油中含量高达75%。动物脂和一些含油酸较多的植物油（如橄榄油、茶籽油等）中亚油酸含量仅为10%左右。

近年来，共轭亚油酸（conjugated linoleic acid，CLA）由于其诸多生理活性而备受关注，它是一类含有顺式和反式共轭双键的十八碳二烯酸异构体的总称。目前已发现多达25种CLA异构体的存在，其中异构体9*c*,11*t*-CLA和10*t*,12*c*-CLA已被证实具有生理活性，化学结构式为：

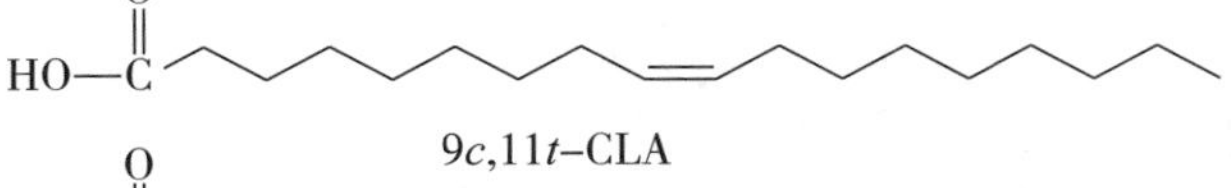

HO—C(=O)—

9*c*,11*t*-CLA

HO—C(=O)—

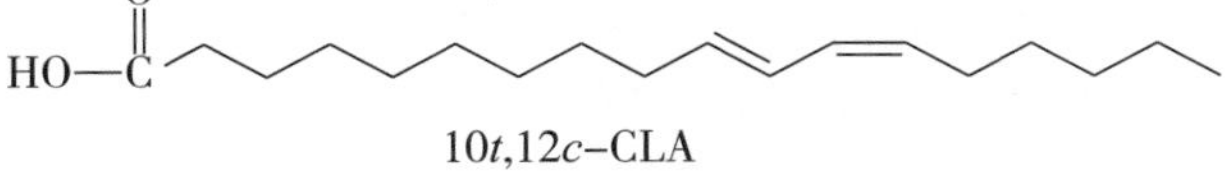

10*t*,12*c*-CLA

CLA具有多种重要的生理功能，2009年已被我国卫生部批准为新资源食品原料。自然界中CLA含量较少，主要存在于反刍动物牛和羊的脂肪及其乳制品中，也少量存在于其他动物的组织、血液和体液中。植物食品中也有少量CLA，一般植物油中仅含有0.1~0.7mg/g，且异构体9*c*，11*t*-CLA含量少于50%。

另外，菜籽油中含有约2%的顺-13，顺-16-二十二碳二烯酸，我国乌桕籽仁油中含有5%~10%的顺-2，顺-4-十碳二烯酸（癸二烯酸），与癸二烯酸结构类似的2,4-十二碳二烯酸也存在大戟科（Euphorbiaceae）的一种地杨桃（*Sebastiania lingustrina*）的品种油中，这些脂肪酸在一般的油脂中很少见。

二、三不饱和脂肪酸

三不饱和脂肪酸与相应的饱和脂肪酸相比少六个碳原子，通式为 $C_nH_{2n-6}O_2$，有共轭酸和非共轭酸之分。天然油脂中的三烯酸以非共轭型为主（以α-亚麻酸为代表），少数油脂中存在共轭三烯酸（以α-桐油酸为代表）。天然油脂中常见的三烯酸如表2-4所示。

表2-4 常见的三烯酸

系统命名	俗称	速记表示	分子式	熔点/℃	来源
6,10,14-十六碳三烯酸（6,10,14-hexadecatrienoic）		6,10,14-16∶3	$C_{16}H_{26}O_2$		沙丁鱼油
顺-7，顺-10，顺-13-十六碳三烯酸（*cis*-7，*cis*-10，*cis*-13-hexadecatrienoic）		7*c*,10*c*,13*c*-16∶3 16∶3（*n*-3）	$C_{16}H_{26}O_2$		菠菜叶
顺-9，反-11，反-13-十八碳三烯酸（*cis*-9，*trans*-11，*trans*-13-octadecatrienoic）	α-桐油酸（α-eleostearic）	9*c*,11*t*,13*t*-18∶3	$C_{18}H_{30}O_2$	48~49	桐油、巴西果油
顺-9，顺-12，顺-15-十八碳三烯酸（*cis*-9，*cis*-12，*cis*-15-octadecatrienoic）	α-亚麻酸（α-linolenic，Ln）	9*c*,12*c*,15*c*-18∶3 18∶3（*n*-3）	$C_{18}H_{30}O_2$	-11.3~-10	亚麻籽油、紫苏籽油
顺-9，反-11，顺-13-十八碳三烯酸（*cis*-9，*trans*-11，*cis*-13-octadecatrienoic）	石榴酸（punicic）	9*c*,11*t*,13*c*-18∶3	$C_{18}H_{30}O_2$	43.5	石榴籽油、蛇瓜籽油
顺-6，顺-9，顺-12-十八碳三烯酸（*cis*-6，*cis*-9，*cis*-12-octadecatrienoic）	γ-亚麻酸（γ-linolenic）	6*c*,9*c*,12*c*-18∶3 18∶3（*n*-6）	$C_{18}H_{30}O_2$		月见草油
顺-11，顺-14，顺-17-二十碳三烯酸（*cis*-11，*cis*-14，*cis*-17-eicosatrienoic）		11*c*,14*c*,17*c*-20∶3 20∶3（*n*-3）	$C_{20}H_{34}O_2$		麻黄科（Ephedraceae）种子油

（一）非共轭三烯酸

1. α-亚麻酸

最常见的三烯酸是顺-9，顺-12，顺-15-十八碳三烯酸，采用 n、ω 速记法命名为 18：3（n-3）或 18：3ω3，俗称 α-亚麻酸，化学结构式为：

$$CH_3CH_2CH\overset{c}{=}CHCH_2CH\overset{c}{=}CHCH_2CH\overset{c}{=}CH(CH_2)_7COOH$$

9c,12c,15c-18：3

α-亚麻酸是人体必需脂肪酸，能在体内经脱氢和碳链延长合成二十碳五烯酸、二十二碳六烯酸等代谢产物。α-亚麻酸普遍存在于植物油脂中，一般含量不高，是一种次要脂肪酸。但在紫苏籽油中含量 45%~65%，亚麻籽油含 45%~55%，大麻籽油约含 35%，是主要脂肪酸。大豆油、菜籽油、小麦胚芽油等含量约为 10%。

由于 α-亚麻酸是亚麻油的主要成分，具有特殊的气味，易氧化不宜保存，传统上被用作干性油作油漆、油布和印刷油墨的原料。有些国家和地区也将亚麻油作为食用油脂，但要考虑 n-3/n-6 系列的多不饱和脂肪酸比例要合理，因为在体内代谢时存在竞争性抑制作用。随着现代生物合成技术和基因工程的迅速发展，已有成熟的方法培育出低亚麻酸含量的植物油料作物。

2. γ-亚麻酸

天然油脂中存在的另一种重要的非共轭三烯酸是顺-6，顺-9，顺-12-十八碳三烯酸，采用 n、ω 速记法命名为 18：3（n-6）或 18：3ω6，俗称 γ-亚麻酸，化学结构式为：

$$CH_3(CH_2)_4CH\overset{c}{=}CHCH_2CH\overset{c}{=}CHCH_2CH\overset{c}{=}CH(CH_2)_4COOH$$

6c,9c,12c-18：3

γ-亚麻酸仅在少数植物油脂中存在，月见草油和微孔草籽油中含量在 10%以上。在螺旋藻（*Spirulina*）所含类脂物中，γ-亚麻酸占总量的 20%~25%。

γ-亚麻酸与亚油酸同属 n-6 型多不饱和脂肪酸，是亚油酸在体内代谢的中间产物，可在体内氧化酶的作用下，生成生物活性极高的前列腺素、凝血烷及白三烯等二十碳酸的衍生物，具有多种生理功能。

（二）共轭三烯酸

共轭三烯酸大量存在于桐油中，含量高达 80%以上，俗称桐油酸。天然桐油酸又称 α-桐油酸（熔点为 49℃），为顺-9，反-11，反-13-十八碳三烯酸，化学结构式为：

$$CH_3(CH_2)_3CH\overset{t}{=}CHCH\overset{t}{=}CHCH\overset{c}{=}CH(CH_2)_7COOH$$

9c,11t,13t-18：3

α-桐油酸在光及微量催化剂（硫、硒或碘）的作用下，很易转化为 β-桐油酸（熔点为 71℃），即反-9，反-11，反-13-十八碳三烯酸，化学结构式如下：

$$CH_3(CH_2)_3CH\overset{t}{=}CHCH\overset{t}{=}CHCH\overset{t}{=}CH(CH_2)_7COOH$$

9t,11t,13t-18：3

β-桐油酸是 α-桐油酸经异构化转变生成的产物，天然桐油中 β-桐油酸含量甚微。桐油是一种重要的干性油，不能食用，它是制造各种油漆和保护性涂料的原料。但是经 β-异构化后，天然桐油由液体转化为固体硬块而失去其正常的使用价值，因此在桐油贮藏期间应尽力避免这种不利的转变。

α-桐油酸的另一异构体为顺-9，反-11，顺-13-十八碳三烯酸，俗称石榴酸（熔点为44℃），该酸也易异构化为β-桐油酸。石榴酸主要存在于石榴籽油、蛇瓜籽油、瓜蒌籽油中，其中瓜蒌籽油中含量约16%。

三、三烯以上多不饱和脂肪酸

含有4~6个双键的多烯酸在植物油中很少存在，主要存在于海洋动物油脂及微藻油脂中，常见的几种重要多烯酸如下：

（1）顺-5，顺-8，顺-11，顺-14-二十碳四烯酸，即20∶4（n-6），俗称花生四烯酸，常以英文缩写ARA（arachidonic acid）表示，化学结构式如下：

$$CH_3(CH_2)_4CH\overset{c}{=}CHCH_2CH\overset{c}{=}CHCH_2CH\overset{c}{=}CHCH_2CH\overset{c}{=}CH(CH_2)_3COOH$$

$$5c,8c,11c,14c\text{-}20:4$$

花生四烯酸在陆地动物油脂如猪油、牛油中普遍存在，但含量不高，一般小于1%；在植物油脂中很少，仅在苔藓及蕨类种子油中发现有微量存在；它主要存在于海洋鱼油及微藻油脂中，其中高山被孢霉（*M. alpina*）和深黄被孢霉（*M. isabellina*）是近年来利用微生物发酵产花生四烯酸的优良菌株。经研究发现花生四烯酸在陆地动物（猪、牛）肾上腺磷脂脂肪酸中的含量高达15%以上，它是人体合成前列腺素的重要前体物质。

（2）顺-5，顺-8，顺-11，顺-14，顺-17-二十碳五烯酸，即20∶5（n-3），常以英文缩写EPA（eicosapentaenoic acid）表示，其化学结构式为：

$$CH_3(CH_2)CH\overset{c}{=}CHCH_2CH\overset{c}{=}CHCH_2CH\overset{c}{=}CHCH_2CH\overset{c}{=}CHCH_2CH\overset{c}{=}CH(CH_2)_3COOH$$

$$5c,8c,11c,14c,17c\text{-}20:5$$

EPA主要存在于鳕鱼肝油中，含量为1.4%~9.0%，在其他海水、淡水鱼油、南极磷虾油及甲壳类动物油脂中也有存在；一些微藻油如拟微球藻中存在一定量的EPA；对于陆地动物油脂仅发现在牛肝磷脂中有少量EPA存在。

（3）二十二碳五烯酸，常以英文缩写DPA（docosapentaenoic acid）表示。DPA是必需脂肪酸在经过碳链加长酶、去饱和酶和β-氧化代谢生成多不饱和脂肪酸过程中的中间产物。根据代谢的脂肪酸前体不同，分为DPA n-3和DPA n-6两种异构体，化学结构式分别为：

$$CH_3CH_2CH\overset{c}{=}CHCH_2CH\overset{c}{=}CHCH_2CH\overset{c}{=}CHCH_2CH\overset{c}{=}CHCH_2CH\overset{c}{=}CH(CH_2)_5COOH$$

$$7c,10c,13c,16c,19c\text{-}22:5$$

$$CH_3(CH_2)_4CH\overset{c}{=}CHCH_2CH\overset{c}{=}CHCH_2CH\overset{c}{=}CHCH_2CH\overset{c}{=}CHCH_2CH\overset{c}{=}CH_3(CH_2)_2COOH$$

$$4c,7c,10c,13c,16c\text{-}22:5$$

DPA n-3和DPA n-6广泛存在于金枪鱼油、三文鱼油等深海鱼油及海豹油、海狗油等海洋哺乳动物油中，含量一般为1%~3%；裂殖藻油中DPA含量超过10%，在动物瘦肉、牛乳中也有少量存在。

（4）顺-4，顺-7，顺-10，顺-13，顺-16，顺-19-二十二碳六烯酸，即22∶6（n-3），常以英文缩写DHA（docosahexaenoic acid）表示，其化学结构式为：

$$CH_3CH_2CH\overset{c}{=}CHCH_2CH\overset{c}{=}CHCH_2CH\overset{c}{=}CHCH_2CH\overset{c}{=}CHCH_2CH\overset{c}{=}CHCH_2CH\overset{c}{=}CH(CH_2)_2COOH$$

$$4c,7c,10c,13c,16c,19c\text{-}22:6$$

DHA 主要存在于日本沙丁鱼肝油、鳕鱼肝油及鲱鱼油中，其他鱼油中含量较少。一些微藻如寇氏隐甲藻（*Crypthecodinium cohnii*）、裂殖藻（*Schizochytrium* sp.）和破囊壶菌（*Thraustochytrium* sp.）中 DHA 含量 35%~45%。

上述几种脂肪酸在生物代谢中起很重要的作用，其研究近来受到高度重视。各种系列的不饱和脂肪酸如表 2-5 所示。

表 2-5　　1,4-戊二烯型多烯脂肪酸（全部为顺式构型）

n-9 型脂肪酸	*n*-6 型脂肪酸	*n*-3 型脂肪酸
6,9-18：2	9,12-18：2①	9,12,15-18：3④
8,11-20：2	6,9,12-18：3②	6,9,12,15-18：4
5,8,11-20：3	⑦8,11,14-20：3	8,11,14,17-20：4
7,10,13-22：3	⑦5,8,11,14-20：4③	⑦5,8,11,14,17-20：5⑤
4,7,10,13-22：4	7,10,13,16-22：4	7,10,13,16,19-22：5
	4,7,10,13,16-22：5	4,7,10,13,16,19-22：6⑥

注：①亚油酸；②γ-亚麻酸；③花生四烯酸；④α-亚麻酸；⑤EPA；⑥DHA；⑦合成前列腺素和凝血素的前体物质。

第五节　特殊脂肪酸

在天然油脂中，含有各种不同基团的特殊脂肪酸种类不多，常见的有支链脂肪酸、环脂肪酸、含氧脂肪酸等。

一、支链脂肪酸

1929 年前，仅在海豚油中发现 3-甲基丁酸，是一种含甲基的支链脂肪酸（branched-chain acid），俗称异戊酸，化学结构式为：

$$\begin{array}{l} CH_3-\underset{\displaystyle CH_3}{\underset{|}{CH}}-CH_2-COOH \end{array}$$

3-甲基-丁酸

20 世纪 50 年代以后，人们从乳脂、牛油、羊毛脂中分离出多种少量的甲基取代酸。甲基取代酸一般有两种类型，一种称为异构或异（*iso*-）脂肪酸，即甲基连在碳链末端的第二个碳原子上；另一种称为前异构或前异（*anteiso*-）脂肪酸，即甲基连在碳链末端的第三个碳原子上。这两种支链脂肪酸是由生物合成产生的，异脂肪酸一般有偶数碳原子（包含甲基），前异脂肪酸有奇数碳原子。其他类型的支链脂肪酸主要源自于类异戊二烯的生物合成，如降植烷酸（pristanic acid，2,6,10,14-四甲基十五烷酸）和植烷酸（phytanic acid，3,7,11,15-四甲基十六烷酸）。

支链脂肪酸只存在于个别植物油中，如卡玛古籽油含有约 8%的 16-甲基-十七烷酸；在动物油脂中虽普遍存在，但含量甚微。

二、环脂肪酸

天然油脂中存在一些含环状结构的脂肪酸，环结构包括三碳环、五碳环、六碳环及杂环。常见的环脂肪酸有环丙烷酸、环丙烯酸、环戊烯酸等。

（一）环丙烷酸

环丙烷酸的发现比较晚，直到1950年人们才在乳酸杆菌中发现了11,12-环丙基-十八碳烷酸，即乳杆菌酸，其化学结构式为：

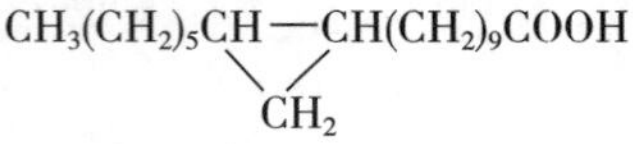

$$CH_3(CH_2)_5\underset{\diagdown\ \diagup \atop CH_2}{CH-CH}(CH_2)_9COOH$$

11,12-环丙基-十八碳烷酸

植物油脂中一般不含环丙烷酸。环丙烷酸能被动物消化吸收，目前尚未发现对生理代谢有明显的影响。

（二）环丙烯酸

植物油脂中虽不含有环丙烷基类脂肪酸，但含有环丙烯酸，并比较普遍。其化学结构通式为：

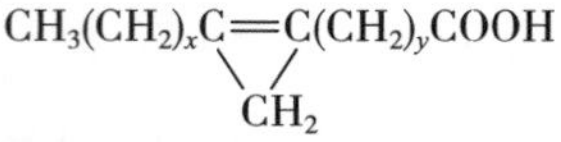

$$CH_3(CH_2)_x\underset{\diagdown\ \diagup \atop CH_2}{C=C}(CH_2)_yCOOH$$

$(y+2)$，$(y+3)$-环丙烯基-$(x+y+4)$碳烯酸

其中，$x=y=7$ 时为苹婆酸（即9,10-环丙烯基-十八碳烯酸）；$x+y=13$ 时为锦葵酸[$(y+2)$,$(y+3)$ -环丙烯基-十七碳烯酸]。苹婆酸存在于香婆种子油中，锦葵酸在棉籽油、木棉籽油中的含量为0.5%~1.0%。

环丙烯酸具有Halphen实验正反应的特性。实验证明环丙烯酸有不良的生理效应，例如，产蛋鸡饲料中含有环丙烯酸，即使每天摄取的环丙烯酸低于25mg，所产鸡蛋的蛋白也会呈现粉红色，pH降低，不易储存。

（三）环戊烯酸

环戊烯基脂肪酸是指脂肪酸碳链末端有一个环戊烯基，其化学结构通式为：

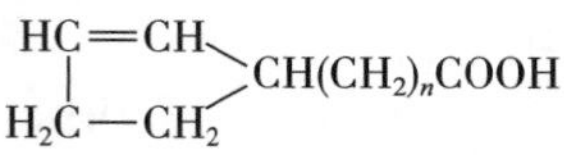

$$\begin{matrix} HC=CH \\ | \quad\quad \\ H_2C-CH_2 \end{matrix} \!\!\!\!> CH(CH_2)_nCOOH$$

当 $n=12$ 时，该酸为13-环戊烯基-十三碳酸，俗称晁模酸（也称大风子酸）；当 $n=12$ 且在 C_6 与 C_7 间有一个顺式双键时，该酸为13-环戊烯基-6-十三碳一烯酸，俗称大风子油酸。大风子酸和大风子油酸主要存在于大风子种子油中，均具有毒性，可用于医治麻风病。若加氢饱和环戊烯基的双键可消除毒性。

（四）呋喃酸

含有呋喃环的脂肪酸称为呋喃酸，化学结构通式如下：

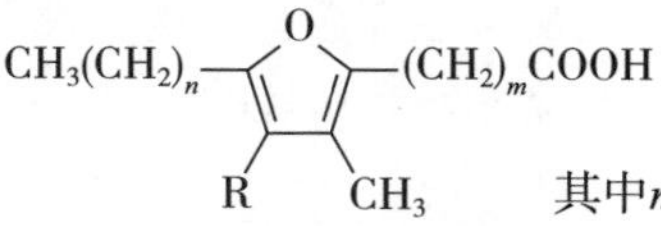

$CH_3(CH_2)_n$–[呋喃环（O；3位 R，4位 CH_3）]–$(CH_2)_mCOOH$

其中m=6，8，10；n=2，4；R为H或CH_3

呋喃酸是1974年在几种海水鱼油中分离出的一类脂肪酸。鳕鱼肝油、鲤鱼肝脏中存在

少量呋喃酸，角鲨肝和毛鳞鱼油脂中呋喃酸含量在1%以下。鳕鱼肝毛油中呋喃酸的成分和含量如表2-6所示。

表2-6　　鳕鱼肝毛油中呋喃酸的成分和含量

m	*n*	R	占总呋喃酸/%	油脂中占总脂肪酸/%
6	2	CH_3	3.3	0.03
8	4	H	14.3	0.14
8	4	CH_3	5.2	0.05
10	2	CH_3	14.3	0.14
10	4	H	8.4	0.08
10	4	CH_3	54.3	0.52

1989年发现植物油中也含有呋喃酸，其中大豆油中呋喃酸的总量为0.02%~0.04%，小麦胚芽油、玉米胚芽油、菜籽油等呋喃酸含量在0.01%以下。

三、含氧脂肪酸

（一）羟基酸

天然油脂中最重要的羟基酸是蓖麻酸（ricinic acid），即顺-12-羟基-9-十八碳烯酸，化学结构式如下：

$$CH_3(CH_2)_5\underset{}{\overset{OH}{\overset{|}{C}}}HCH_2CH\overset{c}{=}CH(CH_2)_7COOH$$

12-OH,9*c*-18:1

蓖麻酸主要存在于蓖麻油中，含量高达90%。蓖麻油既不能食用也不能制皂，主要用途是作为润滑油、磺化油和液压油。天然蓖麻酸具有旋光性，比旋光度［α］+7.8°，蓖麻酸容易发生很多化学反应，如氧化、氢化、异构化、脱水等。蓖麻酸经氧化得到壬二酸，或经高锰酸钾（1%）氧化得到9,10,12-三羟基十八碳酸；经脱水生成二烯酸；经不同氢化得到12-羟基硬脂酸，经裂解生成癸二酸和2-辛醇，热分解生成十一碳烯酸和庚醛等，它们均是重要的工业原料。

蓖麻酸在动物油脂中仅有微量存在，一般不超过1%。乳脂中含有的少量羟基酸是形成风味物质的前体物质。与蓖麻酸相对应的顺-9-羟基-12-十八碳烯酸，存在于夹竹桃种子油中。蓖麻油中还含有微量的9,10-二羟基十八碳烷酸。蜂王浆、蜂胶中发现了10-羟基-癸烯酸，其含量是蜂王浆最主要的特征质量指标。

（二）酮基酸

天然油脂中仅有少数油脂中存在酮基酸，最具代表性的是4-酮基，顺-9，反-11，反-13-十八碳三烯酸，又称巴西果酸，是巴西奥的锡卡油中的主要脂肪酸，含量高达70%~80%，其化学结构式为：

$$CH_3(CH_2)_3CH\overset{t}{=}CHCH\overset{t}{=}CHCH\overset{c}{=}CH(CH_2)_4\underset{\underset{O}{\|}}{C}(CH_2)_2COOH$$

巴西果酸与桐酸一样，也有 α 型和 β 型两种异构体，α 型的熔点为 74~75℃，β 型的熔点为 99.5℃。在波叶异果菊（*Dimorphotheca sinuata*）种子油中含有约 2.5%的 9-酮基，反-10，反-12-十八碳二烯酸。

（三）环氧酸

目前，人们已在 60 多种植物油中发现了天然存在的环氧酸，其是在油料种子长期储存过程中形成的。斑鸠菊油中含（-）顺-12,13-环氧-9-十八碳烯酸，构型为 12S,13R；秋葵及锦葵科的品种油中含有（+）顺-12,13-环氧-9-十八碳烯酸，构型为 12S,13R。化学结构式如下：

$$CH_3(CH_2)_4\underset{\diagdown O \diagup}{CH-CH}CH_2CH=CH(CH_2)_7COOH$$

四、炔酸

含有三键的脂肪酸称为炔酸，其命名方式与含双键的不饱和脂肪酸相似，也可采用速记命名法。天然油脂中炔酸的种类和数量都很少，1960 年前后在黄楝树科种子油中首次发现炔酸的存在，随后相继发现的还有二炔酸和烯炔酸。陆地动物脂和海产鱼油中均无炔酸存在。

（一）含一个三键的炔酸

中美和南美洲所产的美洲苦木属（*Picramnia*）种子油中，含有 90%左右的 6-十八碳炔酸，俗称塔利酸，化学结构式如下：

$$CH_3(CH_2)_{10}C\equiv C(CH_2)_4COOH$$

（二）含有两个或多个三键的炔酸

在海檀木属的种子油中，含有 25%左右的 9,11-十八碳二炔酸，俗称西门木炔酸，化学结构式如下：

$$CH_3(CH_2)_5C\equiv C-C\equiv C(CH_2)_7COOH$$

另外，与花生四烯酸化学结构相似的四炔酸（5,8,11,14-二十碳四炔酸）与阿司匹林（aspirin）一样有抑制前列腺酶生效的作用。

（三）含有双键和三键的烯炔酸

在个别油脂中发现了烯炔酸的存在，如反-11-十八碳烯-9-炔酸，俗称山梅炔酸。化学结构式如下：

$$CH_3(CH_2)_5CH\overset{t}{=}CH-C\equiv C(CH_2)_7COOH$$

再如顺-17-十八碳烯-9,11-二炔酸，俗称依散酸。化学结构式如下：

$$CH_2\overset{c}{=}CH(CH_2)_4C\equiv C-C\equiv C(CH_2)_7COOH$$

第三章

CHAPTER 3

天然油脂的甘油三酯组成和结构

学习要点

1. 了解天然油脂的组成特点，理解甘油酯的立体构型、命名与表示方法，掌握甘油三酯常用表示方法（如 *sn*-POSt、rac-POSt、β-POSt、POSt 等）的含义。

2. 了解天然油脂的甘油三酯结构组成，掌握天然油脂甘油三酯的结构组成的规律性特征以及复杂性内涵。

3. 理解脂肪酸分布和甘油三酯组分的关系，掌握 1-随机-2-随机-3-随机和 1,3-随机-2-随机分布学说计算甘油三酯组分。

4. 了解油脂甘油三酯分布学说的可靠性以及 1-随机-2-随机-3-随机和 1,3-随机-2-随机分布学说的适用性。

5. 理解研究油脂中甘油三酯组成和结构的重要意义，了解甘油三酯组成和结构与其物化性能关系的国内外发展动态和最新科研成果。

第一节　天然油脂

天然油脂是指从自然界动植物、微生物中直接提取的油脂，含有 95%以上的甘油三酯，还含有量少而成分又非常复杂的类脂物成分，包括甘油二酯（又称二酰甘油）、甘油一酯（又称甘油单酯或单酰甘油）、脂肪酸、磷脂、蜡、固醇酯、谷维素和叶绿素等可皂化的类脂物，以及固醇、脂溶性维生素、角鲨烯、棉酚、芝麻酚、类胡萝卜素、脂肪醇和烃类等不可皂化的类脂物。事实上，纯净的甘油三酯无色、无味，不同天然油脂独特的颜色和风味正是这些少量组分所赋予的。

作为油脂主要成分的甘油三酯实质上是各种不同脂肪酸甘油三酯的混合物。构成甘油三酯分子成分包括甘油基和脂肪酸酰基，其中脂肪酸酰基占整个甘油三酯相对分子质量的 95%左右，所以脂肪酸的种类、碳链长度、不饱和度（双键数目）以及几何构型对油脂的物化性质起着重要作用。另外，脂肪酰基与甘油三个羟基的结合位置，即脂肪酸在甘油三酯分子骨架上的分布情况对油脂性质也有重要的影响。

第二节　甘油酯的立体构型、命名及表示法

甘油酯是甘油和脂肪酸形成的酯类，根据甘油中三个羟基与脂肪酸酯化的个数（一个、二个或三个）分为甘油一酯、甘油二酯和甘油三酯，其中根据脂肪酸在甘油羟基位置的差异性，甘油二酯又分为1,2（或2,3）-甘油二酯和1,3-甘油二酯，甘油一酯又分为1（或3）-甘油一酯和2-甘油一酯，化学结构式如图3-1所示。

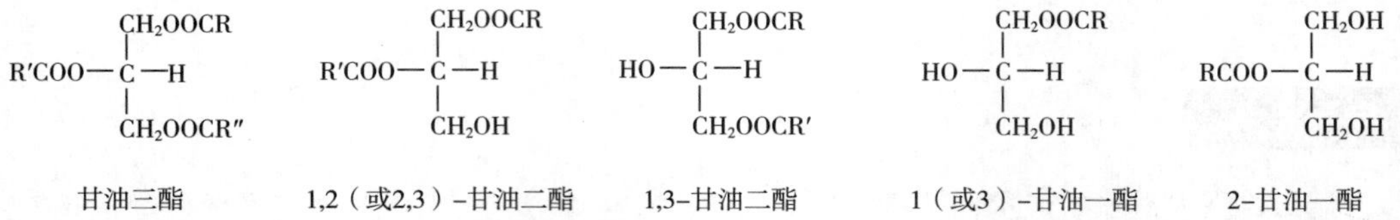

$$\begin{array}{c} CH_2OOCR \\ | \\ R'COO-C-H \\ | \\ CH_2OOCR'' \end{array} \qquad \begin{array}{c} CH_2OOCR \\ | \\ R'COO-C-H \\ | \\ CH_2OH \end{array} \qquad \begin{array}{c} CH_2OOCR \\ | \\ HO-C-H \\ | \\ CH_2OOCR' \end{array} \qquad \begin{array}{c} CH_2OOCR \\ | \\ HO-C-H \\ | \\ CH_2OH \end{array} \qquad \begin{array}{c} CH_2OH \\ | \\ RCOO-C-H \\ | \\ CH_2OH \end{array}$$

甘油三酯　1,2（或2,3）-甘油二酯　1,3-甘油二酯　1（或3）-甘油一酯　2-甘油一酯

图3-1　不同类型甘油酯化学结构式

某些甘油酯分子含手性碳原子，存在着对映异构（或外消旋）体，可用有机化学常用的*D/L*或*R/S*法命名。以图3-2中的两个甘油三酯分子为例，图3-2（1）中甘油三酯可命名为*L*-1-棕榈酸-2-亚油酸-3-油酸甘油酯或D-1-油酸-2-亚油酸-3-棕榈酸甘油酯，而图3-2（2）中甘油三酯可命名为*S*-1-棕榈酸-2-亚油酸-3-油酸甘油酯。

$$\begin{array}{l} \qquad\qquad\qquad\qquad\qquad\qquad\qquad\qquad\qquad\quad CH_2OC(O)(CH_2)_{14}CH_3 \\ \qquad\qquad\qquad\qquad\qquad\qquad\qquad\qquad\qquad\quad | \\ H_3C(CH_2)_4CH{=}CHCH_2CH{=}CH(H_2C)_7OC(O)-CH \\ \qquad\qquad\qquad\qquad\qquad\qquad\qquad\qquad\qquad\quad | \\ \qquad\qquad\qquad\qquad\qquad\qquad\qquad\qquad\qquad\quad CH_2OC(O)(CH_2)_7CH{=}CH(CH_2)_7CH_3 \end{array}$$

（1）

$$\begin{array}{l} \quad\;\; CH_2OC(O)(CH_2)_{14}CH_3 \\ \quad\;\; | \\ H-C-OC(O)(CH_2)_7CH{=}CH(CH_2)CH{=}CH(CH_2)_4CH_3 \\ \quad\;\; | \\ \quad\;\; CH_2OC(O)(CH_2)_7CH{=}CH(CH_2)_7CH_3 \end{array}$$

（2）

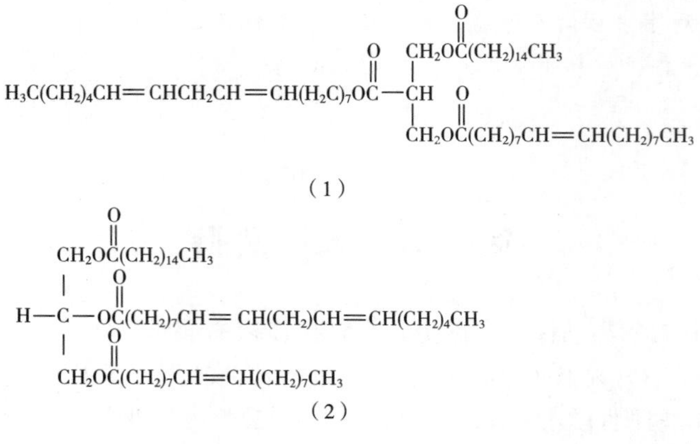

图3-2　甘油三酯化学结构式

但这两种命名方法对甘油三酯来说存在两个缺点：一是天然油脂是混合物，*D/L*及*R/S*命名法均无法表示出天然油脂的实际情况；二是生物体内某些酶能区分出手性碳原子两端“—CH_2OH”结合的脂肪酰基，而*R/S*和*D/L*法均表示不出这两种区别的存在。

1960年美国科学家Hirschmann提出甘油三酯的“立体专一”命名法（stereospecifically numbering），即*sn*命名法，并经IUPAC和IUB认同，将其规定为标准命名法。*sn*命名法是以甘油处于费歇尔（Fisher）平面构型L式（即中间羟基在左边）为基础，即图3-3排布时，

自上而下分别将三个酰基的位置定为 *sn*-1、*sn*-2 和 *sn*-3。因此，图 3-2（1）甘油三酯可命名为：*sn*-1-棕榈酸-2-亚油酸-3-油酸甘油酯。

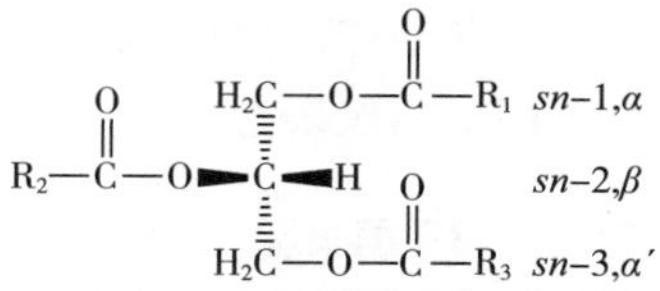

$$\begin{array}{lll} & H_2C—O—\overset{O}{\overset{\|}{C}}—R_1 & sn\text{-}1,\alpha \\ R_2—\overset{O}{\overset{\|}{C}}—O—& C—H & sn\text{-}2,\beta \\ & H_2C—O—\overset{O}{\overset{\|}{C}}—R_3 & sn\text{-}3,\alpha' \end{array}$$

图 3-3 甘油三酯的费歇尔（Fischer）平面构型

sn 命名法符合油脂的实际情况，而且可以清楚地表示生物体内的脂酶立体反应机理，也成为了油脂立体结构分析的基础。为便于命名，α、β 命名法也被用于表示甘油三酯的立体结构，其中 α 指 *sn*-1 位，β 指 *sn*-2 位，α′指 *sn*-3 位。甘油三酯的命名和表示方法存在多种形式，表 3-1 列举了常见的甘油三酯命名和表示法。

表 3-1 甘油三酯的命名和表示法（举例）

油脂	一种脂肪酸	两种脂肪酸	三种脂肪酸
命名法	$H_2C—OOC(CH_2)_{14}CH_3$ $HC—OOC(CH_2)_{14}CH_3$ $H_2C—OOC(CH_2)_{14}CH_3$	$H_2C—OOC(CH_2)_{14}CH_3$ $HC—OOC(CH_2)_7CH{=}CH(CH_2)_7CH_3$ $H_2C—OOC(CH_2)_{14}CH_3$	$H_2C—OOC(CH_2)_{14}CH_3$ $HC—OOC(CH_2)_7CH{=}CH(CH_2)_7CH_3$ $H_2C—OOC(CH_2)_{16}CH_3$
醇酸式命名法	甘油三棕榈酸酯	*sn*-甘油-2-油酸-1,3-二棕榈酸酯	*sn*-甘油-1-棕榈酸-2-油酸-3-硬脂酸酯
酸醇式命名法	三棕榈酸甘油酯	2-油酸-1,3-二棕榈酸-*sn*-甘油酯	1-棕榈酸-2-油酸-3-硬脂酸-*sn*-甘油酯
醇酸式命名法并指明连接基团“*O*”	*O*-三棕榈酸甘油酯	2-*O*-油酸-1,3-*O*-二棕榈酸-*sn*-甘油酯	1-*O*-棕榈酸-2-*O* 油酸-3-*O*-硬脂酸-*sn*-甘油酯
简化命名法	棕榈酸甘油三酯	*sn*-2-油酸-1,3-二棕榈酸酯	*sn*-1-棕榈酸-2-油酸-3-硬脂酸酯
表示法	PPP 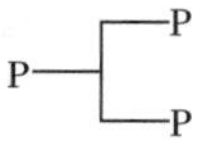 P—┌P 　 └P	β-POP O—┌P 　 └P 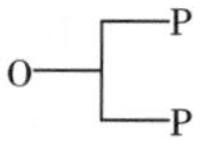	*sn*-POSt O—┌P 　 └St 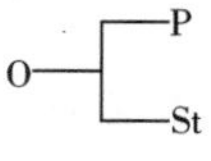

以 *sn* 命名法命名甘油三酯，“*sn*”不能省略。类似前缀符号还有“*rac*-”和“β-”，其中“*rac*-”表示 *sn*-1 位和 *sn*-3 位的脂肪酸分子分别以等物质的量（1∶1）分布于 *sn*-1 位和

sn-3 位，形成一组外消旋体；“*β*-”表示 *sn*-2 位的脂肪酸是已知的，而 *sn*-1 位和 *sn*-3 位的脂肪酸未知，可能是对映体、外消旋体或两对映体的不等量混合物。此外，为方便起见，甘油三酯结构也可以简单的形式表示，如 SSS、SSU、SUU 及 UUU 分别表示三饱和脂肪酸甘油酯、二饱和一不饱和脂肪酸甘油酯、一饱和二不饱和脂肪酸甘油酯和三不饱和脂肪酸甘油酯。表 3-2 给出了相对全面的甘油三酯命名及表达实例。

表 3-2　甘油三酯不同表示方法的含义

甘油三酯举例	含义
sn-POSt	*sn*-1-棕榈酸-2-油酸-3-硬脂酸酯
rac-POSt	*sn*-POSt+*sn*-StOP（等比例混合）
β-POSt	*sn*-POSt+*sn*-StOP（任意比例混合）
POSt	*sn*-POSt+*sn*-StOP+*sn*-PStO+*sn*-OStP+*sn*-OPSt+*sn*-StPO（任意比例混合）
POP	*sn*-OPP+*sn*-POP+*sn*-PPO（任意比例混合）
LLL	三亚油酸甘油酯
111	三一烯酸甘油酯
S_2U	二饱和一不饱和甘油酯：*sn*-SSU+*sn*-SUS+*sn*-USS（任意比例混合）
S_3	三饱和甘油酯

注：前缀“*sn*-”表示特定的对映异构体；前缀“*rac*-”表示外消旋体，即对映异构体的均等混合物（*sn*-1 和 *sn*-3 位的脂肪酸分子分别等量分布，与 *sn*-1 和 *sn*-3 位形成一组外消旋体）；前缀“*β*-”表示 *sn*-2 位脂肪酸已定，而 *sn*-1 和 *sn*-3 位脂肪酸未定。

第三节　天然油脂的甘油三酯结构组成及其复杂性和规律性

一、天然油脂的甘油三酯结构组成

在没有认识到油脂的本质之前，人们一直以为油脂中的甘油三酯是由同一种脂肪酸组成。直到 20 世纪初，人们才认识到油脂是混脂肪酸甘油三酯的混合物，并逐渐认识到油脂的性质与脂肪酸种类及其在甘油三个羟基位置上的分布有关。随着现代分离分析技术的发展，证实了天然油脂中含有 800 种以上的脂肪酸，其中已经得到鉴别的有 500 种之多，所以构成天然油脂的甘油三酯具有复杂的结构组分。与此同时，科技工作者也发现大多数天然脂肪酸酰基在甘油骨架上不是随机分布的，而是在甘油三酯生物合成途径中呈现出一定的规律性，部分天然动植物油脂中主要甘油三酯组成如表 3-3 所示。

表 3-3　　部分天然动植物油脂中主要甘油三酯组成及其含量[①]　　单位：%

天然动植物油脂	主要甘油三酯及其含量
可可脂	POSt（36~41），StOSt（23~31），POP（18~23）
椰子油	LaLaCy（12），LaLaLa（11），LaLaM（11），MLaCy（9），LaLaD（6）
橄榄油	OOO（43），POO（22），OOL（11），StOO（5），POL（4），POP（3）
花生油	LLO（26），LOO（21），OOSt（16），LOSt（13），LLSt（8），LLL（6），OOO（5）
葵花籽油[②]	LLL（32.4），LLO（27.9），LLP（10.7），LLSt（7.4），LOO（6.7），LOP（4.8），LOSt（2.2），OOO（1.7）
大豆油	LLO（16），LLL（15），LLSt（13），LOSt（12），LOO（8），LnLL（7），LnLO（5），OOSt（5）
玉米油	LLO（23），LLL（22.6），LLP（15.2），OOL（10.5），POL（10.4），OOO（3.2），OOP（2.4），LnLO（2.3），LLSt（1.8），LOSt（1.8）
菜籽油	LOO（22.5），OOO（22.4），LnOO（10.4），LLO（8.6），LnLO（7.6），LOP（5.7），POO（4.6），StOO（2.6），LnOP（2.1），LnLnO（1.7）
棉籽油	StLL（22.5），LLL（13.0），StLSt（12.4），StOL（9.4），StLO（8.4），LOL（6.5），OLL（6.4），StOO（4.8），StOSt（4.5），OOL（4.1）
亚麻籽油	LnLnLn（20.9），LLnLn（13.8），OLnLn（8.4），PLnLn（7.6），OOLn（7.3），PLLn（6.7），OLLn（5.3），POLn（4.0），LLLn（3.7），OOL（3.4）
棕榈油	POP（27.7），POO（24.3），PLO（10.8），PLP（8.9），PPP（5.1），POSt（4.6），OOO（3.9），StOO（2.1），OLO（2.0），PLL（1.9）
猪油	OPO（18），POSt（13），OOO（12），PPO（8），OPL（7），StOO（6），POO（5），StPL（2），StPSt（2），PPSt（2）

注：①组分大于1%的主要甘油三酯，其中括号为该甘油三酯占总甘油三酯的百分含量；Cy：辛酸、D：癸酸、La：月桂酸、M：豆蔻酸、P：棕榈酸、St：硬脂酸、O：油酸、L：亚油酸、Ln：α-亚麻酸；②普通葵花籽油。

二、天然油脂甘油三酯结构组成的复杂性

一般高级动植物油脂都含 5~10 种主要脂肪酸，动物乳脂和微生物油脂中的脂肪酸种类比常见动植物油脂中的脂肪酸种类更多。若脂肪酰基在甘油三个羟基位置以随机法则分布，一般油脂中可能存在高达 125~1000 种甘油三酯。根据甘油三酯构型的不同（如包含异构体的甘油三酯、不包含光学异构体和位置异构体的甘油三酯、不包括所有异构体的甘油三酯），天然油脂的甘油三酯构成组分数也不相同。表 3-4 给出了不同脂肪酸种类下甘油三酯组成的计算公式。有些油脂含 10~40 种脂肪酸，则可能有 1000~64000 种不同甘油三酯异构体存在。表 3-5 给出了不同脂肪酸种类下甘油三酯组成的组分数目。研究表明，理论上的甘油三酯种类有 50%~80%在天然油脂中存在。因此，油脂中甘油三酯组成非常复杂。

表 3-4　　脂肪酸种类（n）下可能存在的甘油三酯组分数的计算公式

内容	计算公式	举例（$n=2$）[1]
甘油三酯组分个数（包含异构体）	n^3	8 个：PPP、*sn*-PPO、*sn*-POP、*sn*-OPP、*sn*-POO、*sn*-OPO、*sn*-OOP、OOO
不包含光学异构体和位置异构体的甘油三酯组分个数	$\frac{n^3+n^2}{2}$	6 个：PPP、*sn*-PPO、*sn*-POP、*sn*-POO、*sn*-OPO、OOO
不包括所有异构体的甘油三酯组分个数	$\frac{n^3+3n^2+2n}{6}$	4 个：PPP、*sn*-PPO、*sn*-POO、OOO

注：①含有 2 种脂肪酸时的甘油三酯组分个数。

表 3-5　　不同脂肪酸种类时可能存在的甘油三酯组分数目

脂肪酸种类	甘油三酯组分个数		
	包含异构体	不包含光学异构体	不包括所有异构体
1	1	1	1
2	8	6	4
3	27	18	10
4	64	40	20
5	125	75	35
6	216	126	56
7	343	196	84
8	512	288	120
9	729	405	165
10	1000	550	220
15	3375	1800	680
20	8000	4200	1540
30	27000	13950	4960
40	64000	32800	11480

天然油脂的甘油三酯结构组分复杂性内涵包括：

①脂肪酸种类的复杂性：自然界里脂肪酸链长差异很大，碳链长度 4~24 不等。天然油脂中的脂肪酸绝大多数为偶数碳直链酸，但也含有少量的奇数碳脂肪酸（如十五烷酸和十七烷酸）以及含有支链的脂肪酸（常见于动物乳脂）。天然油脂中除含有饱和脂肪酸和双键含量不等（1~6 个）的顺式不饱和脂肪酸，还含有少量的反式脂肪酸。不同油料油脂的脂肪酸含量及比例差异很大，还存在含有特殊官能团的脂肪酸，如松油酸、神经酸、蓖麻酸、环丙烯酸等。不同动物之间与同一动物不同部位之间甘油三酯上的脂肪酸种类也不尽相同，品种、性别以及膳食都影响动物油脂中的脂肪酸组成，且会随着哺乳阶段脂肪酸种类与含量都存在差异。

②脂肪酸在甘油三酯位置上的复杂性：脂肪酸分布在天然油脂中甘油三酯 *sn*-1、*sn*-2 及 *sn*-3 的不同位置上，其甘油三酯的物理化学性质不同，而油脂又是混甘油三酯的混合物，使得甘油三酯的结构组成比脂肪酸更为复杂。

另外，常见天然油脂中脂肪酸之间碳链长度相差 2~6 个碳，双键仅差 1~3 个，从这些方面看，甘油三酯之间在物理化学性质上非常接近，尤其是交叉形成的甘油三酯性质更加接近。随着分离技术的提升与应用，相同碳数的甘油三酯已实现分离，但要把复杂甘油三酯组分及异构体都分离开还是十分困难的。

三、天然油脂甘油三酯结构组成的规律性

在天然油脂中，脂肪酸在甘油三酯上的分布具有一定的规律性。随着分离技术的发展，科学界积累了大量的分析数据，认识到脂肪酸在甘油三个羟基位置上的分布具有选择性，其在 *sn*-1、*sn*-2、*sn*-3 位是有区别的。表 3-6 给出了天然油脂中不同位置上脂肪酸的立体专一性分布特点。

表 3-6　　天然动植物油脂甘油三酯的立体专一性分布特点

天然来源	*sn*	脂肪酸	天然来源	*sn*	脂肪酸
植物油脂	*sn*-1,3	饱和酸及长碳链一烯酸	动物油脂	*sn*-1	饱和酸
	sn-2	不饱和酸		*sn*-2	短碳链饱和酸/不饱和酸
				sn-3	长碳链脂肪酸/特殊脂肪酸
（例如）			（例如）		
大豆油	*sn*-2	18：2	牛油	*sn*-2	18：1
棕榈油	*sn*-2	18：1	猪油	*sn*-2	16：0、18：1
橄榄油	*sn*-2	18：1		*sn*-1,3	18：0
亚麻籽油	*sn*-2	18：3	羊油	*sn*-2	18：1
可可脂	*sn*-2	18：1		*sn*-1,3	18：0
	sn-1,3	16：0、18：0	鸟禽油（鸭油/鸡油）	*sn*-2	18：1
无患子油	*sn*-2	18：1		*sn*-1,3	对称
	sn-1,3	18：1、20：1	海产哺乳动物油（鲸油/海豹油）	*sn*-1,3	ω-3 脂肪酸

根据实验数据，脂肪酸在天然油脂甘油三酯中的分布情况概括如下：

①所有的油脂：大多数天然甘油三酯中，脂肪酸在甘油主链上的分布不是随机性的。脂肪酸在 *sn*-1 和 *sn*-3 位置的分布通常相似，尽管不完全相同；其中，不常见脂肪酸多数连接在甘油的 *sn*-3 位羟基上。

②植物油脂：一般地，植物种子油中饱和脂肪酸与长碳链（指大于 C_{18}）不饱和脂肪酸

集中在 sn-1 与 sn-3 位上，油酸、亚油酸等不饱和脂肪酸连接在 sn-2 位上居多，不常见的脂肪酸如芥酸，多连接在 sn-1,3 位上。非热带木本油脂中（如核桃油、文冠果油、坚果油等），不饱和脂肪酸（尤其是油酸）含量丰富，更趋于分布在 sn-2 位，多以二不饱和脂肪酸甘油酯和三不饱和脂肪酸甘油酯为主，在饱和脂肪酸含量低的热带木本油脂（如鳄梨油、美藤果油等）中也表现出相似的分布。而在饱和脂肪酸含量高的热带木本油脂（如椰子油和棕榈仁油）中 sn-2 位更多分布的是饱和脂肪酸。

③动物油脂：大多数动物油脂的饱和脂肪酸集中在 sn-1 位，短链酸与不饱和脂肪酸在 sn-2 位上，长链不饱和脂肪酸在 sn-3 上，其中 sn-2 位的饱和脂肪酸含量高于植物油脂。动物脂肪中猪油相对特别，棕榈酸主要集中在 sn-2 位，硬脂酸主要集中在 sn-1 位，大量油酸分布在 sn-1,3 位。淡水鱼油 sn-2 位脂肪酸中棕榈酸最为丰富，而在深海洋鱼油 sn-2 位分布更多的多不饱和脂肪酸，饱和脂肪酸和单不饱和脂肪酸倾向于分布在 sn-1,3 位上。海洋哺乳动物脂肪层油脂中 ω-3 系列脂肪酸（如 EPA、DHA、DPA）主要分布在 sn-1,3 位。鸟禽类脂肪中的油酸倾向于分布在甘油三酯的 sn-2 位。

④乳脂：在动物乳脂中，棕榈酸较多分布在 sn-2 位，例如，人乳脂中棕榈酸在 sn-2 位中占比达 50%以上，总脂肪酸中超过 85%的棕榈酸选择分布在 sn-2 位，而绝大多数油酸结合在 sn-1,3 位置。反刍动物乳脂的 sn-3 位集中了短链酸，所有的丁酸和己酸都被酯化在 sn-3 位，尽管有一部分动物乳脂的辛酸在其他位置，但也主要分布在 sn-3 位。哺乳动物乳脂中的 C_{20} 及 C_{22} 多烯酸也多集中在 sn-3 位上。

⑤微生物油脂：多数微生物油脂中，不饱和脂肪酸倾向于分布在 sn-2 位。例如，在裂壶藻油中 sn-2 位脂肪酸中的 DHA 较为丰富，占 sn-2 位脂肪酸总量的 40%左右。

其中，某些脂肪酸在天然油脂甘油三酯不同位置上的分布存在特定的规律性，如表 3-7 所示。

表 3-7　脂肪酸在甘油三酯 sn-1、sn-2 和 sn-3 三个位置的分布规律

脂肪酸	经验公式或假设（X 为该脂肪酸在甘油三酯中的含量）	X 范围	油脂
16：0	%（sn-1,3 位的 16：0）= 1.47X	0<X<30	种子油脂
22：1	%（sn-1,3 位的 22：1）= 1.47X	0<X<50	种子油脂
	%（sn-3 位的 22：1）= $0.901X+0.0525X^2$	0<X<25	水产动物油脂
18：1 18：2 18：3	（1）饱和酸以及十八碳以上的脂肪酸随机分布于 sn-1,3 （2）油酸、亚油酸随机分布于 1，2，3 位，sn-1，3 位多余的油酸和亚油酸全部进入 sn-2 位 （3）所有剩余位置由亚油酸结合［本假设适合菜籽油（十字花科植物）外的大部分植物油］		油酸-亚油酸型以及亚麻酸型植物油脂
22：6	%（sn-1 位的 22：6）= 0.28X %（sn-2 位的 22：6）= 2.06X %（sn-3 位的 22：6）= 0.66X	0<X<30	鱼油、脊椎动物油、甲鱼油

续表

脂肪酸	经验公式或假设 （X 为该脂肪酸在甘油三酯中的含量）	X 范围	油脂
22：6	%（sn-1 位的 22：6）= 0.94X %（sn-2 位的 22：6）= 0.22X %（sn-3 位的 22：6）= 1.84X	0<X<15	哺乳类海产动物鱼油
20：5	%（sn-2 位的 20：5）≥X	0<X<30	鱼油、脊椎动物油

第四节 脂肪酸分布和甘油三酯组分的关系

天然油脂甘油三酯组分及其结构的复杂性使得甘油三酯的组分分析异常困难，即便目前分析技术已十分完善，但要取得准确的分离分析数据仍然相当困难。认识到油脂的性质与脂肪酸的种类及其脂肪酸在甘油三个羟基位置上的分布有关，科技工作者对甘油三酯中脂肪酸分布进行了不断探索，并提出了一些脂肪酸分布和甘油三酯组分关系的学说。

英国利物浦大学 Hilditch 在 1927 年首先提出天然油脂中脂肪酸在甘油三酯上的均匀分布学说（evenly distribution），认为当一类脂肪酸占总脂肪酸含量约 35%时，它就会在每个甘油三酯分子中至少出现一次，并且不会出现同酸甘油酯，只有当某种脂肪酸含量达到 2/3 时，才会存在同酸甘油酯。但这明显不符合天然油脂中的甘油三酯实际构成。随着分析分离技术的发展，油脂化学科技工作者又相继提出了一些脂肪酸分布和甘油三酯组分关系的学说，主要有全随机分布学说、1-随机-2-随机-3-随机分布学说和 1,3-随机-2-随机分布学说。

一、全随机分布学说

1941 年，Longenecher 提出了全随机分布学说（fully random distribution），即不管脂肪酸的类型及其在甘油羟基上的位置，各种脂肪酸的分布均符合机遇率（或然率）法则，即各脂肪酸在 *sn*-1、*sn*-2、*sn*-3 位的分布是其在样品中总含量的 1/3 作等量分布，即 *sn*-1、*sn*-2、*sn*-3 位的脂肪酸组成与全油脂的脂肪酸组成是一样的。其甘油三酯组分计算如式（3-1）所示：

$$\text{甘油三酯组分} = (a+b+c+\cdots\cdots)^n \tag{3-1}$$

式中 a，b，c，…——各类或各种脂肪酸含量；

n——甘油上的羟基数量。

如以饱和酸（S）及不饱和酸（U）分类，则 $(S+U)^3 = S^3+3S^2U+3SU^2+U^3$，相当于 $S_3\%+S_2U\%+SU_2\%+U_3\%$。从式（3-1）各项计算出结果并换算成百分含量，即为 S_3、S_2U、SU_2 和 U_3 四类甘油三酯的各自百分含量。

随后，Daubert（1949 年）和 Kartha（1953 年）在全随机分布学说基础上也相继分别提出部分随机学说（partial random distribution）和限制随机分布学说（restricted random distribution）。然而随着对天然油脂生物合成途径认识，结合胰脂酶定向水解研究脂肪酸在 *sn*-1,3 位的脂肪酰基发现，各种脂肪酸在甘油三个不同羟基位置上的分布既不是均匀的，也不是随机的，而是具有一定的选择性。

二、 1-随机-2-随机-3-随机分布学说

1962 年前后由日本学者津田滋（S. Tsuda）提出 1-随机-2-随机-3-随机分布学说（1-random-2-random-3-random distribution），该学说认为：①天然油脂中的脂肪酸在甘油三酯 *sn*-1、*sn*-2 和 *sn*-3 位上的分布互相独立，没有联系；②分布于单一位置上的所有脂肪酸在该位置上进行随机分布。根据这两点假设，单一甘油三酯组分含量可由式（3-2）计算：

$$\%(sn\text{-}XYZ)=(X\text{ 酸在 }sn\text{-}1\text{ 位的摩尔分数})\times(Y\text{ 酸在 }sn\text{-}2\text{ 位的摩尔分数})\times(Z\text{ 酸在 }sn\text{-}3\text{ 位的摩尔分数})\times10^{-4} \quad (3\text{-}2)$$

式中 *X*、*Y*、*Z*——单一脂肪酸，如棕榈酸、硬脂酸、油酸等，也可以是一组脂肪酸，如饱和酸、不饱和酸、一烯酸、二烯酸等。

假设某油脂的甘油三酯含有不同脂肪酸 P、St、O，经过立体专一分析结果如表 3-8 所示。

表 3-8 某油脂甘油三酯的 *sn*-1、*sn*-2 和 *sn*-3 位脂肪酸组成与含量 单位：%

位置	P	St	O
sn-1	P_1	St_1	O_1
sn-2	P_2	St_2	O_2
sn-3	P_3	St_3	O_3

按照表 3-4 公式计算，该油脂中可产生 27 种甘油三酯，其含量根据式（3-2）分别计算如下：

$$\%(PPP)=(P_1)\times(P_2)\times(P_3)\times10^{-4}$$
$$\%(sn\text{-}PPSt)=(P_1)\times(P_2)\times(St_3)\times10^{-4}$$
$$\vdots$$
$$\%(sn\text{-}PPO)=(P_1)\times(P_2)\times(O_3)\times10^{-4}$$
$$\%(sn\text{-}OOP)=(O_1)\times(O_2)\times(P_3)\times10^{-4}$$
$$\%(OOO)=(O_1)\times(O_2)\times(O_3)\times10^{-4}$$

以此进行计算可以得出所有甘油三酯包括旋光异构体的含量。如果 *sn*-1 位与 *sn*-3 位的脂肪酸分布相差很大，则产生的对映体之间含量是不等的。如果 $P_1\neq P_3$，$O_1\neq O_3$，则：

$$\%(sn\text{-}PPO)=(P_1)\times(P_2)\times(O_3)\times10^{-4}$$
$$\%(sn\text{-}OPP)=(O_1)\times(P_2)\times(P_3)\times10^{-4}$$
$$\%(sn\text{-}PPO)\neq\%(sn\text{-}OPP)$$

很明显，以 1-随机-2 随机-3-随机分布学说计算甘油三酯组成必须有甘油三酯的立体专一分析数据，即必须有 *sn*-1、*sn*-2 和 *sn*-3 位的脂肪酸组成，对于脂肪酸组成复杂的油脂，可以采用计算机计算出详尽的甘油三酯组分。

三、 1,3-随机-2-随机分布学说

基于胰脂酶选择性水解 *sn*-1、*sn*-3 位脂肪酰基发现的基础上，1960—1961 年前后分别由 Vander Wal、Coleman 和 Fulton 提出 1,3-随机-2-随机分布学说（1,3-random-2-random distribution）。该学说认为：①脂肪酸在 *sn*-1,3 位和 *sn*-2 位的分布是独立的，互相没有联系；②分布于 *sn*-1,3 和 *sn*-2 位脂肪酸在该位置的分布是随机的。因为 *sn*-1,3 位的脂肪酸在 *sn*-1 及 *sn*-3 上随机分布，所以 *sn*-1 与 *sn*-3 位的脂肪酸相同。根据 1,3-随机-2-随机分布学说，甘油三酯组分可用式（3-3）计算：

$$\%sn\text{-XYZ}=(X\text{酸在 }sn\text{-1,3 位的摩尔分数})\times(Y\text{酸在 }sn\text{-2 位的摩尔分数})\times(Z\text{酸在 }sn\text{-1,3 位的摩尔分数})\times10^{-4} \tag{3-3}$$

式中 *X*、*Y*、*Z*——单一脂肪酸，如棕榈酸、硬脂酸、油酸等，也可以是一组脂肪酸，如饱和酸、不饱和酸、一烯酸、二烯酸等。

其中，已知全样油脂及该油脂 *sn*-2 位的脂肪酸组成及含量，*sn*-1,3 位脂肪酸含量可由式（3-4）计算：

$$\%sn\text{-1,3 位脂肪酸含量}=\frac{3\times\text{全样脂肪酸含量}-sn\text{-2 位脂肪酸含量}}{2} \tag{3-4}$$

例如：经分析某油脂的全样脂肪酸由三种脂肪酸 P、St、O 构成，利用胰脂肪酶水解分析知 *sn*-2 位脂肪酸组成为 P_2、St_2、O_2，由式（3-4）可知：

$$P_{1,3}=\frac{3\times P-P_2}{2}$$

$$St_{1,3}=\frac{3\times St-St_2}{2}$$

$$O_{1,3}=\frac{3\times O-O_2}{2}$$

由式（3-3）可知甘油三酯组分计算如下：

$$\%(PPP)=(P_{1,3})\times(P_2)\times(P_{1,3})\times10^{-4}=(P_{1,3})^2\times(P_2)\times10^{-4}$$

$$\begin{aligned}\%(\beta\text{-PPO})&=\%(sn\text{-PPO})+\%(sn\text{-OPP})\\&=(P_{1,3})\times(P_2)\times(O_{1,3})\times10^{-4}+(O_{1,3})\times(P_2)\times(P_{1,3})\times10^{-4}\\&=2\times(P_{1,3})\times(P_2)\times(O_{1,3})\times10^{-4}\end{aligned}$$

$$\begin{aligned}\%(\beta\text{-StPO})&=\%(sn\text{-StPO})+\%(sn\text{-OPSt})\\&=(St_{1,3})\times(P_2)\times(O_{1,3})\times10^{-4}+(O_{1,3})\times(P_2)\times(St_{1,3})\times10^{-4}\\&=2\times(P_{1,3})\times(P_2)\times(St_{1,3})\times10^{-4}\end{aligned}$$

$$\vdots$$

$$\%(OOO)=(O_{1,3})\times(O_2)\times(O_{1,3})\times10^{-4}=(O_{1,3})^2\times(O_2)\times10^{-4}$$

若只以 S 与 U 两种脂肪酸计算甘油三酯组分，则其中三种甘油三酯（SSS、β-SSU、β-SUS）含量可由下式计算：

$$\%(SSS) = \%(sn\text{-}SSS)$$
$$= \frac{3(S)-(S_2)}{2} \times (S_2) \times \frac{3(S)-(S_2)}{2} \times 10^{-4}$$
$$= \frac{[3(S)-(S_2)]^2 \times (S_2)}{4} \times 10^{-4}$$

$$\%(\beta\text{-}SSU) = \%(sn\text{-}SSU) + \%(sn\text{-}USS)$$
$$= \frac{3(S)-(S_2)}{2} \times (S_2) \times \frac{3(U)-(U_2)}{2} \times 10^{-4} + \frac{3(U)-(U_2)}{2} \times (S_2) \times \frac{3(S)-(S_2)}{2} \times 10^{-4}$$
$$= \frac{[3(S)-(S_2)] \times (S_2) \times [3(U)-(U_2)]}{2} \times 10^{-4}$$

$$\%(\beta\text{-}SUS) = \%(sn\text{-}SUS)$$
$$= \frac{3(S)-(S_2)}{2} \times (U_2) \times \frac{3(S)-(S_2)}{2} \times 10^{-4}$$
$$= \frac{[3(S)-(S_2)]^2 \times (U_2)}{4} \times 10^{-4}$$

式中　(S) ——全样甘油三酯中饱和脂肪酸的摩尔百分含量,%;

(U) ——全样甘油三酯中不饱和脂肪酸的摩尔百分含量,%;

(S_2) ——sn-2 位饱和脂肪酸的摩尔百分含量,%;

(U_2) ——sn-2 位不饱和脂肪酸的摩尔百分含量,%。

1,3-随机-2-随机分布学说是 1-随机-2-随机-3-随机分布学说的一个特例，即前者为 sn-1 位=sn-3 位，而后者为 sn-1 位≠sn-3 位。很显然，1,3-随机-2 随机分布学说无法计算旋光异构体的差异。

通过油脂全样及该油脂 sn-2 位的脂肪酸组成及含量可以获得甘油三酯组分的种类与含量，然而对于存在多种脂肪酸（如人乳脂，含有 50 余种脂肪酸）的甘油三酯计算比较烦琐。利用计算机在数据处理方面的优势可实现对油脂甘油三酯组分含量的计算，即利用计算机语言对其组分含量进行编程，编译成可操作软件，完成油脂中甘油三酯含量的便捷计算。

四、油脂甘油三酯分布学说的可靠性

甘油三酯生物合成是各分布学说可靠性的基础。随着对甘油三酯生物合成的认知以及大量研究表明含有常规脂肪酸的种子油脂 sn-1 位与 sn-3 位分布相差很小，使得 1,3-随机-2-随机分布学说对于普通种子油脂具有普遍意义，计算结果也非常准确（表 3-9），具有很强的实用价值。而动物油脂 sn-1 位与 sn-3 位分布相差较大，1-随机-2 随机-3-随机分布学说表现出更好的效果（表 3-10），但应用于血脂效果很差。

表 3-9　　1,3-随机-2-随机分布学说计算结果

油脂种类	甘油三酯组分	测定结果/%[①]	1,3-随机-2-随机计算结果/%
红花油	SUU	19.59	18.80
	UUU	79.80	80.10
党参籽油	SUU	21.62	23.58
	UUU	72.03	74.56

续表

油脂种类	甘油三酯组分	测定结果/%[①]	1,3-随机-2-随机计算结果/%
橄榄油	SUS	4.08	4.89
	SUU	33.12	34.34
	UUU	58.97	60.37
双低菜籽油	SUU	13.30	15.40
	UUU	81.91	83.90
葵花籽油	β-OOL	8.1	6.5
	β-StLL	13.2	14.0
	β-OLL	20.4	21.9
	β-LOL	8.4	8.7
	LLL	28.1	28.9
花生油	OLL	8	9
	OLLn	14	16
	LLLn	13	13
	StLLn	8	7
	LLnLn	10	11
棉籽油	β-StLSt	12.4	12.5
	β-StOL	9.4	12.5
	β-StLO	8.4	7.0
	β-StLL	22.5	24.7
	LLL	13.0	12.2

注：①结果由银离子薄层色谱法计算所得。

表 3-10　　两个学说应用可靠性比较（鼠肝油）

甘油三酯组分	含量/%		
	测定结果	1-随机-2-随机-3-随机分布学说计算结果	1,3-随机-2-随机分布学说计算结果
StMD	25.5	24.6	20.2
St_2M	13.9	13.5	11.4
M_2D	7.9	9.8	11.3
StD_2	11.3	10.3	8.5
St_2D	4.8	6.0	8.3

总之，1,3-随机-2-随机分布学说应用于含常规脂肪酸的种子油脂十分准确（不考虑对映体的差异）；而1-随机-2-随机-3-随机分布学说除变化极大的动物油脂如血脂外，对一般动物脂肪、乳脂、种子油脂应用效果良好。

甘油三酯生物合成是各分布学说可靠性的基础，所以应用分布学说还有两个条件：①应用的油脂必须是天然油脂，分提油脂、调和油脂及其他加工油脂不能应用分布学说；②油脂的来源必须均一，来源于同一脂肪组织。

第五节 研究油脂中甘油三酯组成和结构的意义

由于脂肪酸占油脂分子质量构成的95%左右，普遍认为油脂化学就是脂肪酸化学。但随着油脂科学的发展，学者们认识到脂肪酸在甘油三酯骨架上分布的重要意义。即使脂肪酸组成十分相近的油脂，物理和化学性质不一定相同，营养价值悬殊。例如，羊油与可可脂所含的脂肪酸种类和各种脂肪酸的数量都非常接近，但两种油脂的物理性质明显不同，从而影响到它们的用途。可可脂熔点低（32~36℃），熔程短，熔化性独特（35℃时固脂含量仅为1.3%），同时易被人体消化吸收，是制备巧克力及糖果的极好原料。而羊油熔点高达40~55℃，口熔特性差（35℃时固脂含量高达25%），不易消化吸收，食用价值低，多用于化学品的制备原料。从表3-11可以看出，可可脂与羊油的脂肪酸种类和数量无明显差异，但甘油三酯组成明显不同，羊油中含有大量的三饱和酸甘油三酯（SSS 26%），而可可脂中的SSS仅为2.5%，是羊油的十分之一。导致羊油熔点高的原因是其含有大量的三饱和酸甘油三酯，而4类甘油三酯的含量相对于可可脂较为均匀，是羊油熔程长的原因。相比较而言，可可脂中主要含一不饱和二饱和脂肪酸甘油三酯（S_2U，77%），组成简单，熔点低，熔程短，塑性范围窄。

表3-11 可可脂、羊油的熔点、脂肪酸和甘油三酯组成

油脂	SFC（35℃）/%	熔点/℃	脂肪酸/%（物质的量浓度）					甘油三酯/%（物质的量浓度）			
			14:0	16:0	18:0	18:1	18:2	S_3	S_2U	SU_2	U_3
可可脂	1.3	32~36	—	2~4	34~35	39~40	2	2.5	77	16	4
羊油	~25	40~55	2~4	25~27	25~31	36~43	3~4	26	35	35	4

注：SFC表示固体脂肪含量。

油脂中甘油三酯的组成和结构影响着不同甘油三酯组分的熔点，如StStSt（65℃）、PPP（55℃）、StPO（38℃）、StPL（30℃）、StOO（23℃）、StLL（1℃）、PLO（-3℃）、OLL（-7℃）。利用该特性可对天然油脂进行分提，如棕榈油、棕榈仁油、棉籽油、鱼油、藻油以及牛油等，以满足油脂的外观（常温或低温下保持透明）或加工功能需求（稳定性、食品质构修饰等）。此外，基于对油脂中甘油三酯组成和结构的理解，利用化学或生物酶催化甘油三酯分子上的脂肪酸重排，可以改变油脂的性质。例如，在猪油中因棕榈酸集中在甘油三酯的*sn*-2位，易形成β型结晶；通过随机酯交换改变猪油脂肪酸在甘油三酯上的分布，可以提高猪油中对称甘油三酯与不对称甘油三酯的比例，使猪油易形成β'结晶，改善猪油的可塑性（表3-12）。油脂是多种甘油三酯的混合物，不同类型甘油三酯具有不同的晶体结构和同质多晶特性，常引起不同油脂间的相容性问题，给产品带来不良后果，如巧克力起霜、人造奶油起砂等。因此，了解和研究不同甘油三酯乃至不同油脂之间的结晶相关特性，对油脂的改性、相容性以及食品专用油脂的加工具有重要意义。

表 3-12　　猪油、随机酯交换猪油的主要脂肪酸及甘油三酯组分

油脂	SFC（35℃）/%	主要晶体	脂肪酸/%（物质的量浓度）					甘油三酯/%（物质的量浓度）			
			16：0	16：1	18：0	18：1	18：2	UUU	UUS	USS	SSS
天然猪油	9.1	β	24.2	2.2	18.9	42.3	8.18	4.5	41.0	45.2	8.82
随机酯交换猪油	13.4	β'	24.5	2.3	17.6	42.3	8.77	10.1	33.4	39.9	13.2

随着对油脂研究的深入，人们逐渐认识到脂肪酸在甘油碳骨架上的位置不仅会影响油脂的化学性质、物理性质，还影响其营养价值。不同碳链脂肪酸的甘油三酯具有不同的营养特性，如短碳链甘油三酯具有改善肠道消化的作用，中碳链甘油三酯更易被吸收，能实现快速供能。脂肪酸在甘油上的位置分布对油脂的消化吸收也起到重要的作用，如无论是欧美母乳中最多含量的β-OPO，还是中国母乳含量最高的β-OPL，其中*sn*-2位棕榈酸占比约为70%，该构成有助于改善人体对于矿物质的吸收，减少肠道内皂钙的形成，维持肠道菌群健康和保护肠道，同时降低婴儿便秘的几率等。此外，脂肪酸在甘油三酯中的位置分布还影响油脂的氧化稳定性。因此，准确分析不同甘油三酯乃至不同油脂之间的脂肪酸组成和结构具有重要的意义。

第四章 脂肪酸和油脂的物理性质

CHAPTER 4

学习要点

1. 理解晶体、晶型、晶胞、同质多晶体等概念，掌握油脂及脂肪酸同质多晶体的种类及特性，各种晶型的稳定性及晶型之间的转变方式。了解同质多晶体现象的实际意义及其应用实例。

2. 了解油脂及脂肪酸的同质多晶现象对热性质的影响。了解 DSC 的基本原理及其在油脂分析中的应用。

3. 理解熔化膨胀、热膨胀、塑性脂肪、SFC 等概念的涵义。理解熔化膨胀和塑性脂肪中固体脂肪含量的关系。了解膨胀法及核磁共振法测定脂肪含量的基本原理及方法。

4. 理解并掌握油脂和脂肪酸的基本物理特性（密度、熔点、沸点、折光率、比热容、黏度等）的变化规律。

5. 理解溶解和不溶解的相对性及相似相溶原理。理解脂肪酸、油脂和水与有机溶剂的互溶性。

6. 理解油脂、脂肪酸的红外、紫外、可见光吸收光谱的特征吸收峰与油脂和脂肪酸结构的关系。

脂肪酸和油脂的工业生产及应用特性与它们的物理性质有直接关系，而脂肪酸与油脂的物理性质受它们组成和结构的影响。脂肪酸或油脂中的碳链长短、双键数目及构象对它们的熔点、密度、黏度、溶解性、结晶体结构及形态、热性质、光谱性质等有一定的影响。

第一节　脂肪酸和油脂的溶解性

一、脂肪酸和油脂在水中的溶解性

脂肪酸在水中的溶解性比相应烃在水中的溶解性好。低级脂肪酸（甲酸至丁酸）在室温下可以与水以任意比互溶。相同温度下，脂肪酸在水中的溶解性随着碳链长度的增加而下降，随着温度升高而逐渐增加（图 4-1）。C_6、C_8 饱和脂肪酸在水中的溶解性较好；C_{10} ~ C_{18} 饱和脂肪酸在水中的溶解性很差，其溶解度的对数随碳链数目的增加而呈线性递减。相同条件下，不饱和脂肪酸在水中的溶解性好于饱和脂肪酸，且溶解性随不饱和度的增加而增加。脂肪酸在水中的溶解性比水在相应脂肪酸中的溶解性差（表 4-1）。含有亲水取代基的脂肪酸，其与水的互溶性比相应的非取代酸好，如含有羟基的蓖麻酸与水的互溶性很好。

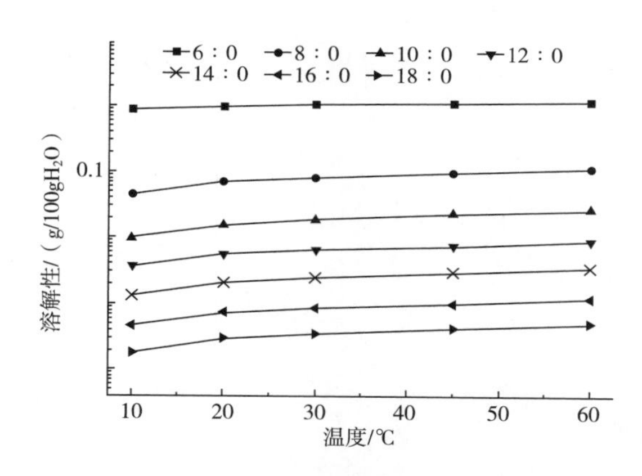

图 4-1　天然饱和脂肪酸在水中的溶解性

表 4-1　　一些饱和脂肪酸与水的相互溶解性

脂肪酸	水在脂肪酸中的溶解性 /[g H_2O/100g FA（t，℃）]		脂肪酸在水中的溶解性 /[g FA /100g H_2O（t，℃）]	
月桂酸	2.41	（42.7）	0.009	（60）
豆蔻酸	1.73	（53.2）	0.003	（60）
棕榈酸	1.27	（61.8）	0.001	（60）
硬脂酸	0.93	（68.7）	0.0005	（60）

随着温度的升高，油脂与水的相互溶解能力均有所提高；水在油脂中溶解度的增加与温度的升高有近乎直线的关系，温度越高，溶解度越大。温度高于 200℃时，油脂与水的互溶性大大提高，此时油脂的水解反应速率得到极大提升。含较多中碳链脂肪酸的椰子油和含羟基酸的蓖麻油较棉籽油、豆油等能溶解更多的水。

一般情况下，油脂溶于水的能力大于水溶于油脂的能力；无论是油脂在水中的溶解度或者是水在油脂中的溶解度都比相应的脂肪酸小得多。

二、脂肪酸和油脂在有机溶剂中的溶解性

油脂在有机溶剂中的溶解有以下两种情况：一种是溶剂与油脂完全混溶，当降温至一定程度时，油脂以晶体形式析出，这一类溶剂称为脂肪溶剂；另一种情况是某些极性较强的有机溶剂在高温时可以和油脂完全混溶，当温度降低至某一值时，溶液变混浊而分为两相，一相是溶剂中含有少量油脂，另一相是油脂中含有少量溶剂，这一类溶剂称为部分混溶溶剂。

油脂和脂肪酸分子中长链烃基的体积质量大于亲水性的羧基和酯基的体积质量。所以，

它们一般在非极性溶剂中的溶解度较大。而酮酸、羟基酸等在极性溶剂中的溶解度要大一些，如蓖麻油易溶于乙醇而难溶于石油醚。

在有机溶剂中，油脂和脂肪酸的溶解度都随碳链长度的增加而减小，随着不饱和度的增加而增加，随温度的降低而减小；不饱和脂肪酸的顺式异构体的溶解度通常大于其反式异构体的溶解度，而且双键位置越靠近羧基端其溶解度越大。

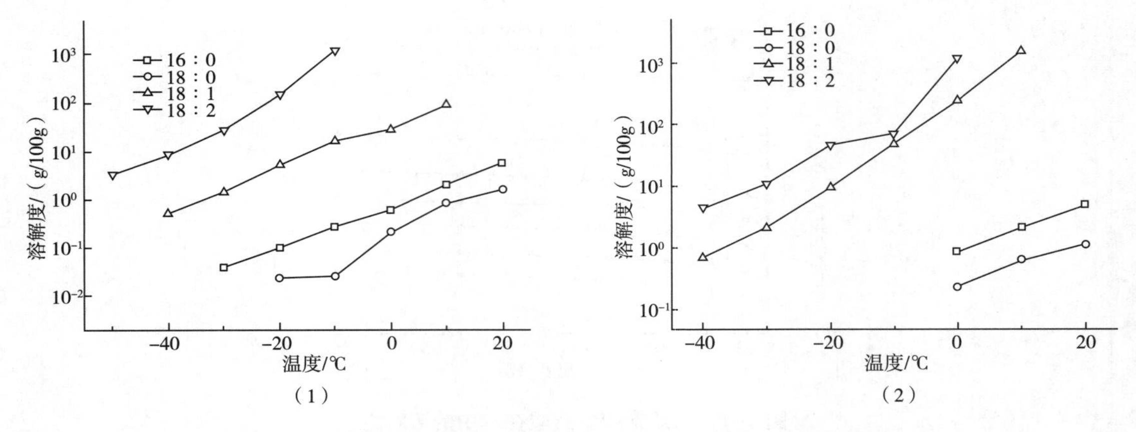

图 4-2　几种主要脂肪酸在丙酮（1）和 95%乙醇（2）中的溶解度

一些脂肪酸在丙酮和 95%乙醇中的溶解度如图 4-2 所示，饱和脂肪酸与不饱和脂肪酸在极性溶剂中的溶解度差别很大，且温度对溶解性有显著性影响。此性质可以作为以混合脂肪酸为原料采用溶剂法分离富集不饱和脂肪酸的依据。

三、气体在脂肪酸和油脂中的溶解性

气体在脂肪酸和油脂中溶解性的数据较少，室温下油脂中溶解了 4%～10%（体积分数）的空气。CO_2 在油脂中的溶解性随温度的升高而降低。氮气、氧气、氢气和一氧化碳在油脂中的溶解性随温度的升高而增加。

气体在油脂中的溶解性会受油脂中其他成分的影响，一般来说气体在毛油中的溶解性较精炼油中的溶解性高。气体在油脂中的溶解性比其在脂肪酸中的溶解性略好一些。

第二节　密度、黏度

一、密度

单位体积物质的质量称为该物质的绝对密度（g/cm^3），简称密度。一种物质的绝对密度与水的绝对密度（4℃水的密度）的比值称为该物质的相对密度。物质密度的大小与物态、晶型等，尤其是测定的温度有直接关系。油脂和脂肪酸的密度通常可利用密度计测量，也可以根据由 X 射线衍射等手段获得的晶胞数据计算得到。

脂肪酸及其甘油酯的密度通常随着碳链增长而减小，随着不饱和程度的增加同碳数脂肪酸及其甘油酯的密度略有增加。共轭酸的密度大于同碳数的非共轭酸，含有羟基和羰基的取代酸密度最大。

不同晶型的脂肪酸和甘油酯密度略有不同，但差异不大。如常温下硬脂酸 B、C 两种晶型的密度分别为 1.036g/cm^3 和 1.021g/cm^3；而三硬脂酸甘油酯三种晶型的密度分别为 1.014g/cm^3（α，−38.6℃）、1.017g/cm^3（β'，−38.0℃）、1.043g/cm^3（β，−38.6℃）。

天然油脂为甘油三酯的混合物，其密度与组成的关系非常复杂。常温下许多油脂的密度小于 1，液体油的密度随温度的升高而缓慢的降低，密度（ρ）随温度（T,℃）变化的关系如式（4-1）所示。随着温度的增加，油脂密度线性降低；对于不同的油脂，公式中常数 a 和 b 不同。常温下呈固态的脂肪通常是液-固混合物，其密度取决于该温度下固相和液相的比例。在加热完全变成液态的过程中，其密度呈阶段性变化。甘油三酯从固体熔化为液体，密度大约降低 10%。

$$\rho=a+b\cdot T \tag{4-1}$$

二、黏度

黏度是分子间内摩擦力大小的标度，常用黏度系数 η 表示。其物理意义为单位距离两个平行层之间维持单位速度差时，单位面积上所需的力，也称动力黏度或绝对黏度，常用单位为 mPa·s。绝对黏度与液体密度之比称为运动黏度。

由于长烃基链之间的相互作用，油脂和脂肪酸都具有较高的黏度。不饱和脂肪酸或油脂的烃基链之间的作用力较饱和酸或酯小，黏度相应有所降低。甲酯等低级醇脂肪酸酯中能够形成分子间氢键的羧基被屏蔽，其黏度比相应的脂肪酸低。蓖麻油中的蓖麻酸的羟基可形成分子间氢键，而使得蓖麻油有非常高的黏度（表 4-2）。

表 4-2　一些油脂的黏度

油脂	黏度/mPa·s	
	38℃	99℃
橄榄油	42.75	8.32
菜籽油	46.15	9.41
棉籽油	32.96	7.71
大豆油	26.29	7.01
葵花油	30.67	7.07
蓖麻油	282.22	19.31
椰子油	27.48	5.59
棕榈仁油	28.42	5.97

油脂或脂肪酸的黏度通常随温度增加而降低，在一定的温度范围内，黏度的对数与绝对温度的倒数成负线性相关。

第三节 热性质

一、结晶与熔化

对于天然油脂而言，室温下呈液态的称为油，呈固态的称为脂。就分提油脂来说，在某一温度下分提得到的液体部分称为液油，固体部分称为固脂。无论是室温下的脂还是分提得到的固脂都不是完全固态物质，其中还有一定量的液体油，应该称它们为“固态溶液”更合适一些。天然脂肪酸也是这样。

油脂或脂肪酸的存在状态与温度有直接关系。油脂或脂肪酸的固态-液态转变如图 4-3 所示，液态经冷却转变为固态，这一过程称为凝固或结晶；固态经加热转变为液态，这一过程称为熔化。一般而言，在 80℃以下固-液态转化对其化学组成及性质的影响不大，但固态与液态油的物理性质（如密度、黏度、比热容、膨胀等）有很大差别。

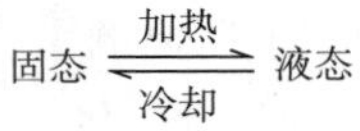

$$固态 \underset{冷却}{\overset{加热}{\rightleftharpoons}} 液态$$

图 4-3 油脂固态-液态转变

（一）结晶

液态油脂或脂肪酸因温度降低会出现结晶甚至凝固现象。在结晶或凝固过程中，脂肪酸或油脂结晶的晶粒会按照一定的方式有规律地排列形成特征形状的晶体。

X 射线衍射研究表明，结晶态的脂肪酸或油脂呈层状排列。构成结晶体基本单位的晶胞则呈有两个短间距（a 和 b）和单位晶胞棱长（长间距，d）组成的棱柱状结构。β 为棱柱与 ab 平面的夹角，如图 4-4 所示。长间距（d=棱长×sinβ）、短间距的大小取决于脂肪链的堆积方式。脂肪分子或垂直于晶层平面，或斜交于晶层平面，这样就形成了不同的晶体类型。一种物质在不同的结晶条件下形成不同类型晶态的现象称为同质多晶现象。实际上，脂肪酸、甘油三酯和天然油脂晶胞的短间距数值可能有 1 个、2 个或多个。

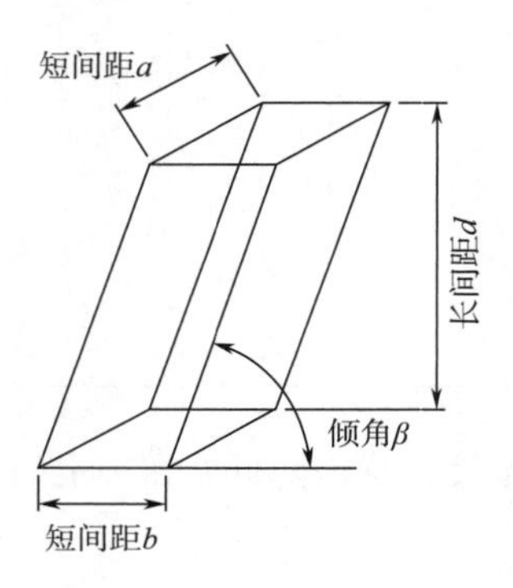

图 4-4 晶胞单位示意图

X 射线衍射研究表明，晶体中的脂肪酸分子以双分子层的形式排列，两个脂肪酸分子的羧基通过一分子的羰基氧与另一分子的羧基氢互成两对氢键，层间的作用力为双分子甲基端的弱范德瓦尔斯力，所以脂肪酸分子通常有滑腻感，就是晶体层间滑动的结果。晶体中饱和脂肪酸分子烃基部分的亚甲基呈锯齿状排列，相邻两碳碳键夹角约为 112°，所以，脂肪酸分子烃基部分的长度并不等于饱和碳碳键长（0. 154nm）的简单加和，而是沿纵轴方向每延长一个单位平均增加约 0. 127nm。不饱和脂肪酸中的双键若为反式构象，分子长度变化不大；若为顺式则会由于碳链的弯曲而使分子长度显著缩短。例如，硬脂酸、反油酸和油酸的分子长度分别为 0. 232nm、2. 3nm 和 1. 8nm。甘油三酯或天然油脂也有类似于脂肪酸的排列方式。脂肪晶体分子也多以双分子单位或三分子单位的形式排列，所以长间距通常与由键长和键角计算得到的值并不相等。晶胞垂直时长间距等于单位晶胞棱长，倾斜时小于单位晶胞棱长。

饱和脂肪酸的多晶态现象与碳链的数目有关。偶数碳饱和脂肪酸主要存在 A、B、C 三种晶型；奇数碳饱和脂肪酸为 A′、B′、C′晶型，且碳链的倾斜角按顺序依次降低，而晶体的稳定性也是随倾斜角的减小而增强。偶数碳饱和脂肪酸的稳定性顺序为 C 型>B 型>A 型；奇数碳饱和脂肪酸则有所不同，最稳定的晶型为 B′型。值得指出的是，无论是偶数碳饱和脂肪酸还是奇数碳饱和脂肪酸其晶型与亚晶胞的结构具有一致性，即 A、A′属于三斜晶系；而 B、B′或 C、C′属正交晶系。除了上述常见的六种晶型外，偶数碳饱和脂肪酸还发现了超 A 型（与 A 型结晶非常相似）和 B_1 型晶体，奇数碳饱和脂肪酸则存在 D′型等。

晶态的形成与结晶条件有直接关系。通常在非极性溶剂中易得到 A 或 B 型结晶，在极性溶剂中得到稳定的 C 型结晶，融熔脂肪酸冷却也得到 C 型结晶。

在一定的条件下，脂肪酸不同晶型之间可以转化，但这种晶型转变具有单向性，即

$$A 型 \rightarrow B 型 \rightarrow C 型$$

所以，以不稳定的 A 晶型或介稳定的 B 晶型在升温至 C 晶型的熔点前，就已经转化为稳定的 C 型晶体。也就是说，脂肪酸的晶型对其熔点没有影响，一种脂肪酸只有一个熔点。

利用 X 射线衍射、红外和拉曼光谱对不饱和脂肪酸多晶态现象的研究表明，不饱和脂肪酸主要有 α、β、γ 三种类型的结晶，其中以 β 型结晶最为稳定。

为了更直观地表示不同晶型脂肪酸的结构，图 4-5 给出了月桂酸的超 A 型结晶、硬脂酸的超 B 型结晶、月桂酸的超 C 型结晶、油酸的 β 型结晶和亚油酸的 β 型结晶，以及对应的晶胞参数。

X 射线衍射分析证实，甘油酯主要存在 α、β'、β 三种晶体，分别从低到高对应三种不同的熔点（也有将液体甘油三酯骤冷得到的介稳态液体称为 sub-α 晶型或 α' 晶型）。熔化的甘油酯速冷通常得到 α 型晶体；缓慢加热熔化晶体，并保持刚好高于其熔点的温度，固化形成 β' 晶型；用类似的方法处理 β' 晶型可以得到 β 晶型，β 晶型也可在低温下从溶剂中重结晶得到。同种甘油酯不同晶型熔化时具有不同的焓变，β 晶型的焓变最大，熔点也最高。甘油三酯三种晶型的部分特征参数如表 4-3 所示。

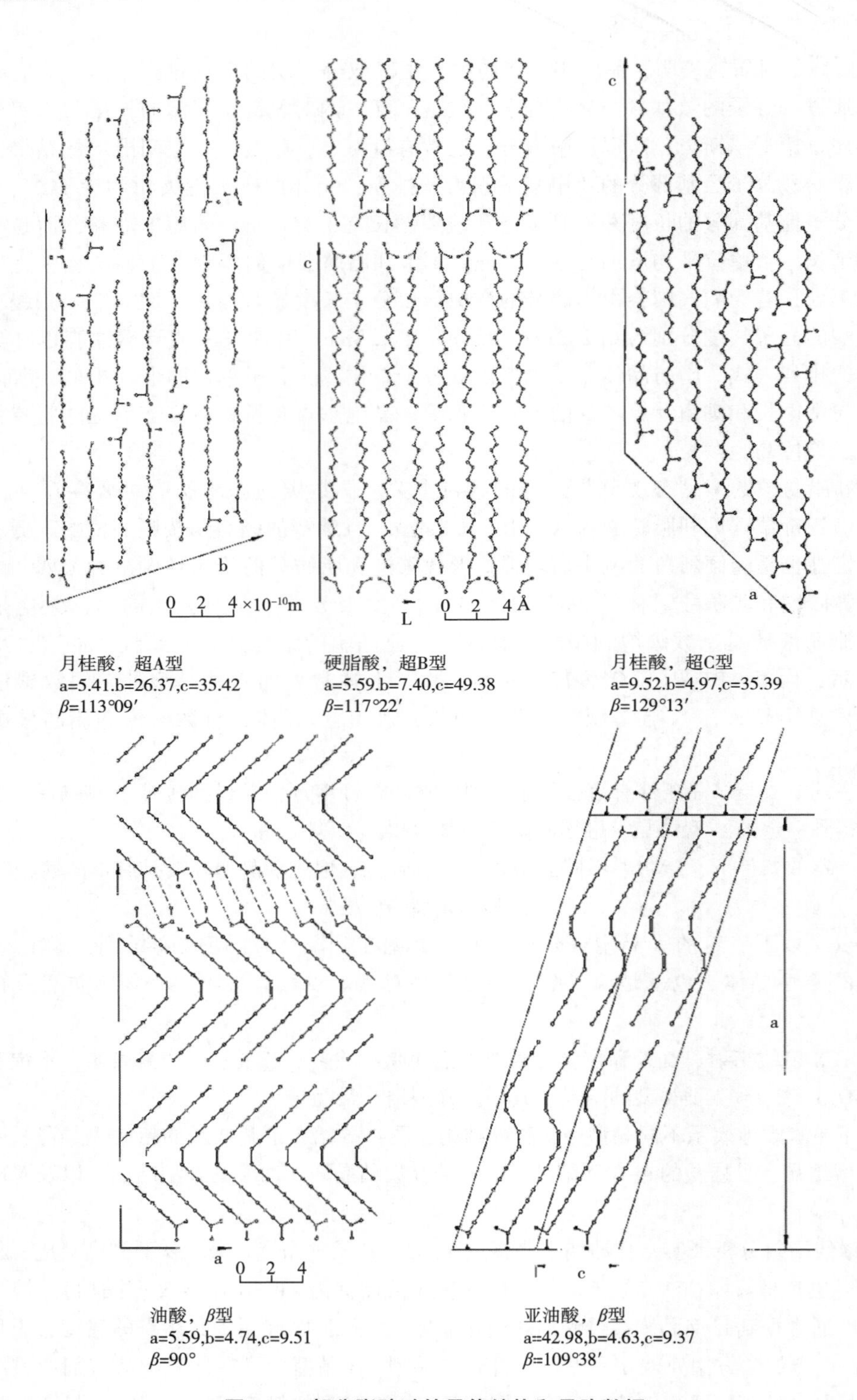

月桂酸，超A型
a=5.41.b=26.37,c=35.42
β=113°09′

硬脂酸，超B型
a=5.59.b=7.40,c=49.38
β=117°22′

月桂酸，超C型
a=9.52.b=4.97,c=35.39
β=129°13′

油酸，β型
a=5.59,b=4.74,c=9.51
β=90°

亚油酸，β型
a=42.98,b=4.63,c=9.37
β=109°38′

图 4-5 部分脂肪酸的晶体结构和晶胞数据

表 4-3　　甘油三酯三种晶型的部分特征参数

晶型	熔点	密度	短间距/nm	碳链排布	亚晶胞
α	最低	最小	0. 41	垂直	六方晶系
β'	中值	中值	0. 42~0. 43；0. 37~0. 40	倾斜	正交晶系
β	最高	最大	0. 46；0. 36~0. 39	倾斜	三斜晶系

甘油三酯的同质多晶现象比较复杂，与三个酰基有关。同酸甘油三酯最稳定的晶型为β晶型，熔点也最高；混酸甘油三酯很难获得β晶型，所以其最稳定的晶型为β'型。图 4-6 表示的是饱和同酸甘油三酯三种晶型的长间距随酰基碳原子数目的变化情况。从图示数据可以计算出，每增加一个碳原子，α、β'、β晶型的长间距分别增加 2×0. 129nm、2×0. 126nm、2×0. 114nm（偶数碳，β晶型）和 2×0. 127nm（奇数碳，β晶型），所以可以利用图示的公式估算饱和同酸甘油三酯的长间距。

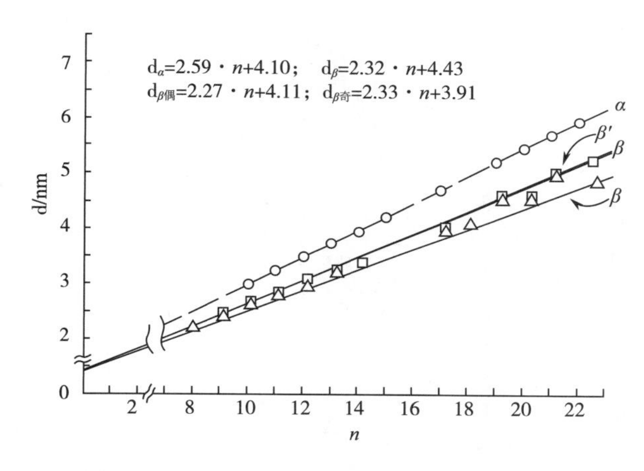

图 4-6　饱和同酸甘油三酯α（○）、β'（□）和β（△）晶型的长间距（d）随酰基碳原子数（n）的变化情况

如图 4-7 所示，稳定的β晶型中甘油三酯分子多以双倍链长（double chain length，DCL）的形式排布。但若其中一个酰基与其他两个显著不同或含有非对称分布的不饱和酰基等情况下，甘油三酯分子在结晶中以三倍链长（triple chain length，TCL）的形式排布。

图 4-8 给出了 19 种同酸或混酸甘油三酯稳定晶态（β或β'）长间距的变化情况。其中的 9 种甘油三酯服从二倍链长排布（线 1、2、3）；10 种服从三倍链长排布（线 4）。从图 4-8 可以发现，同酸或 $C_nC_mC_n$（$n-2<m<n+1$）型对称分布的混酸甘油三酯形成稳定的β晶型，按 DCL 排布；非对称分布的混酸或 $C_mC_nC_n$（$m=n-2$ 或 $n-4$）型甘油三酯形成稳定的β'晶型，按 DCL 或 TCL 排布。

甘油酯的不同晶型之间是可以相互转变的，但这种转变具有图 4-9（1）所示的方向性。即从非稳定晶型向稳定晶型的转变是能量允许的，从液体出发可以形成任何晶型，这点可以从甘油酯的液体和多晶态的自由能与温度的变化关系得到解释［图 4-9（2）］。

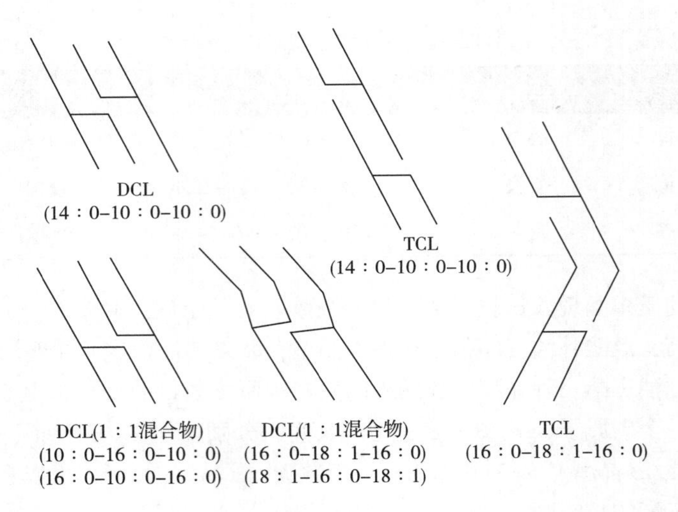

图 4–7　DCL 和 TCL 的结构

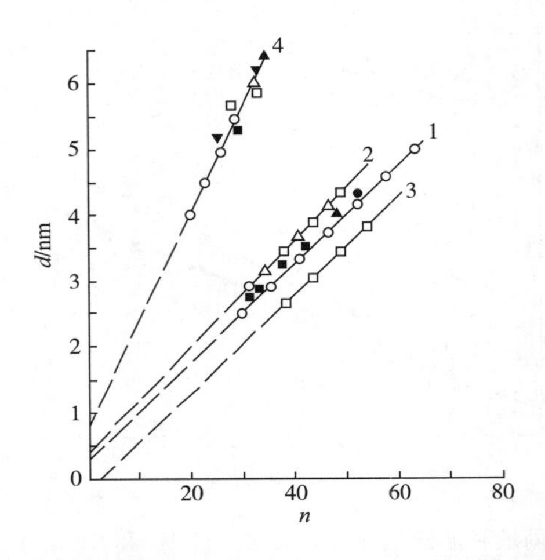

图 4–8　X 射线衍射测定的 19 种甘油三酯稳定晶型的长间距（d）随酰基碳原子总数（n）变化的情况

1—$C_nC_nC_n$、$C_nC_{n-1}C_n$　2—$C_{n-2}C_nC_n$、$C_{n-4}C_nC_n$　3—$C_{n+2}C_nC_n$　4—$C_{n+4}C_nC_n$、$C_nC_{n-4}C_n$ 和 $C_nC_{n-2}C_n$

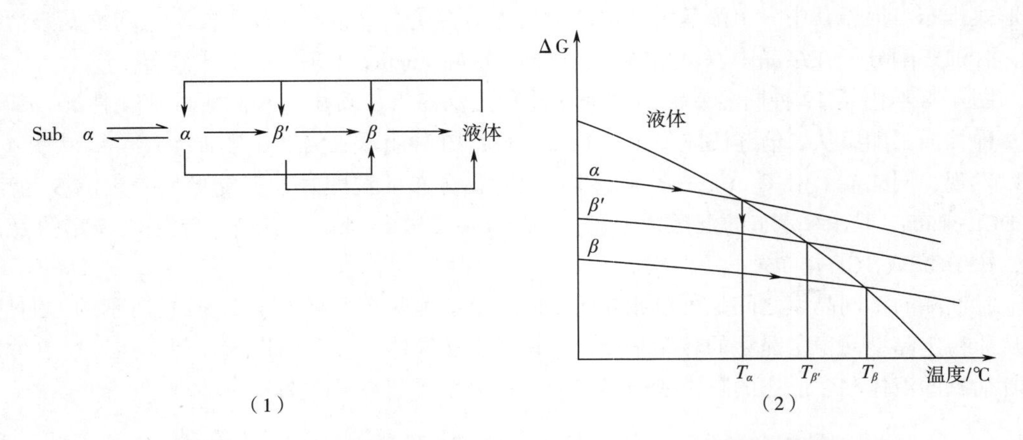

图 4–9　甘油酯同质多晶态转化的方向性及其自由能变化示意图

天然油脂因其组分的复杂性，它们的结晶温度或凝固温度是一个范围，而非特定值（表 4-4）。凝固点的高低与油脂组成有关，尤其是甘油三酯的组成及含量。

表 4-4 一些油脂的熔化和凝固温度范围

油脂	熔化温度/℃	凝固温度/℃	油脂	熔化温度/℃	凝固温度/℃
猪油	28~40	22~32	椰子油	20~28	18~23
牛油	40~50	30~38	棕榈油	30~37	27~33
牛乳脂	28~38	15~25	可可脂	32~36	21~27

油脂的结晶行为可以通过分析结晶过程中的固体脂肪含量（SFC）、流变性和结晶焓变随时间的变化情况来获得。等温条件下油脂的结晶行为如图 4-10 所示，t_0 为结晶诱导时间，μ 为结晶速率，SFC_{max} 为结晶达平衡时的 SFC，结晶动力学（曲线）可用 Avrami 方程来模拟。

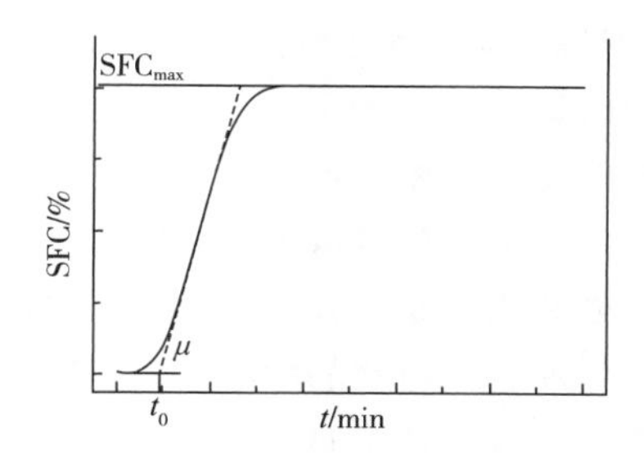

图 4-10 油脂等温结晶曲线

（二）熔化

油脂或脂肪酸固体在加热过程中，会逐渐变软直至完全变为液体。因组分复杂，天然油脂在由固体变为液体的过程没有明显的熔点，而是一个熔化范围；而纯的脂肪酸或甘油酯在熔化过程中有特定的熔点。脂肪酸、甘油酯的结晶形态对它们的熔点有影响。

饱和脂肪酸的熔点主要取决于碳链的长度，但是在偶数碳和奇数碳饱和脂肪酸之间存在着交变现象，即奇数碳饱和脂肪酸的熔点低于其相邻的偶数碳饱和脂肪酸。然而，这种熔点差随着碳链数目的增加而减小（图 4-11）。这种现象的产生主要与碳链的对称性和形成晶体时碳链的堆积方式有关（偶数碳饱和脂肪酸熔点：C 晶型→液体；奇数碳饱和脂肪酸熔点：C′晶型→液体）。

不饱和脂肪酸的熔点通常低于饱和脂肪酸，但也与双键的数目、位置以及构象有关。双键数目越多，熔点越低。比如，硬脂酸、油酸、亚油酸和亚麻酸的熔点分别为 69.6℃、13.5℃、-5℃和-11℃。双键位置越靠近碳链的两端，熔点越高。双键数目和位置相同的反式脂肪酸的熔点通常高于对应的顺式脂肪酸（图 4-12）。当三键处于碳链中间时，炔酸的熔点低于偶数碳反式一烯酸，高于奇数碳反式一烯酸；三键处于两端时高于反式一烯酸。处于全反式构象的共轭脂肪酸其熔点接近于饱和脂肪酸。所以，氢化、反化和共轭化都可以使脂肪酸的熔点升高。

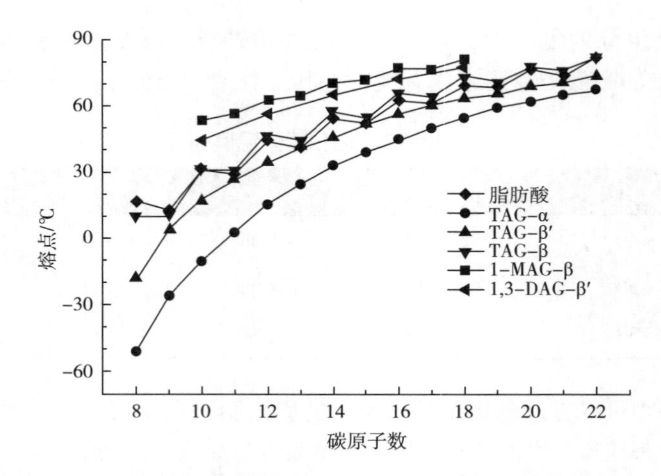

图 4-11　脂肪酸及其多晶态酯的熔点随碳链长度的变化

支链脂肪酸不利于碳链的堆积和晶体的形成，所以其熔点低于同碳数的直链酸。羟基酸则由于氢键的形成而导致熔点升高。脂肪酸甲酯的熔点低于相应的酸。混合脂肪酸的熔点理论上低于其组成的任何组分的熔点。

甘油酯的熔点除了与酰基性质有关外，还与晶型有关。同酸或对称性好的甘油酯可以形成三种不同的晶型（图 4-11）。熔点较低的 α 和 β' 晶型无奇偶碳熔点交变现象；而稳定的 β 晶型不仅有明显的熔点交变现象，而且其熔点与其对应的脂肪酸非常接近。不饱和脂肪酸的甘油酯随不饱和程度的增加，其稳定晶型的熔点也降低。反式不饱和一烯酸甘油酯的熔点明显高于对应的顺式酸，且双键处于偶数位时的熔点高于双键处于奇数位时的熔点（图 4-12）。

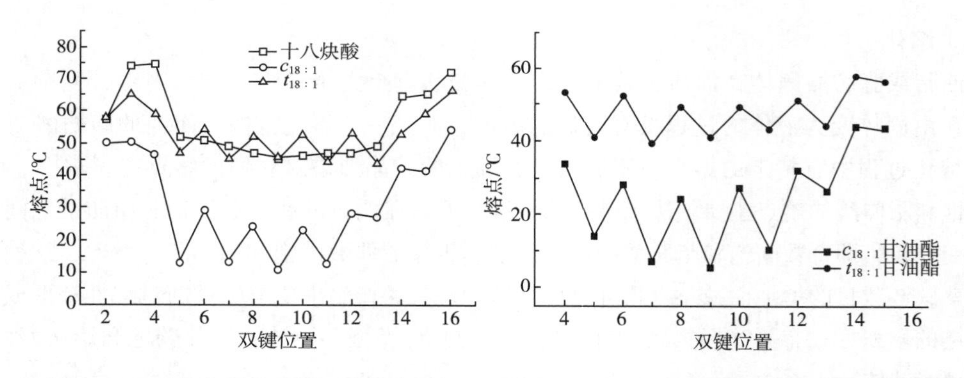

图 4-12　不饱和键的位置以及构象对十八碳不饱和脂肪酸及其甘油三酯熔点的影响

甘油酯中以甘油一酯熔点最高，甘油二酯次之，甘油三酯熔点最低。天然油脂是混脂肪酸甘油三酯的混合物，所以油脂没有确定的熔点，而仅有一个熔化的温度范围。只有在很低温度下，油脂才能完全变为固体。室温下呈现固体的油脂多数是塑性脂肪，是固体脂肪和液体油的混合物，不是完全的固体脂。

固体脂受热会随温度升高而发生膨胀，引起密度降低、比热容增加，这种非相变膨胀称为热膨胀；由固体脂转化为液体油发生相变而引起的膨胀称为熔化膨胀。液体油受热也会产生热膨胀现象。单位质量的固体脂或液体油每升高1℃而发生热膨胀时的体积变化称为热膨胀系数。表4-5列出了部分甘油三酯熔化膨胀值和热膨胀系数。表中数据显示，尽管不同甘油酯的热膨胀系数不尽相同，但液体油和固体脂的热膨胀系数分别约为0.00030mL/(g·℃) 和0.00090mL/(g·℃)；而熔化膨胀值则相对大得多。

表4-5　部分甘油三酯的熔化膨胀值和热膨胀系数

甘油三酯	熔化膨胀值		热膨胀系数/［mL/(g·℃)］	
	mL/g	mL/mol	固体	液体
三月桂酸甘油酯	0.1428	91.24	0.00019	0.00090
三豆蔻酸甘油酯	0.1523	110.13	0.00021	0.00091
三棕榈酸甘油酯	0.1619	130.70	0.00022	0.00092
三硬脂酸（α）甘油酯	0.1610	143.53	0.00026	0.00095
三硬脂酸（β'）甘油酯	0.1316	117.32	0.00029	—
三硬脂酸（β）甘油酯	0.1192	106.26	0.00032	—
三反油酸甘油酯	0.1180	104.48	0.00018	0.00087
三油酸甘油酯	0.0796	69.06	0.00030	0.00099
一硬脂酸二油酸甘油酯	0.1178	101.78	0.00030	0.00095
一油酸二棕榈酸甘油酯	0.1240	100.32	0.00030	0.00091
一棕榈酸二硬脂酸甘油酯	0.1553	134.09	0.00026	0.00093
一硬脂酸二棕榈酸甘油酯	0.1527	127.55	0.00027	0.00097

目前，常用差示扫描量热仪（differential scanning calorimeter，DSC）分析油脂的热性质，即在程序控温下，测量输给待测物质与参比物的功率差与温度（或时间）的关系（图4-13）。通常分析结晶和熔化两个过程。T_{OC}、T_C 和 ΔH_C 分别为起始结晶温度、结晶峰值温度和结晶焓变，T_{OM}、T_M 和 ΔH_M 分别为起始熔化温度、熔化峰值温度和熔化焓变。样品随温度的变化会发生诸如相变、熔化、晶型转变等变化，这些变化均能引起吸热或放热效应。DSC可用于研究甘油酯的多晶型现象、磷脂和胆固醇酯的液晶现象、油脂氢化程度、油脂的塑性及熔化和结晶行为等。

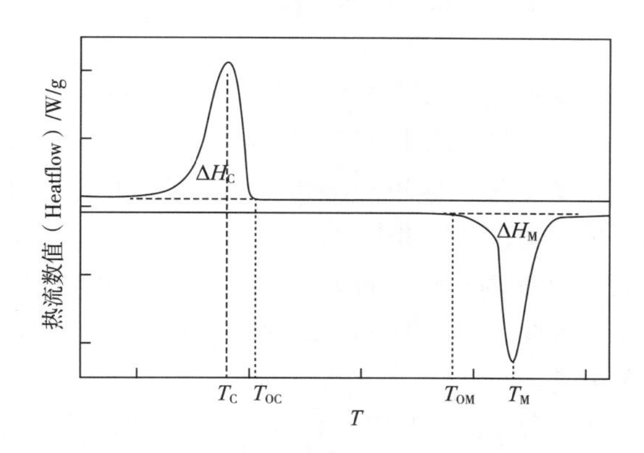

图4-13　典型的油脂熔化和结晶过程的DSC曲线

（三）油脂的塑性

室温下呈固态的油脂如猪油、牛油、乳脂、棕榈仁油、椰子油、乌桕脂、可可脂等是由液油和固脂两部分组成的混合物，只有在极低温度下才能转化为100%的固体（约为-38℃）。这种由液油和固脂均匀融合并经一定加工而成的脂肪称为塑性脂肪。塑性脂肪的显著特点是在一定的外力范围内，具有抗变形的能力，但是变形一旦发生，又不容易恢复原状。

塑性脂肪必须具备：①由固液两相组成；②固体充分地分散，使整体（固液两相）由共聚力保持成为一体；③固液两相比例适当。即固体粒子不能太多，避免形成刚性的交联结构；但也不能太少，否则没有固体粒子骨架的支撑作用而造成脂肪的整体流动。塑性脂肪的塑性取决于固液两相的比例、固态甘油三酯的结构、结晶形态、晶粒大小、液油的黏度以及加工条件和加工方法等因素。其中，固液两相的比例最为重要。以前，通过测定塑性脂肪的膨胀特性而确定一定温度下的固脂和液油的比例，测定塑性脂肪的固体脂肪指数（solid fat index，SFI）来反映其固体脂肪的多少，了解塑性脂肪的塑性特征。现多采用脉冲核磁共振法测定塑性脂肪的固体脂肪含量（SFC），分析塑性脂肪的塑性。一些油脂的SFC随温度变化的曲线如图4-14所示。

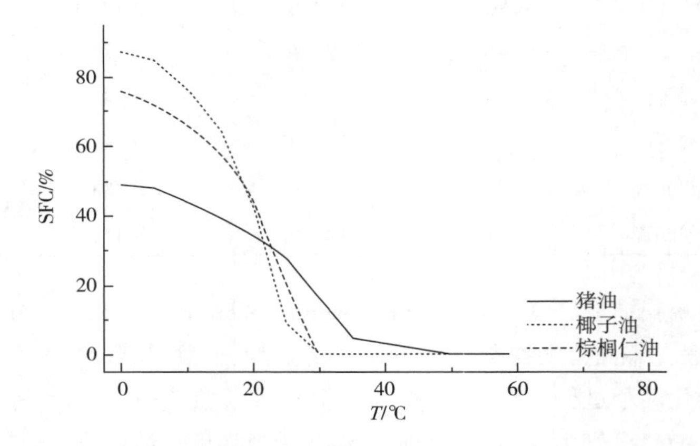

图4-14 一些油脂的固体脂肪含量（SFC）随温度的变化

（四）结晶的控制及工业应用

为更好地满足工业生产的需求，提高产品质量，通常需要控制油脂的结晶过程，以得到合适的油脂结晶物。

为了增加棉籽油的低温稳定性，在棉籽油生产中会进行冬化（winterization）处理，以除去高熔点的固脂。棕榈油生产过程中往往要进行分提（fractionation）处理，将棕榈油分成高熔点部分和低熔点部分，以满足工业应用的不同需求。冬化和分提过程中要求冷却速度很慢，以便有足够的晶体形成时间，产生粗大的β晶型以利于过滤。如果冷却太快，析出的固体晶体细小，在增加压力时这些细小的晶粒结合紧密，使晶体间的空隙很小，液油很难通过，给过滤分离带来困难。因此，在油脂冬化或分提过程中，要求在较长时间内缓慢冷却油脂，以利于固脂与液油的分离。

起酥油和人造奶油用于多种食品的制作，实际应用中对它们的SFC均有要求，以满足优良的物理稳定性、良好的涂布性和很好的口感。这就要求起酥油和人造奶油的结晶颗粒细腻，结晶类型通常为β'型，即油脂先经急冷后形成许许多多细小的α晶体，然后再保持略高的温度继续冷冻（熟成期），使之转变为熔点较高的β'晶型，但过程要避免β晶型的产生。在工业上一般通过产品配方的调整、工艺过程的控制来确保产品质量。

利用可可脂生产巧克力时，要严格控制生产条件，使可可脂既能全部形成稳定的β晶型，同时晶体颗粒又不能过分粗大。以确保可可脂的熔点在35℃左右，在人体温度下容易熔化且不产生油腻感，不会由于多种晶型的存在引起的收缩程度不同而起霜等。

二、沸点与蒸气压

沸点和蒸气压是油脂、脂肪酸及其衍生物的重要物理性质，在油脂行业有着广泛的用途。同一脂肪酸，沸点随压力的降低而降低；相同压力下，饱和度相同的脂肪酸，其沸点随脂肪酸碳链长度的增加而增加（图 4-15）。对于饱和脂肪酸而言，两脂肪酸间的沸点差随压力的降低而减小。相同压力下，油酸和亚油酸的沸点比硬脂酸的沸点低，但比棕榈酸的沸点高。理论上采用分馏的方法可以分离相差两个或两个以上碳原子的脂肪酸，但是由于脂肪酸通常不是一个理想的混合物（性质偏离拉乌尔定律），因此采用分馏操作很难达到有效地分离。为了更精确地分馏，常采用脂肪酸甲酯（乙酯、丙酯也可以，但它们的热稳定性不如脂肪酸甲酯）的形式进行分馏。这是由于脂肪酸甲酯的性质更接近理想状态，沸点比相应的脂肪酸要低，热稳定性也比相应的酸要好。附录中列出了部分脂肪酸和脂肪酸甲酯的沸点，可作为分馏脂肪酸的依据。

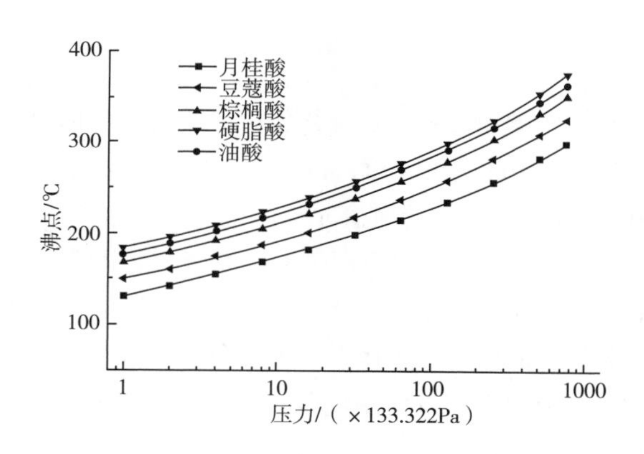

图 4-15　一些脂肪酸的沸点

脂肪酸及其酯类沸点的大小为：甘油三酯>甘油二酯>甘油一酯>脂肪酸>脂肪酸的低级一元醇（甲醇、乙醇、异丙醇等）酯。它们的蒸气压大小顺序正好相反。其中，甘油酯的蒸气压大大低于脂肪酸的蒸气压。甘油一酯具有相当高的蒸气压，一般采用高真空短程蒸馏即可将其与甘油二酯、甘油三酯有效地分离。甘油三酯的蒸气压很低，即使是高真空蒸馏，也不能保证甘油三酯分子不受破坏而蒸馏出来。

三、烟点、闪点和燃点

油脂烟点是指油脂试样在避免通风的情况下加热，当出现稀薄连续的缕缕青烟时的温度。油脂烟点的高低与油脂的组成有很大的关系。一般短碳链或不饱和度高的脂肪酸组成的油脂比长碳链或饱和脂肪酸组成的油脂烟点低的多，游离脂肪酸、甘油一酯、甘油二酯和其他受热易分解、易挥发的类脂物含量多的油脂其烟点相对来说要低一些。烟点的高低是评价油脂品质的指标之一。对于同一种油脂而言，精炼程度越高烟点越高。以前，一些市售精炼植物油（如大豆油、葵花籽油、菜籽油、花生油等）的烟点要求达到205℃以上，为了实现这样的要求，加工过程中会损失油脂中的功能性成分。随着营养健康需求的提高和植物油适度加工理论的提出，国家标准中精炼植物油的烟点调整为不低于190℃。

油脂的闪点是指在严格规定的条件下加热油脂，直到将一火焰移近油脂所发出的气体与周围空气形成的混合气体而引起闪燃的温度，此温度称为油脂的闪点。一般植物油的闪点为275~330℃，脂肪酸的闪点要低于相应油脂闪点100~150℃，但是，当油脂中有溶剂存在时，油脂的闪点就大大降低。

油脂的燃点是指在严格规定的条件下加热油脂，直到将一火焰移近时油脂着火燃烧，且燃烧时间不少于5s，此温度称为油脂的燃点。植物油脂的燃点通常比其闪点高20~60℃。

第四节　波谱学性质

一、折射率

光（或电磁波）在真空中的速度和光在某介质中的速度之比称为该介质的折射率。由于光在空气中的速度与光在真空中的速度相近，因此，一般用在空气中测定折射率替代在真空中测定折射率。根据Maxwell关系式，折射率n与静电介电常数K_ε存在如下关系：$n=K_\varepsilon^{0.5}$，但受多种因素影响，该关系式仅能近似地应用于油脂和脂肪酸体系。

折射率与测定所用光线的波长有关，波长越长，折射率越小。通常用波长为589nm钠黄光为标准。此外，折射率与测定时的温度有关，随温度的升高而降低，一般油脂折射率的平均调节系数为0.00038/℃。因此表示折射率应表明测定时的温度和所用的波长，通常用n_D^{20}作为标准（D指光的波长是589nm）。

折射率与脂肪酸和甘油酯的结构有密切的关系。折射率通常随碳链的增长和不饱和度的增加而增加。共轭体系大于相应的非共轭体系不饱和脂肪酸；同酸甘油酯的折射率大于其组成的脂肪酸；单甘酯的折射率大于相应的甘油三酯；含氧酸折射率稍高于非含氧取代酸。表4-6列出了部分脂肪酸和天然油脂折射率。

表4-6　部分脂肪酸和天然油脂折射率

脂肪酸	折射率	油脂	折射率 n_D^{20}
	$n_D^{85.6}$	黄油	1.4548
棕榈酸	1.4255	蓖麻油	1.4770
		可可脂	1.4568

续表

脂肪酸	折射率	油脂	折射率 n_D^{20}
硬脂酸	1.4283	可可仁油	1.4493
		鳕鱼肝油	1.4810
花生酸	1.4307	玉米油	1.4735
		棉籽油	1.4782
山嵛酸	1.4326	橄榄油	1.4679
	n_D^{35}	棕榈油	1.4578
油酸	1.4544	棕榈仁油	1.4569
二十碳一烯酸	1.4557	菜籽油	1.4706
芥酸	1.4567	大豆油	1.4729

二、紫外–可见光谱

天然油脂中的维生素 A 和维生素 D 在紫外区的吸收分别为 265nm 和 328nm。饱和脂肪酸和被亚甲基隔开的孤立不饱和键在 200～380nm 的紫外区并无特征吸收。共轭二烯酸、共轭三烯酸和共轭四烯酸在紫外区的特征吸收如表 4–7 所示。这些特征吸收可用于共轭多烯酸定性和定量分析的依据。

表 4–7　一些脂肪酸在紫外区的特征吸收

脂肪酸	特征吸收峰/nm		
9*t*,11*t*–18 : 2	206	232	
9*t*,11*t*,13*t*–18 : 3，*β*–桐油酸	260	269	281
9*c*,11*t*,13*t*–18 : 3，*α*–桐油酸	261	272	282
9*c*,11*c*,13*t*–18 : 3，石榴酸	266	275	287
9*t*,11*t*,13*t*,15*t*–18 : 4	288	302	316

纯净的油脂或脂肪酸是没有颜色的，在可见光区（380～780nm）也没有特征吸收。天然油脂中含有类胡萝卜素（450nm）、叶绿素、脱镁叶绿素（660nm），棉籽油中含有棉酚（360nm）等色素。这些色素在可见光区具有不同的特征吸收而使油脂呈现不同的颜色。油脂或脂肪酸加工过程中的高温氧化作用也会导致许多氧化型色素的生成和油脂颜色的加深。

油脂的色泽是油脂感官评价的重要指标之一。尽管也可采用分光光度法测定油脂的颜色，但目前广为采用的依然是罗维朋比色法，即将油脂的颜色与系列标准的红色和黄色等玻璃片进行对照，以确定其等级。

三、红外光谱

油脂或脂肪酸在红外光区有一些特征吸收，可用于油脂和脂肪酸的反式不饱和结构的鉴定。反式双键在指纹区有特征吸收峰968cm^{-1}，这种特征吸收不受多双键叠加的影响，共轭双键会使吸收峰紫移（980~990cm^{-1}）；顺、反共轭双键会使吸收峰裂分为两个峰（985cm^{-1}和950cm^{-1}）。RCOOR′在1715~1750cm^{-1}有强吸收峰，RCOOH在1690~1725cm^{-1}有强吸收峰，这一特征可以用来定性分析游离脂肪酸或甘油酯。脂肪酸或甘油酯中的—$(CH_2)_n$—在720~725cm^{-1}有强吸收峰。

顺式双键在指纹区没有特征吸收。但顺式双键、反式双键和端位双键（乙烯型）的拉曼光谱分别在1665cm^{-1}、1670cm^{-1}、2230cm^{-1}和2291cm^{-1}（端位双键有两个峰2230cm^{-1}和2291cm^{-1}）处有很强的特征吸收，可以作为鉴别的依据。

脂肪酸、酸酐、酯、酰胺等的羰基与醛酮的羰基在1650~1750cm^{-1}都有很强的吸收，其吸收波长仅有细微的差异。

红外光谱在油脂分析中的另一个重要应用是用于特殊官能团或稀有脂肪酸的鉴定，如羟基（3448cm^{-1}）、酮基（1724cm^{-1}）、环丙烯基（1852cm^{-1}和1010cm^{-1}）、环氧基（990cm^{-1}和909cm^{-1}）、丙二烯基（2222cm^{-1}和1961cm^{-1}）、乙烯基（990cm^{-1}和909cm^{-1}）。

近年来，800~2500nm的近红外光谱在脂肪酸的组成分析、植物种子含油量分析、不同植物油的识别甚至油脂反应过程的在线检测等领域中的研究也十分活跃。

四、核磁共振

（一）核磁共振氢谱（^{1}HNMR）

高分辨率的^{1}HNMR能够提供的信息包括：化学位移、耦合常数、裂分方式和面积，这些信息除了可用于结构识别外，还可用于定量分析。

表4-8和表4-9列出了常用的用于脂肪酸甲酯和磷脂分析的结构和化学位移、峰数和氢数的关系。亚麻酸、花生四烯酸等其他多不饱和脂肪酸的双键氢和烯丙位氢化学位移与同位置亚油酸相似。甘油酯甘油骨架上的α和β氢的化学位移有明显的差异。磷脂酰胆碱中的胆碱基和磷脂酰乙醇胺中的胆氨基提供的化学环境不同，导致相同位置的氢的化学位移略有差异。

$$C\overset{a}{\underline{H}}_3(C\overset{b}{\underline{H}}_2)_n C\overset{c}{\underline{H}}_2 C\overset{d}{\underline{H}}_2 COOC\overset{e}{\underline{H}}_3$$

$$CH_3(CH_2)_6 C\overset{f}{\underline{H}}_2 C\overset{g}{\underline{H}} = C\overset{g}{\underline{H}} C\overset{f}{\underline{H}}_2 (CH_2)_5CH_2COOCH_3$$

$$CH_3(CH_2)_3 C\overset{f}{\underline{H}}_2 C\overset{g}{\underline{H}} = C\overset{g}{\underline{H}} C\overset{h}{\underline{H}}_2 C\overset{g}{\underline{H}} = C\overset{g}{H} C\overset{f}{\underline{H}}_2(CH_2)_5CH_2COOCH_3$$

$$\begin{array}{l} C\overset{a'}{\underline{H}}_2OCOR \\ | \\ C\overset{b'}{\underline{H}}OCOR \\ | \qquad\quad O \\ | \qquad\quad \| \\ C\overset{c'}{\underline{H}}_2OPO\,C\overset{d'}{\underline{H}}_2\,C\overset{e'}{\underline{H}}_2\,\overset{+}{N}\,\overset{f'}{\underline{R}}'_3 \\ \qquad\quad | \\ \qquad\quad O^- \end{array}$$

表4-8 脂肪酸甲酯的^{1}HNMR特征

氢原子类型	a	b	c	d	e	f	g	h
化学位移/($\times10^{-6}$)	0.90	1.31	1.58	2.30	3.65	2.05	5.35	2.77
峰数	3	宽峰	5	3	1	4	4	3
氢原子数	3	2n	2	2	3	4	2（油酸） 4（亚油酸）	2

表 4-9 磷脂的[1]HNMR 特征

氢原子类型	a′	b′	c′	d′	e′	f′
化学位移/($\times 10^{-6}$)	4.13，4.30（PC） 4.0~4.2（PE）	5.2	3.94（PC） 3.9（PE）	4.31（PC） 4.0~4.2（PE）	3.79（PC） 3.1（PE）	3.35（PC） 7~8.5（PE）
峰数	2	5	2	3	3	1
氢原子数	2	1	2	2	2	9（PC）， 1（PE）

（二）核磁共振碳谱（^{13}CNMR）

^{13}CNMR 技术日臻成熟并广泛应用于油脂和脂肪酸的结构分析。^{13}CNMR 不存在耦合和重叠现象，对化学环境敏感，所以其化学位移数据能够提供更为详细的结构信息，与^{1}HNMR 相比更适合于结构鉴定。

饱和脂肪酸的 $C_{1\sim3}$ 和甲基端 $\omega_{1\sim3}$ 能够提供可识别的化学位移。而中间的亚甲基碳化学位移非常接近，不能提供有用的信息。而 C_4、C_6、C_8 等短链饱和脂肪酸的化学位移显著不同于长链饱和脂肪酸，所以^{13}CNMR 对乳脂和牛乳产品的鉴别非常有意义。不饱和脂肪酸的双键碳和烯丙位碳也能提供有用的结构鉴定信息。甘油一酯甘油分子的 α-C 和 β-C 具有不同的化学位移；甘油二酯（1,3-和 1,2-）、甘油三酯的甘油分子的 α-C 和 β-C 的化学位移也有差异。不饱和脂肪酸的顺反异构体，甚至双键处于不同的位置都能给出不同的化学位移，因此可根据^{13}CNMR 确定顺反异构体和双键的位置。

图 4-16 给出了红花油的^{13}CNMR（以 1-油酸-2,3-二亚油酸甘油酯代表红花油的分子结构），从中可以知道不同类型碳原子的化学位移的大致范围。C_1：173.21（α）、172.80（β）；C_2：34.03（α）、34.19（β）；C_3：24.85；ω_1：14.09；ω_2：22.71、22.60；ω_3：31.93、31.54；甘油：62.10（α）、68.89（β）；双键碳：130.20、129.98、129.70、128.07、127.89；烯丙位碳：27.21（顺式双键的）、25.64（亚油酸的 11 位碳）；亚甲基碳：29.11~29.78。

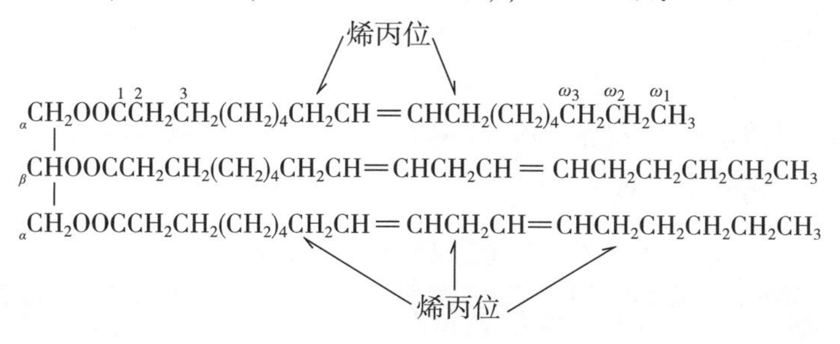

五、质谱

质谱在油脂分析上的意义在于它不仅能够提供分子质量的信息，还能够提供分子碎片的信息，据此可以确定不饱和键的位置。在电子轰击质谱（EIMS）中，饱和或不饱和脂肪酸甲酯除给出相应的分子离子峰外，还在 $m/z=74$ $[CH_3OC(OH)=CH_2]^+$处有很强的特征峰。但由于麦氏重排的原因，共轭不饱和脂肪酸甲酯与非共轭不饱和脂肪酸甲酯的 EIMS 碎片没有区别，不能有效确定共轭不饱和键的位置，而且脂肪酸甲酯的 EIMS 碎片信息与设备有很

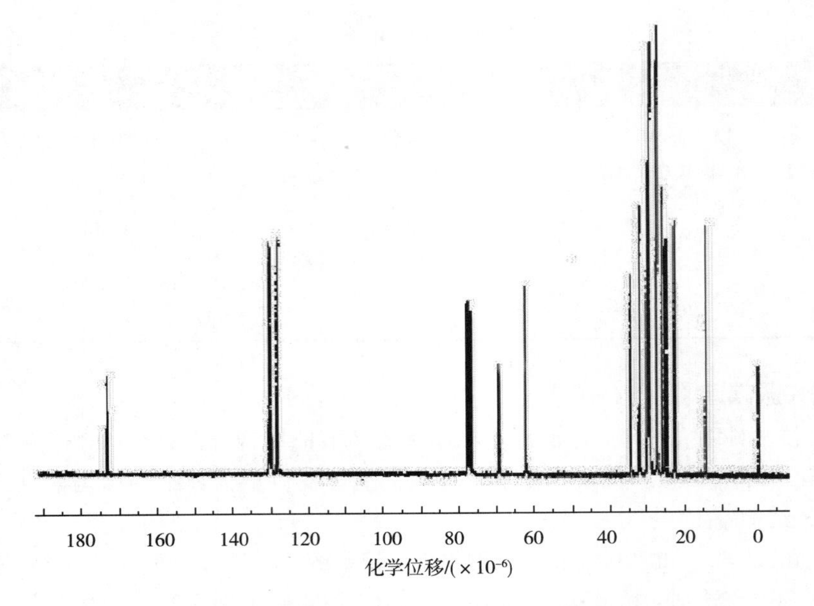

图 4-16 红花油 ^{13}CNMR 谱的化学位移

重要关系，有些设备提供的离子碎片信息不够完整，妨碍图谱解析。

可以通过改变脂肪酸衍生的方法来改善质谱分析的数据，提高脂肪酸结构分析的有效性和准确性。一种衍生方法是通过双键的加成如二甲硫醚加成、乙酸汞加成等来“固定”双键的位置，但由于加成不完全等原因，这种方法对多不饱和脂肪酸效果并不令人满意，而且加成破坏了双键的构象信息。另外一种是远端衍生法，即对羧基进行生成含氮化合物的衍生（表 4-10），这是一种行之有效的简便方法。这些含氮衍生物不仅给出不饱和双键的特征碎片（表 4-11），还保留了双键的构象信息，可进一步用于色谱分析和 GC-FTIR 分析，特别适合于多不饱和顺反异构体混合物的分析鉴定。

比较表 4-11 中硬脂酸的吡啶甲醇（picolinyl alcohol，皮考啉醇）酯与其他不饱和脂肪酸酯的碎片峰不难确定双键的位置，最明显的特征是缺失了对应双键位置的碳链的碎片峰，使得双键位置相邻的两个碎片离子峰之间相差 26 个质量单位。

其他类似的衍生物包括 *N*-酰基哌啶、2-烃基苯并噁唑和 2-烃基-4，4-二甲基噁唑。长链脂肪醇可衍生为尼克酸酯（表 4-10）。

表 4-10 用以 EIMS 分析的脂肪酸远端衍生物及其衍生方法

含氮衍生物	制备方法
(吡啶环结构) N, OOCR	脂肪酰氯与吡啶甲醇在乙腈中于室温下反应 1min
(苯并噁唑结构) O, N, R	酯与过量的吡啶及乙酸于 100℃反应 30min
(二甲基噁唑啉结构) O, N, R	脂肪酸与 2-氨基苯酚和聚磷酸于 70℃反应 30~60min

续表

含氮衍生物	制备方法
NOCR	脂肪酸与 2-甲基-2-氨基-2-丙醇于氮氛中 180℃反应 2h
COOR	脂肪醇与尼克酰氯在乙腈中反应

表 4-11 脂肪酸皮考啉酯的 EIMS 碎片离子峰

脂肪酸	以皮考啉酯形式出现的酰基链碎片的碳原子数														
	M^+	17	16	15	14	13	12	11	10	9	8	7	6	5	4
硬脂酸	375	360	346	332	318	304	290	276	262	248	234	220	206	192	178
油酸	373①	358	344	330	316	302	288①	274①	262	*	234	220	206	192	178
亚油酸	371①	356	342	328	314	300	*	274	262	*	234	220	206	192	178
亚麻酸	369①	354	340	*	314	300	*	274	262	*	234	220	206	192	178

注：①增强信号；＊为缺失峰。

六、介电常数

以液态或晶态存在的绝大多数油脂或脂肪酸的介电常数大都在 2~3。含氧取代酸较多的蓖麻油和蔷薇科植物种子油（奥的锡卡油）具有较高的介电常数，分别为 3.96 和 4.04。

介电常数值对研究分子的运动特别有意义。油脂从晶态熔化为液态，会由于分子在外加电场中分子偶极旋转自由度的变化而导致介电常数突然增大。

脂肪酸及其酯的介电常数随不饱和度的增加而减小，随温度变化的情况比较复杂，多数脂肪酸的介电常数随温度的增加而减小。

第五章 油脂与脂肪酸的化学性质及应用

CHAPTER 5

学习要点

1. 掌握油脂酯键的反应（醇解、酸解、酯-酯交换、水解反应、皂化反应）的特点及应用，了解还原反应的原理。

2. 掌握脂肪酸的反应（酯化、成盐反应、过氧酸生成）的特点及应用，了解生成含氮衍生物、酰卤与酸酐、碳基 α-H 的反应、脱羧反应的原理。

3. 掌握与双键有关的反应（氢化反应、加成反应、环氧化反应、异构化与共轭化）特点及应用，了解双键的氧化反应、羰基化反应、环化与二聚化反应、置换反应的原理。

4. 了解羟基酸的反应，包括羟基酯化、醚化、消除反应、裂解反应。

5. 了解甘油酯的实验室合成方法。

6. 掌握油脂化学品的基本分类，掌握和理解干性油与油脂干燥的定义、干性油生成机理以及影响油脂干燥的因素，了解 α-磺基脂肪酸酯、氯代脂肪酸甲酯、脂肪醇、脂肪胺、脂肪酰胺产品用途及生产制备工艺。

天然油脂主要成分为甘油三酯，所以油脂除了酯键所能进行的水解、酯交换等反应之外，其化学性质主要取决于参与其构成的脂肪酸的性质。与普通短碳链脂肪酸不同，构成油脂的脂肪酸通常多为长碳链脂肪酸，不溶于水。天然脂肪酸羧基可发生酯化、取代等反应；α-亚甲基及其上的氢原子受到羧基的诱导作用而易于发生取代等反应。天然不饱和脂肪酸中的双键多为顺式结构，且多不饱和脂肪酸中的双键主要按 1,4-不饱和系统（双键被亚甲基隔开）。因此，天然脂肪酸不仅能发生烯烃所具有的典型的加成、氧化、聚合等反应，还能发生反式化、共轭化等反应。此外，具有羟基的脂肪酸，如蓖麻酸，还能发生消除、酯化等反应。

单纯从化学的角度上讲，油脂及脂肪酸所能进行的化学反应，机理相对简单，易于理解。但是这些反应对于油脂及其衍生物的应用具有十分重要的意义。

第一节　油脂酯键的反应

一、醇解

油脂在催化剂（酸、碱、酶）参与下，与含有羟基的化合物（如甲醇、乙醇、甘油等）交换烷氧基的反应称为醇解。

$$R_1-\overset{\overset{O}{\|}}{C}-OR_2+R_3OH \xrightarrow{\text{催化剂}} R_1-\overset{\overset{O}{\|}}{C}-OR_3+R_2OH$$

油脂醇解反应被广泛应用于甘油一酯、甘油二酯、生物柴油（脂肪酸甲酯）、蔗糖酯等的制备中，以下主要介绍甘油一酯、甘油二酯、脂肪酸甲酯、蔗糖酯的生产。

（一）甘油一酯

甘油一酯有两种构型，即 1（或 3）-甘油一酯和 2-甘油一酯（见第三章）。由于它具有一个亲油的长碳烷基和两个亲水的羟基，因而具有较好的表面活性，被广泛应用于食品、化妆品、医药和洗涤剂等工业中。

化学法合成甘油一酯的方法比较多，其中最重要的是醇解法和直接酯化法。这两种方法得到的产品含甘油一酯为 40%~60%，甘油二酯为 30%~45%，中性油为 5%~15%，甘油为 2%~10%，以及 1%~5%游离脂肪酸或其盐。工业上，除了采用化学催化法合成甘油一酯外，酶催化法合成甘油一酯近年来也备受关注，也成为酶工程研究的热点之一。

甘油与脂肪酸酯在一定条件下进行醇解反应，生成甘油一酯、甘油二酯等的混合物，有油脂甘油醇解法和甲酯甘油醇解法两种，其中油脂甘油醇解法也是目前工业上生产甘油一酯的常用方法。例如，以 KOH、NaOH 等作催化剂，油脂和甘油在 180~250℃下进行醇解反应，反应中通入惰性气体以防止产物色泽过深。甲酯甘油醇解法是将脂肪酸甲酯和甘油按一定配比（物质的量比为 1∶2）混合，加入 KOH 等作催化剂，在 200℃以上，真空条件下反应。

$$\left[\begin{array}{l}-OOCR\\-OOCR\\-OOCR\end{array}\right. + \left.\begin{array}{r}HO-\\HO-\\HO-\end{array}\right] \xrightarrow{\text{催化剂}} \left[\begin{array}{l}-OH\\-OH\\-OOCR\end{array}\right. + \left[\begin{array}{l}-OH\\-OOCR\\-OOCR\end{array}\right.$$

油脂

$$RCOOCH_3 + \left.\begin{array}{r}HO-\\HO-\\HO-\end{array}\right] \xrightarrow{\text{催化剂}} \left[\begin{array}{l}-OH\\-OH\\-OOCR\end{array}\right. + \left[\begin{array}{l}-OH\\-OOCR\\-OOCR\end{array}\right.$$

脂肪酸甲酯

通过上述反应制备的甘油一酯含量在 60%以下，需进行分离提纯，可获得高纯度（90%以上）甘油一酯产品。甘油一酯的提纯方法主要有分子蒸馏法、超临界 CO_2 萃取法、柱色谱分离法和溶剂结晶法等。

甘油一酯一般为油状、脂状或蜡状，色泽为淡黄色或象牙色，有油脂味或无味，这与脂肪酸基团的大小及不饱和程度有关。

甘油一酯不溶于水和甘油，但能在热水中形成稳定的水合分散体，14个碳以上的甘油一酯能与水形成凝胶型水合物，其亲水亲油平衡值（HLB）2~3，为油包水（W/O）型乳化剂。通过改变甘油一酯的脂肪酸碳链长度和不饱和程度，可以调整其HLB。与油脂相似，甘油一酯以多种晶型或变晶型存在，这是导致同一种甘油一酯出现不同熔点的主要原因。

甘油一酯是一种被广泛应用于食品、医药、化妆品、洗涤剂工业中的常见乳化剂。作为重要的食品乳化剂和添加剂，其在食品及其相关行业的应用尤为广泛。甘油一酯与直链淀粉复合时形成一个螺旋状结构，在螺旋状结构内表面形成亲油中心，极性羟基在螺旋的外部，甘油一酯及其他表面活性物质长链插入螺旋内孔形成不可逆转化的复合物，从而抑制了淀粉的老化；甘油一酯与淀粉发生络合作用，延缓了煎炸油脂的酸败，延长油炸面制品的保质期。甘油一酯与面筋蛋白相互作用可形成蛋白质-类脂-蛋白质和淀粉-类脂-蛋白质的对称类型的复合体，从而增强了面筋的韧性和弹性。另外，甘油一酯与油脂相互作用，能促进其晶型的生成，具有改良塑性油脂的延展性、酪化性及吸水性的作用以及防止加热过程中飞溅等特点，已用于人造奶油、起酥油、蛋黄酱、调味料及其他专用油脂的生产。同时，甘油一酯还是乳酸甘油一酯、柠檬酸甘油一酯、琥珀酸甘油一酯、二乙酰酒石酸甘油一酯等系列乳化剂的母体；甘油一酯的添加可以改善食品的风味及其功能性。在日用化学品、医药产品的制造中，甘油一酯能使各组分混合均匀、稳定，防止油水分层或析出。如中碳链脂肪酸甘油一酯，由于它具有对胆固醇等高熔点化合物可大量溶解的性质，以及特有的抗菌性和对直肠吸收的促进作用，在医药方面有广泛的应用前景。在其他工业中的用途，如在纺织工业中，甘油一酯可用作纤维整理剂、柔软剂和上浆剂，减少纤维之间的摩擦，抑制静电积累，防止纤维断裂；在塑料工业中，甘油一酯在聚氯乙烯中有极好的可溶性，可用作聚氯乙烯的内润滑剂；在高分子加工中，甘油一酯可用作聚乙烯、聚丙烯、泡沫聚乙烯加工的抗静电剂及增塑剂；在机械工业中，甘油一酯可用作精密机件的防锈剂、润滑剂以及金属切削剂等；在造纸工业中，甘油一酯可用作纸张施胶剂等。

（二）甘油二酯

甘油二酯是天然植物油脂的微量成分及体内脂肪代谢的内源中间产物，它是公认安全（GRAS）的食品成分。甘油二酯是一类甘油三酯中一个脂肪酸被羟基所代替的结构脂质，分1,3-甘油二酯和1,2（或2,3）-甘油二酯两种立体异构体。甘油二酯，尤其是1,3-甘油二酯，其特殊的脂质代谢方式所具有的生理活性使其在预防和治疗肥胖及其相关疾病上有着独特的作用。

$$\begin{array}{l}\text{—OOCR}\\ \text{—OOCR}\\ \text{—OOCR}\end{array} + \begin{array}{l}\text{HO—}\\ \text{HO—}\\ \text{HO—}\end{array} \xrightarrow{\text{碱性催化剂}} \begin{array}{l}\text{—OOCR}\\ \text{—OH}\\ \text{—OOCR}\end{array} + \begin{array}{l}\text{—OOCR}\\ \text{—OOCR}\\ \text{—OH}\end{array}$$

油脂

甘油二酯是油脂的天然组分，只是含量相对较少（通常小于5%）；在棉籽油、棕榈油、米糠油中含量可达5%~10%。甘油二酯的制备主要通过甘油与甘油三酯醇解反应获得。通常采用无机碱性催化剂，在200~250℃高温及惰性气体保护或减压情况下油脂与甘油反应，一般可获得40%~50%的甘油二酯以及甘油一酯、甘油三酯和脂肪酸等混合物，经分子蒸馏纯化可获得纯度80%以上的甘油二酯产品。常用于化学方法制备甘油二酯的碱性催化剂有均相催化剂，如低温催化剂甲醇钠和高温催化剂 NaOH 或 KOH，和非均相催化剂，如氧化钙、水滑石、氧化镁等。前者易于分离，实际生产中应用较多。而后者则较为环保，保存和使用方法简单，且可回收使用。为保证催化剂高的催化活性，对原料要求较高，游离脂肪酸<0.1%，过氧化值<5.0mmol/kg，水分<0.1%，含皂量<0.1%。由于化学法生产甘油二酯需在高温下反应，能量消耗较大，所得产品颜色较深且有燃味，还易产生聚甘油酯等风险因子。而酶法在甘油二酯制备上的应用则改善了这一状况。由于脂肪酶的高生物活性及特异选择性（立体和位置），反应条件温和，所得产品质量好，能量消耗及副反应相对较少。同时酶法对反应原料的要求要低。对于特殊结构专一性产品，通过酶法制备比用添加特殊化学试剂的化学法制备更为方便、简单，副产物很少。

甘油二酯应用广泛。研究表明，由于1,3-甘油二酯被食用后不像油脂那样在体内积累，因此食用1,3-甘油二酯能防止肝脏脂质浓度的增加，从而达到预防和治疗肥胖的目的。利用这一特性可以生产减肥人造奶油、减肥蛋糕、减肥巧克力等。试验表明，以二硬脂酸甘油酯替代普通甘油酯（甘油三酯）用于人造奶油，可使人造奶油质地更细腻，品质得到提高。

甘油二酯也可用于制造固型化妆品，如口红等。在室温为液态的甘油二酯，如二辛酸甘油酯等，与具有三维网状结构的聚硅氧烷配合，可制成性能优良的油性化妆品，如口红、粉底、胭脂等。这种油性化妆品不仅具有很好的皮肤扩展性和黏附性，而且具有很好的皮肤保湿效果。

（三）脂肪酸甲酯

脂肪酸甲酯在工业上用作生物柴油、溶剂等，通常由甘油酯通过碱催化醇解反应得到，也可由脂肪酸在浓硫酸催化下酯化制得。对于游离脂肪酸含量低的油脂原料（酸价<2.0mg KOH/g），可以利用强碱（如 NaOH、KOH、$NaOCH_3$）作催化剂在50~65℃加热温度下进行醇解反应（甲醇适当过量），其反应转化率能达到98%以上。

$$\begin{array}{l}-OOCR_1\\-OOCR_2\\-OOCR_3\end{array} + CH_3OH \xrightarrow{\text{碱催化}} \underbrace{R_1COOCH_3+R_2COOCH_3+R_3COOCH_3}_{\text{脂肪酸甲酯}}+\begin{array}{l}-OH\\-OH\\-OH\end{array}$$

油脂　　甲醇　　脂肪酸甲酯　　甘油

由于全球工业化的快速发展，对能源的需求逐年攀升，而来源于化石的石油是一种不可再生能源。因此，寻找一种能再生的能源迫在眉睫。由于动植物油的脂肪酸甲酯是传统柴油的理想替代品，脂肪酸甲酯成为过去几十年研究的热点。在发达国家（美国、日本等）都采用政府鼓励和补贴的办法来大力发展生物柴油。中国在生物柴油方面也投入大量的人力、物力进行研究和产业化生产。

生产生物柴油的原料主要是动物和植物油脂，少量是微藻油脂。目前研究最多的是大豆油、菜籽油、棕榈油以及地沟油（餐厨废弃油脂）、酸化油等。其中地沟油、酸化油是低廉生物质资源，对其回收利用具有很高的经济价值，又可解决环境污染问题及能源短缺问题。地沟油与酸化油的酸价较高，且原料酸价不稳定（10~140mg KOH/g），造成其制备生物柴油的工艺更加复杂，采用单一的醇解反应无法完成。工业生产上多采用两步化学催化法，即强酸催化游离脂肪酸与甲醇酯化以及强碱催化甘油酯与甲醇的醇解。随着酶制剂成本的不断降低，脂肪酶在生物柴油生产中得以有效应用。例如，采用两段式酶法生产生物柴油，一段用疏棉状嗜热丝孢菌脂肪酶（为游离酶），可将普通地沟油酸价降到5~8mg KOH/g；第二段用南极假丝酵母脂肪酶 B（为固定化剂型），产品酸价可降到0.5mg

KOH/g 以内。目前生物柴油主要是采用化学法或酶法生产。甲醇（或乙醇）在生产过程中可循环使用，生产过程中可产 10%左右的副产品甘油。酶法即用动植物油脂等和低碳醇通过脂肪酶进行酯交换（醇解）反应，制备相应的脂肪酸甲酯（或乙酯）。酶法制备生物柴油具有条件温和、醇用量小、无污染排放等优点。但目前酶法合成生物柴油存在的主要问题有：甲醇对酶有一定毒性，酶的使用寿命短；原料杂质太多影响酶的稳定性；酶的价格有待进一步降低。

通过加入丙酮作为辅助溶剂，提高油脂和甘油的相溶性，强碱（如 NaOH、KOH）催化油脂醇解反应能够在相对较低的反应温度下（30℃）进行。丙酮是一种低沸点（56℃）挥发性有机溶剂，大量使用无疑会增加工业化生产的成本和安全风险。

脂肪酸甲酯还可用于如烷醇酰胺、磺酸酯、蜡酯、皮革助剂等的生产，是一种重要的化工原料。

（四）蔗糖酯

蔗糖酯是以蔗糖的羟基为亲水基，脂肪酸的碳链部分为亲油基的一种乳化剂，是一种安全、无毒、无污染、100%生物降解的非离子型表面活性剂。选择碳数不同的脂肪酸及控制不同酯化度，可合成 HLB 不同的亲油性能的乳化剂。由于其具有广泛的 HLB，能降低水的表面张力，形成胶束，具有去污、乳化、洗涤、分散、湿润、渗透、扩散、起泡、抗氧、黏度调节、杀菌、防止老化、抗静电和防止晶析等多种功能。

蔗糖酯的天然含量微乎其微，目前主要是人工合成。其主要的合成方法有酯交换法（醇解反应）与酰氯酯化法等。目前，工业化生产主要采用酯交换法，酯交换法又分为溶剂法、微乳化法和无溶剂法等。溶剂法生产中所需要的溶剂（如二甲基甲酰胺、二甲基亚砜）价格昂贵，且易燃、有毒，产品不易于纯化，该工艺存在一定局限性；微乳化法采用水替代溶剂，产率较低；无溶剂法不采用任何溶剂，直接加入原料、催化剂和表面活性剂，具有环保优点，但存在反应温度高、表面活性剂用量大、产率较低等缺点。其中，较为经典的工艺是将硬脂酸甲酯在碱性催化剂（如 KOH）存在下用二甲基甲酰胺作溶剂，与蔗糖进行酯交换反应，蒸去副产物即得蔗糖酯产品。

蔗糖酯在食品中用于制作糕点、面包，可以作为人造乳制品中的乳化稳定剂、食品保鲜剂、减肥添加剂等。除了在食品方面的应用，蔗糖酯还被广泛应用于化妆品、生物工程的酶制剂、医药、合成树脂、染料、农药、日用化工等行业。

二、酸解

油脂在酸性催化剂（如硫酸）或脂肪酶的参与下，与脂肪酸作用，油脂中酰基与脂肪酸酰基互换，即为酸解。

$$R_1-\overset{\overset{\displaystyle O}{\|}}{C}-OR_2+R_3-\overset{\overset{\displaystyle O}{\|}}{C}-OH\xrightarrow{\text{酸性催化剂}}R_3-\overset{\overset{\displaystyle O}{\|}}{C}-OR_2+R_1-\overset{\overset{\displaystyle O}{\|}}{C}-OH$$

例如，椰子油与乙酸或丙酸进行部分酸解，得到的十二酰二乙酰甘油和十四酰二乙酰甘油是一种低熔点的增塑剂。

将油脂与游离脂肪酸进行酸解，可以改变油脂的脂肪酸组成和甘油酯结构。由于化学催化酸解反应要在较高温度下进行，反应速率慢，副反应多，因此实际研究比醇解和酯-酯交换要少得多。以酶催化进行酸解反应，可以克服上述缺点，在工业上受到高度重视。利用定向脂肪酶进行酸解可制造有重要价值的油脂代用品。

例如，利用棕榈油分提得到的棕榈硬脂（PPP）为原料，在脂肪酶的催化作用下与过量的油酸（O）发生酸解反应，该反应能选择性地交换 PPP 中 1,3 位的棕榈酸（P），从而得到结构酯 OPO。通过生物酶法制备得到的 OPO 结构酯是婴幼儿配方乳粉中重要的原料（详见第七章）。

三、酯-酯交换

广义上讲，交换酰基的反应都称为酯交换反应，包括酸解、醇解、酯-酯交换。

$$R_1-\overset{O}{\overset{\|}{C}}-OR_2+R_3-\overset{O}{\overset{\|}{C}}-OR_4 \xrightarrow{\text{催化剂}} R_1-\overset{O}{\overset{\|}{C}}-OR_4+R_3-\overset{O}{\overset{\|}{C}}-OR_2$$

酯-酯交换包括甘油酯分子内酰基的重新排布、分子间的酰基交换。甘油酯的酯-酯交换反应常用的催化剂是醇钠（如甲醇钠），其催化反应机理如图 5-1、图 5-2 所示。

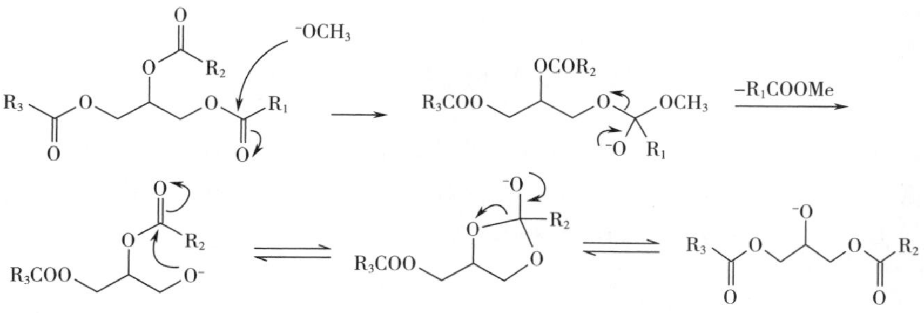

图 5-1 分子内酯-酯交换

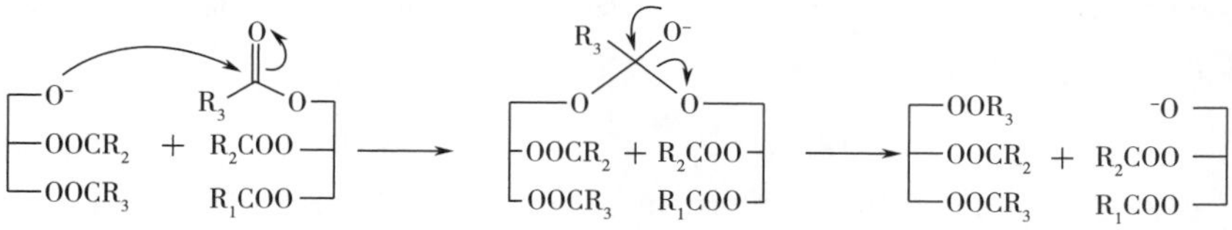

图 5-2 分子间酯-酯交换

从反应机理可知，醇钠（如甲醇钠）其实参加了反应，但是反应过程中真正的催化剂是二酰基甘油氧基负离子。这一机理可以解释在最终产品中有少量脂肪酸甲酯存在的原因。醇钠（如甲醇钠）活性高，但是易受空气中水分的影响而失活。在实际生产中，使用催化活性较弱的无机强碱（如 NaOH、KOH）在较高的反应温度下（180~200℃）也能够很好地实现酯交换反应。

酯交换反应的应用价值在于天然油脂经过交换后其物理性质（熔点、结晶性能、固体脂含量、塑性）发生变化，但其化学性质、营养价值和抗氧化性质则无明显变化。酯交换达到最终平衡时，酰基的分布达到热力学稳定的复合统计规律的平衡，这一反应已在工业上应用于代可可脂、人造奶油、起酥油等专用脂基料油的生产。酯交换反应其他方面的应用包括利用短碳链甘油酯和脂肪酸甲酯作用合成同酸甘油三酯、利用酸解引入功能性脂肪酸以及合成糖酯等。

四、还原反应

酯、脂肪酸和酰卤等可以被还原成醇、醛甚至烃，反应的选择性取决于所用试剂和反应条件。常用的还原剂包括碱金属、氢化物和金属。

在醇存在下，碱金属将酯还原成醇是最古老的一种制备脂肪醇的方法，该法不适用于脂肪酸的还原。将金属钠分散于二甲苯中，然后加入酯和1,3-二甲基丁醇，产物中脂肪醇的产率可以达到90%以上。反应的电子转移机理如图5-3所示：

$$R_1-\overset{O}{\overset{\|}{C}}-OR_2 \xrightarrow{Na} R_1-\overset{O^-Na^+}{\overset{|}{\dot{C}}}-OR_2 \xrightarrow{Na} R_1-\overset{O^-Na^+}{\overset{|}{\underset{-}{C}}}-OR_2\ Na^+ \xrightarrow{R_3OH} R_1-\overset{O^-Na^+}{\overset{|}{\underset{H}{\underset{|}{C}}}}-OR_2+R_3O^-Na^+$$

$$R_1-\overset{O^-Na^+}{\overset{|}{\underset{H}{\underset{|}{C}}}}-OR_2 \xrightarrow{-R_2O^-Na^+} R_1-\overset{O}{\overset{\|}{C}}H \xrightarrow{Na} R_1-\overset{O^-Na^+}{\overset{|}{\dot{C}}}H \xrightarrow{Na} R_1-\overset{O^-Na^+}{\overset{|}{\underset{-}{C}}}HNa^+ \xrightarrow{R_3OH} R_1-\overset{O^-Na^+}{\overset{|}{C}}H_2+R_3O^-Na^+$$

图5-3 金属钠还原酯制备脂肪醇

$NaBH_4$ 和 $LiAlH_4$ 等金属氢化物是实验室常用的酯和脂肪酸的还原剂。$NaBH_4$ 可还原酯但不能还原酸；$LiAlH_4$ 可还原酯、酸和酰卤，但对脂肪酸链上的双键没有影响，而与羧基共轭的双键在不同的溶剂中则呈现不同的选择性。

$$R\text{/\textbackslash/}OH \xleftarrow[\text{四氢呋喃}]{LiAlH_4} R\text{\textbackslash=/}COOMe \xrightarrow[\text{乙醚}]{LiAlH_4} R\text{\textbackslash=/}OH$$

此外，中性氢化物 R_nMH_{3-n}（M代表Al或B；R为烷基）可将酯还原成醛。酰卤也可以在Pd催化下被氢还原成醛。在高温高压和过渡金属催化剂作用下，脂肪酸或酯均可以被氢还原成脂肪醇，这是工业生产脂肪醇的主要方法。

$$R_1COOR_2+H_2 \xrightarrow{\text{催化剂}} R_1CH_2OH+R_2OH$$

反应依据催化剂、温度和压力呈现不同的选择性。非选择性催化剂，如Cu、Cu-Cr氧化物、Pd/C等催化下，双键被还原甚至有一定量的烃和蜡生成；选择性催化剂，如Cu-Cr-Cd、Cu-Cd等作用下，不饱和键基本不受影响。

五、水解反应

酯可以在碱性、酸性甚至中性条件下发生水解反应。碱性条件下的水解比较彻底（过程中生成的脂肪酸与碱发生中和反应生成皂），称为皂化反应。酸性或中性条件下的水解为可逆反应，其平衡点取决于水的比例和酯的性质。酸催化的水解机理如下所示：

$$R_1-\overset{O}{\overset{\|}{C}}-OR_2+H^+ \rightleftharpoons R_1-\overset{\overset{+}{O}H}{\overset{\|}{C}}-OR_2 \underset{}{\overset{H_2O}{\rightleftharpoons}} R_1-\overset{OH}{\overset{|}{\underset{+OH_2}{\underset{|}{C}}}}-OR_2 \rightleftharpoons R_1-\overset{OH}{\overset{|}{\underset{OH}{\underset{|}{C}}}}-\overset{H}{\overset{|}{\underset{+}{O}}}R_2 \rightleftharpoons R_1COOH+R_2OH+H^+$$

甘油三酯的水解分步进行，经过甘油二酯、甘油一酯最后生成甘油和脂肪酸。

油脂的常压水解通常采用的催化剂称作Twitchell试剂（图5-4），由芳基磺酸与油酸缩合而成。所得到的芳基磺酸（Twitchell 试剂）在油脂中有一定的溶解度和良好的乳化性能，能有效地促进水解反应的进行。烷基苯磺酸和石油基磺酸也可用于催化油脂的水解。为了抑制 Twitchell 试剂在水相中的溶解，通常需要加入一定量的硫酸。

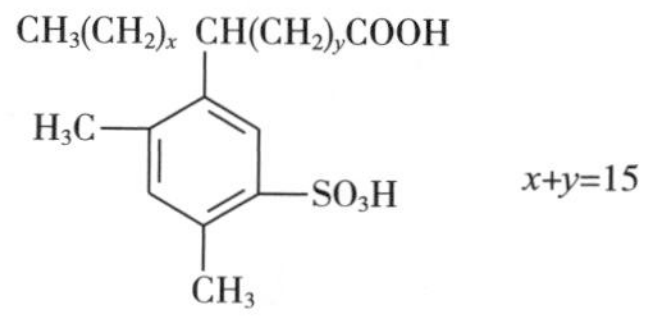

$CH_3(CH_2)_x$ $CH(CH_2)_yCOOH$

H_3C

SO_3H　　$x+y=15$

CH_3

图 5-4　Twitchell 催化剂分子结构

Twitchell 工艺的优点是设备简单、价格低廉。但反应时间长，能耗大，且产品色泽深。

在锌、镁、钙氧化物等 Lewis 酸催化下，油脂可以在中低压（<3. 45MPa）下被高温水蒸气水解得到颜色较浅的脂肪酸。油脂也可以通过连续、非催化、高压逆流过程实现水解。反应可在 2~3h 内完成，效率高。但设备投资大，且不适于热敏性及不饱和脂肪酸含量高的油脂。

脂肪酶（lipase）或酯酶（esterase）可以在温和条件下实现油脂的水解，所以在催化热敏型油脂（如鱼油、亚麻籽油）等方面具有特殊的优势。棕榈果、米糠中含有大量脂肪酶，其能催化油脂水解产生大量脂肪酸，降低油脂精炼得率，需对原料进行高温杀酶预处理。脂肪酶的另一个优势是它的选择性，这包括位置选择性和对某种脂肪酸的选择性。这些性质已经被广泛地应用于油脂的选择性水解、功能性脂肪酸的富集和油脂的结构分析等。

（一）天然脂肪酸制备

通过动植物油脂直接水解或皂化酸解得到天然脂肪酸，同时还得到甘油。

直接水解包括常压水解、中压水解和高压水解。

常压水解的操作是：在衬铅或衬耐酸陶瓷的开口反应釜中，加入 50%的油脂，1%的催化剂（烷基苯磺酸、烷基萘磺酸、间甲苯磺酸等），1%硫酸（浓度为 49%的硫酸）的水溶液用直接蒸汽加热搅拌，连续进行 20~24h，至水解率为 60%~80%。然后静置，放出甘油水，再补加催化剂及硫酸水溶液，重复操作多次，直到水解率达 92%~95%为止。本法的优点是操作简便，设备投资少，甘油水浓度高，适用于各种油脂原料，可在任何场所进行设备安装（生产）。但也存在某些缺点，如水解时间长，水解率较低，蒸汽耗用量大（能耗高），制品色泽深，对设备的腐蚀性大。

中压水解是 1854 年作为专利发表的最古老的油脂水解方法之一。发展至今，已形成了加催化剂的间歇式水解法，或不加催化剂的间歇式水解法及不加催化剂的连续式水解法。

目前国内许多中小型工厂多采用中压（1. 0~1. 5MPa）热压釜进行水解生产脂肪酸。为了加快水解反应，有的加入 ZnO，也有的加入 MgO、CaO。有些工厂为了避免硫酸处理产生的硫酸盐废水的污染，在原有蒸汽压力的基础上，不用催化剂而是延长反应时间，以换取同样的水解效果。

通常所说的中压水解是指油脂在 2. 5~4. 0MPa、230~240℃下的水解。为了提高水解率，减轻劳动强度，降低能耗，多采用双塔或三塔串联的工艺，串联式中压连续水解装置适于 1000t/d 脂肪酸的生产，水解率可达 98%左右。

高压水解是指在高温高压状态（5.0~5.5MPa、250~260℃）下，使水在油脂中的溶解度增加，直到成为高度混溶状态，使水解速率极大地加快；连续的加水，可把水解得到的甘油不断地向系统外排出，破坏了反应的平衡状态，使油脂水解反应一直向水解的方向移动，故水解率可以大大提高；通常油脂在釜中的滞留时间是2~3.5h，水解率98%~99%。该方法的特点是整个操作过程是在相同的条件下进行，同一原料可以得到相同质量的脂肪酸；操作条件的控制可以进行智能化管理，劳动强度、生产环境、能耗等都得到了改善。但是该方法存在的问题是设备投资太大。

油脂皂化酸解生产脂肪酸也是常用的一种方法。

油脂皂化反应开始时，油脂和碱液是互不相溶的，当在皂化锅中加入油脂和碱液时，它们的分散度都很低，反应仅在有限的接触面上进行。特别是采用逆流洗涤法操作时，皂化套用碱析水，由于碱析水中含有较多的盐，更促使油与碱液分离，所以皂化速率很慢。这时生成的少量肥皂使物料处在乳化阶段，即所谓的诱导期。

当过了皂化反应很慢的诱导期，系统中大约有20%的肥皂形成时，这时的皂化是以已经形成的肥皂来加速以后的皂化反应的，即皂化进入到了速率很快的加速期。加速作用是由于肥皂的胶束（肥皂分子聚集而成）能溶解油脂和碱液，使之以溶剂状态存在于已形成的肥皂中，参与反应的油脂和碱液的接触面非常大，以致反应能在均相中进行。

当皂化率达95%以上时，在反应介质（肥皂胶束）中的油脂及碱液的浓度显著降低，因此快速反应期衰退为慢速的完成期。由于少量油脂被肥皂包围以及油脂水解的可逆反应等原因，造成皂化反应不彻底。

为了使皂化进行得更彻底，在生产高附加值脂肪酸时可采用在乙醇介质中的油脂皂化。皂化酸解生产脂肪酸时，由于强酸的参与对设备的要求提高，并且有废酸、废碱的产生，对环境不利。

酶法水解是一项新工艺，能耗低、投资省，脂肪酸质量好，甜水浓度高，对热敏性脂肪酸质量特别有利，而且不产生污染。20世纪80年代以来，苏联、美国、韩国、印度等都在这方面进行了开发研究，日本首先实现了工业生产，中国近年来在脂肪酶开发上已达到生产水平。

水解以后的脂肪酸需经过脱水、脱气和蒸馏精制。脂肪酸的脱水、脱气，即从粗脂肪酸中除去水和氧气，通常在单效闪蒸釜中进行。蒸馏精制脂肪酸实际上是碳链长短不一、饱和度高低不同的混合脂肪酸，这种混合酸可以直接利用。但为了满足不同用途的需要，混合酸往往被要求分离成较窄的馏分或单一脂肪酸。工业上分离脂肪酸的方法很多，但通常用一种方法难以奏效。

目前国内外碳链长短不同的脂肪酸常采用分馏法分离，而对同碳链饱和度不同的脂肪酸，则常用冷冻压榨法、溶剂结晶法及表面活性剂法分离。

脂肪酸分馏设备有封闭式单效分馏塔和由三四个塔组成的多效分馏塔，真空系统和冷凝系统应按产品要求选择。如上所述，这种设备不能用于油酸和硬脂酸的分离，因为它们的沸点相差很小。

能分离饱和度不同脂肪酸的冷冻压榨法、溶剂结晶法及表面活性剂法并不能得到较纯的油酸和硬脂酸，实际上得到的只是熔点不同的固体酸和液体酸两种馏分。压榨法适合饱和酸含量较高的原料，溶剂分离法所用溶剂通常为甲醇和丙酮。据报道，采用甲酸盐和含水甲酸盐作溶剂，混合酸可在较高温度下进行分离，只需很少的制冷剂。采用液态氮使混合酸快速冷却完全固化，加入一种溶剂，然后升温使低熔点组分液化，至一定温度时保温，滤出高熔点组分，为了使产品达到规定的纯度，这种过程可重复进行。

据统计，2019 年世界脂肪酸产量近 1300 万 t。目前，印度尼西亚是脂肪酸最大生产国，年产能超过 312 万 t，占世界产能的 23.5%；其次是马来西亚，年产能为 268 万 t；随后是中国，年产能 252 万 t。

脂肪酸的应用领域很广，大体上脂肪醇、脂肪胺、脂肪酸酯及金属皂占 35%~40%，洗涤剂、肥皂、化妆品占 30%~40%，醇酸树脂、涂料占 10%~15%，橡胶、轮胎占 3%~5%，纺织、皮革、造纸占 3%~5%，润滑剂、润滑脂占 2%~3%及其他 3%~5%。

芥酸和山嵛酸被认为是 21 世纪的工业原料，Sonntag 列出了芥酸和山嵛酸及其衍生物应用的 200 多个例子，包括表面活性剂、清洁剂、塑料和塑料添加剂、摄影和记录材料、食品、食品添加剂、化妆品、药品、个人防护用品、纸张、纺织品、润滑剂及燃料油等，用途极其广泛。

芥酸是由高芥酸菜籽油水解后，经甲酯化后真空分馏，溶剂分离、硅质岩（二氧化硅结晶）吸附分离或水乳化法分离而制得的。山嵛酸是由高芥酸菜籽油氢化后与甲醇酯化生成山嵛酸甲酯，经分馏提纯再水解而成。

近年来，关于高纯度脂肪酸的研究越来越多。综合来看，其主要的制备方法为：尿素包络沉淀法、低温溶剂分离法、硝酸银层析法、超临界 CO_2 萃取法、酶法、金属盐形成法等。但是，有时单一的一种分离方法会存在技术上或方法上的不足，使产率或纯度不是很理想，而将几种方法结合使用互补不足就能使提纯率大大增加。例如，采用物理法、化学法和酶法相结合的综合配套技术，分离提纯出的 DHA 和 EPA 的含量高达 92.8%。

（二）油脂水解制甘油二酯

由于油脂（甘油三酯）水解制脂肪酸是分步进行，即经过甘油二酯、甘油一酯最后生成甘油的过程。因此，通过在一定条件下控制油脂水解程度可实现制备甘油二酯产品。理论上化学催化和酶催化油脂水解都能产生甘油二酯；但是，化学催化法反应选择性差，反应温度高，产物中甘油二酯含量低。而酶法催化反应条件温和，产品色泽浅，反应选择性优于化学法。

$$\left[\begin{array}{l}-OOCR_1\\-OOCR_2\\-OOCR_3\end{array}\right. + H_2O \longrightarrow R_1COOH + \left[\begin{array}{l}-OH\\-OOCR_2\\-OOCR_3\end{array}\right.$$

油脂

例如，通过脂肪酶催化菜籽油可控水解，实现反应产物中积累较高含量的甘油二酯。较优酶解反应条件为：采用脂肪酶 Lipozyme 20000L 作催化剂，加酶量为 20U/g，加水量为油重的 10%，反应温度 40℃，反应时间 6h；所得到的水解产物组成为甘油三酯 31.7%、甘油二酯 36.8%、甘油一酯 5.1%、脂肪酸 26.4%。水解产物经过 2 次分子蒸馏提纯后，产品中甘油二酯含量可达到 53.1%。

六、皂化反应

酯在碱性条件下（如 NaOH）生成脂肪酸盐和醇的反应或脂肪酸与碱生成脂肪酸盐的反

应都称为皂化，其反应机理如下所示：

$$R_1-C(=O)-OR_2 \xrightarrow{^-OH} R_1-C(O^-)(OH)-OR_2 \longrightarrow R_1-C(=O)-OH + {}^-OR_2 \longrightarrow R_1-C(=O)-O^- + R_2OH$$

$$R-C(=O)-OH+NaOH \longrightarrow R-C(=O)-ONa+H_2O$$

实验室里为保证油脂皂化反应完全且迅速，通常在溶剂（如乙醇）中进行。而工业制皂通常是将油脂与15%~25%的氢氧化钠水溶液作用，反应速率相对比较缓慢。油脂的皂化与酸性水解不同，反应不可逆，且无位置选择性。

肥皂是一种强碱弱酸盐，在水中形成真溶液的浓度约为10^{-3}mol/L。肥皂溶液呈碱性，其pH的大小取决于成皂脂肪酸的性质和溶液的浓度，其近似值为：

$$pH=7+\frac{1}{2}\lg c+\frac{1}{2}pK_a$$

长链脂肪酸的pK_a非常接近，约为4.8。

除钾、钠以外，其他金属下（Mg、Al、Ca、Cr、Mn、Fe、Co、Ni、Zn等）的盐，由于其特殊的流变学性能、熔点和在矿物油中的溶解性能等，使其在工业上有特殊的应用，称为金属皂。金属皂的生产有三种工艺：

①熔融法：即脂肪酸与金属氧化物、氢氧化物或其碳酸盐加热熔融；

②钠皂或钾皂与金属盐的复分解反应；

③直接皂化反应。

皂化反应在油脂的分析中有广泛的应用（详见第十一章），比如表征油脂水解程度的酸价可以用来估计脂肪酸平均分子质量的中和值等。

（一）金属皂简介

金属皂泛指除钾、钠等一价金属之外其他金属离子与脂肪酸主要是硬脂酸生成的盐类。金属皂具有脂肪酸特有的润滑性、憎水性、压延性和金属所具有的高熔点，同时兼具二者共有的稳定性、脱模性、吸光性、涂覆性、杀菌性及催化性等特点，因而得到广泛的应用。

（二）金属皂的制备方法

1. 复分解法

复分解法又称置换法或沉淀法。此法在工业上采用最多，方法分两步，第一步将硬脂酸与氢氧化钠在热水中中和形成稀释的硬脂酸钠溶液；第二步加入可溶性金属盐（主要有钙盐、铅盐、锌盐、锂盐、镉盐、铁盐、钴盐等），使之生成硬脂酸盐从溶液中沉淀出来，然后进行过滤、洗涤、干燥和碾磨。硬脂酸盐的粒度由沉淀条件决定，而与碾磨无关。产品呈绒毛状或粉末状，纯度高、颗粒细、生产过程中需要加以控制的主要因素有钠皂的pH、浓度、温度、金属盐的浓度、混合方法、搅拌方式、洗涤方法、脱水及干燥方式等。

该法生产的产品纯度高、色泽好，但生产废水量大，生产周期长，操作复杂，生产成本高。如果用硬化油代替硬脂酸，先行皂化再与金属盐复分解，则生产周期更长，但原料成本降低且能同时得到甘油。

2. 熔融法

将金属的氧化物、氢氧化物、碳酸盐或乙酸盐与脂肪酸在高于金属皂熔点或近熔点的温度下反应，在不断搅拌下缓慢加入催化剂如 H_2O_2 并抽真空，控制反应温度 140~150℃至完成反应，生成的水可从反应系统中排出，金属皂则以熔融状排出。金属皂用作催干剂时常用此法。

熔融法工艺流程短、设备紧凑、操作简单，生产中不产生废水，生产成本低，但反应温度高，产品纯度及色泽较复分解法低。

3. 水相分散法

将硬脂酸与金属氧化物或氢氧化物，加入与硬脂酸等量的水中，同时加表面活性剂，搅拌，在一定温度下完成反应，分散物进行湿磨，均质，得到黏度低、贮藏性好、颗粒细的液体产品，用作建筑材料、纸张、木材等的防水剂。

最近提出一些投资少、效率高、连续化的新生产工艺，其基本反应都是在复分解反应和熔融反应的基础上进行的。

（三）金属皂的应用

硬脂酸盐包括钙盐、铅盐、锌盐、锂盐、镉盐、铁盐、钴盐等，它是随着塑料工业发展而发展起来的重要助剂之一。金属皂在塑料工业上用量要占金属皂总用量的一半左右，主要作为热稳定剂、润滑剂和脱模剂；在涂料工业中，主要作为干燥剂，此外还作稠度调整剂、减光剂、悬浮剂、研磨剂、减泡剂、胶黏剂及抗沉淀剂；在润滑脂中起胶化、提高倾点、增加稠度及稳定作用；在纺织工业中作防水剂；建筑材料工业中作防水剂、防结块剂、增稠剂；造纸工业中作施胶剂；橡胶工业中作柔软剂、颜料分散剂、增强剂和加硫促进剂。另外，金属皂还可作为阻燃剂、消泡剂、材料防腐剂等。

第二节 脂肪酸的反应

一、酯化

酯可以通过羧酸与醇直接酯化得到，也可以由其他活性酰基供体，如酰氯、脂肪酸乙烯酯等与醇反应；并可由羧酸与活性烷基化试剂，如卤代烃、叠氮烃等作用得到。

脂肪酸与甲醇进行酯化制备脂肪酸甲酯（生物柴油）是油脂化学常见的酯化方法。如果油脂中含有相当量的脂肪酸或主要以脂肪酸的形式存在，甲酯化通常在酸的催化下进行，质子酸（HCl、H_2SO_4 等）或 Lewis 酸（BF_3 等）都可用作催化剂。

共轭酸（如共轭亚油酸）或多不饱和脂肪酸（如亚麻酸、花生四烯酸）在酸催化下甲酯化易发生位置和空间异构化，所以需要在低温或特殊的条件下进行甲酯化反应。

$$R_1COOH+R_2OH \rightarrow R_1COOR_2$$

$$R_1COCl+R_2OH \rightarrow R_1COOR_2$$

$$R_1COO^-+\begin{matrix}R_2Cl\\+\\R_2N\equiv N\end{matrix} \rightarrow R_1COOR_2$$

脂肪酸的直接酯化是水解反应的逆反应，需要酸的催化作用，其机理如下所示：

$$R_1-\overset{O}{\overset{\|}{C}}-OH+H^+ \rightleftharpoons R_1-\overset{\overset{+}{O}H}{\overset{\|}{C}}-OH \xrightleftharpoons{R_2OH} R_1-\underset{R_2-\underset{+}{O}H}{\underset{|}{\overset{OH}{\overset{|}{C}}}}-OH \rightleftharpoons R_1-\underset{R_2-O}{\underset{|}{\overset{OH}{\overset{|}{C}}}}-\overset{+}{O}H_2 \xrightleftharpoons{-H_2O} R_1-\overset{\overset{+}{O}H}{\overset{\|}{C}}-OR_2 \rightleftharpoons R_1-\overset{O}{\overset{\|}{C}}-OR_2+H$$

脂肪酸与醇的酯化反应也可以在脱水剂，如二环已基碳二酰亚胺（dicyclohexyl carbo-di-imide，DCC）的作用下在温和条件下实现偶联。酰卤与醇的反应通常在吡啶等弱碱催化下进行。而脂肪酸钠与环氧氯丙烷的反应则广泛应用于甘油三酯的化学合成。

$$R_1COONa+Cl\text{-环氧丙基} \xrightarrow[\text{甲苯，回流}]{Et_4NBr} R_1COO\text{-环氧丙基} \xrightarrow[Et_4NBr]{R_2COONa}$$

$$R_1COO-CH_2-CH(OH)-CH_2-OCOR_2 \xrightarrow[DCC]{R_3COONa} R_1COO-CH_2-CH(OCOR_3)-CH_2-OCOR_2$$

脂肪酸（如硬脂酸、月桂酸）和甘油可直接发生酯化反应，得到甘油一酯、甘油二酯、甘油和油脂的混合物。一般的酯化工艺是：脂肪酸与甘油物质的量比为1：（1~1.5），用酸、碱或金属氧化物作催化剂，反应温度为180~240℃，反应时间2~4h，反应中不断除去生成的水，使反应向酯生成的方向移动。这也是目前工业化生产高纯度甘油一酯（如硬脂酸甘油一酯、月桂酸甘油一酯）的常用方法。其中产量最大、应用最多的是硬脂酸甘油一酯，经过酯化和分子蒸馏纯化后，产品纯度可达99%。

$$RCOOH+\begin{matrix}HO-CH_2\\ HO-CH\\ HO-CH_2\end{matrix} \xrightarrow{\text{催化剂}} \begin{matrix}RCOO-CH_2\\ HO-CH\\ HO-CH_2\end{matrix} + \begin{matrix}HO-CH_2\\ RCOO-CH\\ HO-CH_2\end{matrix}$$

脂肪酶不仅可以催化甘油酯的合成，也可以催化其他酯化或酰化反应，成为有机合成中应用最广泛的生物催化剂之一。比如，利用皱褶假丝酵母（*Candida rugosa*）脂肪酶（CRL）实现内消旋薄荷醇的酶法拆分。

$$\text{薄荷醇(OH)} + RCOOH \xrightarrow[\text{正己烷}]{CRL} \text{薄荷醇酯(OCOR)} + \text{薄荷醇(OH)}$$

（一）聚甘油脂肪酸酯

聚甘油脂肪酸酯（polyglyceryl fatty acid esters，简称聚甘油酯或PGFE），是由多种脂肪酸与不同聚合度的聚甘油反应制成的一类优良非离子型表面活性剂，外观从淡黄色油状液体至蜡状固体，视其所结合的脂肪酸而定，属于单甘油酯的衍生物。聚甘油脂肪酸酯的制备分两步完成，第一步是甘油在高温220~280℃下聚合脱水，第二步是生成物再和脂肪酸进行酯化反应或与油脂进行酯交换反应。

聚甘油脂肪酸酯在耐热性、黏度等方面较多元醇脂肪酸酯高，耐水解性好，具有很强的乳化性能。不仅可配制油包水型（W/O），也可配制成水包油型（O/W）及水包油包水型（W/O/W）或油包水包油型（O/W/O）乳化剂，具特殊的稳定性，具有去污、乳化、分散、洗涤、湿润、渗透、扩散、起泡、抗氧化、调节黏度、杀菌、防止老化、抗静电、防止晶析等多种功能，本身安全，对人体无毒。

在食品工业中，聚甘油脂肪酸酯作为高效的食品乳化剂主要用于制作点心、人造奶油、冰淇淋、饮料、糖果和保健食品等，作为人造乳制品的乳化稳定剂、食品保鲜剂和减肥食品添加剂等。

在日化行业中，用聚甘油脂肪酸酯制成的发乳、护肤品、香精、浴液、洗发香波等，对人体皮肤和毛发刺激性小，安全性高。在纺织印染等行业中，聚甘油脂肪酸酯可作为纤维柔软剂、织物均染剂、抗静电剂，可以增加织物的润湿性和柔软性。

在医药行业中，聚甘油脂肪酸酯可用于制药剂、药片和医药助剂，各种软膏类制剂、胶囊等的乳化剂、渗透剂、分散剂和增溶剂，具有高的安全性、耐酸性、耐水解性和药物相容性的特点。

在农业化学品中，可作为农药杀虫剂的分散剂、乳化剂和土壤稳定剂等。

聚甘油脂肪酸酯是很有前途的新型乳化剂和品质改良剂，具有品种多，使用范围广，乳化性能优异，安全无毒，方便等优点。与同样亲水性强的乳化剂蔗糖酯相比，乳化性能及风味更好。由于其良好的特性，已日益引起人们的关注。

（二）脱水山梨醇酯与丙二醇酯

脱水山梨醇脂肪酸酯，由失水山梨醇与不同脂肪酸或相同脂肪酸但物质的量比不同而生成一系列的产品，如月桂酸、棕榈酸、硬脂酸、油酸与失水山梨醇酯化反应，生成的单酯产品分别称为 span-20、span-40、span-60 和 span-80。由于不同组成生成的酯其性质不同（HLB 等），用途上有一定的差别。脱水山梨醇酯的合成方法大致为两种，即脂肪酸与山梨醇先进行酯化，然后进行醚化或先将山梨醇脱水然后与脂肪酸反应。脱水山梨醇酯产品通常用作蛋糕、冷冻食品和冷饮乳化剂。

丙二醇脂肪酸酯由丙二醇和脂肪酸在碱性催化剂参与下直接酯化反应制备，或用油脂与一定数量的丙二醇进行酯交换反应，生成混合酯，其性质及用途与单甘酯相似。

二、成盐反应

脂肪酸是一种弱酸，可以和强碱（NaOH 等）、弱碱（碳酸盐、碳酸氢盐）和有机碱（胺）等作用成盐。

$$RCOOH+KOH \longrightarrow RCOO^-K^++H_2O$$

$$2RCOOH+Na_2CO_3 \longrightarrow 2RCOO^-Na^++H_2O+CO_2\uparrow$$

$$RCOOH+N(CH_2CH_2OH)_3 \longrightarrow RCOO^-N^+H(CH_2CH_2OH)_3$$

碱土金属和其他过渡金属的脂肪酸盐可以通过脂肪酸和其金属氧化物或氢氧化物作用得到，脂肪酸与金属乙酸盐的反应或金属盐与钠皂的复分解反应均可以得到脂肪酸盐。

$$2RCOOH+Ca(OH)_2 \longrightarrow (RCOO)_2Ca+2H_2O$$

$$2RCOOH+Co(OAc)_2 \longrightarrow (RCOO)_2Co+2AcOH$$

$$6RCOONa+Al_2(SO_4)_3 \longrightarrow 2(RCOO)_3Al+3Na_2SO_4$$

三、生成含氮衍生物

由脂肪酸衍生的含氮衍生物主要有三类：铵盐、酰胺和胺。脂肪酸与氨作用首先生成铵盐；铵盐受热脱水生成酰胺；酰胺进一步脱水生成腈；腈在催化剂作用下可以被还原成胺类。

$$RCOOH+NH_3 \longrightarrow RCOONH_4 \xrightarrow[\text{加热}]{-H_2O} RCOHN_2 \xrightarrow[\text{加热}]{-H_2O} RCN \xrightarrow[H_2]{\text{Raney Ni}} RCH_2NH_2$$

酰胺也可以通过酰氯与胺反应或酯与胺的作用得到。酰胺和胺均可以与环氧乙烷作用生成非离子表面活性剂。

$$RCONH_2+(x+y)\ \underset{O}{\triangledown} \xrightarrow{\text{碱}} RCON\begin{cases}(CH_2CH_2O)_xH\\(CH_2CH_2O)_yH\end{cases}$$

$$R_1R_2NH+n\ \underset{O}{\triangledown} \longrightarrow R_1R_2N(CH_2CH_2O)_nH$$

四、酰卤与酸酐

酰卤和酸酐是两类重要的脂肪酸衍生物，是常用的酰基化试剂，前者的活性更高。酰氯可以通过脂肪酸与无机氯化物（五氯化磷、三氯化磷、亚硫酰氯）或有机氯化物（碳酰氯、草酰氯、三苯基磷-四氯化碳）反应制得。

$$RCOOH+\begin{matrix}PCl_5\\PCl_3\\SOCl_2\\COCl_2\\ClCOCOCl\\Ph_3P-CCl_4\end{matrix} \longrightarrow RCOCl+\begin{matrix}O=PCl_3\\P(OH)_3\\SO_2+HCl\\CO+HCl\\CO_2+CO+HCl\\O=PPh_3+CHCl_3\end{matrix}$$

酰溴也可用类似的方法（PBr_5、PBr_3、$SOBr_2$）或通过酰氯与 $CaBr_2$ 交换反应得到。

酰卤是重要的酰化试剂，可以接受醇、胺、硫醇等亲核试剂的进攻，也可以作为醛酮的前体。

酸酐可以通过脂肪酸与乙酸酐或乙酰氯在回流温度下反应得到，也可以由脂肪酰氯与乙酸酐反应得到。

$$RCOOH+\begin{matrix}(CH_3CO)_2O\\CH_3COCl\end{matrix} \longrightarrow (RCO)_2O+\begin{matrix}CH_3COOH\\CH_3COOH\end{matrix}+HCl$$

$$RCOCl+(CH_3CO)_2O \longrightarrow (RCO)_2O+CH_3COCl$$

使用 DCC 作为脱水剂，则可以在室温下制备脂肪酸酐。

$$2RCOOH+C_6H_{11}-N=C=N-C_6H_{11} \longrightarrow (RCO)_2O+C_6H_{11}-NH-\overset{\overset{\large O}{\|}}{C}-HN-C_6H_{11}$$

五、过氧酸

脂肪酸在酸催化下可与过氧化氢作用，生成过氧酸。反应通常在浓硫酸或甲基磺酸中进行，它们既是溶剂又是催化剂。

$$RCOOH+H_2O_2(30\%\sim98\%) \longrightarrow RCOOOH+H_2O$$

过氧酸可以通过能量上稳定的五元环形成分子内氢键，所以过氧酸的酸性很弱，只相当于其母体酸的千分之一。

过氧乙酸等过氧酸是工业上常用的氧化剂。低碳链过氧酸为液体，受热易分解或爆炸，通常需要低温避光保存或即用即制。长碳链过氧酸常温为固体，较稳定。

六、羰基 α -H 的反应

脂肪酸的 α-H 受到羧基的吸电子诱导效应，具有一定的酸性和反应活性。可以被氯、溴取代生成 α-卤代酸，也可以发生磺化反应生成 α-磺化酸，或者在强碱作用下生成 α-烷基取代的脂肪酸。

在红磷存在下，脂肪酸 α-H 被氯或溴取代生成 α-卤代酸的反应称为 Hell-Volhard-Zelinsky 反应。在 PCl_3、PBr_3 或 $SOCl_2$ 存在下也可以发生类似的反应。

$$\mathrm{R{-}CH(H){-}COOH \xrightarrow{P,\ X_2} R{-}CH(X){-}COOH}$$

脂肪酸可以与 SO_3、$ClSO_3H$ 等磺化试剂作用生成 α-单磺化脂肪酸。反应经烯醇式重排完成。

$$\mathrm{RCH_2C(=O)OH \xrightarrow{SO_3} RCH_2C(=O)OSO_3H \longrightarrow RCH{=}C(OH)OSO_3H \longrightarrow RCH(SO_3H)C(=O)OH}$$

脂肪酸酯也可与 SO_3 反应生成 α-单磺化脂肪酸酯。

$$\mathrm{RCH_2C(=O)OMe \underset{}{\overset{SO_3}{\rightleftharpoons}} RCH_2C(O{-}SO_2{-}O{-}Me{-}O) \rightleftharpoons RCH{=}C(OH)OSO_3Me \overset{SO_3}{\rightleftharpoons} RCH(O_2S{-}O)C(OH)(O{-}SO_3Me) \longrightarrow RCH(SO_3H)C(=O)OMe + SO_3}$$

α-磺化脂肪酸、酯和钠盐都是性能优良的表面活性剂，抗硬水能力强，对环境无害，容易降解。

脂肪酸的 α-H 受羧基的诱导效应呈一定的酸性（$pK_a \approx 25$），因此能够在低亲核性强碱作用下发生 α-烷基化反应：

$$\mathrm{RCH_2C(=O)OH \xrightarrow{(\mathit{i}{-}Pr)_2NLi} R\overset{-}{C}HC(=O)O^- \xrightarrow[HMPT]{R_2Br} RCH(R_2)C(=O)OH}$$

七、脱羧反应

天然油脂来源的高级脂肪酸作为一种容易获得且含量丰富的生物质衍生物，是最具潜能的生物质资源之一。而脂肪酸通过脱羧反应制成直链烃类混合物，其成分接近于传统的石化柴油。高级脂肪酸（如油酸、硬脂酸、棕榈酸）的脱羧反应一般在铂、镍等过渡金属催化剂作用下，高温（300℃以上）反应制得 $C_8 \sim C_{17}$ 烷烃，反应回收率一般在 80%。

$$C_{17}H_{35}COOH \xrightarrow{\text{催化剂}} C_{17}H_{36} + CO_2$$

此外，也可以通过油脂（如棉籽油）加氢脱氧反应制备得到 $C_{15} \sim C_{18}$ 的直链柴油烷烃，即第二代生物柴油（脂肪酸甲酯为第一代生物柴油），这也是生物质能源的重要发展方向。

第三节 与双键有关的反应

不饱和脂肪酸或酯具有烯烃的典型性质，能够发生亲电加成、氧化、还原甚至聚合等反应。双键的 α-H 受到双键的诱导及超共轭作用，能够发生氧化、卤代、异构化等反应。

一、氢化反应

催化氢化指油脂不饱和键在催化剂作用下与氢气发生的加成反应。氢化为吸热反应（156.9J/mol），反应多在高温下进行，需要催化剂降低反应的活化能。依据催化剂的不同，分为非均相催化（金属）和均相催化（金属配合物）。有关催化氢化的机理和选择性，在第七章油脂改性中有详细的讨论。

此外，通过催化转移氢化（catalytic transfer hydrogenation）方式也能对不饱和双键进行加氢反应。催化转移氢化反应是指在催化剂作用下，氢的供体（如醇类、甲酸及其盐等）将氢转移给不饱和双键，该反应的最大优点是无需外界提供氢气。

$$R_1CH{=}CHR_2 + H_3C{-}CH(OH){-}CH_3 \xrightarrow{\text{催化剂}} R_1CH_2{-}CH_2R_2 + H_3C{-}CO{-}CH_3$$

二、加成反应

（一）卤素加成反应

脂肪酸卤素的加成反应主要用于分析，也可用于产品的分离、结构鉴定和作为合成的中间体。卤素加成为反式亲电加成，首先形成鎓离子，然后卤素负离子从背面亲核进攻。

$$R_1HC{=}CHR_2 \xrightarrow{X_2} \text{环状卤鎓离子}(X^+) + X^- \longrightarrow R_1CHX{-}CHXR_2 + R_1CHX{-}CHXR_2$$

顺式双键生成苏式加成产物，反式生成赤式加成产物。如果反应体系中含有卤素之外其他亲核试剂的存在，则会发生类似的亲电加成反应。

$$-CH{=}CH- \xrightarrow{Br_2} -CH(Br^+)CH- \begin{cases} \xrightarrow{Cl^-} -CHBrCHCl- \\ \xrightarrow{HOH} -CHBrCH(OH)- \\ \xrightarrow{ROH} -CHBrCH(OR)- \\ \xrightarrow{RCOO^-} -CHBrCH(OCOR)- \end{cases}$$

氟、氯的加成反应剧烈，需在低温下进行。碘单质不能单独进行加成反应，常用的卤素加成试剂为 Br_2、ICl 和 IBr 等。就多不饱和脂肪酸的加成而言，非共轭双键能够全部被加成；共轭双键往往剩余一个双键不能被加成；炔酸的加成通常停留在卤代烯烃的阶段。

卤素加成在油脂分析上的一个重要应用是测定油脂的不饱和程度，用碘值表示。碘值为每 100g 油脂所能加成的碘的质量（g）。反应通常在 Wijis 试剂（ICl 乙酸溶液）中进行。

油脂双键与硫氰的加成是一种已经不用的估算油脂不饱和程度的方法。与油酸的反应几乎能够定量进行，但只能加成亚油酸的一个双键、亚麻酸的两个双键。

（二）羟汞化反应

不饱和脂肪酸可以与乙酸汞和甲醇或其他亲核试剂反应生成一系列含汞加成物。这些化合物可以进一步转化为其他非汞化合物。

$$-CH{=}CH- \underset{}{\overset{Hg(OAc)_2}{\rightleftharpoons}} -CH{-}CH-\ (Hg^{+}OAc) \xrightarrow{MeOH} -CH(OMe)CH(HgOAc)-$$

$$-CH(OMe)CH(HgOAc)- \xrightarrow{NaBr,MeOH} -CH(OMe)CH(HgBr)- \xrightarrow{HCl} -CH{=}CH-$$

$$-CH(OMe)CH(HgOAc)- \xrightarrow{HCl} -CH{=}CH-$$

$$-CH(OMe)CH(HgOAc)- \xrightarrow{Br_2} -CH(OMe)CHBr-$$

$$-CH(OMe)CH(HgOAc)- \xrightarrow{NaBH_4} -CH(OMe)CH_2-$$

$$-CH(OMe)CHBr- \xrightarrow{Bu_3SnH} -CH(OMe)CH_2-$$

其中经 $NaBH_4$ 还原得到的甲氧基脂肪酸可以用在质谱分析中确定双键的位置。

（三）羟基化反应

在硫酸、高氯酸等弱亲核性酸的催化下，乙酸等短碳链酸与脂肪酸双键加成生成酯进一步水解生成醇羟基。

$$-CH{=}CH- \xrightarrow[H^{+}]{AcOH} -CH(H)-CH(OAc)- \xrightarrow{OH^{-}} -CH(H)-CH(OH)-$$

脂肪酸双键也可以先与过氧酸作用生成环氧化合物，然后在酸催化下开环，进一步水解生成反式二醇。

$$-CH{=}CH- \xrightarrow{RCO_3H} \text{环氧化物 (O)} \xrightarrow{RCOOH} -CH(HO)-CH(OCOR)- \xrightarrow{OH^{-}} -CH(HO)-CH(OH)-$$

碱性高锰酸钾或四氧化锇可以经一环状过渡态将脂肪酸双键氧化成 1,2-邻二醇。

$$\text{HO, OH 二醇} \leftarrow \text{环状锰酸酯 (O–Mn(=O)(O}^{-}\text{)–O)} \xleftarrow[OH^{-}]{MnO_4^{-}} -CH{=}CH- \xrightarrow[Pyridine]{OsO_4} \text{环状锇酸酯 (O–Os(=O)_2(pyr)_2–O)} \longrightarrow \text{HO, OH 二醇}$$

（四）其他加成反应

在质子酸（80%的硫酸）或 Lewis 酸催化下，腈类与不饱和脂肪酸加成生成氨基取代的脂肪酸，称为 Ritter 反应。

$$R_1CH{=}CHR_2 + CH_2{=}CHCN \xrightarrow[CH_2Cl_2,0℃]{SnCl_4} R_1CH_2CH(NHCOCH{=}CH_2)R_2 \longrightarrow R_1CH_2CH(NH_2)R_1$$

不饱和脂肪酸低温下与浓硫酸反应生成硫酸酯，硫酸酯很容易在稀释时发生水解，生成醇；高温下发生磺化反应生成磺酸，三氧化硫和氯磺酸也能使双键发生磺化。

$$R_1CH{=}CHR_2 + HOSO_2OH \rightarrow R_1CH_2CH(OSO_3H)R_2 \xrightarrow{H_2O} R_1CH_2CH(OH)R_2$$

$$R_1CH{=}CHR_2 + HOSO_2OH \rightarrow R_1CH(OH)CH(SO_3H)R_2$$

此外，不饱和脂肪酸还可以在酸催化下和硫化氢、二硫化碳、硫醇等发生一系列加成反应，生成含硫脂肪酸衍生物。

三、双键的氧化反应

不饱和脂肪酸的双键氧化裂解是脂肪酸化学研究历史上重要的确定双键位置的方法，在质谱以及^{13}CNMR 广为使用的今天，该反应的意义是能够制备一些有用的化合物。广为使用的两种氧化方法包括 Lemieux-von Rudloff 氧化和臭氧氧化。

Lemieux-von Rudloff 氧化是改进的高锰酸钾氧化工艺，用 $KMnO_4$-$NaIO_4$ 代替酸性高锰酸钾防止了氧化产物的进一步氧化。

$$CH_3(CH_2)_7CH{=}CH(CH_2)_7COOH \xrightarrow{KMnO_4-NaIO_4} CH_3(CH_2)_7COOH + HOOC(CH_2)_7COOH$$

不饱和脂肪酸的臭氧化首先生成 1,2,4-三氧环烷中间体，然后在不同的条件下分解成醛、酸、醇等产物。

$$R_1—CH{=}CH—R_2 \xrightarrow{O_3} R_1—\overset{}{CH}\begin{smallmatrix}O—O\\ \\ O\end{smallmatrix}CH—R_2 \begin{cases}\xrightarrow{Zn,\ H^+} R_1CHO + R_2CHO\\ \xrightarrow{LiAlH_4} R_1CH_2OH + R_2CH_2OH\\ \xrightarrow{CH_3CO_3H} R_1COOH + R_2COOH\\ \xrightarrow[Raney\ Ni]{NH_3} R_1CH_2NH_2 + R_2CH_2NH_2\end{cases}$$

四、羰基化反应

在羰基合成催化剂作用下，一氧化碳可与脂肪酸双键发生加成反应，生成醛、酮、酸、酯等羰基衍生物。反应往往伴随有双键位置的重排，因此产物多为多种位置异构的混合物。反应的选择性取决于催化剂、脂肪酸的结构、反应温度等。常用的催化剂为钴、铑、钌、铁等的羰基配合物。

$$—CH{=}CH— + CO + H_2 \xrightarrow{HCo(CO)_4} —CH—\underset{}{\overset{CHO}{|}}CH—$$

在其他非羰基配合物催化下，不饱和脂肪酸也可以与一氧化碳发生羰基反应。

$$—CH{=}CH— + CO + H_2O \xrightarrow{PdCl_2,\ PPh_3} —CH—\overset{COOH}{|}CH—$$

$$—CH{=}CH— + CO + ROH \xrightarrow{H_2SO_4} —CH—\overset{COOR}{|}CH—$$

五、环化和二聚化反应

含有反，反共轭双键的脂肪酸，以及异构化的共轭多烯酸、脱水蓖麻酸等可以和亲双烯体丙烯醛、马来酸酐等发生 Diels-Alder 反应。

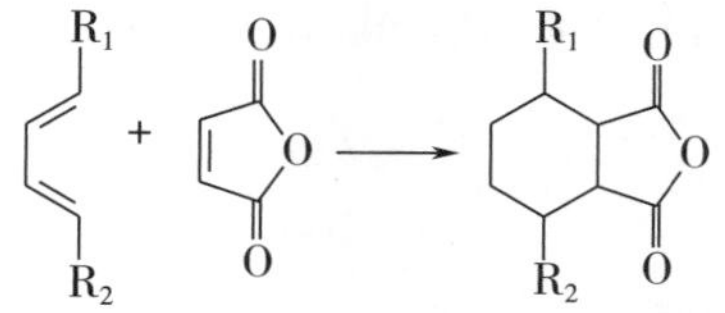

这一反应用来确定反式双烯酸的结构以及用于测定二烯值。二烯值是一种评价共轭酸含量的方法，定义为 100g 油脂所消耗的顺丁烯二酸酐换算成碘的质量（g）。这一反应也用于干性油的改性，即通过该反应引入两个羧基，羧基可进一步与多元醇反应，提高干性油的官能度。

富含亚油酸或亚麻酸的油脂经过热处理（200～275℃）可以产生环化脂肪酸，为 1,2-二取代的环己烷或环戊烷混合物。亚油酸衍生物含一个双键，亚麻酸衍生物含两个双键。下面是它们经过还原后的结构：

$(CH_2)_nCH_3$　$(CH_2)_mCOOMe$　$m=6\sim9$，$n=10-m$

$(CH_2)_nCH_3$　$(CH_2)_mCOOMe$　$m=6\sim9$，$n=11-m$

不饱和脂肪酸在自由基源存在下，或在活性白土等催化下加热到 260～400℃生成二聚酸。二聚酸有非环二聚体、单环二聚体和双环二聚体等多种形式。

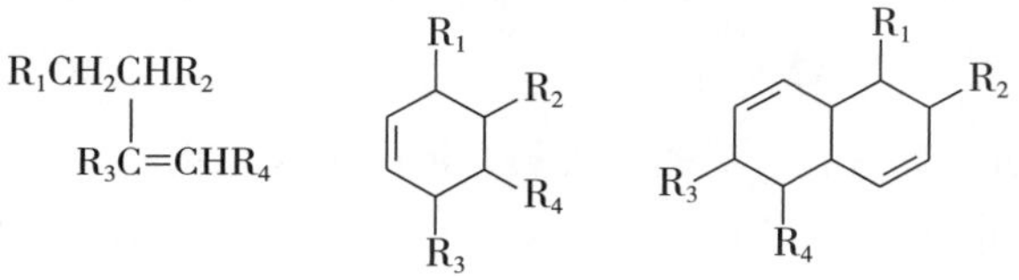

$R_1CH_2CHR_2$ | $R_3C{=}CHR_4$

非环二聚体　　单环二聚体　　双环二聚体

二聚酸主要用于制备聚酰胺。二聚酸与二胺反应生成具有优良黏合性能的非反应性聚酰胺，用作热熔胶黏剂，也可用于印刷油墨。与多胺反应生成的反应性衍生物可用作环氧树脂的固化剂。

六、环氧化反应

环氧化反应（epoxidation）是指在有机化合物双键两端碳原子间加上一原子氧形成三元环的氧化反应。早在 1909 年，Prelezhaev 发现烯烃化合物在过氧酸（过氧甲酸、过氧乙酸等）的作用下可以生成环氧化物（1,2-环氧衍生物）。

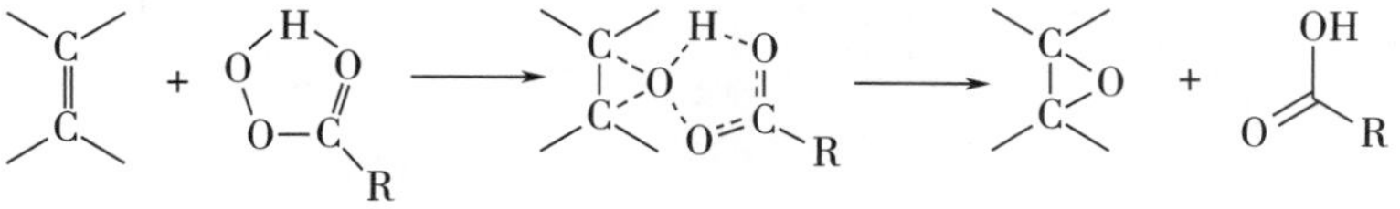

环氧酯类增塑剂在增塑剂总量中占有相当的比重。环氧油的产品有环氧大豆油、环氧菜籽油、环氧亚麻油、环氧棉籽油及环氧蓖麻油等，但主要是环氧大豆油，其碘值较高（>130g/100g），故产品的环氧值较高（一般在 6.0%以上），在环氧增塑剂中占 60%以上。环氧大豆油具有安全无毒，原料资源可再生等优点，作为聚氯乙烯塑料的增塑剂、稳定剂，具有广阔的市场。

环氧大豆油的生产是根据大豆油的碘值，加入一定量的冰乙酸，搅拌升温至 60℃以上，定量分批加入 30%浓度的双氧水，在酸性催化剂（如硫酸）或阳离子交换树脂催化下，保持温度 60~70℃进行环氧化反应，至大豆油碘值降到 10g/100g 以下停止反应，时间一般为 8~9h。然后静置分去下层水相，剩下的油相经稀碱中和、水洗、减压蒸馏得到成品。

$$R_1CH{=}CHR_2 \xrightarrow[\text{乙酸}, H_2O_2]{H_2SO_4} R_1\text{-环氧-}R_2$$

针对化学法环氧化时所用强酸（如硫酸、甲酸、乙酸）易产生环氧化物开环的不利影响，采用酶法环氧化能够使环氧化反应在更温和（无强酸性）条件下发生，从而使产品环氧值接近理论值。河南工业大学刘伟等以大豆油为原料，利用固定化脂肪酶 Novozyme435 为催化剂，采用双氧水和丁酸在反应中原位生成过氧酸（过氧丁酸），在 45℃反应 4h 即可使环氧大豆油转化率达到 98%。

$$R_1CH{=}CHR_2 \xrightarrow[\text{丁酸}, H_2O_2]{\text{脂肪酶}} R_1\text{-环氧-}R_2$$

七、置换反应

烯烃的催化置换反应（metathesis）多用于石油化学工业，多不饱和脂肪酸或酯在均相催化剂如 WCl_6-$EtAlCl_2$ 或非均相催化剂如负载于氧化铝上的氧化钼作用下发生类似的反应。

$$R_1\text{—}CH{=}CH\text{—}R_2 + R_3\text{—}CH{=}CH\text{—}R_4 \xrightarrow{\text{催化剂}} R_1\text{—}CH{=}CH\text{—}R_3 + R_2\text{—}CH{=}CH\text{—}R_4$$

反应可以在同种分子间进行，称作自置换。油酸甲酯在氯苯中于 100℃加热数小时，由 WCl_6-$SnMe_4$ 催化转化成 9-十八烯和 9-十八二酸甲酯。而在亚油酸甲酯的自交换反应中检测到下列结构的化合物：

不同分子之间的反应称为共置换。化学家们对这一反应的兴趣在于可以借此合成一些新的脂肪酸：

八、异构化与共轭化

（一）顺反异构化

不饱和脂肪酸的双键以顺、反两种构型存在，绝大多数天然不饱和脂肪酸以顺式构型存在，从一种构型转化为另一种构型需要约 125. 52kJ/mol 的能量。在光、热以及催化剂如碘、硫、硒、含硫有机物、氮氧化物、酸性土等作用下，天然不饱和脂肪酸易从顺式构型转化为能量上稳定的反式构型。比如，油酸在 HNO_2 存在下加热到 100~120℃，达成下列平衡：

$$\underset{25\%}{\underset{H}{CH_3(CH_2)_7}\!\!-C=C-\!\!\underset{H}{(CH_2)_7COOH}} \xrightarrow[\triangle]{HNO_2} \underset{75\%}{\underset{H}{CH_3(CH_2)_7}\!\!-C=C-\!\!\overset{H}{(CH_2)_7COOH}}$$

反应中起催化作用的是从 HNO_2 释放出的氮氧化物（反应通常是在硝酸和亚硝酸钠作用下进行，二者反应生成的亚硝酸分解生成 NO 和 NO_2 等氮氧化物，是真正的催化剂），反应为自由基历程。反式脂肪酸的熔点都高于相应的顺式脂肪酸（如反油酸的熔点为 45℃，油酸为 13.5℃）。

亚油酸、亚麻酸、顺式共轭酸等都可以发生部分双键反化或全反化，如亚麻酸经甲基苯亚磺酸处理得到 *t*，*t*，*t*（48%）、*t*，*t*，*c*（41%）和 *t*，*c*，*c*（10%）三种反化或部分反化异构体。河南工业大学刘伟利用甲基苯亚磺酸作催化剂实现了天然油脂（甘油酯）不饱和双键的反式化。共轭酸的反化更容易进行，如共轭亚油酸在甲酯化过程就能发生部分反化；α-桐油酸、α-羰基十八碳三烯酸以及含有这些脂肪酸的油类（桐油、奥的锡卡油）在紫外光照射下，很容易转变成反式结构而固化。不过这些油经短时间高温（200~225℃）处理可以永久防止异构化。

除一些强酸性催化剂为碳正离子历程外，其他反化作用多数为自由基历程。比如，硫醇在引发剂作用下首先生成烷硫基自由基，进而按下列历程引发反化反应：

$$RS\cdot + R_1CH=CHR_2 \rightleftharpoons R_1\dot{C}H-CH(SR)R_2 \rightleftharpoons R_1CH(SR)-\dot{C}HR_2 \rightleftharpoons R_1CH(SR)-\dot{C}HR_2 \rightleftharpoons R_1CH=CHR_2\,(trans) + RS\cdot$$

无论是何种历程，反化反应往往伴随有加成反应或位置异构化反应。

（二）双键迁移与共轭化反应

不饱和脂肪酸双键在催化剂作用下发生移动，就单不饱和酸而言称作双键迁移；就多烯酸而言称为共轭化。催化双键迁移的为无机酸和金属羰基化合物，例如，油酸与高氯酸溶液于 100℃共热，双键将向两端迁移，反应初始阶段双键的位置符合统计规律，但当双键迁移到 C_4 时，碳链环化生成 γ-硬脂酸内酯。若油酸用酸活化的高岭土于 180℃处理，则油酸的双键可以出现在碳链上 2~17 的任何位置。

$$C_8-CH=CH-C_7COOH \overset{H^+}{\rightleftharpoons} C_8-\overset{\oplus}{C}H-CH_2-C_7COOH \rightleftharpoons \cdots\cdots \rightleftharpoons C_{14}-\overset{\oplus}{C}H-CH_2CH_2COOH \longrightarrow \gamma\text{-内酯}(C_{14})$$

过渡金属（Rh/Al_2O_3、Ru/C 等）及其羰基配合物 [$Fe(CO)_5$、$Co_2(CO)_8$ 等] 也是常用的双键迁移催化剂。比如，用过量的 $Fe(CO)_5$ 处理油酸甲酯，双键在 4~17 位之间迁移。反应的机理据认为是通过 π-烯丙结构-$HFe(CO)_3$ 复合物进行的：

$$R_1\text{/\textbackslash/=\textbackslash}R_2 + Fe(CO)_5 \rightleftharpoons R_1\ldots(Fe(CO)_4)\ldots R_2 \rightleftharpoons R_1\ldots(Fe(CO)_4)\ldots R_2 \rightleftharpoons R_1\ldots(Fe(CO)_4)\ldots R_2 \rightleftharpoons R_1\ldots(Fe(CO)_4)\ldots R_2 \rightleftharpoons \cdots\cdots$$

发生共轭化反应的主要是亚油酸、亚麻酸等多不饱和脂肪酸。亚油酸在碱催化下主要生成 9*c*，11*t*-和 10*t*，12*c*-共轭亚油酸两种异构体。亚麻酸则首先生成顺反型的二共轭三烯酸，进一步生成 10*t*，12*c*，14t-共轭亚麻酸等共轭三烯酸。亚油酸在 KOH 的乙二醇溶液中回流几乎可以实现完全共轭化。碱催化亚油酸共轭化的机理如图 5-5 所示：

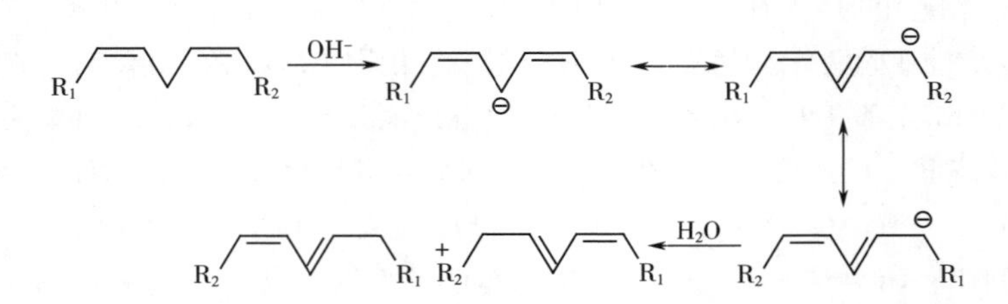

图 5-5 碱催化亚油酸共轭化的机理

共轭二烯酸在 234nm、共轭三烯酸在 270nm 有强烈的紫外吸收，是鉴定共轭酸存在的特征之一。除苛性碱之外，其他强碱和超强碱具有更好的催化性能，在极性非质子溶剂（二甲基亚砜、二甲基甲酰胺等）中反应可在低温下进行，其催化能力如下：

$$CH_3\overset{O}{\overset{\|}{S}}CH_2^- > tBuO^- > sBuO^- > EtO^- > MeO^- > OH^-$$

在惰性气体环境下过渡金属或其羰基复合物也可催化多不饱和脂肪酸的共轭化，其催化机理类似双键迁移的 π-烯丙基-M 过渡态。然而过渡金属催化的优点是不破坏酯键，缺点是生成较多的反式异构体，尤其是羰基复合物催化得到的产物。不同催化体系催化亚油酸甲酯共轭化的产率如表 5-1 所示。

表 5-1 不同催化体系催化亚油酸甲酯共轭化的产率

催化体系	产率/%	催化体系	产率/%
Fe（CO）$_3$，$FeCl_2$	90~97	$RuCl_2$［（C_6H_5）$_3$P］$_3$，$SnCl_2$，$2H_2O$，Bu_2NH	35~45
Ar-Cr（CO）$_3$，Cr（CO）$_6$	60~70	RhCOCl［（C_6H_5）$_3$P］$_3$，$SnCl_2$，$2H_2O$	80~85
H_2RhCl［（C_6H_5）$_3$P］$_2$，CH_3OH	90~95	PtCl［（C_6H_5）$_3$P］$_2$，$SnCl_2$	60~65
RhCl［（C_6H_5）$_3$P］$_3$，$SnCl_2$，$2H_2O$	80~85		

亚油酸等多不饱和脂肪酸在光照条件下经碘催化可实现 70%~80%的共轭化产率，产物中反，反式异构体通常占 70%以上。

共轭亚油酸由于发现其具有重要的生理活性而引起特别的关注。重要的共轭亚油酸的制备方法还包括蓖麻酸及其衍生物的选择性脱水等。

第四节 羟基酸的反应

天然含有羟基的脂肪酸主要为存在于蓖麻油中的蓖麻酸。不饱和脂肪酸也可以通过双键的羟基化反应引入羟基。羟基脂肪酸具有醇羟基的典型性质，能够发生酯化、消除、醚化、裂解等反应。

一、羟基酯化

蓖麻油中蓖麻酸的羟基可以和浓硫酸发生酯化反应生成硫酸酯，同时双键也与浓硫酸发生加成反应，生成硫酸化蓖麻油，又称为太古油或土耳其红油，是一种历史悠久的表面活性剂。

$$R_1CH(OH)CH_2CH{=}CHR_2 + H_2SO_4 \longrightarrow R_1CH(OSO_3H)CH_2CH{=}CHR_2$$

蓖麻酸的羟基在吡啶等催化下，可以和酸酐、酰氯、磺酰氯等反应生成酯。

$$R_1CH(OH)CH_2CH{=}CHR_2 + (CH_3CO)_2O \xrightarrow{\text{催化剂}} R_1CH(OOCCH_3)CH_2CH{=}CHR_2 + CH_3COOH$$

$$R_1CH(OH)CH_2CH{=}CHR_2 + PhSO_2Cl \xrightarrow{\text{催化剂}} R_1CH(OO_2SPh)CH_2CH{=}CHR_2 + HCl$$

羟基的乙酰化反应用于测定羟基的含量，用羟值或乙酰值来表示。如果油脂中含有甘油一酯、甘油二酯等含羟基化合物，会干扰羟基酸含量的测定。

二、醚化反应

蓖麻酸的羟基可以和环氧乙烷等发生反应生成聚氧乙烯醚，也可以分子间脱水成醚。有重要意义的是羟基的硅烷化反应，羟基酸（甲酯）的硅烷化衍生物常用于气相色谱分析。

$$CH_3(CH_2)_5CH(OH)CH_2CH{=}CH(CH_2)_7COOMe \xrightarrow[Et_3N]{(C_2H_5)_3SiCl} CH_3(CH_2)_5CH(OSi(CH_2CH_3)_3)CH_2CH{=}CH(CH_2)_7COOMe$$

三、消除反应

蓖麻酸（酯）在酸性催化剂作用下直接脱水，生成共轭和非共轭二烯酸（酯）。该反应为碳正离子历程。

$$CH_3(CH_2)_4CH_2{-}CH(OH){-}CH_2CH{=}CH(CH_2)_7COOMe \xrightarrow{H^+} CH_3(CH_2)_4CH_2{-}CH(^+OH_2){-}CH_2CH{=}CH(CH_2)_7COOMe$$

$$\xrightarrow{-H_2O} CH_3(CH_2)_4CH_2{-}\overset{+}{C}H{-}CH_2CH{=}CH(CH_2)_7COOMe$$

$$\xrightarrow{-H^+} CH_3(CH_2)_4CH{=}CH{-}CH_2CH{=}CH(CH_2)_7COOMe \quad (9c,12t\text{–}18:2)$$

$$CH_3(CH_2)_4CH_2{-}CH{=}CHCH{=}CH(CH_2)_7COOMe \quad (9c,11t\text{–}18:2)$$

此反应的选择性较差，9*c*,12*t*-18：2 和 9*c*,11*t*-18：2 为主要产物，共轭二烯酸的含量通常不超过 40%。由于碳正离子的重排反应，产物中还含有其他位置的二烯酸异构体。

蓖麻酸的羟基酯化产物在碱性条件下脱水可以显著提高共轭二烯酸的比例。例如，蓖麻酸甲酯的甲磺酰衍生物在 1,8－二氮杂二环十一碳－7－烯（DBU）或 1,5－二氮杂双环[4.3.0]-5-壬烯（DBN）催化下实现了 100%的消除，得到的消除产物中共轭亚油酸占 93%，其中 9*c*,11*t*-CLA 为 72%，9*c*,11*c*-CLA 为 21%。

$$CH_3(CH_2)_5\underset{OH}{CH}CH_2CH{=}CH(CH_2)_7COOCH_3 \xrightarrow[Pyridine]{CH_3SO_2Cl} CH_3(CH_2)_5\underset{OSO_2CH_3}{CH}CH_2CH{=}CH(CH_2)_7COOCH_3$$

$$\xrightarrow{DBU}$$

$$CH_3(CH_2)_4CH{=}CHCH_2CH{=}CH(CH_2)_7COOCH_3+CH_3(CH_2)_5CH{=}CHCH{=}CH(CH_2)_7COOCH_3$$

四、裂解反应

蓖麻酸在浓 NaOH 中可以发生高温（约 275℃）裂解，生成 2-辛醇和癸二酸。

$$CH_3(CH_2)_5\underset{OH}{CH}CH_2CH{=}CH(CH_2)_7COOH \xrightarrow[\sim 275℃]{NaOH} CH_3(CH_2)_5\underset{OH}{CH}CH_3+HOOC(CH_2)_8COOH$$

蓖麻酸的钠盐或铬盐在高温下进行分解蒸馏时，裂解为庚醛和 10-十一碳烯酸。蓖麻油用 575℃的过热蒸汽处理也可以发生同样的反应，并能明显减少进一步的脱水和聚合等副反应。

$$CH_3(CH_2)_5\underset{OH}{CH}CH_2CH{=}CH(CH_2)_7COOH \xrightarrow{\triangle} CH_3(CH_2)_5CHO+CH_2{=}CH(CH_2)_8COOH$$

反应生成的产物是重要的工业原料，如 10-十一碳烯酸可用于调制治足癣的软膏，以及用作合成香料十一烷酸内酯的原料。

第五节　甘油酯的实验室合成

一般来说，可以采用油脂水解的逆反应（脂肪酸与甘油直接酯化）或甘油醇解法合成甘油酯，但酯化过程或醇解过程得到的是甘油酯、脂肪酸和甘油混合物。根据研究的需要，实验室通常要合成一些较纯的单一甘油酯。纯甘油酯的合成通常是用封闭剂先封闭甘油上的一个或两个羟基后，再在喹啉或吡啶中与脂肪酰氯反应，然后水解去封，从而得到纯的甘油一酯或甘油二酯。实验室常用的封闭试剂有丙酮、苯甲醛、三苯氯甲烷、苯甲醇、苄基氯、二氢吡喃等。

一、甘油一酯的合成

（1）以丙酮作封闭试剂　甘油和丙酮在室温、无水硫酸钠存在下用对甲苯磺酸作催化剂进行反应，脱去一分子的水得到1,2-亚异丙基甘油（又称丙酮甘油），然后与脂肪酰氯在喹啉或吡啶中反应，丙酮甘油3位的羟基被酰基取代，而生成的盐酸可被喹啉固定，最后用冷硼酸水解即得较纯的α-甘油一酯。

CH_2OH–CHOH–CH_2OH + O=C(CH_3)$_2$ $\xrightarrow[\text{对甲苯磺酸}]{\text{室温，无水}Na_2SO_4}$ CH_2—O／CH—O＞C(CH_3)$_2$，CH_2OH（丙酮甘油）$\xrightarrow[\text{喹啉或吡啶}]{RCOCl}$

CH_2—O／CH—O＞C(CH_3)$_2$，CH_2—O—COR $\xrightarrow[H_3BO_3]{B(OCH_3)_3}$ CH_2OH–CHOH–CH_2—O—COR（α-甘油一酯，90%） ⇌ CH_2OH–CHOCOR–CH_2OH（β-甘油一酯，10%）

（2）以苯甲醛作封闭试剂　甘油与苯甲醛在对甲苯磺酸催化下反应生成1,2-亚甲苯基甘油和1,3-亚甲苯基甘油两个异构体。可用结晶方法分离二者。其中1,2-亚甲苯基甘油与酰氯在吡啶中反应，再用硼酸水解脱去苯甲醛，可得到α-甘油一酯；而1,3-亚甲苯基甘油与酰氯在吡啶中反应，再用硼酸水解脱去苯甲醛，则得到β-甘油一酯。

CH_2OH–CHOH–CH_2OH + OHC–C_6H_5 $\xrightarrow{H_3C-C_6H_4-SO_3H}$ CH_2O／CHOH／CH_2O＞CH–C_6H_5（1,3-亚甲苯基甘油） + CH_2O／CHO＞CH–C_6H_5，CH_2OH（1,2-亚甲苯基甘油）

1,3-亚甲苯基甘油 $\xrightarrow{\text{吡啶}\ RCOCl}$ CH_2O／CHOCOR／CH_2O＞CH–C_6H_5 $\xrightarrow[H_3BO_3]{B(OCH_3)_3}$ CH_2OH–CHOCOR–CH_2OH（β-甘油一酯） ⇌ CH_2COR–CHOH–CH_2OH（α-甘油一酯）

1,2-亚甲苯基甘油 $\xrightarrow{\text{吡啶}\ RCOCl}$ CH_2O／CHO＞CH–C_6H_5，CH_2OCOR $\xrightarrow[H_3BO_3]{B(OCH_3)_3}$ CH_2COR–CHOH–CH_2OH（α-甘油一酯） ⇌ CH_2OH–CHOCOR–CH_2OH（β-甘油一酯）

（3）以三苯氯甲烷作封闭试剂　甘油与2mol三苯氯甲烷在吡啶中反应，可以得到1,3-二（三苯）甲基甘油，经过酰化、去封即可得饱和酸β-甘油一酯。

CH_2OH–CHOH–CH_2OH $\xrightarrow[\text{吡啶}]{2mol\ Ph_3CCl}$ CH_2OCPh_3–CHOH–CH_2OCPh_3（1,3-二（三苯）甲基甘油） $\xrightarrow[\text{喹啉}]{RCOCl}$ CH_2OCPh_3–CHOCOR–CH_2OCPh_3 $\xrightarrow[Pd-CaCO_3]{H_2}$ CH_2OH–CHOCOR–CH_2OH（β-甘油一酯）

从以上（1）～（3）中的反应式可以得知，（1）、（2）中虽然羟基得到了保护，但制备好后仍有少量转移，即产物主要是α-甘油一酯，还含有少量β-甘油一酯；而（2）或（3）则是制备β-甘油一酯常用的方法，而且（3）只能合成饱和酸β-甘油一酯。$B(OCH_3)_3$（硼酸三甲酯）是常用的脱封保护剂，它在硼酸存在下，可以防止双键转移。

二、甘油二酯的合成

（1）由甘油一酯制备　由甘油一酯与酰氯反应很容易制备1,3-甘油二酯。如果R与R′相同则得到同酸1,3-甘油二酯；R与R′不同，产物则为异酸1,3-甘油二酯。

$$\begin{matrix} CH_2OH \\ | \\ CHOH \\ | \\ CH_2OCOR \end{matrix} \xrightarrow[\text{吡啶}]{R'COCl} \begin{matrix} CH_2OCOR' \\ | \\ CHOH \\ | \\ CH_2OCOR \end{matrix}$$

甘油一酯　　1,3-甘油二酯

（2）由二羟基丙酮制备　1,3-二羟基丙酮与酰氯在吡啶中反应生成1,3-二酯基丙酮，再通过硼氢化钠还原则可以制得1,3-同酸甘油二酯。

$$\begin{matrix} CH_2OH \\ | \\ C{=}O \\ | \\ CH_2OH \end{matrix} \xrightarrow[\text{吡啶}]{2RCOCl} \begin{matrix} CH_2OCOR \\ | \\ C{=}O \\ | \\ CH_2OCOR \end{matrix} \xrightarrow{NaBH_4} \begin{matrix} CH_2OCOR \\ | \\ CHOH \\ | \\ CH_2OCOR \end{matrix}$$

1,3-二羟基丙酮　1,3-二酯基丙酮　1,3-同酸甘油二酯

（3）以甘油为原料，三苯氯甲烷作封闭试剂　用三苯氯甲烷作封闭试剂只封闭甘油的一个羟基，用酰氯酯化剩下的两个羟基，再用选择性催化剂加氢脱去三苯甲基得到1,2-甘油二酯；也可以用溴化氢-乙酸脱去三苯甲基（则由于酰基转移）而得到1,3-甘油二酯。

$$\begin{matrix} CH_2OH \\ | \\ CHOH \\ | \\ CH_2OH \end{matrix} \xrightarrow[\text{吡啶}]{1mol\ Ph_3CCl} \begin{matrix} CH_2OCPh_3 \\ | \\ CHOH \\ | \\ CH_2OH \end{matrix} \xrightarrow[\text{喹啉}]{2RCOCl} \begin{matrix} CH_2OCPh_3 \\ | \\ CHOCOR \\ | \\ CH_2OCOR \end{matrix}$$

$$\xrightarrow{H_2,Pd\text{-}CaCO_3} \begin{matrix} CH_2OH \\ | \\ CHOCOR \\ | \\ CH_2OCOR \end{matrix}\ \text{1,2-甘油二酯}$$

$$\xrightarrow{HBr\text{-}HOAc} \begin{matrix} CH_2OCOR \\ | \\ CHOH \\ | \\ CH_2OCOR \end{matrix}\ \text{1,3-甘油二酯}$$

（4）以3-羟环氧丙烷为原料，三苯氯甲烷作封闭试剂　如果R与R′相同则得到同酸1,2-甘油二酯；R与R′不同，则产物为异酸1,2-甘油二酯。而且此法只能合成饱和酸1,2-甘油二酯。

$$\begin{matrix} CH_2OH \\ | \\ CH \\ |\ \ \ \ \rangle O \\ CH_2 \end{matrix} \xrightarrow[\text{吡啶}]{Ph_3CCl} \begin{matrix} CH_2OCPh_3 \\ | \\ CH \\ |\ \ \ \ \rangle O \\ CH_2 \end{matrix} \xrightarrow{RCOOH} \begin{matrix} CH_2OCPh_3 \\ | \\ CHOH \\ | \\ CH_2OCOR \end{matrix} \xrightarrow[\text{吡啶}]{R'COCl} \begin{matrix} CH_2OCPh_3 \\ | \\ CHOCOR' \\ | \\ CH_2OCOR \end{matrix} \xrightarrow[Pd\text{-}CaCO_3]{H_2} \begin{matrix} CH_2OH \\ | \\ CHOCOR' \\ | \\ CH_2OCOR \end{matrix}$$

3-羟环氧丙烷　　1,2-甘油二酯

（5）以3-氯丙二醇为原料，三苯氯甲烷作封闭试剂 如果R与R′相同则得到同酸1,2-甘油二酯，R与R′不同则产物为异酸1,2-甘油二酯。而且此法同样只能合成饱和酸1,2-甘油二酯。

$$\begin{array}{c}CH_2OH\\|\\CHOH\\|\\CH_2Cl\end{array}\xrightarrow[\text{吡啶}]{Ph_3CCl}\begin{array}{c}CH_2OCPh_3\\|\\CHOH\\|\\CH_2Cl\end{array}\xrightarrow[\text{吡啶}]{RCOCl}\begin{array}{c}CH_2OCPh_3\\|\\CHOCOR\\|\\CH_2Cl\end{array}\xrightarrow[(C_2H_5)_4NBr]{R'COONa}\begin{array}{c}CH_2OCPh_3\\|\\CHOCOR\\|\\CH_2OCOR'\end{array}\xrightarrow[Pd-CaCO_3]{H_2}\begin{array}{c}CH_2OH\\|\\CHOCOR\\|\\CH_2OCOR'\end{array}$$

3-氯丙二醇 1,2-甘油二酯

（6）以亚异丙基甘油为原料，苄基氯作封闭试剂 此法也只能用来合成饱和同酸甘油二酯。

$$\begin{array}{l}CH_2OH\\|\\CHO\diagdown\quad\diagup CH_3\\|\qquad\quad C\\CH_2O\diagup\quad\diagdown CH_3\end{array}\xrightarrow[PhCH_2Cl]{\text{钠-甲苯}}\begin{array}{l}CH_2OCH_2Ph\\|\\CHO\diagdown\quad\diagup CH_3\\|\qquad\quad C\\CH_2O\diagup\quad\diagdown CH_3\end{array}\xrightarrow{10\%\text{乙酸水溶液}}$$

亚异丙基甘油 1,2-亚异丙基-3-苄基甘油

$$\begin{array}{c}CH_2OCH_2Ph\\|\\CHOH\\|\\CH_2OH\end{array}\xrightarrow[\text{吡啶}]{RCOCl}\begin{array}{c}CH_2OCH_2Ph\\|\\CHOCOR\\|\\CH_2OCOR\end{array}\xrightarrow[Pd-CaCO_3]{H_2}\begin{array}{c}CH_2OH\\|\\CHOCOR\\|\\CH_2OCOR\end{array}$$

1-苄基甘油 1,2-同酸甘油二酯

（7）以甘油为原料，苯甲醇作封闭试剂 首先甘油与苯甲醇反应制得苄基甘油，苄基甘油先酰化，再以胰脂酶水解脱去1-酰基，再用另一个酰氯酰化，脱去苯甲基得1,2-甘油二酯。

$$\begin{array}{c}CH_2OH\\|\\CHOH\\|\\CH_2OH\end{array}\xrightarrow{C_6H_5-CH_2OH}\begin{array}{l}CH_2OH\\|\\CHOH\\|\\CH_2-O-CH_2-Ph\end{array}\xrightarrow[\text{吡啶}]{RCOCl}\begin{array}{l}CH_2-O-COR\\|\\CH-O-COR\\|\\CH_2-O-CH_2-Ph\end{array}\xrightarrow[H_2O]{\text{胰脂酶}}$$

$$\begin{array}{l}CH_2-OH\\|\\CH-O-COR\\|\\CH_2-O-CH_2-Ph\end{array}\xrightarrow[\text{吡啶}]{R'COCl}\begin{array}{l}CH_2-O-COR'\\|\\CH-O-COR\\|\\CH_2-O-CH_2-Ph\end{array}\xrightarrow[H_3BO_3]{B(OCH_3)_3}\begin{array}{l}CH_2OCOR'\\|\\CH-O-COR\\|\\CH_2OH\end{array}$$

也可以将苄基甘油转变成二氢吡喃基甘油后再用酰氯酰化，得到二氢吡喃基甘油同酸二酯。最后用胰脂酶水解脱去1-酰基，再用另一个酰氯酰化，脱去二氢吡喃基得1,2-甘油二酯。

$$\begin{array}{c}CH_2OH\\|\\CHOH\\|\\CH_2OH\end{array}\xrightarrow{Ph-CH_2OH}\begin{array}{l}CH_2OH\\|\\CHOH\\|\\CH_2-O-CH_2-Ph\end{array}\xrightarrow[\text{②}Pd,H_2]{\text{①}(C_2H_5O)_2CO,NaHCO_3}\begin{array}{l}CH_2O\diagdown\\|\qquad\quad C{=}O\\CHO\diagup\\|\\CH_2OH\end{array}\xrightarrow[\text{②}KOH]{\text{①二氢吡喃，}H^+}$$

苄基甘油

$$\begin{array}{l}CH_2OH\\|\\CHOH\\|\\CH_2-O-\text{(二氢吡喃基)}\end{array}\xrightarrow[\text{吡啶}]{RCOCl}\begin{array}{l}CH_2OCOR\\|\\CHOCOR\\|\\CH_2-O-\text{(二氢吡喃基)}\end{array}\xrightarrow[H_2O]{\text{胰脂酶}}\begin{array}{l}CH_2OH\\|\\CHOCOR\\|\\CH_2-O-\text{(二氢吡喃基)}\end{array}\xrightarrow[\text{吡啶}]{R'COCl}\begin{array}{l}CH_2OCOR'\\|\\CHOCOR\\|\\CH_2-O-\text{(二氢吡喃基)}\end{array}\xrightarrow[H_3BO_3]{B(OCH_3)_3}\begin{array}{l}CH_2OCOR'\\|\\CHOCOR\\|\\CH_2OH\end{array}$$

二氢吡喃基甘油 二氢吡喃基同酸甘油二酯 1,2-甘油二酯

如果R与R′相同则得到的是同酸甘油二酯，若不同则得到异酸甘油二酯。该法可以合成饱和的及不饱和的脂肪酸甘油二酯。

三、甘油三酯的合成

甘油三酯的合成可以用纯的甘油一酯或甘油二酯，与酰氯在喹啉中反应可以很方便地合成同酸、两种酸或三种酸的甘油三酯。如果合成同酸甘油三酯，还可以用甘油与过量的脂肪酸或酰氯酰化制得。对于甘油与过量的脂肪酸反应，化学催化剂（如对甲苯磺酸）或脂肪酶催化剂都能够高效地实现同酸甘油三酯的合成。

第六节　油脂化学品

绝大多数的植物油脂和动物油脂可以直接供食用，包括烹饪用油、煎炸用油和焙烤用油以及部分营养保健用油等。随着人们对食品质量、营养及花色品种的要求不断提高，作为食品基础原料之一的各种食用油脂，如人造奶油、起酥油、调和油、糖果用脂等食品专用油脂也获得了极大地发展，而它们大都是经过油脂的改性，如氢化、分提、酯交换或其结合法生产出来的。

从历史上看，原来以食用油脂为原料的某些传统工业品或日常生活用品，有不少改用煤和石油化学品原料来代替，而且近代精细化工产品中石油化工产品又较之油脂化工产品在规模效益及某些组成上具有优势，因此油脂化工产品在21世纪前总体上尚没有显示其强大的竞争力。进入21世纪以来，从全球生态环境及资源可再生角度看，油脂化工产品愈发显现其诱人的前景。据统计，油脂除保障食用外，当前和未来油脂的供应量基本上能做到拿出部分油脂发展精细化工、医药产品（美国有50%以上的油脂用于非食用领域），而且油脂加工厂在油脂精炼过程中产生不少副产品或废料（如油脚、皂脚、脱臭馏出物），对其回收加工成高附加值产品，不仅可以提高资源利用率，增加企业效益，而且还有利于保护环境。

油脂的工业利用，除早期的蓖麻油、桐油、亚麻油等直接使用及生产肥皂、油漆等较大品种产品外，多数产品是伴随着现代科学技术的发展而发展起来的，特别是表面活性剂及其令人眼花缭乱的产品，突出地反映了油脂化学、化工技术的进展。鉴于油脂工业产品极其繁杂，很难用较短篇幅作较完整的表述，本节主要介绍油脂干燥，重点叙述一些大宗的脂肪化学品。

一般认为脂肪化学品主要有脂肪酸、脂肪酸酯、脂肪醇、脂肪胺、脂肪酰胺、烷基醇酰胺、金属皂及甘油等。这些物质有的可以直接应用，但大多作为化学中间体，合成用途广泛的终端产品（图5-6）。

蓖麻油在植物油中具有特殊性，它的脂肪酸组成中，不饱和羟基酸含量高达90%，作为工业用油，有着突出的重要性（图5-7）。

一、干性油

（一）油脂干燥

干性油涂成薄层暴露在空气中逐渐变黏稠，随后形成柔软的膜，最后形成坚韧膜的过程，称为油脂干燥。此膜事实上是干性油经过热聚合或氧化聚合形成的网状交联的大分子质量的高聚物。

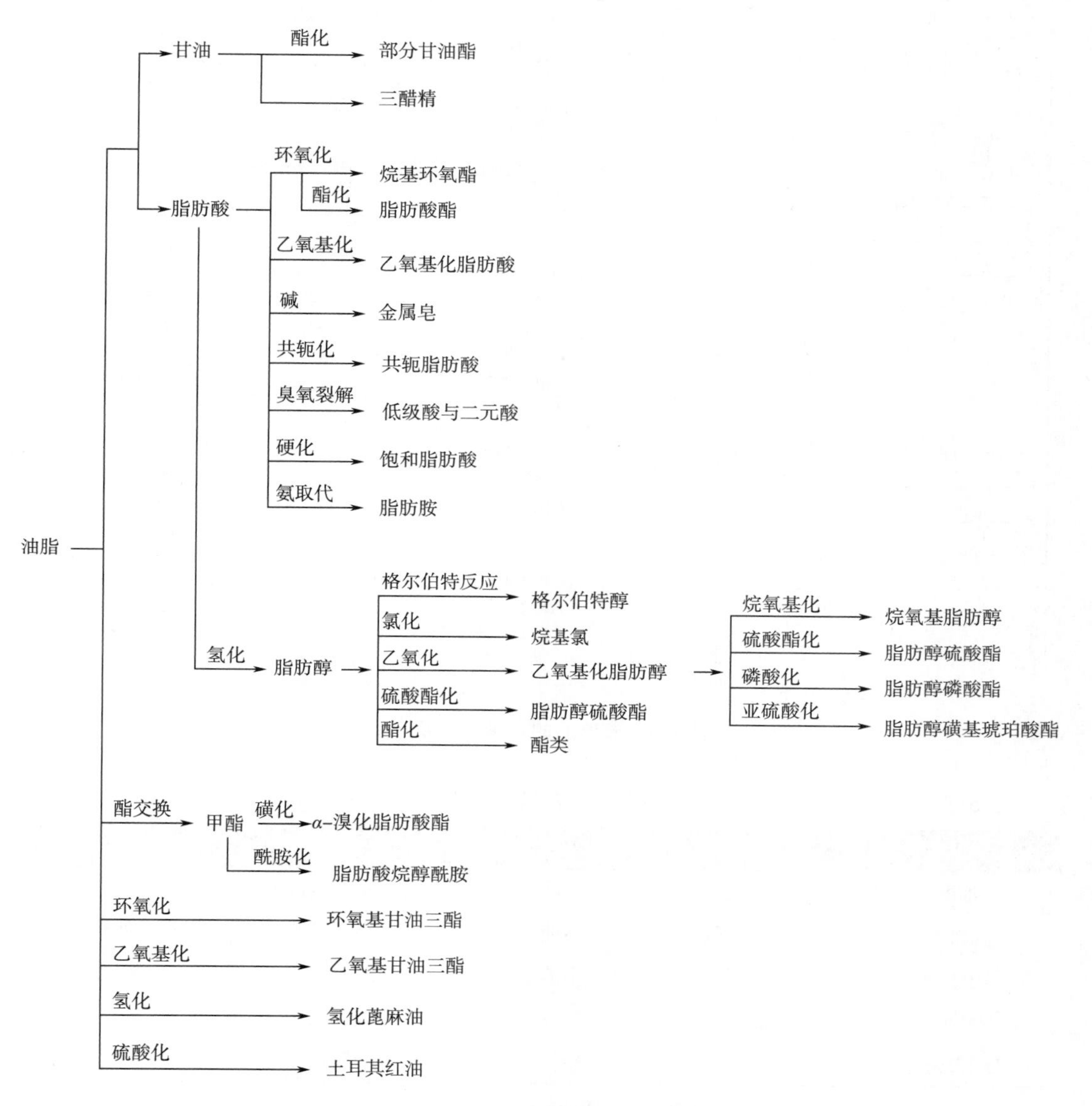

图 5-6　脂肪化学品原料及其衍生物

物质分子间能否聚合是由其所含有的官能团（羟基、羰基及羧基）数目所决定的，官能团越多，能聚合的分子越多，结成的固体膜也就更坚硬。参与聚合反应的原始物质的分子至少需含有两个官能团，不含两个官能团的如脂肪酸及其甲酯虽可以发生自动氧化反应，但不能结膜，不具干燥性能；乙二醇二脂肪酸酯属于二二官能团体系可以干燥结膜。具三三官能团的甘油三酯则具有良好的干燥性能。

连接在甘油三酯上的不饱和脂肪酸链上的双键虽不属于以上官能团的范围，但是在氧化聚合时既能被氧化又能参与聚合，因此，脂肪酸链上的双键被称为隐蔽的官能团。表 5-2 列出了各种酯类在自动氧化后能否凝胶结膜的情况。

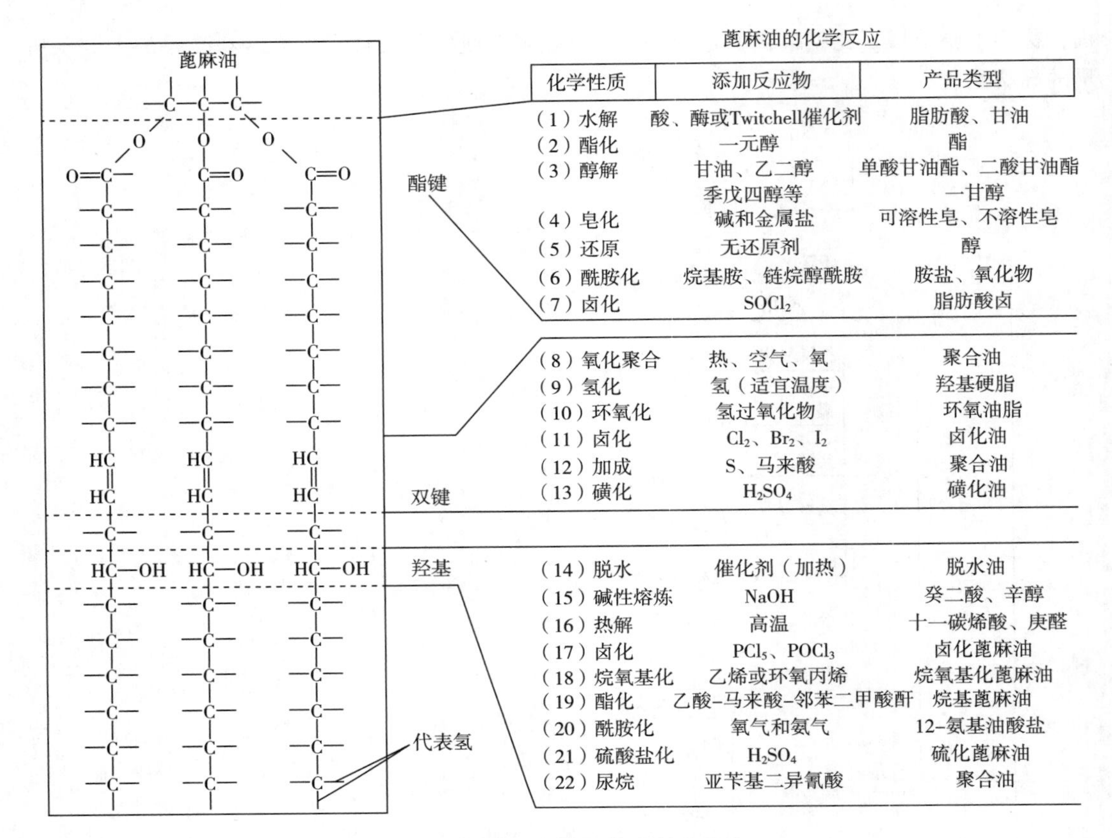

图 5-7 蓖麻油的化学反应及产品

表 5-2 不同双键的官能度比较

项目	一元醇酯	二元醇二酯	三元醇三酯	双键官能度
油酸	不能凝胶	不能凝胶	不能凝胶	0~1
亚油酸	不能凝胶	不能凝胶	凝胶结膜	约 1
共轭亚油酸	不能凝胶	不能凝胶	凝胶结膜	约 1
亚麻酸	不能凝胶	凝胶结膜	凝胶结膜	1~2
共轭三烯酸	不能凝胶	凝胶结膜	凝胶结膜	1~2

注：双键官能度是表示隐蔽双键能否起干燥的量度。

只有官能度大于或等于 3 的化合物才能形成坚韧的膜。因此，如表 5-2 所示，不是所有的三不饱和脂肪酸甘油酯都具有干性，油酸的官能度小于 1，一般情况下三油酸甘油酯很难产生凝胶结膜的现象；但是在高温时油酸能与共轭酸起成环反应（Diels-Alder 反应）。

双键少只能形成线型聚合（聚合分子只能向长宽两个方向展开），双键多才能形成立体聚合（向长宽高三个方向展开，又称多联聚合或网状聚合），如图 5-8 所示。

图 5-8 中（1）为线型聚合，设参加反应分子原为两个酸基，无论经过多少分子聚合，其聚合物仍只含有二个酸基；但是（2）中立体聚合的原分子为 3 个酸基，5 个分子聚合后的分子上具有 7 个未反应的酸基，具有更大的聚合力。具有六个双键的三亚油酸甘油酯的七

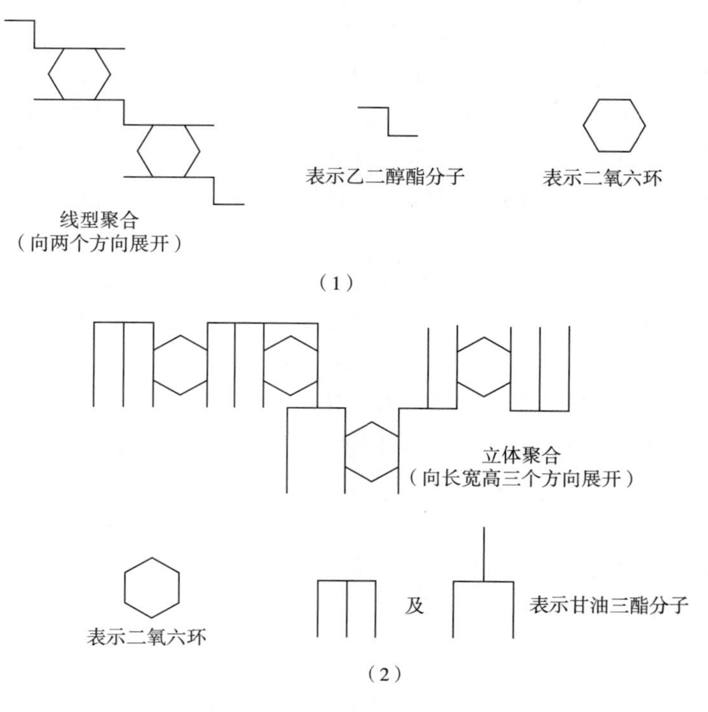

图 5-8　线型聚合（1）与立体聚合（2）示意图

个分子聚合后，其聚合物则具有 14 个未反应的双键。三亚麻酸甘油酯原分子为九个双键，其五个分子聚合后有 21 个未反应的双键，具有巨大的再聚合潜力。聚合分子中的双键数多于参与聚合前分子的双键数是立体聚合的最主要条件。

当然，以四元醇与四个不饱和脂肪酸形成的酯就更具备干燥的条件，如季戊四醇与不饱和脂肪酸的反应。

$$HO-H_2C-C(CH_2OH)_2-CH_2OH+4RCOOH \longrightarrow R-\overset{O}{\overset{\|}{C}}-O-H_2C-C(CH_2O-\overset{O}{\overset{\|}{C}}-R)_2-CH_2-O-\overset{O}{\overset{\|}{C}}-R$$

季戊四醇　　　　　　　　　　　　　　季戊四醇脂肪酸酯

生成的季戊四醇四脂肪酸酯的干性比天然油脂的干性更好。

（二）常见的干性油

传统的干性油是桐油、亚麻油，目前仍在大量使用。苏籽油、奥的锡卡油、梓油也是良好的干性油，但产量较少。传统干性油由于产量、功能等限制远远不能满足涂料工业的需要，这就促成了改良干性油的研究。改良干性油包括如下几种：

（1）从干性或半干性油中分提得到的产品　例如分提得到的豆油、鱼油、亚麻油产品，曾广泛用于涂料的展色料中，最终因为经济上不合算停止了这种方法的工业生产，但它们仍有潜在的价值。

（2）脱水蓖麻油产品　蓖麻酸脱水后转化为共轭亚油酸或亚油酸，最终使脱水蓖麻油产品能够发生体型聚合而作为干性油使用。

（3）合成干性油　一些合成多元醇的酯类也常作为干性油使用，例如用于涂料工业的多元醇酯类产品为季戊四醇、三羟甲基乙烷、三羟甲基丙烷和环氧树脂的脂肪酸酯等。另一种重要的合成干性油为“马来油”，其工业生产方法为：顺丁烯二酸酐（马来酸酐）与甘油酯反应，再与甘油或季戊四醇等酯化；或将甘油酯先与多元醇醇解，再与顺丁烯二酸酐酯化。

（4）通过热聚合、氧化聚合、碱共轭化等手段改良制得干性油　有关碱共轭化在前面章节（第五章第三节）已有较详细地介绍，此处主要介绍油脂氧化聚合及油脂热聚合形成的大分子聚合物。

①油脂氧化聚合：该反应是错综复杂的，其中自由基间的聚合即油脂自动氧化的终止，反应中每一个自由基都已经终止，不可能再发展为大分子；而双键间的聚合即

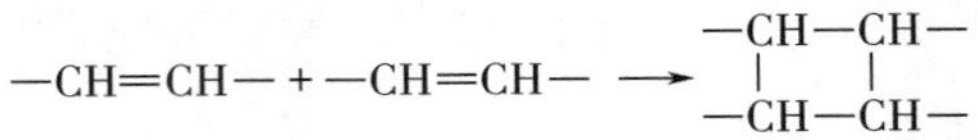

$$-CH{=}CH- + -CH{=}CH- \longrightarrow \begin{array}{c} -CH-CH- \\ |\quad\;\; | \\ -CH-CH- \end{array}$$

该反应的发生是比较少的（虽然可以形成质量很高的油膜）；只有化合物的聚合才会形成很大分子的聚合物，最后形成固状物。

a. 环过氧化合物与双键的聚合

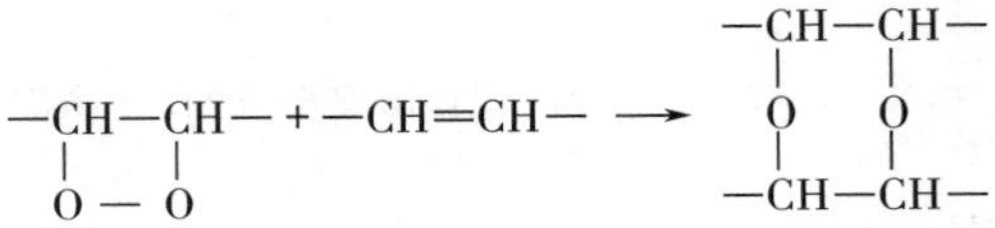

$$\begin{array}{c} -CH-CH- \\ |\quad\;\; | \\ O-O \end{array} + -CH{=}CH- \longrightarrow \begin{array}{c} -CH-CH- \\ |\quad\;\; | \\ O\quad\;\; O \\ |\quad\;\; | \\ -CH-CH- \end{array}$$

二氧六环聚合物

二氧六环聚合物是最主要的聚合物。

b. 环过氧化合物间的聚合

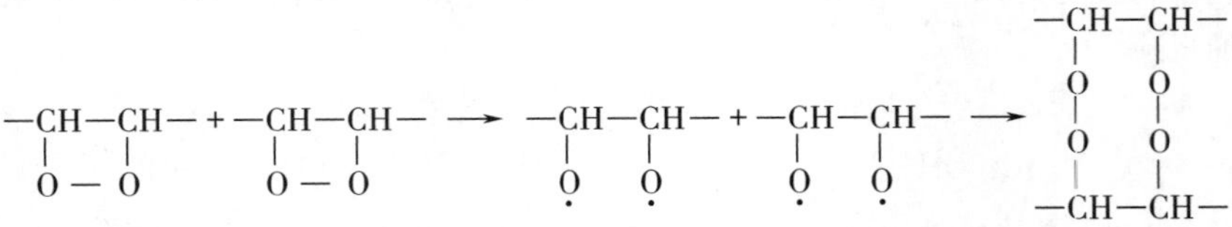

$$\begin{array}{c} -CH-CH- \\ |\quad\;\; | \\ O-O \end{array} + \begin{array}{c} -CH-CH- \\ |\quad\;\; | \\ O-O \end{array} \longrightarrow \begin{array}{c} -CH-CH- \\ |\quad\;\; | \\ \dot{O}\quad\;\; \dot{O} \end{array} + \begin{array}{c} -CH-CH- \\ |\quad\;\; | \\ \dot{O}\quad\;\; \dot{O} \end{array} \longrightarrow \begin{array}{c} -CH-CH- \\ |\quad\;\; | \\ O\quad\;\; O \\ |\quad\;\; | \\ O\quad\;\; O \\ |\quad\;\; | \\ -CH-CH- \end{array}$$

四氧八环聚合物是比较少见的。

另外，油脂在自动氧化时产生大量的易分解的氢过氧化合物，其分解出的自由基间也可聚合。

$$R_1-OOH \longrightarrow R_1O\cdot + \cdot OH$$

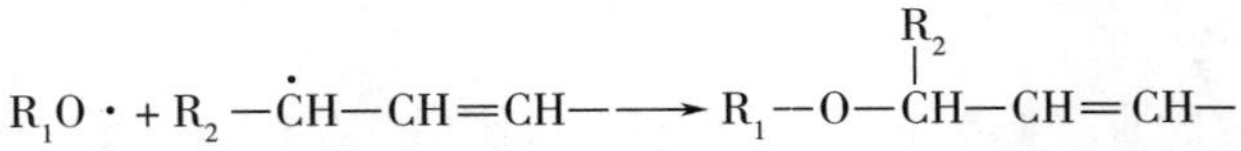

$$R_1O\cdot + R_2-\dot{C}H-CH{=}CH- \longrightarrow R_1-O-\underset{}{\overset{\displaystyle R_2\atop |}{C}H}-CH{=}CH-$$

②油脂的热聚合（油脂的增稠）：制造油漆的油脂，为了加快其干燥速率，常预先在催干剂存在下予以高温处理，使油脂得到凝缩而增稠。这种在缺氧条件下，以高温处理油脂的过程称为增稠。增稠处理后的油脂称为熟油、增稠油或聚合油。聚合油可减少油漆的干燥时间。

加热处理除可以去除油脂所含的微量水分外，其主要作用是使非共轭双键的分子共轭化，共轭分子聚合时速率远大于非共轭分子。

$$-CH=CH-CH_2-CH=CH- \xrightarrow[\text{催化剂}]{300℃} -CH=CH-CH=CH-CH_2-$$

$$\underline{-CH=CH-CH_2-CH=CH-} \longrightarrow \begin{array}{c} -CH-CH=CH-CH- \\ \diagdown \qquad\quad \diagup \\ CH-CH-CH_2-CH=CH- \\ | \end{array}$$

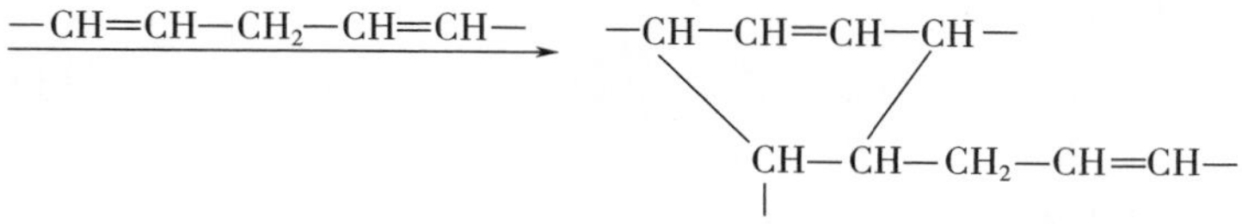

二聚体

经分析聚合物绝大多数为二聚体，很少有三聚体，四聚体基本不存在。

另外，在此高温下甘油三酯有分解的可能，分解出的甘油二酯或甘油一酯均可脱水而缩合成大分子。

甘油二酯间缩合：

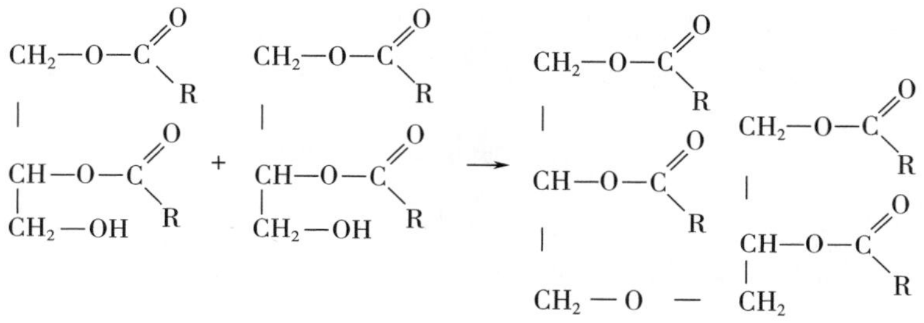

$$\begin{array}{l} CH_2-O-C(=O)R \\ | \\ CH-O-C(=O)R \\ | \\ CH_2-OH \end{array} + \begin{array}{l} CH_2-O-C(=O)R \\ | \\ CH-O-C(=O)R \\ | \\ CH_2-OH \end{array} \longrightarrow \begin{array}{l} CH_2-O-C(=O)R \\ | \\ CH-O-C(=O)R \\ | \\ CH_2-O-CH_2 \\ \qquad\qquad | \\ \qquad\qquad CH-O-C(=O)R \\ \qquad\qquad | \\ \qquad\qquad CH_2-O-C(=O)R \end{array}$$

（醚）

甘油二酯可再水解成为甘油一酯，甘油一酯之间及甘油二酯与甘油一酯间都可以进行缩合，缩合后分子内的酯基可水解，再缩合形成大分子。

（三）影响油脂干燥的因素

影响油脂干燥的因素很多，有温度、涂层厚薄、光、水分及促氧化剂，其中以促氧化剂最重要。

（1）温度　温度增高，干燥速度加快。

（2）涂层厚薄　油脂涂层越薄，干燥速度越快。

（3）光　光线充足，干燥速度加快，但需避免直接照射。

（4）水分　必须含极微量的水分，但超过极限即会大大降低干燥速率。

（5）促氧化剂　促氧化剂可迅速提高氧化聚合的速率，若有阻氧化剂存在则会延缓氧化速率。

因此，作为油漆原料的油脂一般需要先经高温处理并加促氧化剂，以减少油漆干燥时间。在制造油漆技术上促氧化剂称为催干剂。催干剂是金属的亚油酸或亚麻酸或松脂酸的盐，简称脂肪酸盐。用于制造脂肪酸盐的金属很多，各金属的活性不同，其活性大小一般是 Co>Mn>Ce>V>Pb>Fe>Cu>Ni>Cr、Zn 及 Ca，以 Co 的催干能力最强，Fe 以下一般很少应用。由于各种金属具有不同的催干性能，因此，常应用混合金属催干剂，以提高干燥效能。

催干剂常用金属的氧化物与油脂共同加热制得；或者游离脂肪酸与金属反应生成脂肪酸盐。

催干剂的用量必须合适，不可过量。过量时由于表面干燥太快，迅速结膜后，氧难以进入内层，使内层油脂不能氧化完全。实际上即使是完全氧化的固体薄膜内也还包含有相当量的液体油脂，并非百分之百的固体物。

（四）油脂干燥后的品质变化

油脂干燥后的品质变化包括：

（1）干燥后呈坚固薄膜，不能熔融（无熔点），也不能再溶于一般油脂所能溶解的溶剂中。

（2）酸价、过氧化值及乙酰值均增大。

（3）碘值降低，但折射率增大。

（4）相对密度增大，平均分子质量增大。

（5）具抗水性、抗腐蚀性，可保护物体。

（五）干性油的用途

干性油制成品可分成以液态形式涂布的涂料产品和固态聚合化形式的产品。液态干性油多用于涂料与油漆工业，如油漆、清漆、瓷漆及印刷油墨等；固态干性油制品主要用于油毡、涂油织物、油灰及其他封填料、硫化油膏等。

二、 α -磺基脂肪酸酯

饱和脂肪酸甲酯与三氧化硫进行磺化反应，将磺基引入羧基 α-位上，形成 α-磺基脂肪酸甲酯，当脂肪酸甲酯与三氧化硫的物质的量比为 1∶1.2，在 90℃下反应 30min 的最佳条件时，其磺化度达 95%以上。

直链的 C_{10} ~ C_{18} α-脂肪酸甲酯磺酸钠，有良好的耐硬水洗涤、生物降解及安全性等优点，且易于制造，产品色浅，可加工成 50%的膏状物，是阴离子表面活性剂烷基苯磺酸盐的良好代用品。

三、氯代脂肪酸甲酯

氯代脂肪酸甲酯（相对分子质量 400~500）是黄色透明油状液体，是由天然油脂与醇（如甲醇）进行酯交换反应后，再进行氯化反应生产的一类具有较高分子质量的产品。该产品与聚氯乙烯相容性好，增塑效果优良，具有无毒环保与抗燃的优点，可替代邻苯二甲酸酯类（如邻苯二甲酸酯类辛酯）增塑剂使用。

此外，氯代甲氧基脂肪酸甲酯是另一类氯代脂肪酸甲酯，是氯化石蜡和邻苯二甲酸酯类辛酯类增塑剂优良的替代品。其制备方法是以生物柴油（脂肪酸甲酯）为原料，甲醇为甲氧基化试剂，过氧化苯甲酰为催化剂，进行氯化反应制得。

四、脂肪醇

天然脂肪醇是具有链长为 C_6 ~ C_{24} 的一元、直链、饱和或不饱和结构的醇。脂肪醇按其生产所用的原料，分为天然脂肪醇和合成脂肪醇。天然脂肪醇是以油脂为原料制备得到的，合成脂肪醇是以石油为原料制备得到的。最初以商品形式大量满足市场需要的高级醇是以天然油脂为原料的，由于它们是从脂肪中所得，故常被称作脂肪醇。高级醇是指 6 个碳原子以上的醇。天然脂肪醇主要以椰子油或棕榈油为原料，部分地区或国家采用牛油、猪油等经加氢而得。该路线有皂化法、钠还原法、催化加氢法等。

世界上 75%以上高级醇均用于表面活性剂的制备。用高级醇生产的合成洗涤剂具有更好

的洗涤性能，并能减少环境污染。$C_6\sim C_{10}$ 脂肪醇一般称为增塑醇，用于生产塑料、润滑剂和农用化学品；$C_{12}\sim C_{16}$ 醇用来制造表面活性剂、润滑添加剂和抗氧化剂；$C_{16}\sim C_{18}$ 醇及其衍生物，用于制造化妆品或医药产品。作为表面活性剂化学中间体的脂肪醇，主要用于制造阴离子和非离子表面活性剂的配料，如醇类硫酸盐、醇醚硫酸盐、醇乙氧基化合物以及具有新兴发展前途的天然表面活性剂——烷基葡萄糖苷等。

（一）皂化法

皂化法是将鲸蜡、其他鱼类的蜡脂和天然蜡与氢氧化钠加热到 300℃以上，发生分解并释放出醇和水，真空蒸馏与肥皂分离，醇馏分主要含鲸蜡醇、油醇和花生醇，醇收率为原料的 30%，如从抹香鲸油得到油醇，从羊毛蜡中得到羊毛脂醇（一价醇、二价醇及固醇类的混合醇）。该法反应温度高，因此所得的脂肪醇碘值高，羟基值高，又常因氧化而伴随有脂肪酸生成的副反应。

（二）钠还原法

钠还原法只适用于制造不饱和醇，实际上也是一种氢解法，但氢气是由金属钠与醇产生的。由于大量使用金属钠，生产费用过大，现除生产特殊品种外，工业上已不再大规模应用。

（三）高压氢化法

由天然油脂制备脂肪醇最重要的方法是高压催化加氢法，得到的是饱和醇。该法的反应式如下：

$$R_1COOR_2+2H_2 \xrightarrow{\text{高压}} R_1CH_2OH+R_2OH$$

$$R_1COOH+2H_2 \xrightarrow{\text{高压}} R_1CH_2OH+H_2O$$

高压氢化法从采用的原料分类，可分为酯还原法与脂肪酸还原法。根据在生成的脂肪醇烃基上是否残留 C═C 双键，还可分为饱和还原法与不饱和还原法。

1. 脂肪酸还原法

脂肪酸直接氢化制醇，由于工作压力和温度较高，可能生成的醇有部分过度氢化成烃，从而降低醇的得率；使用的催化剂（如 Cu-Cr 催化剂）必须耐酸，否则生成皂类既增加催化剂耗量，也易污染制品；耐酸催化剂价格较贵，易中毒，使用寿命短；脂肪酸氢化制醇，大部分设备需用耐酸材料制成，投资大，易腐蚀。甲酯法制醇，设备用低碳钢即可。现在生产天然脂肪醇很少采用脂肪酸氢化法，而大多采用甲酯途径。

2. 酯还原法

酯还原法在保证脂肪醇产量、质量的同时，可得到高得率、高纯度的甘油，从而保证了二步法具有较高的经济性。反应压力 20~30MPa，温度 280~330℃，脂肪酸甲酯的还原反应条件可取其下限值。国内外多用 Cu-Cr 或 Cu-Zn 催化剂和固定床或流动床加氢，在 15~25MPa，240~300℃反应条件下，用甲酯制脂肪醇的工业化生产。从各种催化剂性能比较试验中可以看出，在流动床加氢工艺中，美国 P&G 公司采用的亚铬酸铜系催化剂在空速、消耗量、寿命、得率等指标上处于同类工艺的先进水平；在气相固定床加氢工艺中，德国 Henkel 公司的 Cu-Zn 系催化剂的空速、寿命、效率等指标处于同类工艺的先进水平。亚铬酸铜催化椰子油氢化时，适宜反应条件为：温度 200~230℃；压力范围有两个，即 3~5MPa 和 20~26MPa；氢油物质的量比（30~200）：1。铜钴催化剂的适宜椰子油氢化条件为：温度

160~250℃，压力5~30MPa。铜锌催化剂用于油脂氢化制 C_8~C_{22} 脂肪醇时，适宜的反应条件为：温度200~230℃，压力20~28MPa。

五、脂肪胺

脂肪胺是氨分子中部分或全部氢原子被脂肪烃所取代的衍生物。由于连接在氮原子上的脂肪烃数目不同，胺可分为伯胺、仲胺、叔胺及多元胺。各种脂肪胺再通过化学加工，可以得到许多衍生物，它们是构成阳离子和两性表面活性剂的主要品种。在伯、仲、叔三类胺中，叔胺的沸点最高，相对密度最大；而伯胺的沸点最低，相对密度最小。一般支链胺比相应的直链胺更易挥发。

脂肪胺工业起步于20世纪50年代，在20世纪70年代有较大发展。脂肪胺的主要用途是制备季铵盐。制备脂肪胺的主要原料是脂肪腈。脂肪腈是油脂脂肪酸和液态或气态氨在280~360℃，以ZnO或Mn（CH_3COO）$_2$ 作催化剂通过还原作用制得，反应时间可长达24h，反应时氨与脂肪酸的物质的量比为2∶1，产物需经蒸馏再使用。

脂肪胺可用于进一步制备二胺、季铵盐、氧化胺等衍生物，主要生产阳离子表面活性剂。据统计，世界天然脂肪胺产量2014年60万t，2020年达70万t。

（一）伯脂肪胺

通常，伯脂肪胺的工业生产是将脂肪酸通过与氨和氢反应而生成的（腈还原法）。在这一过程中，中间体脂肪腈氢化而生成伯胺。

$$R—COOH+NH_3 \xrightarrow{-H_2O} R—CN \xrightarrow{NH_2} R—CN═NH \xrightarrow{H_2} R—CH_2—NH_2$$

所用催化剂是镍或钴的多相氢化催化剂（用量在0.5%以下），在130~140℃下，氨的分压2.07MPa，连同氢气总压3.45MPa，伯胺得率达96%以上。反应中需加氨、碱或金属皂以抑制副反应（仲胺）的产生。

脂肪酸在300℃高温、30MPa高压和镍、钴或锌、铬等催化剂存在下，可直接催化氢化氨解制得伯胺，同样，脂肪酸甲酯也可以直接转化为伯胺。

$$R—COOH+NH_3+H_2 \xrightarrow{25MPa} R—CH_2—NH_2$$

脂肪伯胺及其盐主要用途是用作矿物浮选剂、复合肥料抗结块剂、水分排斥剂、金属腐蚀抑制剂、润滑脂添加剂、石油工业的杀菌剂及燃料、汽油添加剂等，伯胺还广泛地用作季铵和乙氧基化衍生物的中间体。

（二）仲脂肪胺

仲脂肪胺的制备分两个阶段进行，第一阶段生成伯胺，第二阶段为脱氨和加氢，加氢为气液反应，在180~230℃下进行，催化剂采用Ni-Co或Cu-Cr。

仲脂肪胺多用作化学中间体及二烷基二甲基季铵化合物的基础原料，直接应用的很少。

（三）叔脂肪胺

工业使用的大多数叔脂肪胺是对称胺（R_3N）或非对称的甲基二烷基（R_2NCH_3）或二甲基烷基胺［RN（CH_3）$_2$］以及伯胺、仲胺同环氧乙烷反应衍生的胺。

高级叔脂肪胺的主要工业生产方法如下：

①以脂肪伯胺或仲胺为原料的甲酸、甲醛烷基化法，此法主要用来生产不对称叔胺。

②以脂肪醇为原料，经卤代烷的胺化法。

③α-烯烃溴代烷的胺化法。

④脂肪醛胺化还原法等。

对称叔胺可由脂肪腈直接催化氢化和释放出氨而制得或由仲胺与腈的混合物制取。另一条路线包括脂肪醇与仲胺或氨反应同时放出水制得，反应条件基本同于仲胺的制取。

非对称叔胺更具商业价值。甲基二烷基胺及二甲基烷基胺是由伯胺或仲胺同甲醛发生还原性烷基化反应而生成的。还原性烷基化反应是用镍催化剂，在温和的温度与压力条件下进行。

二甲基烷基胺的生产一般是用伯胺与甲醛或甲醇发生的还原甲基化法。反应温度120~130℃，反应压力10~15MPa，添加乙酸及磷酸进行反应，使副反应受到抑制而增加了二甲基烷基胺的收率。

叔胺除广泛用于各种添加剂，如杀菌剂、乳化剂、泡沫剂及化妆品组分等之外，也用作季铵化反应的原料。

（四）多元胺（脂肪二胺）

二胺可由丙烯腈与伯胺进行加成反应，然后加氢而制得。

$$RCH_2NH_2+CH_2=CHCN \longrightarrow RCH_2NH(CH_2)_2CH$$

$$RCH_2NH(CH_2)_2CN+2H_2 \longrightarrow RCH_2NH(CH_2)_3NH_2$$

脂肪二胺主要是用作润滑油添加剂、缓蚀剂以及沥青乳化剂。典型的乳化沥青含沥青60%~65%、水35%~40%和二胺2.5%，可以和某些伯胺混用，调节黏度，低黏度乳化沥青使用方便，无需加热，使路面均匀，并增加光洁度，有利于防止雨天时路面打滑现象。乳化沥青尤其适用于修理沥青路面，既经济又方便。

六、脂肪酰胺

脂肪酸的羟基被胺取代的衍生物统称为脂肪酸酰胺。它们具有熔点高、稳定性好、防水性和溶解性低，广泛用于纺织、塑料、造纸、木材加工、橡胶工业、包装材料及制造表面活性剂的中间体。脂肪酰胺有单酰胺、双酰胺、酰肼等化合物。

（一）单酰胺

单酰胺一般采用脂肪酸或脂肪酸甲酯或油脂为原料与氨气进行反应，也可预先制成乙酰胺再与脂肪酸置换。反应式如下：

$$RCOOH+NH_3 \longrightarrow RCOONH_4 \xrightarrow{\triangle} RCONH_2+H_2O$$

反应温度170~200℃，低压0.34~0.68MPa（防止过热使酰胺脱水生成腈），催化剂有硼酸、活性氧化铝、烷氧基锌、钛酸异丙酯等，反应时不断从反应器中除去水和氨，回收氨可压缩循环使用。反应制得的粗脂肪酰胺经精制可得到高纯度酰胺。精制方法有溶剂脱色和真空蒸馏。高纯度的脂肪酰胺具有爽滑性，用于聚烯烃材料制备。

制备单酰胺还可以用置换法，它是采用尿素代替氨，但得率低，为80%~85%；还有将脂肪酸转化成脂肪酸酰氯，再与氨水反应成酰胺，经溶剂结晶制得产品。该法工艺路线长、成本高、产品质量较好。脂肪酰胺也可以用脂肪酸甲酯同氨在220℃，12.4MPa压力下制取，采用脂肪酸甲酯需要更高的压力氨解，一次性设备投资大。

（二）双酰胺、羟基化酰胺、烷醇酰胺及其他酰胺

2mol脂肪酰胺与1mol甲醛或2mol脂肪酸（酯）与1mol乙二胺反应均可以生成双酰胺；

lmol 脂肪酰胺与 lmol 甲醛反应则生成羟甲基硬脂酸酰胺，改用乙醛、丙醛则又会生成羟乙基和羟丙基酰胺。

烷醇酰胺是商业上一类非常重要的表面活性剂。它是由脂肪酸或酯与乙醇胺反应产生的，反应由于竞争性官能团而变得复杂。等物质的量脂肪酸和二乙醇胺的反应产物是水不溶的。但 2mol 的二乙醇胺同 lmol 的脂肪酸在温度 140～170℃下反应，生成水溶性表面活性剂，产物是混合物，其终端产品的组成在某种程度上取决于反应条件，尽管产品是混合物，但这种加工方法商业上还继续使用。较新的方法基本上用等物质的量的甲酯和二乙醇胺在常压下于 100～110℃用甲醇钠为催化剂催化反应，同时不断排出反应中的甲醇，最后产物基本上 90%是二乙醇酰胺。虽然有时候为了获得油溶性好一些的表面活性剂，使用较长的碳链，但一般优选 C_{12}～C_{14} 链长，这样得到的产品主要用于液体洗涤剂的配方。

羟乙基化酰胺是由脂肪酸酰胺与环氧乙烷，在碱性催化剂如甲醇钠存在下，于 150～200℃下反应生成。

其他的双酰胺还有 *N*，*N*-二甲基酰胺和 *N*，*N*-二烷基酰胺，是由二甲胺或二烷基胺同脂肪酸或甲酯在较温和反应条件下生成的。它们是极好的溶剂，并用于许多配方。

脂肪酸酰胺能与脂肪酸及其衍生物、蜡、石蜡、天然及合成橡胶、树脂等相溶，能将炭黑、颜料、染料分散，它广泛用于合成树脂的爽滑剂、抗黏结剂；纤维的柔软和防水剂；纸的防潮剂；提高橡胶的物性、作离型剂，也能防止日光龟裂；油墨的抗黏结剂、平滑抗黏剂、防沉淀剂；提高蜡、石蜡的熔点、滴点及软化点；彩色铅笔颜料分散剂，提高它的展色性；石蜡乳化稳定剂；阀门、轴承的润滑剂；拉钢丝的润滑剂，金属防锈剂；树脂成型脱模剂；压敏带的离型剂；化妆品如唇膏、发蜡配合剂等；锅炉消泡剂；提高涂料性能如流动性等。

（三）酰肼化合物

脂肪酸单（双）酰肼化合物的合成可采用脂肪酸（酯）及脂肪酰氯与肼、或氯化氢、或水合肼进行反应得到。

单酰肼的熔点低于双酰肼，单酰肼的熔点随碳原子数的增加而增加，双酰肼则随碳原子数的增加而降低。

单酰肼可以进行许多反应，如乙氧基化、水解、成盐和成环等，双酰肼也可以成环和氧化等。这类产品可用作杀虫剂、杀菌剂、抗氧化剂、纺织助剂、化肥硝酸铵抗结块剂、显影剂等。

第六章 油脂空气氧化与抗氧化

CHAPTER 6

学习要点

1. 理解空气氧（包括三线态和单线态氧分子）的性质与特点，掌握油脂空气氧化的分类以及空气氧化的一般过程。

2. 掌握油脂自动氧化过程，了解自动氧化的引发机理，理解并掌握油酸酯、亚油酸酯和亚麻酸酯的自动氧化生成氢过氧化物（ROOH）历程和产物。

3. 理解油脂光氧化的机理，掌握油酸酯、亚油酸酯和亚麻酸酯光氧化生成的不同氢过氧化物（ROOH）产物，了解酶促氧化机理以及油脂氧化生成多过氧基化合物情况。

4. 了解油脂氢过氧化物（ROOH）的分解历程，掌握油脂酸败和回味的定义，理解油脂氧化聚合机理。

5. 理解并掌握油脂氧化程度、煎炸油裂变程度、水解程度的评价方法，了解煎炸油使用过程的指标管理规定。

6. 掌握抗氧化剂的定义，理解并掌握抗氧化剂的抗氧化原理、抗氧化剂具备的条件，了解常用的合成及天然抗氧化剂的种类及结构特点，理解抗氧化剂的抗氧化效果评价方法，了解抗氧化剂在使用过程中的损耗以及注意事项，为合理选择使用抗氧化剂奠定基础。

7. 掌握增效剂和淬灭剂的定义，理解抗氧化剂间的增效机理，掌握增效剂的增效机理，了解单线态氧淬灭机理，了解常见的增效剂和淬灭剂。

8. 理解影响油脂氧化的因素，掌握延缓油脂氧化的方法，理解并掌握预测油脂保质期的方法。

第一节 空气氧及油脂氧化的一般过程

油脂氧化是油脂最常见的反应。油脂空气氧化既有有利的一面，也有不利的一面。例如，利用高度不饱和油脂发生氧化聚合反应生产干性油脂、油漆和涂料等产品的基料油，属于油脂氧化有利的一面；而不饱和油脂可与空气氧反应生成氢过氧化物，分解成醛、酮、酸等小分子化合物或者聚合成聚合物，导致含油食品的品质下降甚至酸败，这属于油脂氧化不利的一面。长期食用氧化油脂可造成动物胰脏、肝脏和肾脏损伤。因此，深入研究油脂空气氧化的机理与途径，对利用其有利方面和防止不利方面具有重要意义。

一、空气氧——三线态氧分子（$^3O_2$）和单线态氧分子（$^1O_2$）

常温下，氧气是一种无色无味的气体。氧分子含有两个氧原子，有 12 个价电子，分别填充在 10 个分子轨道，其中 5 个成键轨道和 5 个反键轨道（ * 表示反键轨道）：

$$(\sigma_{1S})^2(\sigma_{1S}^*)^2(\sigma_{2S})^2(\sigma_{2S}^*)^2(\sigma_{2px})^2(\pi_{2py})^2(\pi_{2pz})^2(\pi_{2py}^*)^1(\pi_{2pz}^*)^1$$

依据分子轨道理论，分子轨道中电子的排布遵循三个原则：泡利不相容原理、能量最低原理和最大多重性原理（又称洪德规则）。基态氧气分子中有两个未成对的电子，分别填充在 π_{2py}^* 和 π_{2pz}^* 的分子轨道中，组成了两个自旋相同、不成对的单电子轨道。

根据光谱线命名规定：没有未成对电子的分子称为单线态（singlet，S）；有一个未成对电子的分子称为双线态（doublet，D）；有两个未成对电子的分子称为三线态（triplet，T）。

通常情况下，氧分子处于基态，所以，基态的空气氧分子为三线态（T）。当基态氧分子（$^3O_2$）通过光敏化反应（光敏剂在光作用下吸收能量成为激发态，当与基态氧分子作用时，能量传递给$^3O_2$ 使之发生自旋改变），基态氧分子（$^3O_2$）中两个自旋方向相同各占一个轨道的电子重新排布，两个电子以自旋相反的方式占据同一个 π 反键轨道，形成激发态氧分子。激发态氧分子是单线态（$^1O_2$），总自旋为零，其能量较基态高出 92kJ/mol，因而具有较强的化学活性。图 6-1、图 6-2 分别为三线态氧分子（$^3O_2$）和单线态氧分子（$^1O_2$）的分子轨道示意图。

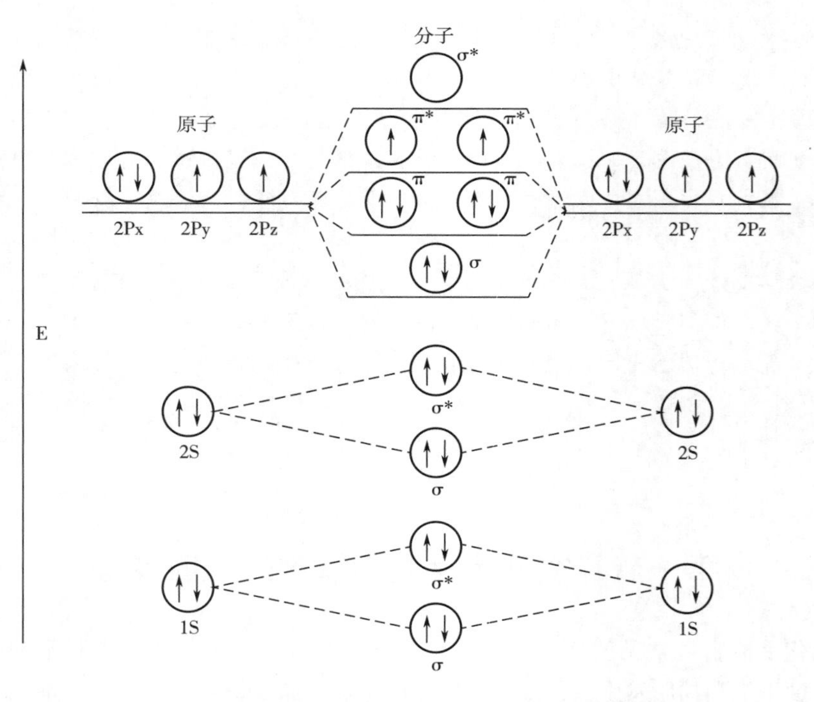

图 6-1　三线态氧分子（$^3O_2$）的分子轨道示意图

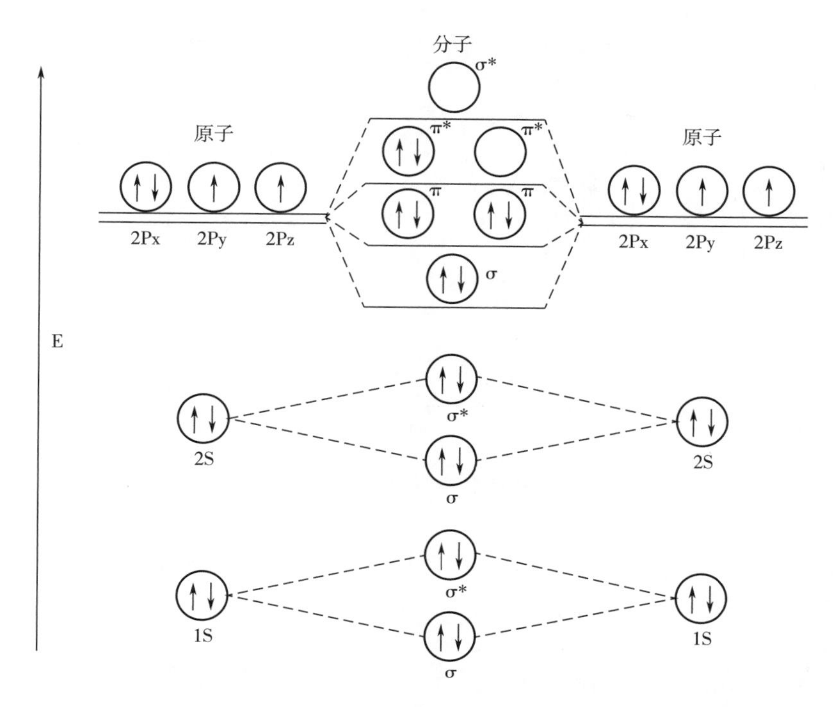

图 6-2　单线态氧分子（$^1O_2$）的分子轨道示意图

把自旋守恒定律应用于油脂氧化反应，其反应过程如下：

单线态+单线态→单线态（S）

单线态+三线态→三线态（T）

单线态+双线态→双线态（D）

三线态+双线态→双线态（D）

根据上述规则，三线态的基态氧分子（$^3O_2$）与单线态的基态有机物分子反应产生一个三线态产物，由于三线态的生成物一般是含能量高的激发态而使反应无法直接进行，因此，只有将单线态的基态有机物分子转化为双线态的自由基才能使基态氧分子（$^3O_2$）与其顺利地发生反应（三线态+双线态→双线态），这与后面要讲的油脂自动氧化机理相符合。单线态氧分子（$^1O_2$）与单线态的基态有机分子直接反应生成单线态产物，此过程很容易进行，这与后面要讲的光氧化机理相符合。

二、油脂空气氧化的一般过程

根据油脂氧化途径不同可将油脂的空气氧化分为自动氧化、酶促氧化和光氧化。油脂空气氧化过程是一个动态平衡过程：在油脂氧化生成初级氧化产物——氢过氧化物的同时，还存在着氢过氧化物分解和聚合反应，氢过氧化物的含量增加到一定值，分解和聚合速度都会增加（图 6-3）。反应底物和反应条件的不同导致反应的动态平衡结果也不同。例如，高度不饱和的干性油脂在一定条件下的氧化主要以聚合形式发生，分解形式不太明显。180℃下加热 72h 的大豆油氧化分解，致使茴香胺值升高二十多倍，说明此过程油脂的氧化分解速度非常快。

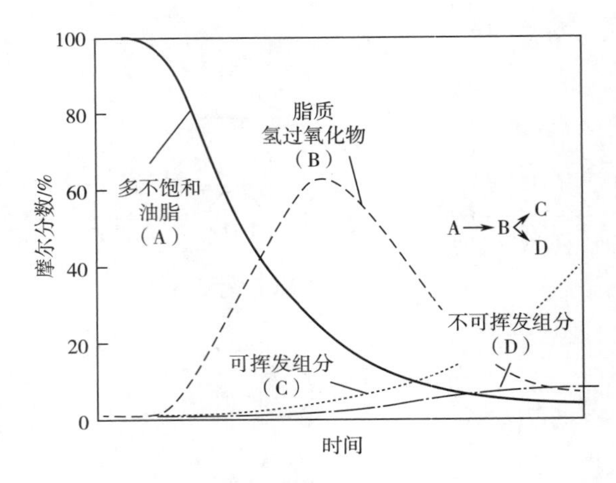

图 6-3 油脂空气氧化的一般过程

第二节 油脂空气氧化产生单氢过氧化物和多过氧基化合物

一、油脂自动氧化产生单氢过氧化物

不饱和油脂与基态氧分子（$^3O_2$）之间可以发生自由基氧化反应，氧化初期的主要产物是单氢过氧化物。

（一）油脂自动氧化过程与自动氧化的引发

油脂自动氧化是一个自催化过程，是一个自由基链式反应。反应过程分三个阶段：链引发、链传播和链终止，基本模型如下：

链引发：RH+X·→R·+XH

链传播：R·+O_2→ROO·

ROO·+RH→ROOH+R·

链终止：R·+R·→RR

RO·+RO·→ROOR

RO·+R·→ROR

ROO·+ROO·→ROOR+O_2

（RH 表示参加反应的不饱和油脂底物；H 表示双键旁临位亚甲基上最活泼的氢原子）

这一过程是公认的油脂自动氧化反应机制，反应中产生的各种自由基以及其他产物均已被现代分析技术所证实，但自动氧化的引发机制仍然不甚清楚。实验研究认为主要由变价的金属离子引发：

ROOH 不存在时：RH+$M^{(n+1)+}$→R·+H^++M^{n+}

ROOH 存在时：ROOH+$M^{(n+1)+}$→ROO·+H^++M^{n+}

ROOH+M^{n+}→RO·+OH^-+$M^{(n+1)+}$

科学家们认为在油脂的氧化过程中 ROOH 存在时的反应起主要作用。

在特殊情况下如紫外光直接辐照或加入引发剂均可以使不饱和油脂直接产生自由基，反应式如下，但这在实际生产过程中并不常见。

$$RH \rightarrow R\cdot + H\cdot$$

（二）油脂自动氧化产生单氢过氧化物

含有不饱和双键的脂肪酸或酯在室温条件下即可发生自动氧化反应，饱和脂肪酸或酯在室温条件下不易发生空气氧化。由于氧化反应过程非常复杂，研究油脂的氧化反应历程一般以单一的脂肪酸单酯为对象，比较清晰易懂。

1. 油酸酯

1942 年 E. H. Farmer 首次分离出油酸酯氢过氧化物，奠定了现代油脂氧化反应研究的基础。采用各种色谱手段可以从油酸酯的氧化产物中分离出四种位置异构体，即 8-OOHΔ^9 十八碳一烯酸酯（26%~27%）、9-OOHΔ^{10} 十八碳一烯酸酯（22%~24%）、10-OOHΔ^8 十八碳一烯酸酯（22%~23%）、11-OOHΔ^9（26%~28%）十八碳一烯酸酯。油酸酯自动氧化历程如图 6-4 所示。

—$\overset{11}{C}H_2\overset{10}{C}H=\overset{9}{C}H\overset{8}{C}H_2$—

↓ H· （X· → XH）

—$\overset{11}{C}H_2\overset{10}{C}H\overset{9}{\dot{C}}H=\overset{8}{C}H$— ⟷ —$\overset{11}{C}H_2\overset{10}{C}H=\overset{9}{C}H\overset{8}{\dot{C}}H$— + —$\overset{11}{\dot{C}}H\overset{10}{C}H=\overset{9}{C}H\overset{8}{C}H_2$— ⟷ —$\overset{11}{C}H=\overset{10}{C}H\overset{9}{C}H\overset{8}{\dot{C}}H_2$—

↓ $^3O_2$

—$CH_2CH(OO\cdot)CH=CH$— (11 10 9 8) + —$CH_2CH=CHCH(OO\cdot)$— (11 10 9 8) + —$CH(OO\cdot)CH=CHCH_2$— (11 10 9 8) + —$CH=CHCH(OO\cdot)CH_2$— (11 10 9 8)

↓ H· （油酸酯 → 自由基）

—$CH_2CH(OOH)CH=CH$— + —$CH_2CH=CHCH(OOH)$— + —$CH(OOH)CH=CHCH_2$— + —$CH=CHCH(OOH)CH_2$—

10-OOHΔ^8　　8-OOHΔ^9　　11-OOHΔ^9　　9-OOHΔ^{10}

图 6-4　油酸酯的自动氧化历程

油酸酯分子与自由基反应，油酸酯分子中双键相邻 8、11 位上的—CH_2—被活化脱去一个氢自由基（H·），产生不对称电子，不对称电子与双键的 π 键进行杂化，形成了不定域的共平面烯丙基自由基，然后经 1,3-电子迁移，产生共振体，这些烯丙基自由基被基态氧分子（$^3O_2$）氧化，生成过氧化自由基（ROO·），ROO·与另一油酸酯分子反应，则生成取代位置不同的氢过氧化物和油酸酯自由基。

经气相色谱质谱联用仪（GC-MS）分析，四种氢过氧化物油酸酯的含量相差不大，只是 8、11 位上的—CH_2—直接脱氢生成的氢过氧化物异构体比经 1,3-电子迁移产生的共振体 C_9、C_{10} 的氢过氧化物异构体稍多一些。

2. 亚油酸酯

亚油酸酯的自动氧化速度比油酸酯快10~40倍，因为亚油酸酯双键之间11位上含一个—CH_2—，该—CH_2—非常活泼，很容易和自由基作用脱氢，形成C_{11}位上的自由基，C_{11}位上的自由基经1,3-电子迁移产生两个不定域的1,4-戊二烯自由基，1,4-戊二烯自由基则被基态氧分子（$^3O_2$）氧化，生成两个过氧化自由基，过氧化自由基再与另一亚油酸酯分子反应，则生成两个含量相当的氢过氧化亚油酸酯和亚油酸酯自由基。亚油酸酯自动氧化的主要历程如图6-5所示。

13　12 11 10　9
— CH ═ CHCH$_2$CH ═ CH —
↓ H· （X· → XH）

13 12　11 10　9
—CHĊH ═ CHCH ═ CH — ⟷ 13 12 11 10 9 —CH ═ CHĊHCH ═ CH — ⟷ 13 12 11 10 9 —CH ═ CHCH ═ CHĊH —

↓ $^3O_2$　　　　↓ $^3O_2$

13 12　11 10　9
—CHCH ═ CHCH ═ CH —（13位接 OO·）

13　12 11　10 9
—CH ═ CHCH ═ CHCH —（9位接 OO·）

↓ H·（亚油酸酯 → 自由基）　　↓ H·（亚油酸酯 → 自由基）

13 12　11 10　9
—CHCH ═ CHCH ═ CH —（13位接 OOH）

13-OOH$\Delta^{9,11}$

13　12 11　10 9
—CH ═ CHCH ═ CHCH —（9位接 OOH）

9-OOH$\Delta^{10,12}$

图6-5　亚油酸酯的自动氧化历程

亚油酸酯常温氧化产物中，顺式、反式异构体均有存在。但是，在较高温度下，亚油酸酯的氧化以反式异构体为主，这是由于温度较高时13-OOH$\Delta^{9,11}$与9-OOH$\Delta^{10,12}$可以相互转化，在互变的同时发生构型转变，其形成过程涉及β剪切消除过氧基、自由基转移以及氧在新的碳位和取向上的重新加成，这些反应可交替进行。

3. 亚麻酸酯

亚麻酸酯的自动氧化速度比亚油酸酯快2~4倍，原因是亚麻酸酯在C_{11}、C_{14}各有一个活泼的亚甲基（—CH_2—），其氧化生成四种氢过氧化合物：

①在C_{11}脱氢成为9-OOH$\Delta^{10,12,15}$及13-OOH$\Delta^{9,11,15}$。

②在C_{14}脱氢成为12-OOH$\Delta^{9,13,15}$及16-OOH$\Delta^{9,12,14}$。

其中，9-OOH和16-OOH含量相当，占总量的80%左右；12-OOH和13-OOH含量相当，占总量的20%左右。亚麻酸酯的自动氧化历程如图6-6所示。

亚麻酸酯的氧化产物中各有三个双键，包含一个非共轭和一对共轭双键，这种含有共轭双键的三烯结构的氢过氧化物极不稳定，很容易继续氧化生成二级氧化产物或氧化聚合及干燥成膜。

16　15 14 13　12 11 10　9
$—CH═CHCH_2CH═CHCH_2CH═CH—$

↓ H· (X· → XH)

16　15 14 13　12 11 10　9
$—CH═CHCH_2CH═CH\dot{C}HCH═CH—$

↙↘

16　15 14 13 12　11 10　9
$—CH═CHCH_2\dot{C}HCH═CHCH═CH—$

↓ $^3O_2$

16　15 14 13 12　11 10　9
$—CH═CHCH_2CHCH═CHCH═CH—$
|
OO·

↓ H· (亚麻酸酯 → 自由基)

16　15 14 13 12　11 10　9
$—CH═CHCH_2CHCH═CHCH═CH—$
|
OOH

13-OOH $\Delta^{9,11,15}$

16　15 14 13　12 11　10 9
$—CH═CHCH_2CH═CHCH═CH\dot{C}H—$

↓ $^3O_2$

16　15 14 13　12 11　10 9
$—CH═CHCH_2CH═CHCH═CHCH—$
|
OO·

↓ H· (亚麻酸酯 → 自由基)

16　15 14 13　12 11　10 9
$—CH═CHCH_2CH═CHCH═CHCH—$
|
OOH

9-OOH $\Delta^{10,12,15}$

（1）C_{11}脱氢

16　15 14 13　12 11 10　9
$—CH═CHCH_2CH═CHCH_2CH═CH—$

↓ H· (X· → XH)

16　15 14 13　12 11 10　9
$—CH═CH\dot{C}HCH═CHCHCH═CH—$

↙↘

16　15 14　13 12 11 10　9
$—CH═CHCH═\dot{C}HCHCH_2CH═CH—$

↓ $^3O_2$

16　15 14　13 12 11 10　9
$—CH═CHCH═CHCHCH_2CH═CH—$
|
OO·

↓ H· (亚麻酸酯 → 自由基)

16　15 14　13 12 11 10　9
$—CH═CHCH═CHCHCH_2CH═CH—$
|
OOH

12-OOH $\Delta^{9,13,15}$

16 15　14 13　12 11　10　9
$—\dot{C}HCH═CHCH═CHCH_2CH═CH—$

↓ $^3O_2$

16 15　14 13　12 11　10　9
$—CHCH═CHCH═CHCH_2CH═CH—$
|
OO·

↓ H· (亚麻酸酯 → 自由基)

16 15　14 13　12 11　10　9
$—CHCH═CHCH═CHCH_2CH═CH—$
|
OOH

16-OOH $\Delta^{9,12,14}$

（2）C_{14}脱氢

图 6-6　亚麻酸酯的自动氧化历程

油脂的双键数目不同，其自动氧化产物的数目和结构也不同。另外，油脂的双键越多，其自动氧化速度也越快。在一般温度下，油酸酯、亚油酸酯和亚麻酸酯的自动氧化速度之比为1：10.3：21.6。

二、油脂光氧化产生单氢过氧化物

三线态氧分子（$^3O_2$）参与油脂的自动氧化反应属于自由基反应，而单线态氧分子（$^1O_2$）氧化油脂的反应机理与自动氧化有着根本的区别。以下介绍油脂光氧化的机理、光氧化产物与特点。

（一）油脂光氧化机理

从氧分子电子自旋状态（图6-2）可以知道，单线态氧分子（$^1O_2$）有2个空轨道，具有亲电性，所以，它与电子密集中心的反应活性很高，这就导致单线态氧分子（$^1O_2$）和不饱和油脂中电子云密度高的双键很容易发生反应，形成六元环过渡态。以亚油酸酯的第9、10位双键上的碳原子为例，单线态氧分子（$^1O_2$）分别进攻双键上的第9、10位的碳原子，得到烯丙位上的一个质子，双键向邻位转移，分别形成共轭和非共轭的二烯氢过氧化物（图6-7）。

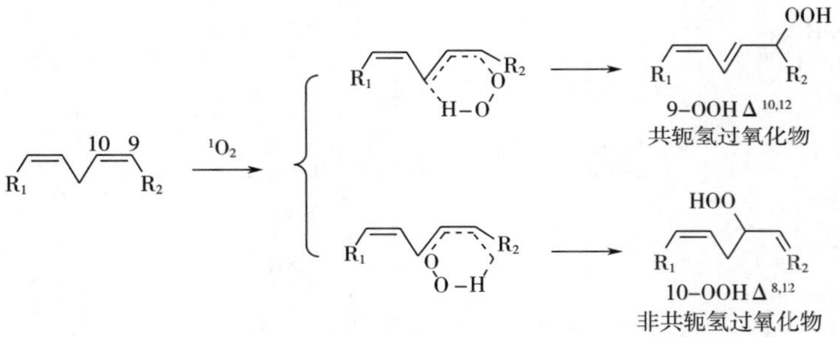

OOH
R1
R2
O
H-O
9-OOH Δ10,12
共轭氢过氧化物
10 9
1O2
HOO
O
O-H
10-OOH Δ8,12
非共轭氢过氧化物

图6-7 单线态氧分子（$^1O_2$）与亚油酸酯的第9、10位双键上的碳原子反应过程

当然，单线态氧分子（$^1O_2$）也可以进攻12、13位双键上的碳原子形成氢过氧化物，单线态氧分子（$^1O_2$）氧化亚油酸酯的最终产物如图6-8所示。

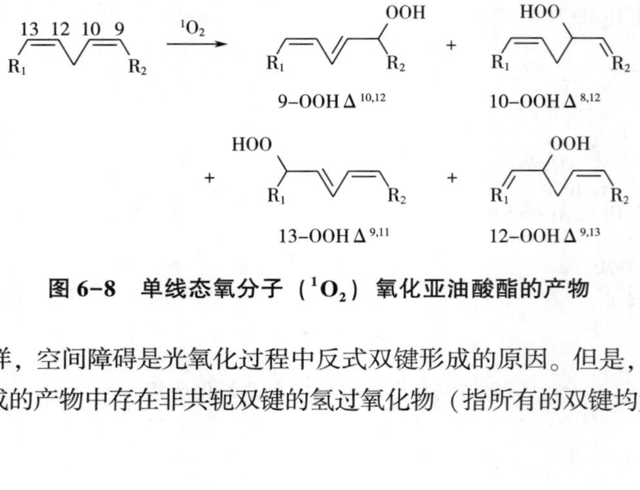

13 12 10 9
1O2
OOH
HOO
R1
R2
9-OOH Δ10,12
10-OOH Δ8,12
13-OOH Δ9,11
12-OOH Δ9,13

图6-8 单线态氧分子（$^1O_2$）氧化亚油酸酯的产物

与自动氧化一样，空间障碍是光氧化过程中反式双键形成的原因。但是，与自动氧化不同的是，油脂光氧化生成的产物中存在非共轭双键的氢过氧化物（指所有的双键均为非共轭状态）。

（二）单线态氧分子（$^1O_2$）的形成

只有在单线态氧分子（$^1O_2$）的参与下不饱和的油脂分子才能发生光氧化反应。而单线态氧分子（$^1O_2$）由基态氧分子（$^3O_2$）转化而来，其转化条件是光敏剂与光照的共同作用。光敏剂可以是染料（曙光红、赤藓红钠盐、亚甲蓝、红铁丹等）、色素（叶绿素、核黄素、卟啉等）和稠环芳香化合物（蒽、红荧烯等）。基态光敏剂吸收可见光或近紫外光而活化成激发单线态（^{1}光敏剂*），这种^{1}光敏剂*的寿命极短，它通过释放荧光快速恢复为基态或者通过内部重排转变为激发三线态光敏剂（^{3}光敏剂*）。^{3}光敏剂*比^{1}光敏剂*的寿命长很多，^{3}光敏剂*通过释放磷光慢慢地转化为基态光敏剂。因此，促进单线态氧分子（$^1O_2$）产生的有效光敏剂是量子产率高、生命期长的^{3}光敏剂*。

基态氧分子（$^3O_2$）受光照及油脂中光敏剂（叶绿素、脱镁叶绿素等）的影响，由基态氧分子（$^3O_2$）转变成单线态氧分子（$^1O_2$）。具体形成过程如下：

$$^1\text{光敏剂}_{\text{基态}}+\text{光照}\rightarrow {}^1\text{光敏剂}^*\rightarrow {}^3\text{光敏剂}^*$$

$$^3\text{光敏剂}^*+{}^3O_2\rightarrow {}^1\text{光敏剂}_{\text{基态}}+{}^1O_2$$

（三）光氧化反应生成氢过氧化物实例

不饱和度不同的油脂其光氧化的速度及产物也不同。花生四烯酸酯、亚麻酸酯、亚油酸酯和油酸酯的光氧化反应速度比值为3.5∶2.9∶1.9∶1.1，即双键数目越多，单线态氧分子（$^1O_2$）氧化油脂的速度越快。但是，与自动氧化相比，双键数目对油脂光氧化速度的影响较小。

以油酸酯为例，单线态氧分子（$^1O_2$）氧化油酸酯可以简单地表示为：

$$\overset{11}{-CH_2}-\overset{10}{CH}=\overset{9}{CH}-\overset{8}{CH_2}- + {}^1O_2 \longrightarrow -\overset{11}{CH_2}-\underset{OOH}{\overset{10}{CH}}-\overset{9}{CH}=\overset{8}{CH}- + -\overset{11}{CH}=\overset{10}{CH}-\underset{OOH}{\overset{9}{CH}}-\overset{8}{CH_2}-$$

六种常见不饱和脂肪酸酯经光氧化形成的单氢过氧化物（ROOH）产物如表6-1所示。

表6-1　六种常见不饱和脂肪酸酯经光氧化形成的单氢过氧化物（ROOH）产物

双键个数	脂肪酸酯名称	光氧化形成的单氢过氧化物（ROOH）产物
1	油酸酯	9-OOHΔ^{10}、10-OOHΔ^{8}
2	亚油酸酯	9-OOH$\Delta^{10,12}$、10-OOH$\Delta^{8,12}$、12-OOH$\Delta^{9,13}$、13-OOH$\Delta^{9,11}$
3	亚麻酸酯	9-OOH$\Delta^{10,12,15}$、12-OOH$\Delta^{9,13,15}$、13-OOH$\Delta^{9,11,15}$ 16-OOH$\Delta^{9,12,14}$、10-OOH$\Delta^{8,12,15}$、15-OOH$\Delta^{9,12,16}$
4	花生四烯酸酯	5-OOH$\Delta^{6,8,11,14}$、6-OOH$\Delta^{4,8,11,14}$、8-OOH$\Delta^{5,9,11,14}$ 9-OOH$\Delta^{5,7,11,14}$、11-OOH$\Delta^{5,8,12,14}$、12-OOH$\Delta^{5,8,10,14}$ 14-OOH$\Delta^{5,8,11,15}$、15-OOH$\Delta^{5,8,11,13}$
5	二十碳五烯酸酯	5-OOH$\Delta^{6,8,11,14,17}$、6-OOH$\Delta^{4,8,11,14,17}$、8-OOH$\Delta^{5,9,11,14,17}$ 9-OOH$\Delta^{5,7,11,14,17}$、11-OOH$\Delta^{5,8,12,14,17}$、12-OOH$\Delta^{5,8,10,14,17}$ 14-OOH$\Delta^{5,8,11,15,17}$、15-OOH$\Delta^{5,8,11,13,17}$、17-OOH$\Delta^{5,8,11,14,18}$、 18-OOH$\Delta^{5,8,11,14,16}$

续表

双键个数	脂肪酸酯名称	光氧化形成的单氢过氧化物（ROOH）产物
6	二十二碳六烯酸酯	4-OOH$\Delta^{5,7,10,13,16,19}$、5-OOH$\Delta^{3,7,10,13,16,19}$、7-OOH$\Delta^{4,8,10,13,16,19}$、8-OOH$\Delta^{4,6,10,13,16,19}$、10-OOH$\Delta^{4,7,11,13,16,19}$、11-OOH$\Delta^{4,7,9,13,16,19}$、13-OOH$\Delta^{4,7,10,14,16,19}$、14-OOH$\Delta^{4,7,10,12,16,19}$、16-OOH$\Delta^{4,7,10,13,17,19}$、17-OOH$\Delta^{4,7,10,13,15,19}$、19-OOH$\Delta^{4,7,10,13,16,20}$、20-OOH$\Delta^{4,7,10,13,16,18}$

光氧化速度很快，一旦发生，其反应速度千倍于自动氧化，因此光氧化对油脂的劣变同样会产生很大的影响。但是对于双键数目不同的底物，光氧化速度区别不大。另外，油脂中的光敏色素大部分已经在加工过程中被去除，并且油脂的储存与加工等过程并非在光照下进行，所以，油脂的光氧化一般不容易发生。

当然，光氧化所产生的氢过氧化物在过渡金属离子的存在下可分解出自由基（ROO·），目前认为是引发自动氧化的关键之一。

三、酶促油脂氧化产生单氢过氧化物

油脂在酶的参与下所发生的氧化反应，称为酶促氧化反应。催化这个反应的酶主要是脂肪氧化酶，简称脂氧酶（lipoxygenase，LOX），脂氧酶广泛存在于各种动物、植物、真菌以及少数海生生物中，脂氧酶在大豆中含量较高，占总蛋白含量的1%~2%，其在大豆中具有很高的活性，研究认为豆腥味产生的原因是酶促氧化大豆油所致。

与自动氧化不同的是，脂氧酶选择性催化具有顺，顺-1,4-戊二烯结构的不饱和脂肪，氧化生成具有光学活性的含共轭双键的氢过氧化物，但不释放脂质自由基（图6-9）。

R_1 R_2
LH H^+
E（Fe^{3+}）→ E—Fe^{2+}···L· $\xrightarrow{O_2}$ E—（Fe^{2+}）···LOO· → E（Fe^{3+}）···LOO·
（E—Fe）··· L ··· O_2
三元复合物
（H^+）
HOO R_2 OOH
R_1 R_1 R_2
E（Fe^{3+}） + LOOH
高浓度氢过氧化物的反馈抑制

图6-9　含顺，顺-1,4-戊二烯结构不饱和脂肪的酶促氧化历程

四、油脂氧化产生多过氧基化合物

油脂经过自动氧化、光氧化或酶促氧化产生的单氢过氧化物中若仍然有双键存在，可以继续氧化生成多过氧基化合物。由于参与反应的底物油脂不同以及反应的机理不同，因而产生复杂的多过氧基氧化产物，现举例说明。

1. 二氢过氧基化合物

亚油酸酯和亚麻酸酯通过自动氧化和光氧化均可得到二氢过氧基化合物。例如，光氧化亚油酸酯单氢过氧化物可得到如下两种结构：

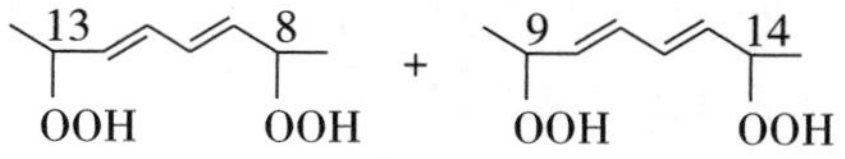

13 8 OOH OOH + 9 14 OOH OOH

亚麻酸酯单氢过氧化物发生自动氧化则可得到：

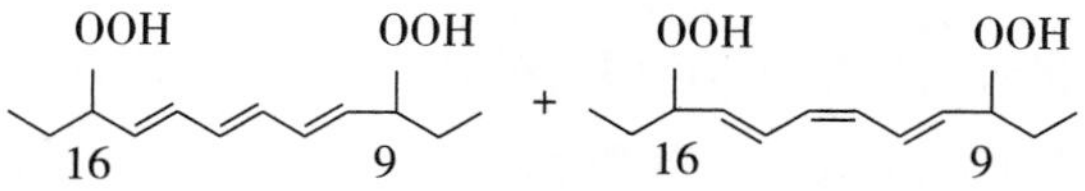

OOH OOH 16 9 + OOH OOH 16 9

2. 氢过氧基环二氧化合物

亚油酸酯和亚麻酸酯氢过氧化物继续氧化均可产生氢过氧基环二氧化合物，如亚麻酸酯经自动氧化产生下述结构的氢过氧基二氧五环化合物：

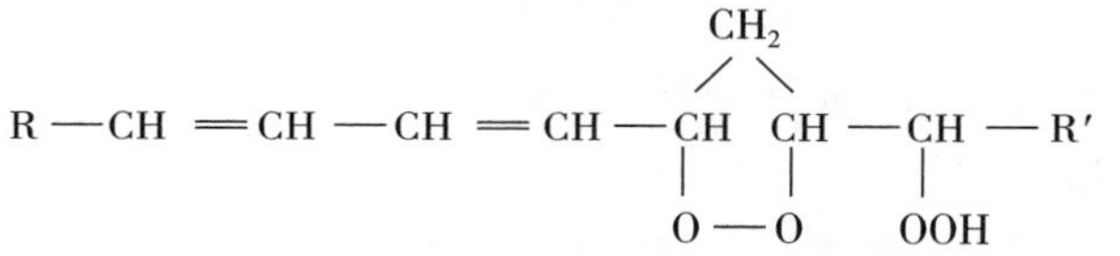

R—CH ═CH —CH ═CH —CH(O—O, CH_2)CH —CH(OOH) —R′

亚油酸酯氢过氧化物经光氧化产生氢过氧基二氧六环化合物：

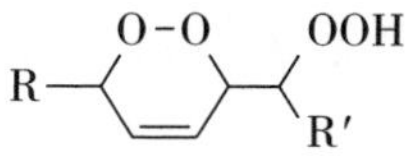

O-O OOH R R′

3. 氢过氧基二环二氧化合物

亚麻酸酯氢过氧化物氧化可产生氢过氧基二环二氧化合物：

O—O O—O OOH R R′

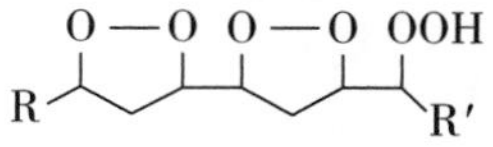

4. 氢过氧基双环过氧化合物

α-亚麻酸酯空气氧化得到下列两种物质：

O O R_1 R_2 OOH   O O R_1 R_2 OOH

R_1=CH_3 或 $(CH_2)_6COOCH_3$

R_2= $(CH_2)_6COOCH_3$ 或 CH_3

此类物质的过氧基不稳定，很容易变成羟基。

5. 环氧基酯和酮基酯

单氢过氧化物发生 1,2-环化作用可产生环氧基酯，而脱水则产生酮基酯，反应比较简单。

第三节　油脂空气氧化产生可挥发性小分子和聚合物

油脂空气氧化过程是动态的，伴随单氢过氧化物和多过氧基化合物的生成，其分解和聚合速度加快，产生挥发性小分子以及聚合物。

一、油脂空气氧化分解产生可挥发性小分子

单氢过氧化物和多过氧基化合物不稳定，在室温下即可裂解产生小分子化合物。温度升高，分解加剧。油脂的脂肪酸组成和油脂氧化方式不同，生成的初级氧化产物也不同，因此初级氧化产物分解产生的小分子挥发物成分非常复杂。

通过气相色谱-质谱联用仪（GC-MS）、气相色谱-嗅闻-质谱联用仪（GC-O-MS）等仪器分析鉴定发现，不同油脂的氧化挥发物是由烃、醇、醛、酮、酸、酯及内酯和呋喃类等上百种组分构成。另外，还有少量含有多基团的小分子如羟基醛、酮基醛、酮基羟基醛、酮基环氧醛等，它们各自产生好闻或难闻的气味，这些混合物对油脂风味的优劣贡献很大。

（一）单氢过氧化物的分解

单氢过氧化物的分解主要发生在氢过氧基两端的单键（A 和 B）上，形成烷氧基自由基再通过不同的途径形成烃、醇、醛、酸等化合物，其一般分解过程如图 6-10 所示。

以油酸、亚油酸和亚麻酸为例的氧化分解具体过程和产物如图 6-11、图 6-12、图 6-13 所示。

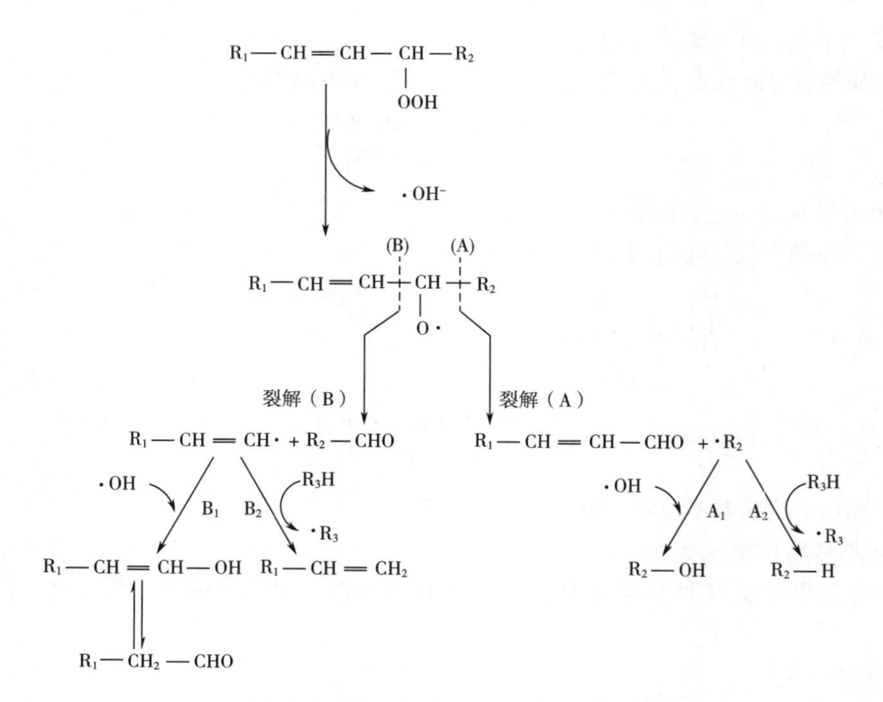

图 6-10　单氢过氧化物的一般分解过程

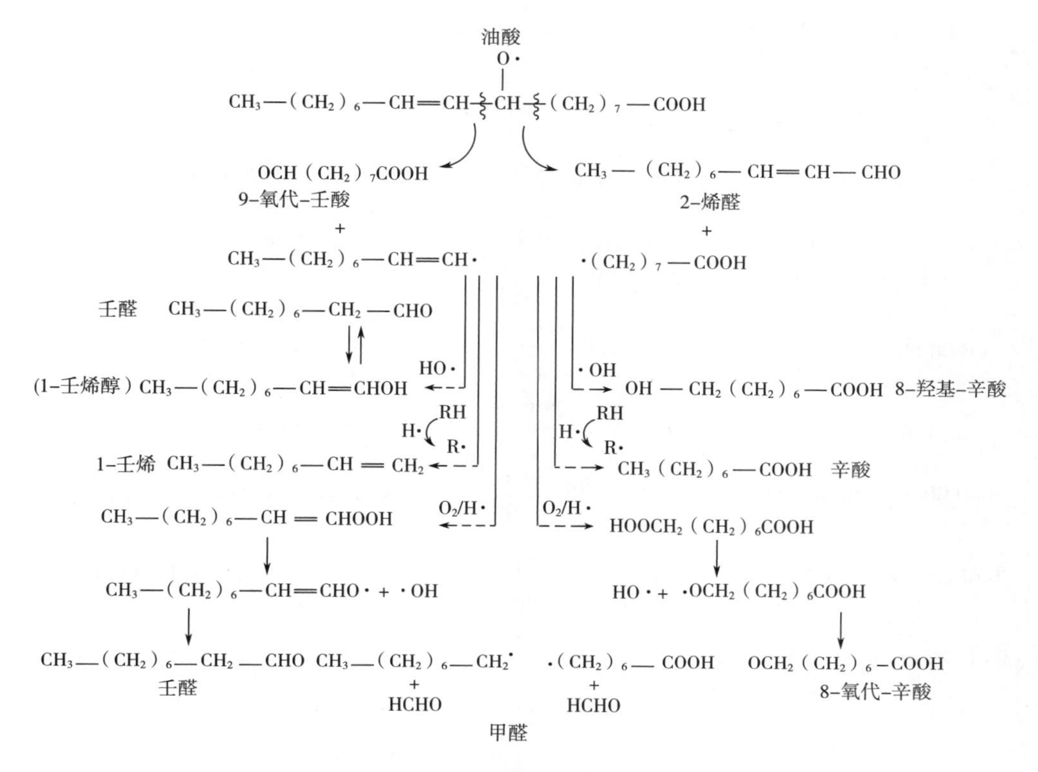

图 6-11　油酸的氧化分解历程

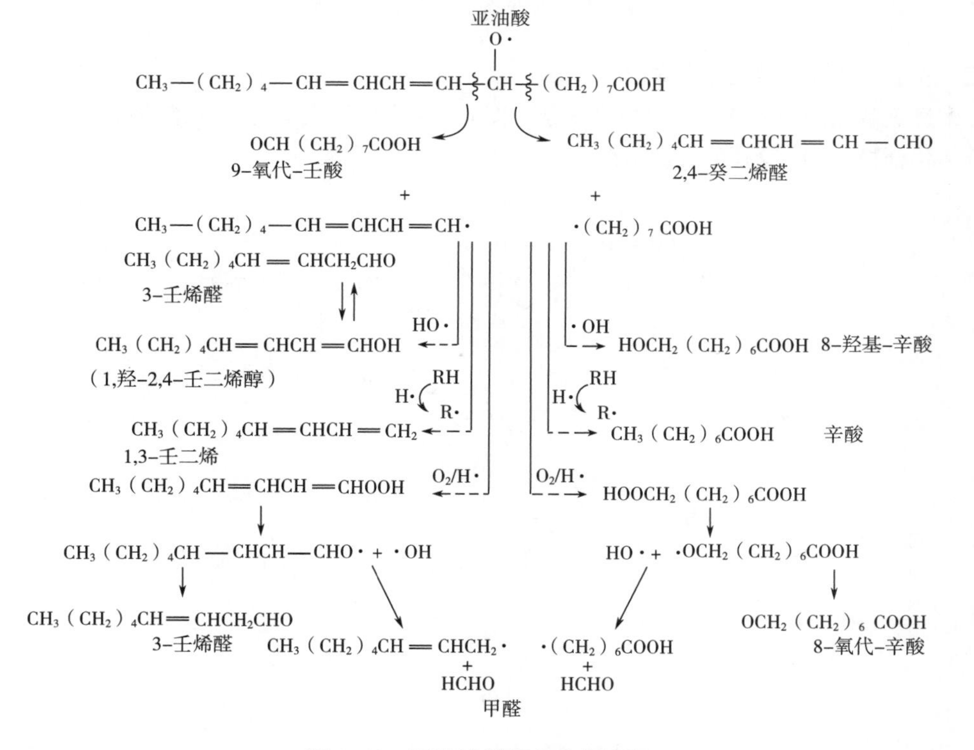

图 6-12　亚油酸的氧化分解历程

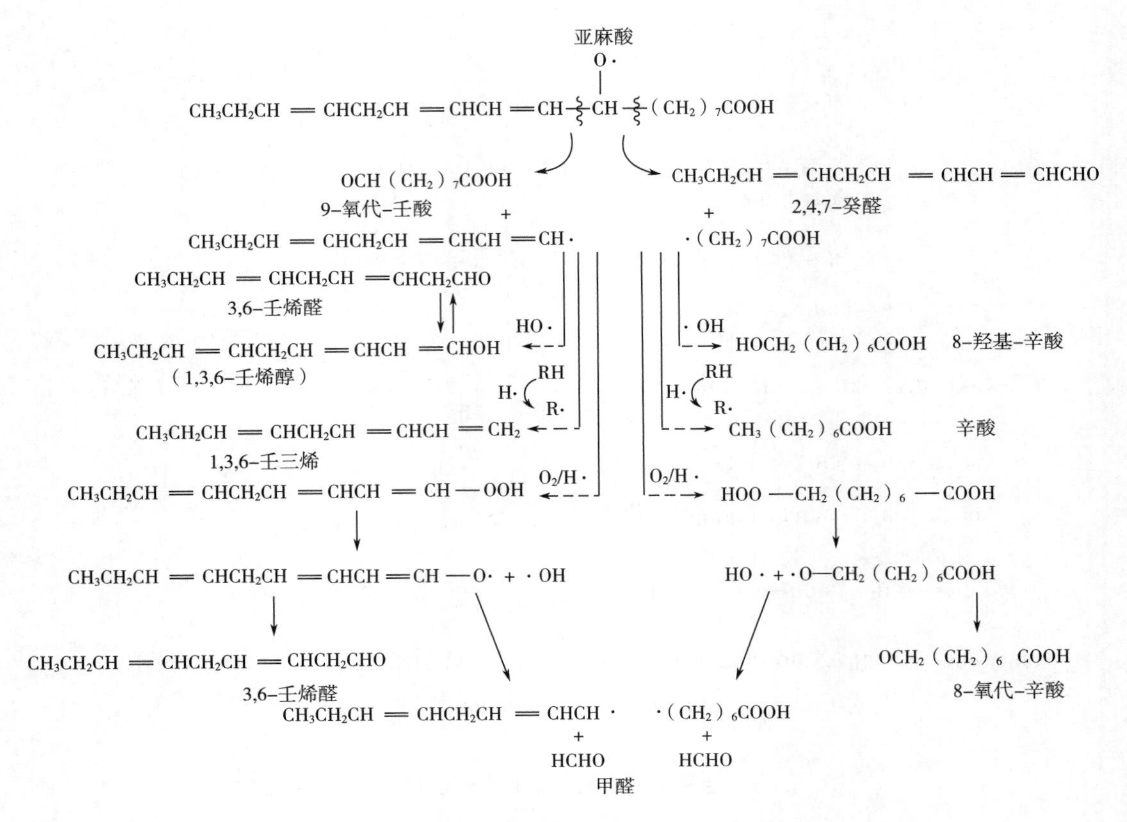

图 6-13 亚麻酸的氧化分解历程

(二)多过氧基化合物的分解

多过氧基化合物的分解情况较为复杂，图 6-14 列出了光氧化亚油酸甲酯产生的两种多过氧基化合物（1）（2）的分解情况。

HO—O　O—O
CH_3—$(CH_2)_3$　13　12　10　$(CH_2)_6$—$COOCH_3$
H·　·OH
CH_3—$(CH_2)_3$—CH_3（2.4%）
HC(═O)—$(CH_2)_7$—$COOCH_3$（3.8%）
CH_3—$(CH_2)_4$—CHO（45%）
$-H_2$　$-O_2$
HC(═O)—CH═CH—$(CH_2)_6$—$COOCH_3$（29%）
CH_3—$(CH_2)_3$—CH═CH—CHO（1.1%）

（1）

O—O　O—OH

$CH_3—(CH_2)_3$　12　10　9　$(CH_2)_6—COOCH_3$

$\dot{O}H$　$H^{\cdot}$

$CH_3—(CH_2)_4—CHO$ (2.5%)

$CH_3—(CH_2)_6—COOCH_3$ (5.0%)

$CH_3—(CH_2)_3—CH=CH—CHO$ (27%)

$-H_2$　$H^{\cdot}$　$-O_2$

$CH(=O)—(CH_2)_7—COOCH_3$ (39%)

$CH_3—(CH_2)_3—CH=CH—C(=O)—CH_3$ (4.9%)

$CH(=O)—CH=CH—(CH_2)_6—COOCH_3$ (2.6%)

(2)

图 6-14　(1) 13-氢过氧基-10，12-环二氧基-反-8-十八碳酸甲酯裂解产物与含量
(2) 9-氢过氧基-10，12-环二氧基-反-13-十八碳酸甲酯的裂解产物与含量

（三）油脂酸败与油脂回味

1. 油脂酸败

油脂酸败分为氧化酸败和水解酸败。油脂氧化分解产生醛、酮、酸、酯、烃等小分子或油脂（如含短碳链脂肪酸的乳脂、椰子油等）水解产生游离的短链脂肪酸，这些物质会产生难闻或者刺激性的气味，混合在一起形成“哈味”，这种现象称为油脂酸败。油脂酸败是一个综合现象，很难用统一的标准进行评价。各种油脂因脂肪酸组成不同，达到有酸败气味时的过氧化值各不相同。室温下，猪油吸氧量较少，过氧化值为 10mmol/kg 左右时就能感觉出酸败味道；而豆油、棉籽油、葵花籽油、玉米油等吸氧量多，过氧化值达到 60~75mmol/kg 时才闻到酸败气味。但是，同一种油脂在高温下产生酸败气味时的过氧化值比低温时明显要低，这是由于高温下油脂氧化分解速度加快所致。一般的酸败油脂中己醛和壬醛的含量常常较高，可利用外标或内标法通过 GC-MS 对它们定量分析。酸败油脂会产生很多对人体健康不利的物质，不宜食用。

2. 油脂回味

精炼脱臭后的油脂放置很短的一段时间，在过氧化值很低时就产生一种不好闻的气味，这种现象称为油脂回味。含有三个及三个以上双键的油脂，例如亚麻油、大豆油、菜籽油和海产动物油等容易产生“回味”现象。不同油脂的回味气味略有不同，大豆油回味由淡到浓被称为“豆腥味”“青草味”“油漆味”及“鱼腥味”等。研究认为油脂回味的可能原因是亚麻酸氧化生成呋喃类物质所致。油脂加工过程中添加增效剂使金属离子失活被认为是一种减少油脂回味的有效方法。

油脂回味对油脂的加工与销售不可避免地造成不利影响，需要弄清楚油脂回味的机理，才能从根本上预防和抑制油脂回味。

二、油脂空气氧化产生聚合物

油脂自动氧化的链终止过程也是油脂氧化聚合反应过程。油脂常温氧化过程中，聚合物生成量极少；过度煎炸过程中会产生一些聚合物，导致油脂黏度增大。油脂聚合物中既有 O—O 结合的二聚物，也有 C—O、C—C 结合的二聚物。油脂自动氧化的聚合过程简单地表示为：

$$R\cdot + R\cdot \rightarrow RR$$

$$RO\cdot + RO\cdot \rightarrow ROOR$$

$$RO\cdot + R\cdot \rightarrow ROR$$

$$ROO\cdot + ROO\cdot \rightarrow ROOR+O_2$$

强化反应条件可促进油脂氧化聚合反应。例如，加入光敏剂并给以光照可迅速产生 ROOH，而加入过渡金属盐可促使 ROOH 或者 RH 产生自由基，大量自由基的产生意味着自由基互相结合的速度加快。另外，通过改性提高油脂的不饱和度、双键共轭化程度或者选择不饱和度高或者共轭化程度高的油脂可使双键聚合的活性加强。

第四节　油脂氧化、煎炸油劣变及油脂水解酸败程度的评价

一、油脂氧化程度的评价

评价油脂氧化程度的方法有很多，它们大多建立在油脂氧化后所表现出来的化学、物理或者感官特性的基础上。但是，没有一种统一的标准方法用于测定所有食品体系中的油脂氧化程度。评价食品或生物体系中油脂氧化程度的有效方法可分为两大类：一类是评价油脂的初级氧化情况；另一类是评价油脂的二级氧化情况。

（一）初级氧化产物的评价

氧化的初期，油脂吸收氧气，生成氢过氧化物，且伴随多不饱和双键发生共轭化等，这些变化均可用于评价油脂的初级氧化程度。

1. 油脂不饱和度的变化

衡量油脂的初级氧化情况可以用不饱和脂肪酸的减少量来表示。由于饱和脂肪酸不发生变化，不饱和脂肪酸氧化成氢过氧化物而减少，所以可以用气相色谱法测定油脂氧化前后不饱和脂肪酸的相对减少量来表示油脂氧化程度。这种方法尤其适用于富含二十碳五烯酸（EPA）和二十二碳六烯酸（DHA）的海洋鱼油、富含 2,6-吡啶二羧酸（DPA）和二十二碳六烯酸（DHA）或者富含二十碳四烯酸（ARA）的藻油、富含多不饱和脂肪酸的植物油如牡丹籽油和亚麻油等的氧化程度评价。同样，碘值（IV）的降低程度也可用于评估这类油脂的氧化情况。

2. 增重法

在空气氧化的初期，油脂吸收氧分子生成单氢过氧化物（ROOH），分子质量增大，因此，在氧化的初期（诱导期）采用增重法评价油脂的氧化程度在理论上也是合理的。具体操作方法是：称取 2g 左右的脱水油样于皮氏培养皿中，将其置于一定温度（设定）下的烘箱中储存，每隔一段时间记录样品增重的情况。由于油脂与空气的接触面积对氧化速率有影响，因此，在采用增重法评价油脂的氧化行为时必须选用相同规格的容器。当然，受操作方法的限制会使结果的重复性相对差一些；但是这种方法操作简便，所使用仪器价格低廉。该

方法同样非常适用于富含多不饱和脂肪酸的各类油脂的氧化程度评价。

3. 过氧化值

在油脂氧化初期，ROOH 的形成速度远远大于其分解速度，因此，可以通过衡量 ROOH 的多少即过氧化值来评价油脂的氧化程度。过氧化值越大，说明油脂氧化程度越深。过氧化值的测定是最常用的评价油脂氧化程度的方法，且操作简单，特别适用于评价油脂氧化的初期阶段。但是，煎炸过程中油脂的氧化程度除采用过氧化值外还常常结合次级氧化产物的检测来评价。

4. 单氢过氧化物

过氧化值可以衡量油脂初级氧化过程中氢过氧化物含量的高低，但是不能准确衡量油脂中氢过氧化物的具体含量。HPLC 可以分析检测油脂氧化过程中氢过氧化物的具体含量；也可以用碘化钾或硼氢化钠氢化或者还原 ROOH，再通过硅烷基化反应得到易挥发的衍生物，采用 GC-MS 分析氢过氧化物异构体的结构及含量。

另外，利用 ROOH 与鲁米诺（又称氨基邻苯二甲酰肼）、二氯荧光黄反应形成荧光物质，采用荧光法来测定其总含量也可以评价油脂的初级氧化程度。

5. 共轭二烯

油脂自动氧化会生成含共轭双键的 ROOH，共轭双键在紫外区（共轭二烯在 234nm、共轭三烯在 268nm 有明显的吸收峰）有强吸收。

在油脂氧化的初期，常见植物油中 ROOH 的量与共轭二烯、三烯的多少成正比，例如，在卡诺拉（Canola）油、大豆油的自动氧化过程中，共轭二烯在 234nm 的吸收强度与过氧化值呈很好的线性关系。这种测定方法简单、快速，但是容易受油脂中本身存在的含共轭双键化合物如胡萝卜素等的干扰。

（二）次级氧化分解产物的评价

油脂氧化产生的 ROOH 和多过氧基化合物继续氧化，可分解成许多小分子物质。因此，采用次级氧化分解产物作为衡量油脂的氧化程度指标更合适一些，因为随着氧化程度的加深，油脂的次级氧化分解产物含量呈一直增加的趋势，而 ROOH 和多过氧基化合物含量则处于动态变化中（氧化程度或者氧化条件的差异导致 ROOH 和多过氧基化合物的含量或增或降）。次级氧化分解产物主要包括醛、酮、烃、醇、酸类等物质，可根据小分子的理化特点进行分析。评价次级氧化分解产物的方法主要有下面几种。

1. 感官评价法

油脂次级氧化分解产物分子质量较低，有一定的挥发性，常表现出一定的混合气味。因此，采用感官评价法（主要是嗅闻）来评价油脂的氧化程度具有很好的直观性。

油脂感官评价法简单描述为：将相同量的油脂置于相同容器中，在一定温度下保持一段时间，然后由一批训练有素的感官评定员嗅闻评定并打分。评定指标多采用十分制，分数越高，油脂质量越好，氧化酸败程度越小。对同一油脂不同的评定员有不同的描述，根据大量实践，人们常将脱臭后的新鲜大豆油描述为“无味或淡味”；轻度氧化的豆油描述为“奶油味”；随着氧化的加深分别描述为“豆味”和“青草味”；深度氧化的豆油则被描述为“酸败”和“油漆味”等。

人们对油脂气味的敏感程度常用气味阈值来表示。表 6-2 列出了采用大豆油、棕榈油、菜籽油煎炸薯条中检出的挥发性气味物质及对应的气味阈值。

表6-2　大豆油、棕榈油、菜籽油煎炸薯条中检出的挥发性气味物质及阈值

化合物	气味描述	油中阈值/（μg/kg）	空气中阈值/（μg/m³）	水中阈值/（μg/kg）
己醛	草香、果香	120	230	5
庚醛	柑橘类、草香	250	260	2.8
2-戊基呋喃	黄油、果味、黄豆	100	270	5.8
辛醛	油腻	56	170	3.4
1-辛烯-3-醇	蘑菇味	10	48	1.5
（E）-2-庚烯醛	油味、果味、草味	50	2400	40
壬醛	柑橘、牛油、花香	150	3.1	1.1
（E）-2-辛烯醛	生青、脂肪	120	250	3
（E，E）-2,4-庚二烯醛	脂肪、坚果、油腻、腐臭	360	57	15.4
癸醛	脂肪、花香、生青	650	2.6	3
3-壬烯-2-酮	生青、果味	250	30	800
苯甲醛	杏仁、果香、木香	60	85	751
（E）-2-壬烯醛	泥土、脂肪	150	0.09	0.19
1-辛醇	脂肪、花香、生青	27	22	—
苯乙醛	蜂蜡、陈旧/花香	22	1.7	6.3
（E，E）-2,4-癸二烯醛	油炸香	66	2.3	0.04
己酸	汗臭味	460	4.8	890
庚酸	汗臭味	100	22	640
辛酸	汗味、蜡质、脂肪、腐臭	3000	5.1	3000
壬酸	发霉、腐臭、刺鼻	50	120	4600

2. GC-MS 法评价可挥发组分

采用固相微萃取捕集油脂中的挥发物，然后通过 GC-MS 分析油脂中醛、烃、酮、酸等挥发性的小分子种类和含量来判断其氧化程度，其中正己醛含量变化常作为判定油脂氧化酸败的指标之一；也可以选择总挥发性成分作为判定指标。

3. 小分子的颜色反应

油脂氧化分解产物中醛、酮类物质往往与一些有机试剂反应生成有色物质，根据颜色的变化可衡量油脂的氧化程度。

①2-硫代巴比妥酸（2-thiobarituric acid，TBA）值：TBA 值是指 1mg 试样与 1mL 2-TBA 试剂反应，在 530nm 下测得的吸光度。

TBA 值主要用于评价动植物油脂中醛特别是 2,4-二烯醛和丙二醛含量的多少，图 6-15

所示为丙二醛与TBA的反应方程式。

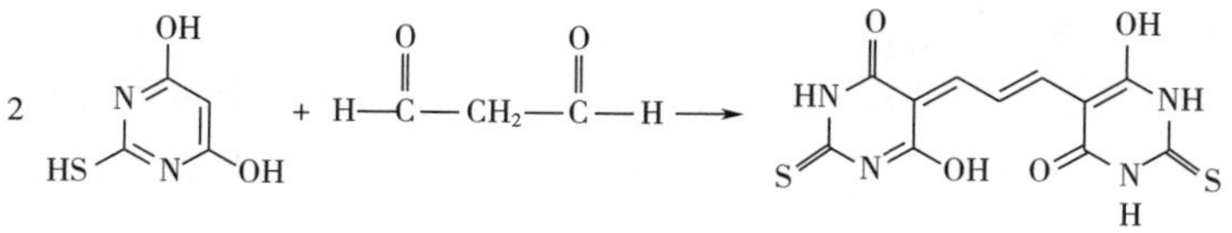

图6-15　2-硫代巴比妥酸与丙二醛的反应式

研究证明纯油脂体系如大豆油、棉籽油、玉米油、红花油和卡诺拉（Canola）油的风味阈值与TBA值有很好的相关性。但是，在食品或生物体系中的有些成分会干扰测定，影响结果的准确性。

②茴香胺值（*p*-anisidine value，*p*-AnV）：*p*-AnV是指在规定试验条件下，*p*-茴香胺与试样反应，用10mm比色皿于350nm波长下测得的吸光度的增加值，扩大100倍后的数值。茴香胺值没有单位，主要用于评价动植物油脂中醛特别是α，β-不饱和醛含量的多少，茴香胺试剂与醛反应生成黄色物质（图6-16）。

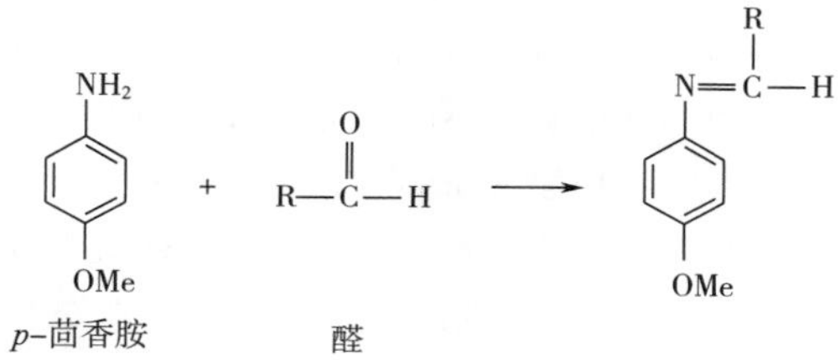

p-茴香胺　　醛

图6-16　茴香胺试剂与醛的反应式

③羰基价：油脂中的羰基化合物和2,4-二硝基苯肼的反应产物，在碱性溶液中呈褐红色或酒红色（图6-17），在440nm下测定吸光度并计算羰基价。羰基价常用作评价煎炸油脂使用终点（废弃点）的控制指标之一。

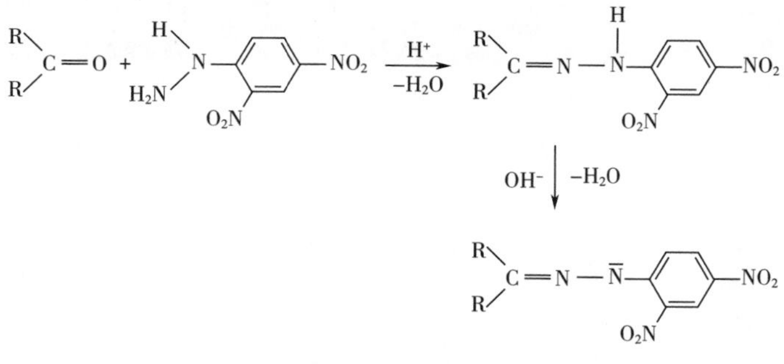

图6-17　羰基物质与2,4-二硝基苯肼反应生成腙类化合物的反应式

（三）油脂氧化聚合物的评价

由于天然油脂甘油三酯的多样性，加热油脂体系中氧化甘油三酯聚合物的组成与结构极

其复杂，分子质量分布范围宽，为一千多到数千道尔顿不等。研究发现油脂在热氧化过程中甘油三酯聚合物的连接形式有—C—O—O—C—、—C—C—和—C—O—C—等。

氧化甘油三酯聚合物含量的评价方法：采用柱层析或全自动食用油极性组分分离系统，将油脂中的非极性和极性组分分离，收集的极性组分经高效体积排阻色谱或凝胶渗透色谱柱分离，定量分析出油脂中的氧化甘油三酯单体、氧化甘油三酯二聚物、氧化甘油三酯寡聚物等含量。

当然，油脂黏度的增大也可在一定程度上表明油脂氧化聚合程度的增加。

（四）全氧化值——综合评价初级氧化产物与次级氧化分解产物

长时间加热或者煎炸条件下油脂会发生氧化分解。为了科学评价油脂的氧化情况，常采用过氧化值（POV）和茴香胺值（p-AnV）相结合的全氧化值来评价。全氧化值（totox value，TV）= 4×POV+p-AnV（其中，过氧化值的单位是 mmol/kg）。该方法对油脂氧化程度的评价具有较好的通用性。

二、煎炸油劣变程度的评价

煎炸是食品加工常用的手段之一，煎炸油不仅可以作为热媒介质，还提供食品良好的口感和风味。煎炸食品过程中油脂发生了一系列复杂的化学变化，表观变化是油脂色泽加深、黏度增大等。本质变化是不饱和油脂含量减少，游离脂肪酸增多，总极性物质和聚合物增多等。随着煎炸过程的进行，油脂的功能性、风味及营养价值均会下降，甚至油脂劣变酸败，无法加工出合格的煎炸食品。因此，科学评价煎炸油的劣变程度十分关键。

煎炸油的质量评价方法有很多，早在 1973 年德国油脂研究协会（German Society for Fat Research）首次给出了“劣变煎炸油（deteriorated frying fat）”的定义：当煎炸油的色泽和口感都是无法令人接受，或煎炸油中石油醚-乙醚不溶性的氧化脂肪酸含量达到 0.7%，并且烟点低于 170℃，或石油醚-乙醚不溶性的氧化脂肪酸的含量达到或超过 1.0%，都属于劣变煎炸油。很多国家针对煎炸油最高煎炸温度及煎炸油使用终点（废弃点）的相关指标做了规定，如表 6-3 所示。我国 GB 2716—2018《食品安全国家标准　植物油》中对煎炸过程中植物油标准的规定为：酸价≤5mg/g，极性组分≤27%。

表 6-3　部分国家针对煎炸油最高煎炸温度及煎炸油使用终点（废弃点）的相关规定指标

国别	酸价/（mg/g）	极性组分/%	烟点/℃	最高煎炸温度/℃	氧化脂肪酸/%
中国	≤5.0	≤27	—	—	—
法国	—	≤25	—	180	—
意大利	—	≤25	—	180	—
西班牙	—	≤25	—	—	—
德国	≤2.0①	≤25①	170①	170①	≤0.7①
英国	—	—	—	190	—
日本	≤2.0①	≤25	170①	—	—

注：①为非强制性标准。

总极性物质是指极性大于甘油三酯的物质，测定方法是通过柱色谱洗脱分离，脱溶后称重计算出总极性物质的含量。目前已有全自动总极性物质含量的检测仪器出售。

酸价、烟点等测定可参阅第四章及第十一章的相关内容。

三、油脂水解酸败程度的评价

水解酸败主要指富含短碳链酸的油脂如椰子油、棕榈仁油或乳脂等水解释放月桂酸、癸酸、辛酸、己酸等短链酸，这类脂肪酸具有明显的肥皂气味，因此，水解酸败也被称为皂味酸败（soapy rancidity）。水解酸败一般是由微生物和水共同造成的。

一定条件下，即使0.1%的水分就可以使月桂酸型油脂发生水解，且水解生成的月桂酸含量远远超出了其气味阈值范围。

游离脂肪酸是油脂水解酸败的产物之一，采用滴定法测定酸价可以评价油脂的水解酸败情况；另外，也可以通过GC分析油脂水解前后游离脂肪酸或者甘油一酯、甘油二酯含量的增加程度来评价（见第十一章）。

可用于评价油脂氧化、煎炸油劣变及油脂水解酸败程度的方法还有很多，傅里叶变换红外光谱、近红外光谱、核磁共振等技术均可用于油脂氧化劣变程度评价，生产和科研工作中可根据实际情况进行选择。

第五节 油脂抗氧化剂

消耗油脂中的氧气（基态氧分子，$^3O_2$）或者降低油脂体系中的自由基数量可以延缓油脂的自动氧化。降低体系中引发基态氧分子（$^3O_2$）转化为单线态氧分子（$^1O_2$）的光敏剂含量或者避免光照可以延缓油脂的光氧化。其中，抗氧化剂具有延缓自动氧化的功能，而淬灭剂可以延缓光氧化。

一、抗氧化剂的作用机理

在少量（一般≤0.02%）存在下就可以使油脂经自动氧化产生的自由基还原成分子，从而延缓自动氧化过程的物质称为抗氧化剂，其抗氧化机理如下式：

$$R\cdot + AH \rightarrow A\cdot + RH$$

$$ROO\cdot + AH \rightarrow A\cdot + ROOH$$

式中 RH——脂肪酸酯（H为双键临位亚甲基上的氢原子）；

ROO·——过氧脂肪酸酯自由基；

AH——抗氧化剂；

A·——抗氧化剂自由基；

R·——脂肪酸酯自由基。

通常用于油脂的抗氧化剂多为酚类化合物。这是由于酚类自由基可以形成稳定的共振体，很难参与油脂氧化的自由基链传播反应。以苯酚为例的酚氧自由基共振体如图6-18所示。

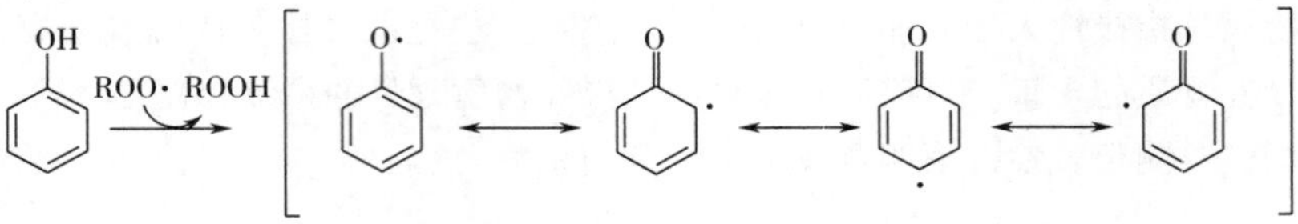

图 6-18　以苯酚为例的酚氧自由基共振体

抗氧化剂存在条件下反应速度常数［1.0×10^6mol/（L·s）］远远大于无抗氧化剂时（见下式）的反应速度常数［$1 \times 10^2 \sim 2.0 \times 10^2$mol/（L·s）］，反应速度相差$10^4$倍以上，因此，抗氧化剂可以有效地抑制油脂的自动氧化。

$$ROO\cdot + RH \rightarrow R\cdot ROOH$$

二、油脂抗氧化剂具备的条件

作为油脂抗氧化剂，一般要具备以下条件：

（1）起抗氧化作用所生成的抗氧化剂自由基必须是稳定的，不具备氧化油脂的能力；

（2）无毒或毒性极小；

（3）可溶解于油脂中；

（4）无色无味，在水、酸、碱以及高温条件下均不易变色；

（5）挥发性低，高温时挥发和转化损耗不大；

（6）低浓度时其抗氧化效率也很高；

（7）价格便宜。

三、抗氧化剂类型

根据来源不同，抗氧化剂可分为天然抗氧化剂和合成抗氧化剂两大类。为了符合人类食用的需要，合成抗氧剂一般都必须经过严格的筛选并考察可能产生的负面效应。

自 1942 年起，有几百种具有抗氧化功能的化合物被研究，但仅有少数有效、经济、安全的抗氧化剂沿用下来并占领市场。几种常见合成抗氧化剂的每日允许摄入量（ADI）及 GB 2760—2014《食品安全国家标准　食品添加剂使用标准》、食品法典委员会提出的最大添加量如表 6-4 所示。

表 6-4　几种常见的合成抗氧化剂每日允许摄入量（ADI）及添加量标准

摄入量或最大添加量	BHA	BHT	TBHQ	AP	PG
ADI/(mg/kg 体重)	0~0.5	0~0.3	0~0.7	0~1.25	0~1.4
最大添加量（GB 2760）/(mg/kg)	200	200	200	200	100
最大添加量（食品法典委员会）/(mg/kg)	200	200	200	500	200

（一）常见的合成抗氧化剂

1. 丁基羟基茴香醚

丁基羟基茴香醚（butylated hydroxyanisole，BHA），是食品工业常用的一种合成抗氧化剂。食品级丁基羟基茴香醚在室温下为白色或微黄色结晶或蜡状固体，熔点 48~63℃，沸点 264~270℃（98kPa），可溶于油脂。市售丁基羟基茴香醚是 10%的 2-叔丁基-4-羟基茴香醚和 90%的 3-叔丁基-4-羟基茴香醚的混合物，其化学结构式如图 6-19 所示。

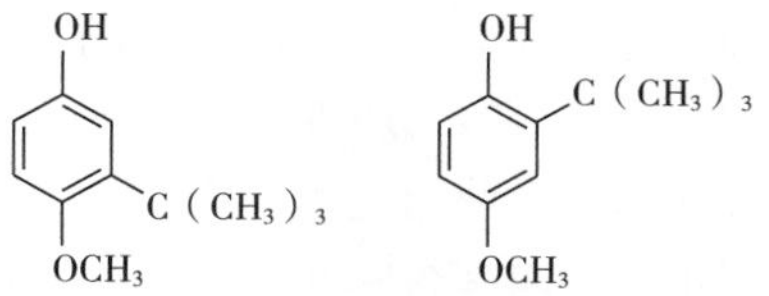

（1）2-BHA （2）3-BHA

图 6-19 丁基羟基茴香醚（BHA）的化学结构式

丁基羟基茴香醚对不饱和度高的植物油的抗氧化效果并不显著，但是，丁基羟基茴香醚对饱和度高的动物油脂抗氧化效果较好。丁基羟基茴香醚与许多抗氧化剂之间都具有较好的协同作用，可复配使用。在某些方面丁基羟基茴香醚具有不可替代的优良特性。例如，丁基羟基茴香醚在加热情况下较稳定，弱碱条件下不易被破坏，与金属离子作用不着色；丁基羟基茴香醚还具有一定的抗菌作用，可以抑制黄曲霉、金黄色葡萄球菌等微生物的繁殖及产毒。

2. 二丁基羟基甲苯

二丁基羟基甲苯（butylated hydroxytoluene，BHT），白色结晶或结晶性粉末，基本无臭、无味，熔点 69.5~71.5℃，沸点 265℃，对热相当稳定，可溶于油脂。其化学结构式如图 6-20 所示。

20 世纪 50 年代，二丁基羟基甲苯一直广泛应用于石油和橡胶产品，1954 年开始作为食品抗氧化剂使用。同丁基羟基茴香醚相似，二丁基羟基甲苯的抗氧化活性也不是很高。二丁基羟基甲苯在较高温度下的抗氧化作用较差而逐渐被特丁基对苯二酚替代。然而，二丁基羟基甲苯对动物油的抗氧化效果较好，遇碱不变色，克服了特丁基对苯二酚一般不在碱性体系中应用的缺点。另外，二丁基羟基甲苯与丁基羟基茴香醚一同使用可产生协同增效作用。由于二丁基羟基甲苯比丁基羟基茴香醚在蒸汽中有更高的挥发性，经蒸煮后食品中若仍需要保留一定数量的二丁基羟基甲苯，则开始时就应加入约五倍于所需二丁基羟基甲苯的量。

3. 特丁基对苯二酚

特丁基对苯二酚（tertiary butylhydroquinone，TBHQ），又称 2-叔丁基对苯二酚或 2-叔丁基氢醌，化学结构式如图 6-21 所示。常温下呈白色结晶或粉末，有特殊气味，相对分子质量 166.22，熔点 126.5~128.5℃，沸点 295℃，易溶于甲醇、乙醇等溶剂，可溶于油脂。目前，特丁基对苯二酚已被中国、美国、南非、澳洲、巴西等 30 多个国家和地区批准使用。

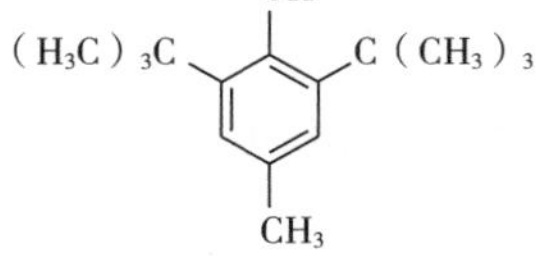

图 6-20 二丁基羟基甲苯（BHT）的化学结构式

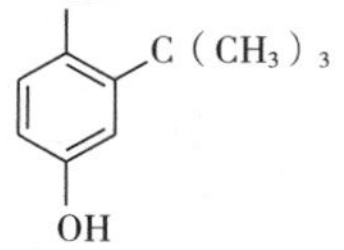

图 6-21 特丁基对苯二酚（TBHQ）的化学结构式

众多抗氧化剂中，特丁基对苯二酚对多数油脂，特别是对植物油的抗氧化保护作用几乎是最有效的。目前，特丁基对苯二酚已被广泛应用于食用油脂以及油炸、烘焙等食品中。在毛棕榈油中加入110mg/kg特丁基对苯二酚与365mg/kg柠檬酸，不仅能确保获得品质极佳的精制油，而且由于被氧化油脂的数量大大减少，所需白土的费用也大大降低。但是，特丁基对苯二酚遇碱生成红棕色的醌类物质，导致油脂变色，在使用中需加以注意。另外，煎炸或者加热情况下特丁基对苯二酚容易挥发，使用过程中也需要考虑。

特丁基对苯二酚的优良抗氧化效果与其含有2个酚羟基有关。酚羟基可捕获油脂被空气氧化所产生的自由基，转化成酚氧自由基，并以稳定的共振结构形式存在，从而阻断自由基链反应，延缓油脂氧化酸败。图6-22所示是特丁基对苯二酚在油脂中的抗氧化作用机理。

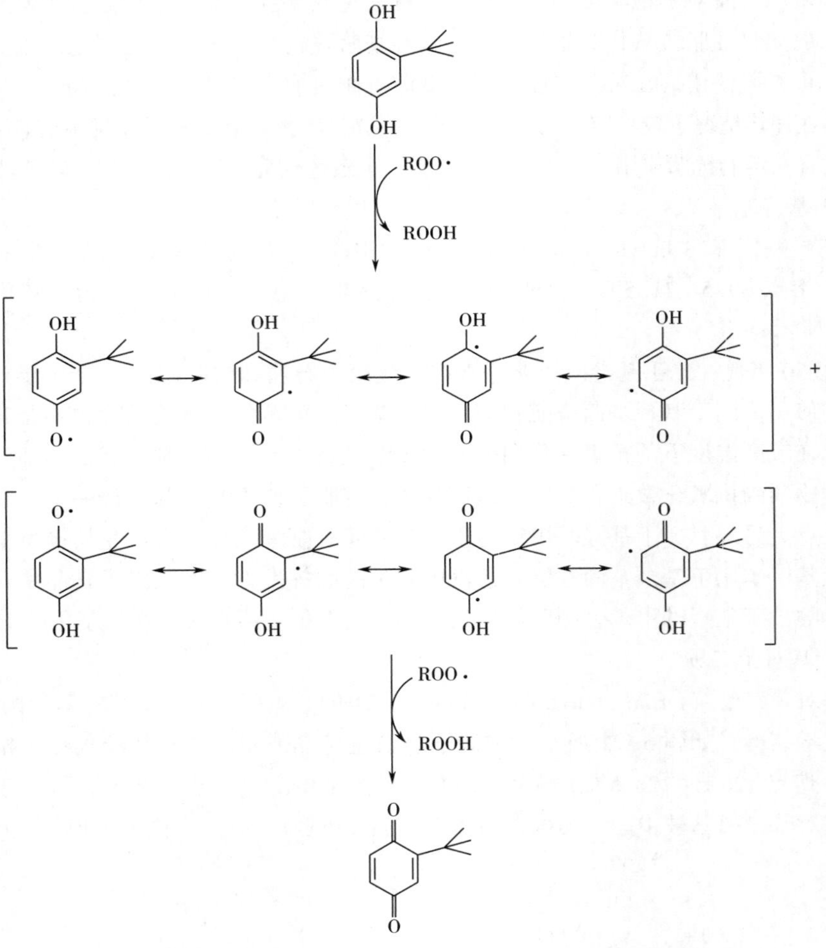

图6-22 特丁基对苯二酚在油脂中的抗氧化作用机理

特丁基对苯二酚、丁基羟基茴香醚及二丁基羟基甲苯对抑制油脂氧化产物包括一级氧化产物如氢过氧化物、二级氧化分解产物如醛、酮等的生成有很明显的作用。但是，对油脂酸价的抑制效果并不显著。

4. 没食子酸丙酯

没食子酸丙酯（propyl gallate，PG），化学结构式如图6-23所示。常温下为白色粉末，有特殊气味，相对分子质量 212.20，熔点 146~150℃，易溶于甲醇、乙醇等溶剂中，在油脂中的溶解度很小。没食子酸丙酯对热非常敏感，经煮、烘、煎炸均有大量的损失，因此，没食子酸丙酯一般不单独在煎炸油中使用，而与丁基羟基茴香醚、二丁基羟基甲苯或柠檬酸、异抗坏血酸等复配使用时抗氧化效果良好，且可降低其氧化着色的影响。另外，当有水存在时，没食子酸丙酯易与痕量铜、铁离子呈现紫色或暗绿色。因此，没食子酸丙酯在大宗油脂储罐中，易进入油罐底部，遇铁极易形成深色物质，进而影响到油脂颜色，使用中需要加以注意。

5. 抗坏血酸棕榈酸酯

抗坏血酸棕榈酸酯（ascorbgyl palmitate，AP），相对分子质量 414.54，化学结构式如图 6-24 所示。抗坏血酸棕榈酸酯的制备方法很多，其中，GB 1886.230—2016《食品安全国家标准 食品添加剂 抗坏血酸棕榈酯》规定棕榈酸与氯化亚砜反应制取棕榈酰氯后与抗坏血酸反应制得的抗坏血酸棕榈酸酯可作为食品添加剂。抗坏血酸棕榈酸酯为白色或黄白色粉末，难溶于水，易溶于乙醇、乙醚和油脂中，耐高温。

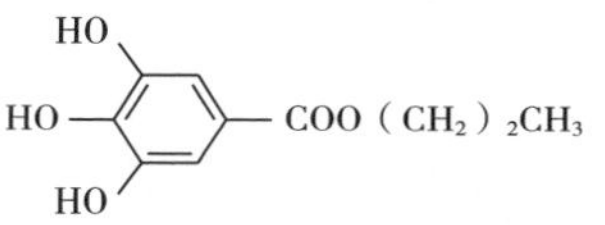

HO, HO, HO, $COO(CH_2)_2CH_3$

图 6-23 没食子酸丙酯（PG）的化学结构式

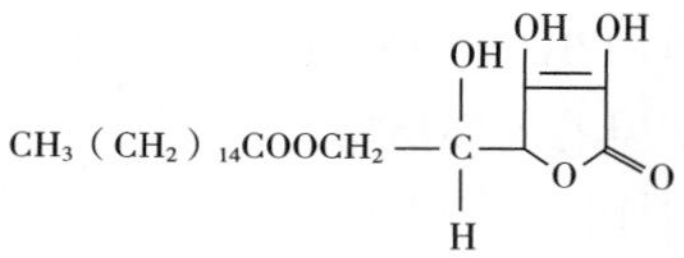

OH, OH, OH, $CH_3(CH_2)_{14}COOCH_2$—C—, H, O, O

图 6-24 抗坏血酸棕榈酸酯（AP）的化学结构式

抗坏血酸棕榈酸酯结构中含有烯丙位羟基，其抗氧化机理可能有两种途径：其一，抗坏血酸棕榈酸酯提供氢自由基（H·）给油脂体系中的烷基或者烷氧自由基，抗坏血酸棕榈酸酯形成自由基的一个未成对电子，由六个原子共享，然后发生歧化反应，生成一个抗坏血酸棕榈酸酯和一个脱氢抗坏血酸棕榈酸酯；其二，抗坏血酸棕榈酸酯消耗体系中的氧气，生成脱氢抗坏血酸棕榈酸酯。

抗坏血酸棕榈酸酯对提高不饱和度低的油脂氧化稳定性较好。110℃ Rancimat 实验表明，抗坏血酸棕榈酸酯对不同油脂的抗氧化效果以猪油为最好，其次为棕榈油、花生油、菜籽油、大豆油。抗坏血酸棕榈酸酯能明显延长棕榈油的煎炸寿命。与某些抗氧化剂混合使用抗坏血酸棕榈酸酯也表现出较好的抗氧化效果，如将维生素 E（200mg/kg）与抗坏血酸棕榈酸酯（200mg/kg）混合添加到卡诺拉（Canola）油中 190℃下煎炸薯片，对照组煎炸 7 次后其烟点低于 170℃，而添加维生素 E 与抗坏血酸棕榈酸酯的油脂煎炸 10 次其烟点仍高于 170℃。

6. 硫代二丙酸二月桂酯

硫代二丙酸二月桂酯（dilauryl thiodipropionate，DLTP）是硫代二丙酸（TDPA）与月桂醇的酯化产物（图 6-25），相对分子质量 514.84。白色粉末或片状物，熔点 39~40℃。不溶于水，溶于丙酮、甲醇、苯、石油醚等有机溶剂，可溶于油脂。DLTP 具有很好的抗氧化性能和稳定性能。与酚类抗氧化作用机制不同，DLTP 是一种过氧化物分解剂，它能有效地分解油脂自动氧化链反应中的氢过氧化物（ROOH），达到中断链反应进行的目的，从而延长了油脂及富油食品的保存期，其抗氧化机理如图 6-26 所示。

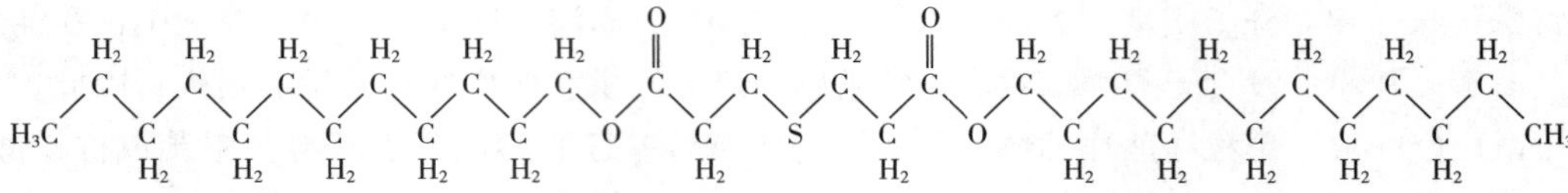

图 6-25　硫代二丙酸二月桂酯（DLTP）的化学结构式

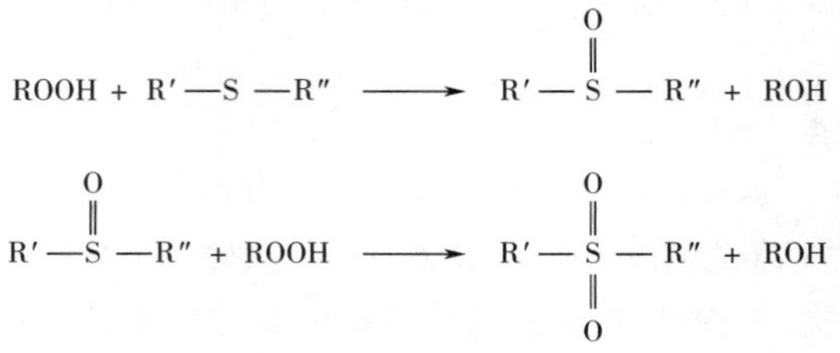

$$ROOH + R'—S—R'' \longrightarrow R'—\overset{\overset{\displaystyle O}{\|}}{S}—R'' + ROH$$

$$R'—\overset{\overset{\displaystyle O}{\|}}{S}—R'' + ROOH \longrightarrow R'—\underset{\underset{\displaystyle O}{\|}}{\overset{\overset{\displaystyle O}{\|}}{S}}—R'' + ROH$$

图 6-26　硫代二丙酸二月桂酯抗氧化机理

在常温和60℃下，相同浓度的BHA、BHT、PG和DLTP对猪油的抗氧化能力顺序为：DLTP≈PG>BHT>BHA，DLTP对BHA、BHT、PG有一定的增效效果。

（二）常见的天然抗氧化剂

开发和推广应用天然抗氧化剂是未来食品行业的一大趋势。除了植物油脂中普遍存在的维生素E和个别油品中存在的阿魏酸、谷维素、芝麻酚和角鲨烯等天然抗氧化剂外，科学家还从很多香辛料和中草药如辣椒、甘草、胡椒、花椒、丁香、迷迭香、鼠尾草、丹参中提取了天然抗氧化成分，并分析了部分抗氧化成分的结构。以下介绍几种被批准使用的天然抗氧化剂及它们的特点。

1. 天然维生素E

维生素E是生育酚和生育三烯酚的总称，广泛存在于植物油中。除个别油脂如棕榈油含生育三烯酚（约占维生素E的33%）外，大多数植物油中维生素E的主要成分是生育酚，基本不含生育三烯酚。生育酚包括α-、β-、γ-和δ-四种异构体（化学结构式如图6-27所示），其中β-生育酚在植物油中含量极少，而在大豆、花生、菜籽、芝麻、玉米等油脂中γ-生育酚含量最高。维生素E是透明有黏性的微黄色油状物，易溶于油脂，不溶于水。避光条件下维生素E的抗氧化效果比有光条件下的要好，其抗氧化效果与BHT或BHA相当。维生素E也可作为单线态氧分子（$^1O_2$）的淬灭剂。α-、β-、γ-和δ-四种生育酚异构体在不同体系中表现出的抗氧化效果略有差异，但是差异较小。尽管维生素E是目前煎炸食品使用很广泛的天然抗氧化剂之一，但是，维生素E的抗氧化效果远不及TBHQ，一般维生素E的添加量为TBHQ的几十倍才能达到相似的效果。值得注意的是，当生育酚单体在油脂中超过其最大添加量时，会表现出一定的促氧化作用。

在油脂氧化的诱导期，任何一种生育酚都容易被破坏。如在温和条件下γ-生育酚会部分转化为5,6-邻醌-γ-生育酚（图6-28）。5,6-邻醌-γ-生育酚是一种深红色的物质，俗称生育红，这种颜色的变化可以解释含有这种物质的蔬菜在氧化期间变黑以及油脂的回色等现象。

2. 迷迭香提取物

迷迭香提取物是以迷迭香（*Rosmarinus officinalis* L.）的茎、叶为原料，经溶剂（水、甲醇、乙醇、丙酮或正己烷等）提取或超临界二氧化碳萃取、精制等工艺生产的提取物。迷迭香提取物中的主要抗氧化成分是鼠尾草酸和鼠尾草酚，其化学结构式如图 6-29 所示。

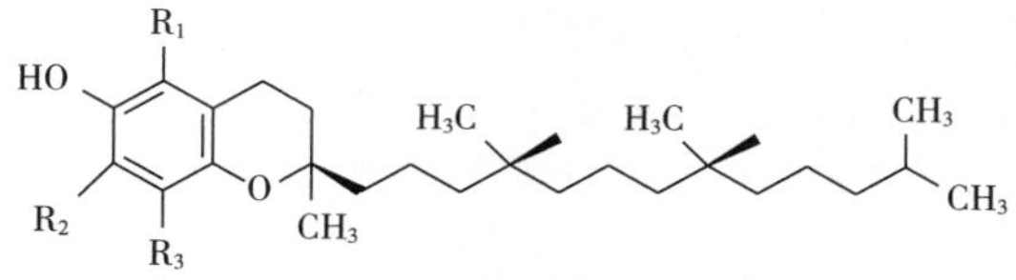

生育酚

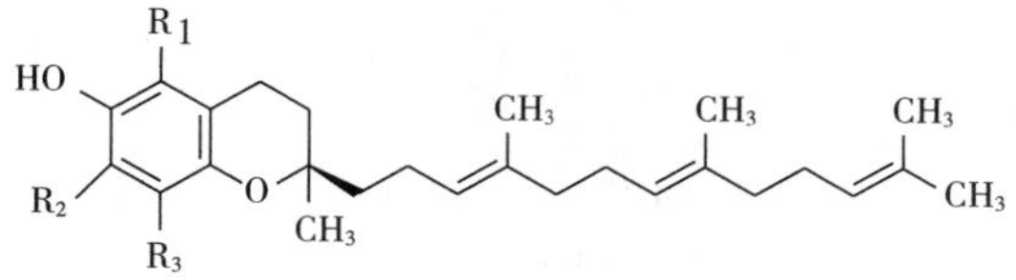

生育三烯酚

生育酚或生育三烯酚	R_1	R_2	R_3
α	CH_3	CH_3	CH_3
β	CH_3	H	CH_3
γ	H	CH_3	CH_3
δ	H	H	CH_3

图 6-27 生育酚和生育三烯酚的化学结构式

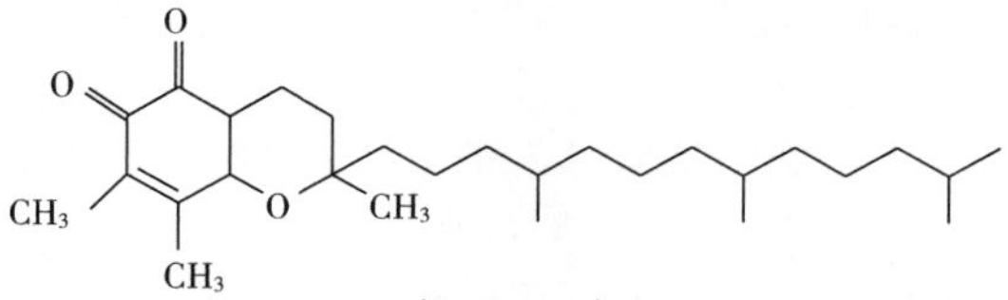

5,6-邻醌-γ-生育酚

图 6-28 γ-生育酚转化为 5,6-邻醌-γ-生育酚的化学结构式

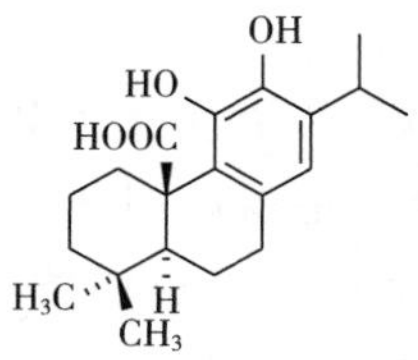

鼠尾草酸 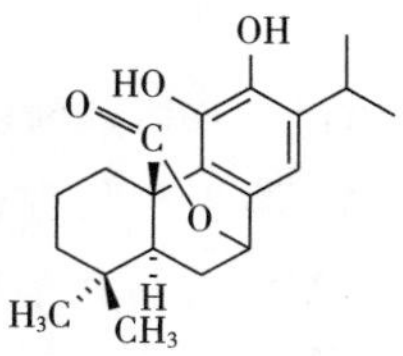　　鼠尾草酚

图 6-29 鼠尾草酸和鼠尾草酚的化学结构式

无论是常温储藏或是加热甚至高温煎炸条件下，迷迭香提取物均表现出良好的抗氧化作用。180℃煎炸薯片过程中，抗氧化剂提高葵花籽油的稳定性大小顺序为：1000mg/kg 迷迭香提取物>1000mg/kg 维生素 E>200mg/kg TBHQ>200mg/kg BHA。因此，迷迭香提取物是一种值得在煎炸食品中尝试使用的天然抗氧化剂。

3. 茶多酚

茶多酚是以茶（*Camellia sinensis* L.）为原料，经提取而成的以儿茶素为主体的淡黄至淡茶色或茶褐色的粉末状或膏状物总称，其主要的抗氧化成分有儿茶素（C）、表儿茶素（EC）、表没食子儿茶素（EGC）、表儿茶素没食子酸酯（ECG）、表没食子儿茶素没食子酸酯（EGCG），其化学结构式如图 6-30 所示。

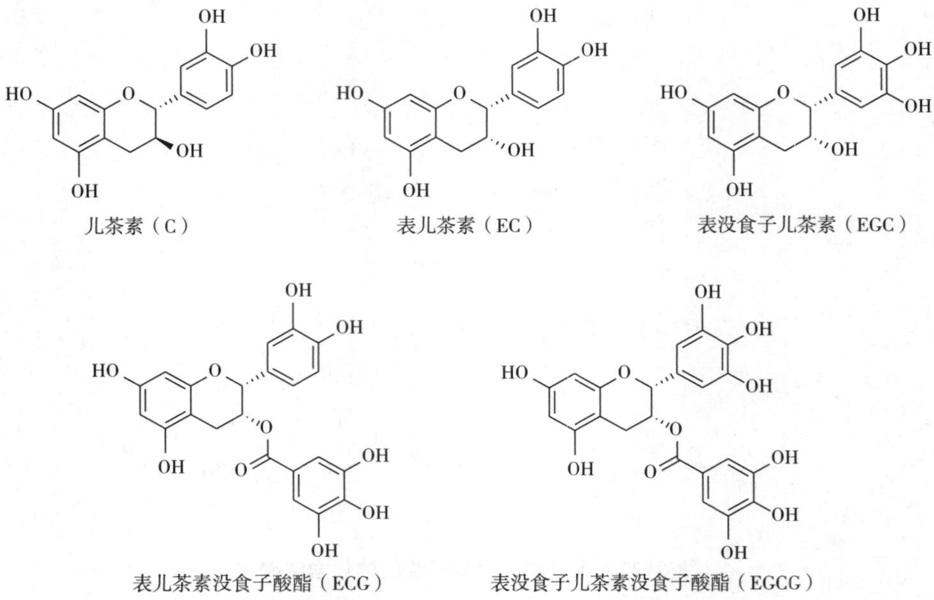

儿茶素（C）　表儿茶素（EC）　表没食子儿茶素（EGC）

表儿茶素没食子酸酯（ECG）　表没食子儿茶素没食子酸酯（EGCG）

图 6-30　茶多酚中几种抗氧化物质的化学结构式

与合成抗氧化剂及其他几种天然抗氧化剂相比，茶多酚中的各抗氧化物质含有多个酚羟基（≥4 个），其抗氧化效果较强，且茶多酚的氧化产物茶红素、茶黄素、茶褐素等茶色素同样具有一定的抗氧化功效，这对富油食品的抗氧化具有重要作用。但是，茶多酚在油脂中溶解性较差，限制了茶多酚在油脂中的直接应用，为此很多科研工作者关注脂溶性茶多酚的研究。茶多酚的氧化产物为浅褐色或者深褐色，在应用过程需要加以注意。

4. 甘草抗氧化物

甘草抗氧化物是由甘草的根经有机溶剂提取的脂溶性混合物，为棕色或棕褐色粉末，略有甘草的特殊气味，不溶于水，溶于乙酸乙酯和乙醇等溶剂，可溶于油。甘草乙醇提取物的抗氧化效能高于乙酸乙酯提取物。甘草抗氧化物是多种黄酮类和类黄酮类物质构成的混合物，主要的有效成分包括甘草素、异甘草素、甘草查尔酮 A、甘草苷和异甘草苷等，化学结构式如图 6-31 所示。

这些物质均属于含有酚羟基的化合物，能够提供活泼的氢质子，有效地清除氧自由基，预防脂质过氧化的启动；且与过氧化自由基结合形成稳定的化合物，阻止了氧化过程中链传播反应。甘草抗氧化物对菜籽油、大豆油、花生油、猪油均有良好的抗氧化效果，且对猪油的抗氧化作用最强。维生素 C、柠檬酸、酒石酸对甘草抗氧化物均有增效作用。目前关于甘草提取物在煎炸食品中的应用鲜有报道。

5. 竹叶抗氧化物

竹叶抗氧化物（antioxidant of bamboo，AOB）是从竹叶中提取并精制得到的一类混合物。根据其溶解性可分为水溶性和脂溶性竹叶抗氧化物产品。其水溶性产品的有效成分主要有竹叶碳苷黄酮（异荭草苷、荭草苷、牡荆苷、异牡荆苷）、对香豆酸及绿原酸等；脂溶性产品的有效成分主要有对香豆酸、阿魏酸、苜蓿素以及竹叶黄酮的酯化产物等。竹叶抗氧化物为黄色或棕黄色的粉末或颗粒，无异味。油脂中应用的多为脂溶性竹叶抗氧化物。几种竹叶抗氧化物中的有效抗氧化组分的化学结构式如图 6-32 所示。竹叶抗氧化物对油脂有一定的抗氧化效果，目前在油脂中的实际应用并不常见。

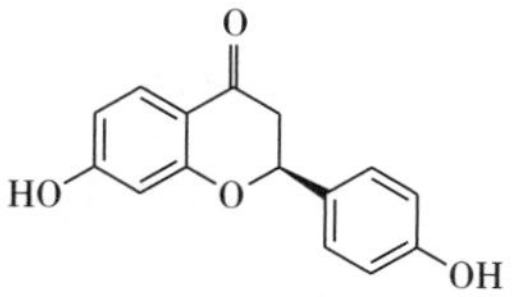

甘草素

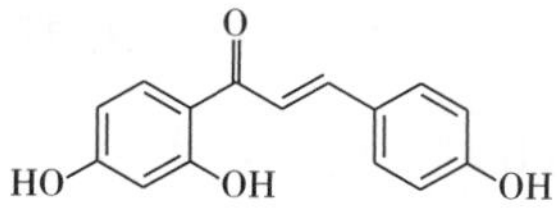

异甘草素

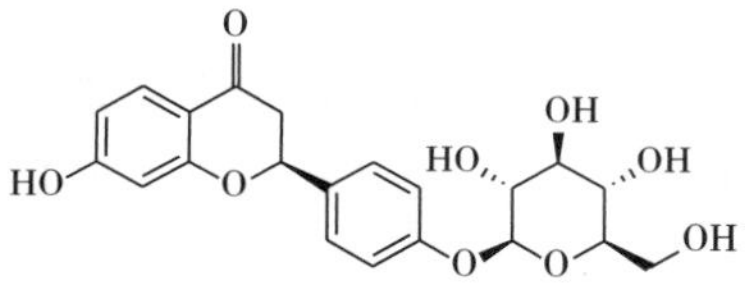

甘草苷

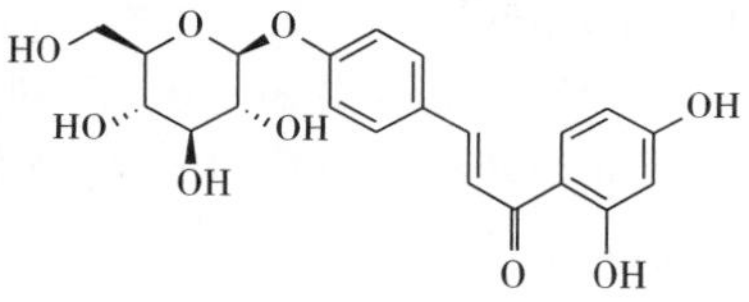

异甘草苷

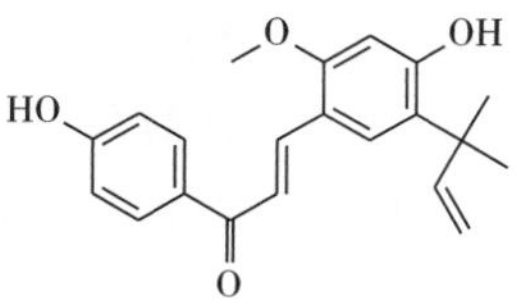

甘草查尔酮A

图 6-31　甘草抗氧化物中几种抗氧化物质的化学结构式

对香豆酸

阿魏酸

咖啡酸

异荭草苷

绿原酸

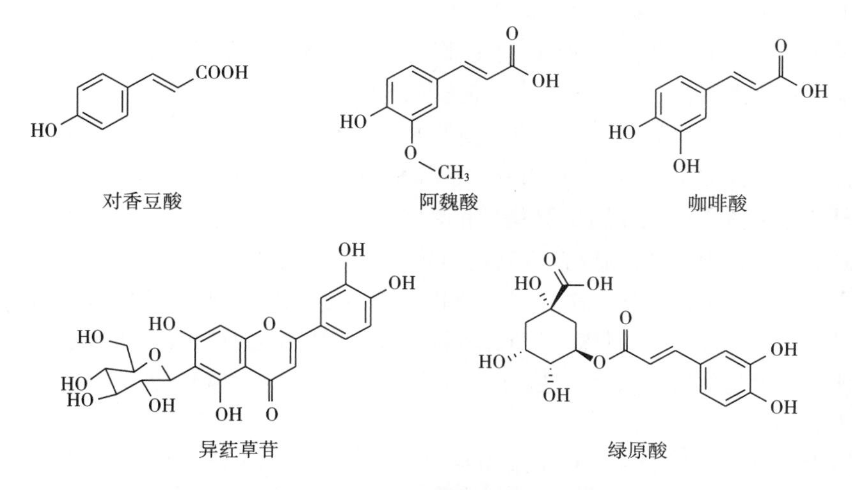

图 6-32　竹叶抗氧化物中几种抗氧化物质的化学结构式

具有抗氧化活性的天然物质还有很多，如棉籽中的棉酚、米糠中的谷维素、焙烤芝麻中的芝麻酚等均由于含有酚羟基结构而具有较好的清除自由基效果，从而表现出较好的抗氧化能力。

植物甾醇具有很好的生理活性（见第九章），另外，研究发现侧链上含有一个亚乙基的植物甾醇对食用油脂也表现出微弱的抗氧化作用。

醌类物质如丹参醌类物质、鼠尾草酸醌、迷迭香醌等，也具有一定的抗氧化效果。研究认为大部分醌类在自由基反应中自身并没有活性，但是，醌类物质具有化学不稳定性，在溶剂中可以被还原成酚类物质，从而在体系中表现出一定的抗氧化效果。

另外，含有多个双键的角鲨烯、胡萝卜素等物质对延缓油脂氧化也有一定的效果。

四、抗氧化剂抗氧化效果的评价方法

用于评定抗氧化剂的抗氧化效果测定方法很多，根据评价体系底物不同，这些分析方法主要可以分为两类：基于自由基清除能力的测定方法以及基于对油脂/脂质氧化反应抑制程度的测定方法。

（一）基于自由基清除能力的测定方法

基于抗氧化剂产生的氢自由基（H·）可以与某些自由基反应的原理来评估抗氧化剂的抗氧化活性，以下介绍两种比较常用的相关评价方法。

1. DPPH 自由基清除法

DPPH 自由基（α，α-二苯基-β-三硝基苯肼自由基）的乙醇溶液呈现紫罗兰色，在 517nm 有强烈吸收。DPPH 自由基被抗氧化剂所提供的氢自由基（H·）清除后，其吸光度减弱或者消失，采用 IC_{50}（DPPH 自由基浓度降低 50%时所需要的抗氧化剂浓度）或者 TIC_{50}（DPPH 自由基浓度降低 50%时所需要的时间）来评价待测抗氧化剂的自由基清除能力。

DPPH 自由基具有顺磁性，DPPH 具有反磁性，因此，也可以通过电子顺磁共振仪（EPR）研究抗氧化剂的抗氧化效果。

2. 氧自由基吸收能力（oxygen radical absorbance capacity，ORAC）

ORAC 法是近年来国际推荐的抗氧化活性分析标准方法之一，该方法使用荧光素（fluorescein，FL）为氧化底物，以 2,2′-偶氮二异丁基脒二盐酸盐（AAPH）作为过氧自由基来源，在抗氧化剂作用下，荧光衰退曲线下面积与荧光自然衰退曲线下面积的差值作为衡量抗氧化剂的抗氧化能力指标，用来定量表征抗氧化剂的抗氧化能力。

用于评价抗氧化剂清除自由基能力强弱的方法还有很多，例如，羟基自由基清除率、超氧阴离子自由基的清除率、$ABTS^+$ 自由基的清除率等，可根据研究评价体系来灵活选择。

（二）基于油脂/脂质氧化反应抑制程度的测定方法

为了评估抗氧化剂延缓油脂/脂质氧化的效果，采用与产品零售条件相似的条件下进行测试是最合理的，但是，这种方法耗时，所以一般通过加速油脂/脂质氧化的方式（加热、通氧气/空气、光照、添加金属离子等），检测油脂/脂质氧化的初级、次级氧化产物含量等的变化来评价抗氧化剂的抗氧化活性，以下介绍几种比较常用的相关评价方法。

1. 烘箱储藏测定法

在烘箱中加热（常用 60~70℃）添加一定量抗氧化剂和不添加抗氧化剂的油脂/脂质样品，定期测定油脂的过氧化值、酸价、全氧化值、茴香胺值、共轭二烯或共轭三烯值、羰基价等增长情况，用以评价抗氧化剂的抗氧化活性，该结果与油脂/脂质样品的保质期之间也有较好的一致性。

2. 氧化诱导期测定法

分别称取一定量的添加抗氧化剂的油脂及对照样品于氧化酸败仪用的反应管中，设定某一温度（常选用100~140℃）和空气流量（常选用10~20L/h），反应管中的油脂氧化形成挥发性的小分子有机酸，改变了测量池中水溶液的电导率，仪器自动记录电导率随时间的变化图，根据诱导期的长短来分析评价抗氧化剂的抗氧化活性（图6-33）。具体评价方法包括：其一，抗氧化保护系数，即添加抗氧化剂油脂的氧化诱导时间与对照油脂的氧化诱导时间的比值，比值>1且该比值越大，说明该抗氧化剂对该种油脂的抗氧化效果越强；其二，添加抗氧化剂油脂的氧化诱导时间与对照油脂氧化诱导时间的差值，差值>0时且该差值越大，说明待评价抗氧化剂对该种油脂的抗氧化效果越强。

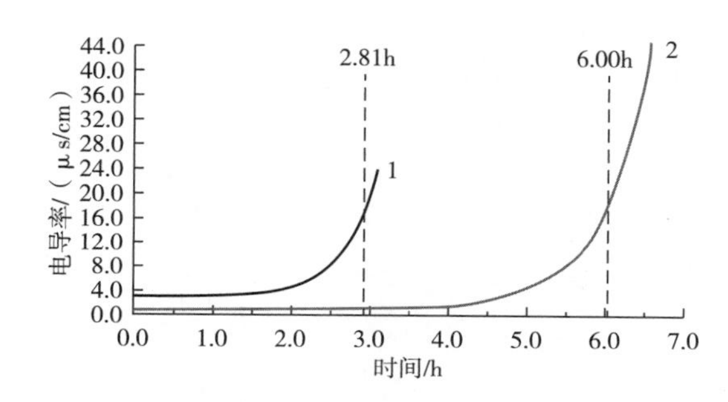

图6-33　110℃下压榨核桃油及添加迷迭香核桃油的电导率变化趋势图

1—曲线为核桃油　2—曲线为核桃油+500mg/kg迷迭香

评价抗氧化剂的抗氧化效果的方法还有很多，如对亚油酸自动氧化的抑制作用效果评价（FTC法）、采用β-胡萝卜素/亚油酸自氧化体系评价抗氧化剂的抗氧化效果，基于DSC程序升温法也可评价抗氧化剂的抗氧化能力等。

五、加热或煎炸过程中抗氧化剂的损耗

油脂中的抗氧化剂在加热或煎炸过程中会发生损耗。损耗的途径主要包括挥发到空气中、转化成其他物质、煎炸过程中被吸附而迁移到食品中。

对于分子质量较小的合成酚类抗氧化剂丁基羟基茴香醚、二丁基羟基甲苯、特丁基对苯二酚和没食子酸丙酯而言，在加热或煎炸油脂体系中主要以挥发形式损耗，当然也有少量发生转化，条件不同其转化产物也不同；对于生育酚、抗坏血酸棕榈酸酯、茶多酚等分子质量较大的抗氧化剂而言，加热或者煎炸体系下其主要损耗形式是转化，挥发物较少。以特丁基对苯二酚和生育酚为例说明抗氧化剂的损耗。

1. 特丁基对苯二酚的热损耗

加热或煎炸过程中特丁基对苯二酚的损耗速度很快，研究发现间歇煎炸薯片1d的棕榈油中TBHQ的损耗率高达95%。

目前，已经发现的特丁基对苯二酚在加热或煎炸过程中的转化产物主要有两种：特丁基对苯醌（TBBQ）和特丁基对苯二酚脂肪酸酯。其中，TBBQ是最主要的转化损耗形式，

TBBQ 的形成途径如图 6-22 所示。特丁基对苯二酚脂肪酸酯是由于 TBHQ 和油脂中的游离脂肪酸在加热或煎炸过程中形成的，具体的形成机理如图 6-34 所示：在加热或煎炸过程中，油脂中的游离脂肪酸发生电离，形成脂肪酸负离子（$RCOO^-$）和氢离子（H^+）；然后氢离子（H^+）被游离脂肪酸上的羰基所捕获，再经电子迁移形成脂肪酸碳正离子［$RC^+(OH)_2$］，其具有很强的亲电性，进而进攻特丁基对苯二酚叔丁基间位上具有很强亲核性的酚羟基（—OH）发生酯化反应形成特丁基对苯二酚脂肪酸酯。值得注意的是，油脂中游离脂肪酸含量一般处于较低水平（≤2%）时或较低温度条件下，特丁基对苯二酚脂肪酸酯很难形成。

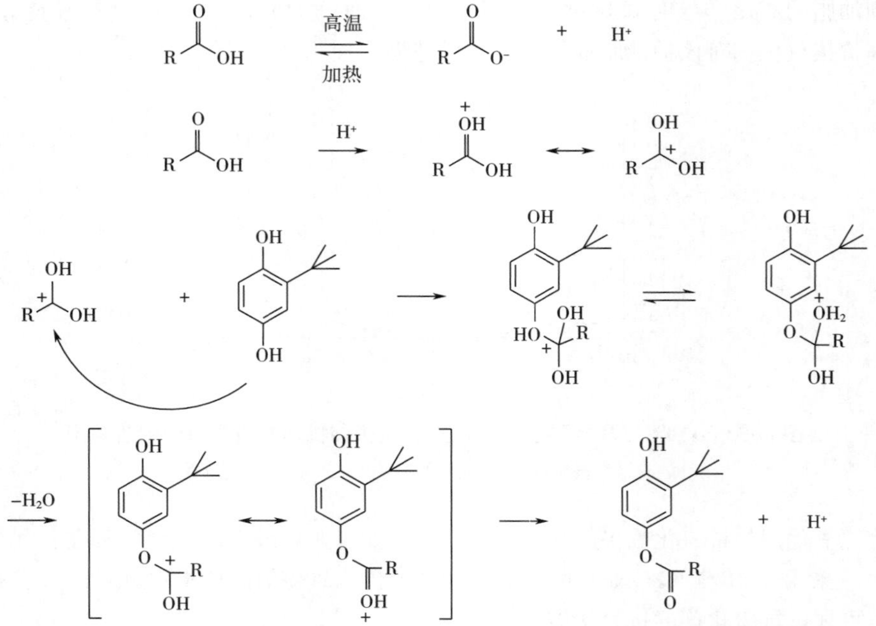

图 6-34　加热或煎炸条件下油脂中特丁基对苯二酚脂肪酸酯的形成机理

2. 维生素 E 的热损耗

与特丁基对苯二酚、丁基羟基茴香醚及二丁基羟基甲苯等合成酚类抗氧化剂不同，生育酚的热损耗以转化为主。油脂种类、煎炸食材及煎炸条件均影响不同生育酚的损耗速度。

目前，关于 α-生育酚的转化产物研究得比较详细。加热油脂体系中 α-生育酚主要转化成 3 种转化产物：α-生育醌、4a,5-环氧-α-生育醌（又称 2,3-环氧-α-生育醌）和 7,8-环氧-α-生育醌（又称 5,6-环氧-α-生育醌）（图 6-35、图 6-36、图 6-37）。

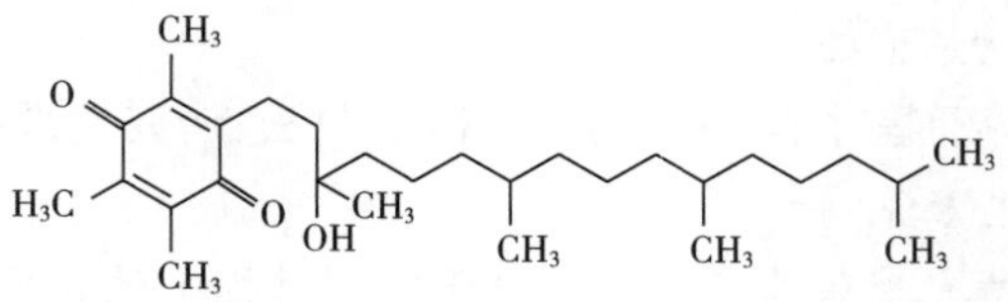

图 6-35　α-生育醌的化学结构式

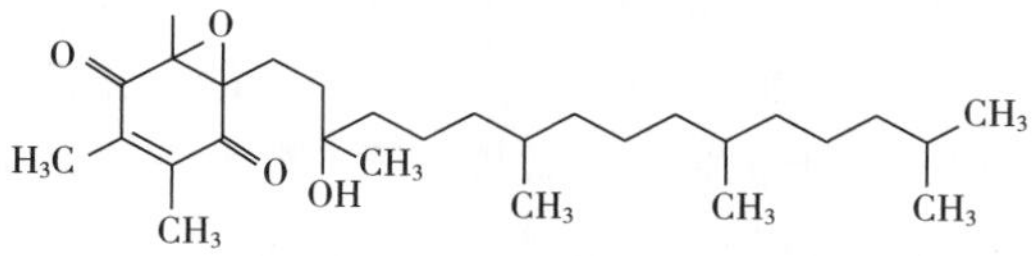

图 6-36　4a,5-环氧-α-生育醌的化学结构式

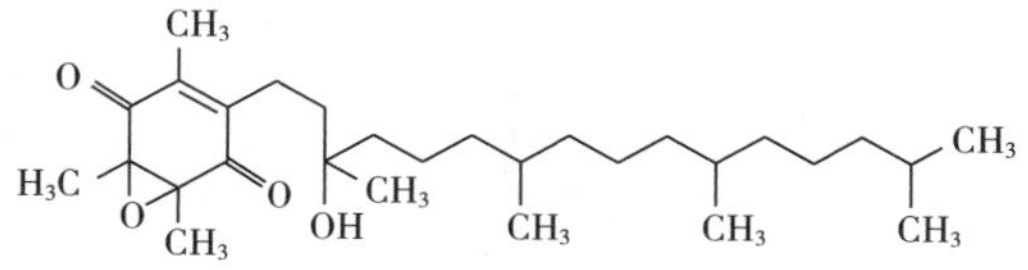

图 6-37　7,8-环氧-α-生育醌的化学结构式

生育醌会加深油脂的色泽，且其抗氧化作用几乎消失甚至有促氧化作用，因此，在使用维生素 E 过程中需要注意。

六、抗氧化剂在油脂中使用时的注意事项

抗氧化剂应用于油脂中时，可以采用直接添加或者先配制成母液再添加。一般将油脂加热 60℃左右，按照比例添加抗氧化剂，搅拌并确保抗氧化剂能充分溶解和分散。若控制或者操作不当，会导致不同批次油脂中抗氧化剂含量有差异甚至差异很大，影响抗氧化效果。

延缓油脂自动氧化的效果与抗氧化剂的种类及其浓度、氧化条件以及油脂本身的氧化程度等都有关系。一定范围内抗氧化剂的抗氧化活性与其浓度呈正相关，但是，超过一定浓度后，抗氧化效果提升很少甚至降低，可根据实际应用情况选用单一或复配抗氧化剂或抗氧化剂与增效剂共同使用。抗氧化剂对延缓新鲜油脂的氧化有显著效果，但是对于深度氧化的油脂而言，抗氧化剂的抗氧化效果几乎为 0。

油脂的最终使用用途对抗氧化剂的选择也有限制，例如，在碱性条件下，为了防止抗氧化剂变色给油脂带来的不利影响，可避免或减少使用特丁基对苯二酚（碱性条件下特丁基对苯二酚容易变成有色物质）；煎炸过程可减少使用挥发性强且抗氧化效果弱的抗氧化剂。

总之，油脂氧化与抗氧化过程非常复杂，在选择和使用抗氧化剂时应加以注意。

第六节　油脂抗氧化剂之间的协同增效作用及抗氧化剂的增效剂

一、油脂抗氧化剂之间的协同增效作用

当两种或者两种以上抗氧化剂混合使用时，有时会明显增强单一抗氧化剂的抗氧化效果，表现出协同抗氧化作用。

（一）油脂抗氧化剂间的协同增效作用机理

抗氧化剂之间的增效作用理论有两种：一种理论认为，活性较弱的抗氧化剂提供氢自由基使

活性较强的抗氧化剂再生。例如，丁基羟基茴香醚（100mg/kg）与特丁基对苯二酚（100mg/kg）的抗氧化效果强于丁基羟基茴香醚（200mg/kg）。另一种理论是，抗氧化剂在起抗氧化作用过程中相互作用形成新的酚类产物，所起的抗氧化效果更强。科学家已经从复配抗氧化剂的抗氧化体系中分离鉴别出新的酚类物质。例如，丁基羟基茴香醚与二丁基羟基甲苯的异二聚体具有与二丁基羟基甲苯相当的抗氧化效果（图 6-38）；特丁基对苯二酚与吡啶可能会形成具有四个羟基的二聚体（图 6-39），这些新生成的酚类抗氧化物质理论上也具有很好的抗氧化效果。

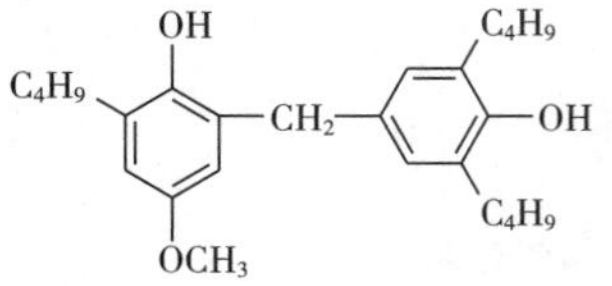

图 6-38 二丁基羟基甲苯与 2-丁基羟基茴香醚的自由基反应生成新的酚类物质

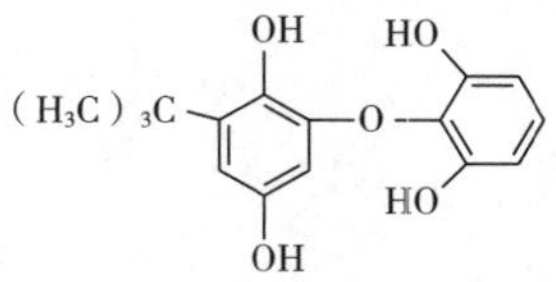

图 6-39 特丁基对苯二酚与吡啶可能形成的二聚体（新的酚类物质）

（二）抗氧化剂协同增效作用效果的评价方法

采用油脂理化指标的变化可以评价复配抗氧化剂的抗氧化效果，但无法对不同抗氧化剂间协同作用的强弱进行比较。通过研究，科研工作者多通过式（6-1）与式（6-2）计算 *Syn* 值来评价两种抗氧化剂间的协同作用效果，*Syn* 值为正值时，有协同作用，且数值越大，协同作用越强。

$$Syn = \frac{(IP_{mix} - IP_0) - [(IP_1 - IP_0) + (IP_2 - IP_0)]}{IP_{mix} - IP_0} \times 100\% \qquad (6-1)$$

$$Syn = \frac{(IP_{mix} - IP_0) - [(IP_1 - IP_0) + (IP_2 - IP_0)]}{(IP_1 - IP_0) + (IP_2 - IP_0)} \times 100\% \qquad (6-2)$$

式中 Syn——协同作用百分比，%；

IP_{mix}——添加两种抗氧化剂时的氧化诱导期；

IP_0——未添加抗氧化剂时的氧化诱导期；

IP_1 和 IP_2——分别添加单一抗氧化剂时的氧化诱导期。

二、增效剂

增效剂是指自身没有抗氧化作用或抗氧化作用很弱，但和抗氧化剂一起使用，可以使抗氧化剂效能加强的物质。常见的增效剂有柠檬酸、植酸、酒石酸、乙二胺四乙酸（EDTA）等。

（一）增效剂作用机理

增效剂的作用机理目前仍然不完全清楚，但是，比较重要的一点是其可以钝化金属离子，即增效剂可以和金属离子发生络合作用形成螯合物使其失活或活性降低。另外，某些增效剂分子与抗氧化剂自由基反应可使抗氧化剂自由基还原为分子，生成活性更低的增效剂自由基（I·），从而延长抗氧化剂的使用寿命，减慢抗氧化剂的损耗。

$$A\cdot + HI \rightarrow AH + I\cdot$$

（HI 表示增效剂，AH 表示抗氧化剂，I·表示增效剂自由基，A·表示抗氧化剂自由基）

（二）常见的增效剂

食用油脂中一般含有微量金属离子，大部分的金属离子来自加工设备如金属容器或在加工过程中所使用的助剂。持有二价或更多价电子的金属离子如 Co、Cu、Fe、Mn 离子等能显著缩短油脂的氧化诱导期，并加速油脂的氧化历程（表 6-5）。增效剂可以降低油脂中金属离子的活性，以下列举几种常见增效剂螯合金属离子的情况。

表 6-5　　98℃下，猪油保存期缩短一半时所需金属离子的含量

名称	铜	锰	铁	铬	镍	钒	锌	铝
含量/(mg/kg)	0.05	0.6	0.6	1.2	2.2	3.0	19.6	50.0

1. 乙二胺四乙酸

乙二胺四乙酸（EDTA）阴离子的空间结构有六个电子供体基团，易于与金属离子结合，形成热力学稳定的螯合物（图 6-40）。

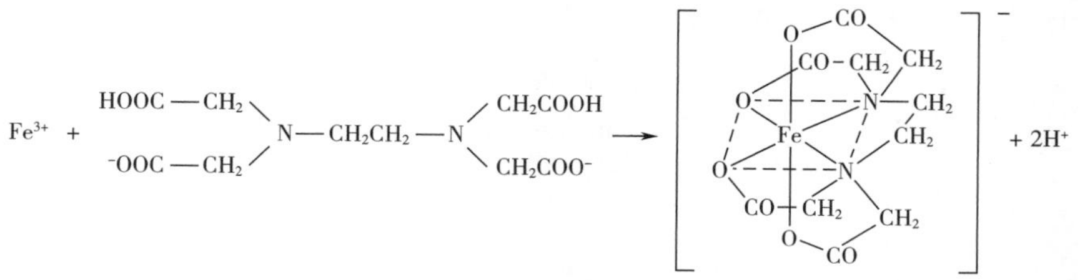

图 6-40　EDTA 与 Fe^{3+} 形成螯合物

2. 柠檬酸

柠檬酸广泛应用于食品工业，比 EDTA 螯合能力略差。但是，柠檬酸可以延缓油脂氧化进程，通常在脱臭工序添加到脱臭油中延缓油脂氧化。柠檬酸具有三个羧基和一个羟基，这些基团都是给电子基团，容易与金属离子起螯合反应形成配体。当体系中金属离子含量未达到饱和，则可形成多种配体形式。以柠檬酸与 Fe^{3+} 和 Fe^{2+} 间的反应为例，多样化的螯合形式（图 6-41、图 6-42）对含有金属离子的油脂起到抗氧化的效果（表 6-6）。

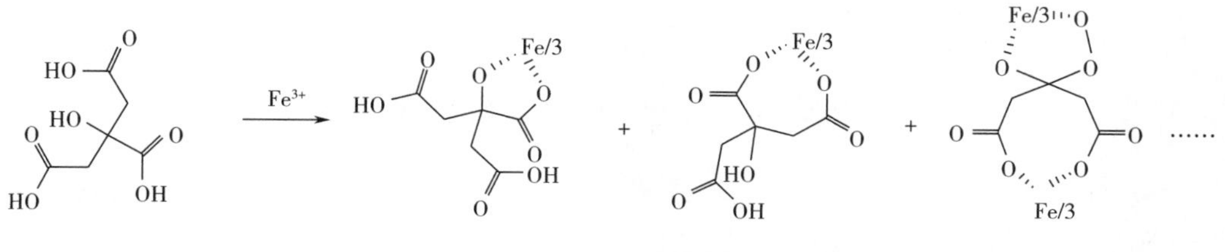

图 6-41　柠檬酸与 Fe^{3+} 形成的螯合物

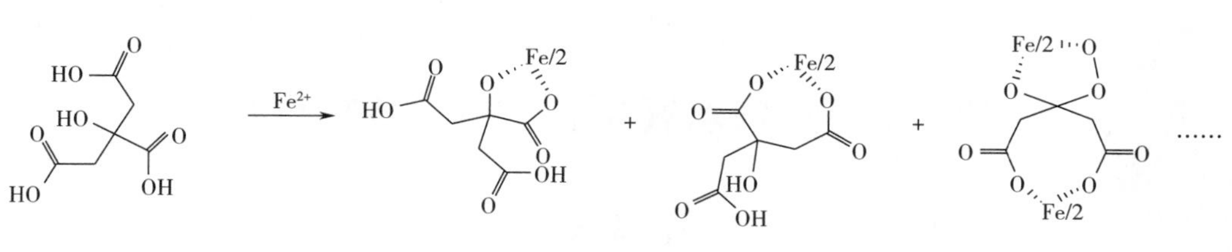

图 6-42　柠檬酸与 Fe^{2+} 形成的螯合物

表 6-6　100mg/kg 柠檬酸对含有 3mg/kg 金属离子的油脂所起的抗氧化作用

金属氯化物/（3mg/kg）	过氧化值（100℃下 8h）/（mmol/kg）	
	空白	加柠檬酸
空白	23.3	5.4
Cu（Ⅱ）	147.0	145.5
Co（Ⅱ）	119.5	4.5
Mn（Ⅱ）	42.7	6.6
Fe（Ⅲ）	146.5	62.5
Cr（Ⅲ）	126.5	8.9

3. 植酸

植酸为肌醇六磷酸酯，本身具有较弱的抗氧化作用，是一种良好的金属螯合剂。植酸对钙、镁离子的络合情况如图 6-43 所示。

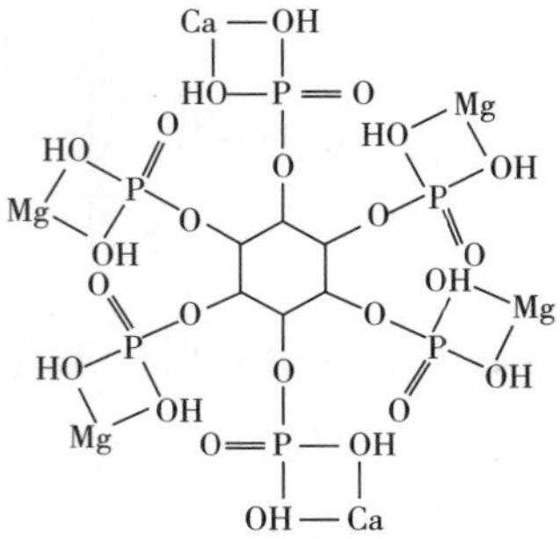

图 6-43　植酸与 Ca^{2+}、Mg^{2+} 形成的螯合物

4. 酒石酸

和柠檬酸相似，酒石酸也含有羟基和羧基，其螯合三价铁离子的情况与柠檬酸相似（图 6-44）。

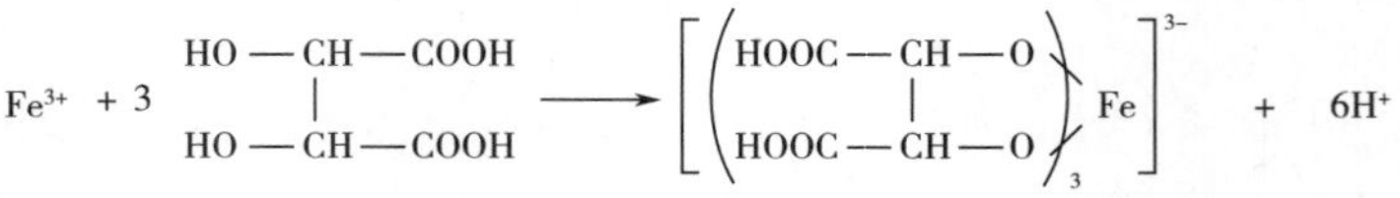

图 6-44　酒石酸与 Fe^{3+} 形成的螯合物

增效剂的油溶性差，且有些增效剂在某些食品加工过程中尚未被批准使用，因此，需要根据实际情况选择合适的增效剂。

第七节　单线态氧分子（$^1O_2$）淬灭剂

一、淬灭剂

能够使单线态氧分子（$^1O_2$）淬灭生成三线态氧分子（$^3O_2$）并使光敏剂回复到基态，从而对光氧化起抑制作用的物质称为单线态氧分子（$^1O_2$）淬灭剂。

一般抗氧化剂只能抑制油脂的自动氧化反应，不能抑制光氧化反应。这是因为单线态氧分子（$^1O_2$）与油酸酯及亚油酸酯光氧化反应的速度常数约为 1×10^5mol/(L·s)，酚类抗氧化剂与油脂自由基反应的速度常数为 1×10^6mol/(L·s)，二者反应速度相差无几。

二、淬灭剂的作用机理

淬灭剂对单线态氧分子（$^1O_2$）的淬灭速度远远大于光氧化速度。油脂中存在的主要淬灭剂为类胡萝卜素和生育酚，其淬灭速度分别为：

$$^1\text{类胡萝卜素}+{}^1O_2[1.3\times10^{10}\text{mol/(L·s)}]>{}^1O_2+RH[1\times10^5\text{mol/(L·s)}]$$

$$\text{生育酚}+{}^1O_2[1.0\times10^{6\sim8}\text{mol/(L·s)}]>{}^1O_2+RH[1\times10^5\text{mol/(L·s)}]$$

^{1}类胡萝卜素是很好的单线态氧分子（$^1O_2$）的淬灭剂，其淬灭效能远大于生育酚。淬灭机理分别为：

$$^1\text{类胡萝卜素}+{}^1O_2\rightarrow{}^3\text{类胡萝卜素}^*+{}^3O_2$$

$$^1\text{类胡萝卜素}+{}^3\text{光敏剂}^*\rightarrow{}^3\text{类胡萝卜素}+\text{光敏剂}$$

$$^3\text{胡萝卜素}^*\rightarrow{}^1\text{类胡萝卜素}+\text{热}$$

$$T+{}^1O_2\rightarrow[T^+\cdots\cdots{}^1O_2^-]^1\rightarrow[T^+\cdots\cdots{}^1O_2^-]^3\rightarrow T+{}^3O_2\ \text{（其中，T 代表生育酚）}$$

生育酚的淬灭常数与光氧化速度常数相差较小，与类胡萝卜素相比，生育酚是一种淬灭性能较弱的淬灭剂。另外，在淬灭$^1O_2$的同时，生育酚本身也易被氧化，产物具有促氧化作用。所以，要想同时抑制自动氧化和光氧化，油脂中加入抗氧化剂的同时，也要加入淬灭剂。

第八节　影响油脂氧化的因素及油脂保质期的预测

一、影响油脂氧化的因素

除了油脂不饱和度不同外，油脂中的天然抗氧化剂、金属离子、色素等非甘油三酯成分也有较大差异。另外，受外界储藏、加工、运输等条件的影响，对油脂氧化过程的动力学的精确分析几乎是不可能的，下面简单地讨论影响油脂自动氧化的一些因素。

1. 脂肪酸组成

脂肪酸种类显著影响油脂的氧化速率，亚麻酸、亚油酸、油酸的相对氧化速率大约是21.6∶10.3∶1；顺式双键比反式双键容易氧化；共轭双键比非共轭双键容易氧化；饱和脂肪酸在正常情况下几乎不发生任何氧化，当然在高温条件下，饱和脂肪酸也会发生氧化。天然油脂中脂肪酸的有规律性随机分布（见第三章）降低了其氧化速率。

2. 油脂中的游离脂肪酸

游离脂肪酸的氧化速率比其酯要稍快一些，食用油脂中少量游离脂肪酸对油脂储存稳定性并不产生显著影响。然而，在一些商业油脂及其制品中，相当多的游离脂肪酸对加工设备和贮罐等会产生腐蚀作用，促进金属离子的溶出，从而加速油脂的氧化进程。

3. 油脂与空气的接触

经研究发现，氧气在油脂中的溶解速率符合式（6-3）：

$$W=K\times A\times \Delta P \tag{6-3}$$

式中 W——单位时间内油脂所能吸收氧气的质量；

K——传质系数；

A——油脂与空气相接触的表面积；

ΔP——在空气中的氧与在油脂中的氧的压力差值。

这也就是说，油脂与空气的接触面积越大，油脂的氧化速度越快。猪油仅吸收0.016%倍油脂质量的氧气，其过氧化值便可达到或超过10mmol/kg，并且此时会明显闻到油脂的酸败气味。因此，在储存与加工油脂过程中，要尽可能减小油脂与空气的接触面积；或者充惰性气体（如氮气）来避免油脂与空气的接触。

4. 温度

温度与油脂的氧化有密切的关系。温度升高，油脂的氧化速度加快。例如，纯大豆油脂肪酸甲酯在15~75℃，每升高12℃，其氧化速度提高一倍；在100~140℃（通气量为20L/h），每升高10℃，精炼植物油的氧化诱导期会相应缩短一倍（表6-7）。因此，低温储存油脂是降低油脂氧化速率的一种方法。其中，对于非预包装大罐储油而言，地下储油是值得尝试的延缓油脂氧化技术之一。

表6-7 不同温度下几种精炼植物油的氧化诱导时间

温度/℃	氧化诱导时间/h				
	棕榈油	茶油	葵花油	大豆油	亚麻油
100	44.96	14.71	11.54	10.13	0.83
110	21.84	7.22	5.89	5.68	0.35
120	10.37	3.03	3.06	2.95	0.15
130	5.25	1.31	1.50	0.94	—
140	2.76	0.58	0.75	0.47	—

5. 光源

对于各种油脂而言，光的波长越短，油脂吸收光的程度越强，其促油脂氧化的速度越快。然而，光氧化主要取决于油脂所吸收和发射的光波波长，而不是发射光本身所含的能量。

在暴露于荧光下的不同油脂稳定性的研究中发现，随着暴露时间的延长，其油脂过氧化值呈上升趋势，而且，这种现象与温度有关，这可能是由于高温下的热能所致。因此，避光储存会延缓油脂的氧化历程。

6. 水分

在对油脂及含油食品的氧化过程研究中发现：油脂氧化速率在很大程度上取决于水分活度，在水分活度很低的干燥食品中（A_w<0.1），氧化过程进行得相当快；随着水分活度的增加（A_w 达到0.3），水分阻止了油脂的氧化，其氧化速率还能达到一个最小值。研究认为这

可能是由于一定的水分可以钝化金属离子的催化活性、淬灭自由基、促进非酶褐变反应（反应产生的化合物有一定的抗氧化活性）以及阻止了氧对油脂的进攻所致。但水分含量很高且温度较高时，会加速油脂的水解酸败。

7. 金属离子

过渡态的金属，尤其是含有两个或多个核外电子的具有一定氧化-还原活性的金属离子（钴、铜、铁和镍离子等）可加速油脂的氧化。如果油脂或富油食品中含有金属离子，即使其质量浓度低于0.1mg/kg，它们也能显著缩短油脂自动氧化的诱导期。食用油脂中微量的金属主要来源于油料所生长的土壤、动物体或加工、运输及贮存设备，一般毛油中的金属离子含量高于精炼油脂。一级植物油中的铜、铁离子含量通常低于0.5mg/kg，大部分低于标准检测方法的检出限，所以，精炼油脂的氧化稳定性较好。

8. 酶

有些油料如大豆中含有脂肪氧化酶，它们起着加速油料中油脂氧化的作用，钝化或去除这些酶能有效地延长油料或者油脂保存期。

9. 色素

类胡萝卜素既可以在一定程度上延缓油脂的自动氧化，还是有效的单线态氧分子（$^1O_2$）淬灭剂，可以阻止油脂的自动氧化和光氧化。而叶绿素和脱镁叶绿素是光敏剂，在光照的情况下会促进油脂光氧化的发生。

10. 抗氧化剂

适当的天然或合成抗氧化剂均可以有效地延缓油脂自动氧化反应历程。

11. 包装材料

光氧化是在光存在的条件下发生的，因此，如果采用合适的包装材料，就可以阻止光氧化的发生。虽然下列材料实际上还没有完全被采用，但是它们对光氧化的阻止作用已经研究出来：两面镀金属的聚酯>一面镀金属的聚酯>蜡纸>低密度聚乙烯>尼龙。

对于玻璃容器来说，棕色玻璃对光氧化的阻止作用较好。透明玻璃和半透明塑料阻止效能相差不大，效果也不理想。

12. 其他

如生育酚的氧化产物、磷脂、固醇等对油脂的氧化过程有不同的影响。

二、油脂保质期的预测

保质期，是对商品流通期内质量功效的保证与承诺。油脂保质期是指油脂出厂后，经过流通各环节，所能保持质量完好的时间。通常油脂保质期的预测方法是根据烘箱法测定不同温度下油脂过氧化值达到10mmol/kg的时间或者根据氧化酸败仪（60～140℃）测定油脂的诱导期（h），然后利用外延法做出时间的对数与温度的直线关系（$\ln t-T$），最终可计算出25℃下对应的时间，即为油脂的保质期。图6-45所示为预测油脂保质期的两种方法。

本章主要介绍了油脂体系的空气氧化与抗氧化机理以及相关评价方法，对于含油食品体系而言，其氧化机理与油脂体系基本一致。但是，与纯油体系相比，含油食品体系组成多样，其油脂氧化路径、氧化程度与保质期的评价方法、抗氧化方式等更加复杂，这需要根据食品体系的具体特点进行深入研究。

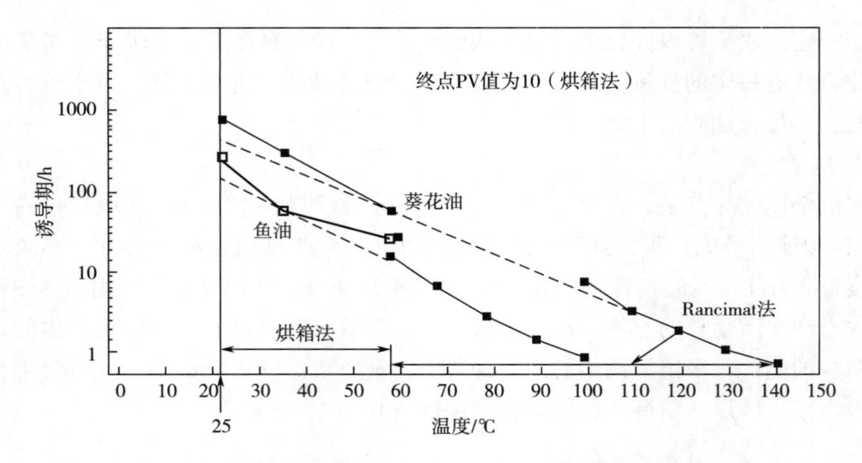

图 6-45 葵花油、鱼油的保质期预测图

第七章

CHAPTER 7

油脂改性

学习要点

1. 理解油脂氢化、氢化选择性和催化剂中毒定义，掌握影响油脂氢化选择性的因素；了解油脂氢化机理和低反式脂肪酸氢化技术。

2. 理解油脂分提定义、分提分类及结晶对分提的影响，了解油脂分提理论和三种油脂分提方法（干法、溶剂法及表面活性剂法），掌握影响油脂分提的因素。

3. 理解油脂酯交换定义和分类，了解油脂酯交换终点检测方法，熟悉三大改性技术的异同点；了解油脂酯交换反应机制和酯交换产品的应用。

为提升油脂的氧化稳定性、熔点等使用特性，人们通过将精炼的动植物油脂、氢化油、酯交换油脂或上述油脂混合物，经过急冷、捏合等制成固态或流态的食品专业油脂制品，如人造奶油、起酥油、代可可脂及结构脂等。这些食品专用油通常通过分提（fractionation）、氢化（hydrogenation）及酯交换（interesterification）三项改性技术来生产，这些基本技术可单独使用，也可组合使用。这三项技术，均是基于由具有不同结构的脂肪酸组成的酯，其物理、化学和营养性质之差异，把液态油脂加工转换成固体的脂肪，或者分离其组分，或者使其结晶构造发生变化，以得到满足熔点和可塑性等要求的油脂，或是改变酯的结构形式以提高其生物利用价值。

第一节　油脂氢化

一、氢化定义

氢化起源于18世纪末，法国科学家Sabatier和Senderens发现在气相反应体系中镍催化剂可对不饱和有机物进行氢化。20世纪初，人造奶油基料油脂供不应求，为缓解奶油基料短缺，德国科学家Wilhelm于1902年用镍作催化剂，使氢与油脂中的双键加成获得成功，先后在德国、英国获得专利。1906年，在英国，氢化用于鲸油的小规模加工。由于美国棉籽油的大量生产，1909年美国P&G公司对棉籽油进行氢化，生产Crisco牌起酥油，并在1911年上市。由此人们开始大规模地利用氢化技术生产各种专用油脂。

在食用油脂工业中，氢化是在催化剂作用下，将氢加到由天然植物、陆地动物和海洋动物生产的甘油三酯烯键（双键）上的化学反应。氢化是一种有效的油脂改性手段，能够提高油脂的熔点，改变塑性，增强抗氧化能力。其主要目的是把液体油转变成塑性脂肪，使其在烹调和烘烤等方面应用更广，并能防止油脂氧化变质，改善油脂风味，具有很高的经济价值。

二、油脂氢化理论

（一）氢化理论

油脂氢化反应物为：油（液）、催化剂（固体）及氢气（气体）。有学者认为氢化过程分为 4 个阶段：①氢向油脂中扩散并在油脂中溶解（扩散阶段）；②油脂中氢被吸附于催化剂表面，使之活化成金属-氢活性中间体（吸附阶段）；③烯烃中的双键在金属-氢活性中间体上发生配位，生成活化的金属-π 络合物（反应阶段）；④金属-碳 σ 键中间体吸附氢，同时解吸去除饱和烷烃（解吸阶段）的反式异构体。

油脂的双键及溶解于油脂的氢被催化剂表面活性点吸附，形成氢-催化剂-双键的不稳定复合物，其金属-碳 σ 键中间体上的碳碳之间的 σ 键可以旋转，释放出烯，随着催化剂的不同，可能形成不同的反应异构体。如图 7-1 所示，复合体分解，氢原子与碳链结合，生成半氢化中间体。半氢化中间体，通过下述四种不同途径，形成各种异构体。

①半氢化中间体接受催化剂表面一个氢原子，形成饱和键，解吸、远离催化剂。

②氢原子 H_a 回到催化剂表面，原来双键恢复，解吸。

③氢原子 H_b 回到催化剂表面，发生顺反异构化。

④若 H_c 或 H_d 回到催化剂表面，发生双键位置移动。

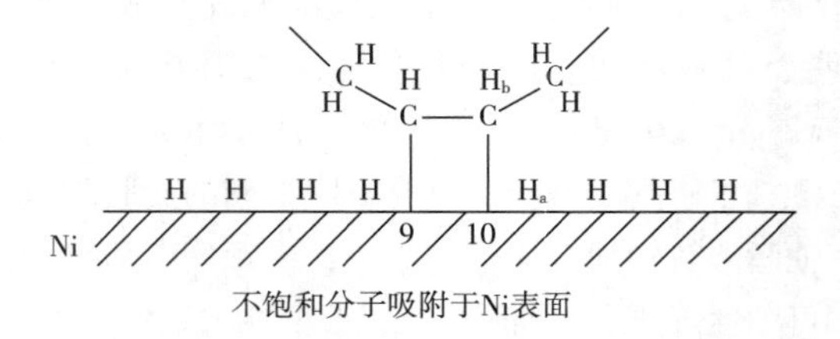

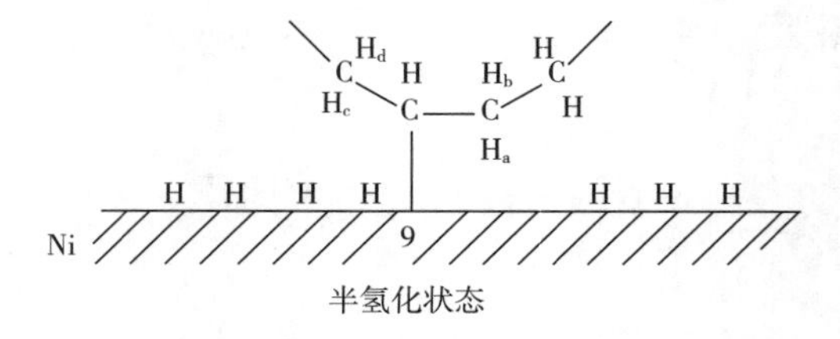

图 7-1　不饱和脂肪酸氢化机理

多不饱和脂肪酸较一烯酸优先吸附于催化剂活性点，吸附力强，并且具有异戊双烯（1,4-二烯）结构的碳链，在吸附过程中，亚甲基失去一个氢原子，也吸附于催化剂活性点（图 7-2）；9C 获得一个氢原子，形成易进一步氢化的共轭体系—$\overset{9}{C}H_2$—$\overset{10}{C}H$═$\overset{11}{C}H$—$\overset{12}{C}H$═$\overset{13}{C}H$—而后解吸；或 13C 获得一个氢原子，形成另一共轭体系—$\overset{9}{C}H$═$\overset{10}{C}H$—$\overset{11}{C}H$═$\overset{12}{C}H$—$\overset{13}{C}H_2$—，并解吸。

```
     9    10    11    12    13
     H    H     H     H     H
     |    |     |     |     |
①  —C —  C  —  C  —  C  ══ C—
     ⋮    ⋮     |                  9，10双键吸附于Ni
     ⋮    ⋮     H
    Ni— Ni —  Ni —  Ni —  Ni

     H    H     H     H     H
     |    |     |     |     |
②  —C —  C  —  C  —  C  ══ C—    活性亚甲基（11C）失去一个氢质子吸附于Ni
     ⋮    ⋮     ⋮
    Ni— Ni —  Ni —  Ni —  Ni

     H    H     H     H     H
     |    |     |     |     |
③  —C —  C  —  C  —  C  —  C—    12，13双键吸附于Ni
     ⋮    ⋮     ⋮     ⋮     ⋮
    Ni— Ni —  Ni —  Ni —  Ni

      9  10    11 12     13
④  — CH2CH══CHCH══CH —          9C获得一氢，形成共轭体系，解吸

⑤  — CH══CHCH══CHCH2 —          13C获得一氢，形成共轭体系，解吸
```

图 7-2　双键与催化剂表面的作用

由此看来，天然不饱和酸甘油三酯在氢化过程中，发生双键位移；而且也出现顺反异构化，反应复杂。为明了反应过程的具体变化机理，首先必须研究一烯酸酯（甲酯）、二烯酸酯（甲酯）及三烯酸酯（甲酯）的氢化。

1. 油酸甲酯的氢化

油酸甲脂的半氢化中间体可进一步氢化生成硬脂酸甲酯，也可形成油酸甲酯及异油酸甲酯（图 7-3）。

```
   11     10  c  9     8                               11     10      9      8
— CH2 — CH ══ CH — CH2 —                             — CH2 — CHD — CHD — CH2 —
          |                                                         ↑
          | 吸附                                                    | +D
          ↓                                             11     10     9     8
   11     10     9     8                             ┌ — CH2 — CHD — CH — CH2 —
— CH2 — CH ══ CH — CH2 —          +D                 |                   △
        △       △               ⇌                   {   11     10     9     8
          |                                          |  — CH2 — CH — CHD — CH2 —
          | 解吸                                      └          △
          ↓
   11     10 c/t 9     8
— CH2 — CH ══ CH — CH2 —
                                                        11     10 c/t 9     8
                                                     ┌ — CH2 — CD ══ CH — CH2 —
   11     10      9     8                            |
— CH2 — CHD — CH — CH2 —     —H  →                  {
                 △                                   |  11     10     9 c/t 8
                                                     └ — CH2 — CD — CH ══ CH—

                                                        11     10 c/t 9     8
   11     10     9      8                            ┌ — CH2 — CH ══ CD — CH2 —
— CH2 — CH — CHD — CH2 —     —H  →                  {
        △                                            |  11 c/t 10     9      8
                                                     └ — CH ══ CH— CHD — CH2 —
```

图 7-3　油酸甲酯的氢化

△：催化剂活化中心；D：加入的部分重氢原子（标记原子）

油酸甲酯（9c-18∶1）与反油酸甲酯（9t-18∶1）氢化速度相同，但 9t-18∶1 易发生位置异构化。另外，氢化过程中产生半氢化中间体，原来的双键被破坏，10C 与 9C 之间 C—C 键也可以旋转，碳链脱氢形成顺反异构体及位置异构体，解吸远离金属催化剂。

中间体碳链上脱氢的位置取决于氢与金属表面活性点的距离，距离越近，越易脱除。

2. 亚油酸甲酯的氢化

亚油酸甲酯的氢化过程如图 7-4 所示，机理非常复杂，产品的具体组成取决于反应条件及氢化程度。

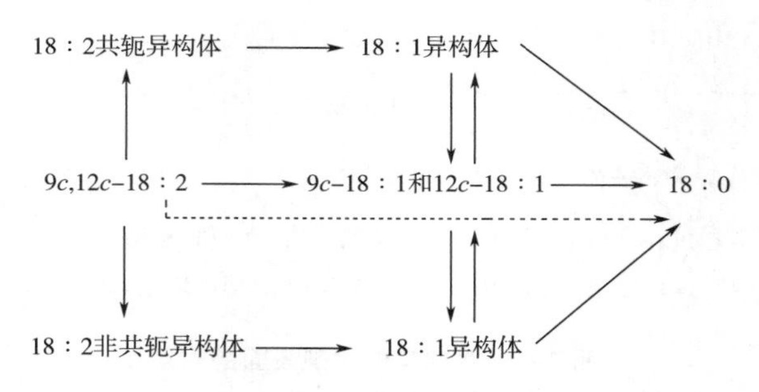

图 7-4　亚油酸甲酯氢化

其中共轭二烯（主要是 $\Delta^{9,11}$ 和 $\Delta^{10,12}$）的生成是非常重要的。一些催化剂如铜铬（copper chromite）氢化具有 1,4-戊二烯结构的酯时，1,4-戊二烯转变为共轭二烯，然后进一步加成；对不能形成共轭二烯的酯及一烯酸酯不起作用。催化剂镍不限于此（铜铬催化剂的选择性明显高于镍）。共轭化能增强 1,4-戊二烯的反应活性，加速氢化反应。有时二烯酯也可直接氢化生成硬脂酸酯。

3. 亚麻酸甲酯的氢化

亚麻酸甲酯的氢化更为复杂（图 7-5）。非共轭二烯 18∶2（9c,12c）及 18∶2（12c,15c）可转变为共轭二烯；18∶3（9c,12c,15c）通过双键位移，产生共轭三烯 18∶3（10,12,14），双键的共轭化大大加快了亚麻酸甲酯的氢化速度。不可共轭中间体如 18∶2（9,15、9,14、9,13、10,15、11,15）同一烯酸酯相当，氢化速度缓慢。有些分子一旦吸附，连续氢化两次或三次，相应地生成一烯酸酯或硬脂酸酯。氢化的具体途径取决于催化剂的类型及其他反应因素。

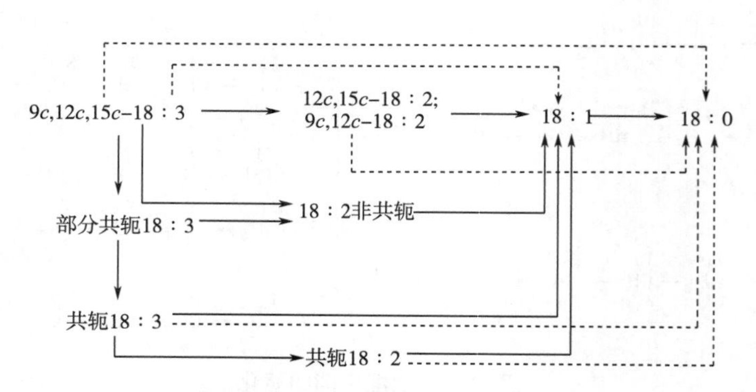

图 7-5　亚麻酸甲酯的氢化

（二）氢化的反应选择性

不饱和度不同的脂肪酸酯与催化剂吸附的强弱、先后次序有很大的差别，氢化速度不同，即不饱和度不同的脂肪酸酯的氢化有选择性。

1. 选择性

假设油脂的氢化不可逆，异构体间的反应速度无差别，并且不考虑催化剂中毒，其反应模式如下：

$$亚麻酸酯(Ln)\xrightarrow{K_1}亚油酸酯(Lo)\xrightarrow{K_2}油酸酯(O)\xrightarrow{K_3}硬脂酸酯(St)$$

①亚油酸的选择性（$S_Ⅰ$或S_{Lo}）：亚油酸氢化为油酸的速度常数与油酸氢化为硬脂酸的速度常数之比，即K_2/K_3。脂肪酸的不饱和程度越高，则脂肪酸氢化反应速率越大。例如，亚油酸氢化到油酸的速率比油酸到硬脂酸氢化速率高2~10倍。当不同程度的混合脂肪酸共同氢化时，在混合脂肪酸中的氢化速率差别更大。例如，在高温条件下，豆油用镍催化剂进行氢化时，亚麻酸、亚油酸和油酸的双键饱和程度的速率常数比值为$K_1:K_2:K_3=30:20:1$。

②亚麻酸的选择性（$S_Ⅱ$或S_{Ln}）：即K_1/K_2，三烯酸含有两个活性亚甲基，易氧化，产生异味。若三烯酸（亚麻酸）被还原成较稳定的亚油酸、油酸，油脂的氧化稳定性、风味稳定性增强。如豆油氢化（图7-6），$K_2/K_3=0.159/0.013=12.2$，表明亚油酸酯的氢化速度为油酸酯的12.2倍；$K_1/K_2=0.367/0.159=2.3$，表明亚麻酸酯的氢化速度为亚油酸酯的2.3倍。异构化比（S_i），即异构化为反式双键数与被氢化饱和的双键数之比。要求氢化油的塑性范围窄（如糖果用油）时，增大S_i非常必要，一般说来，高$S_Ⅰ$将会产生大的S_i。

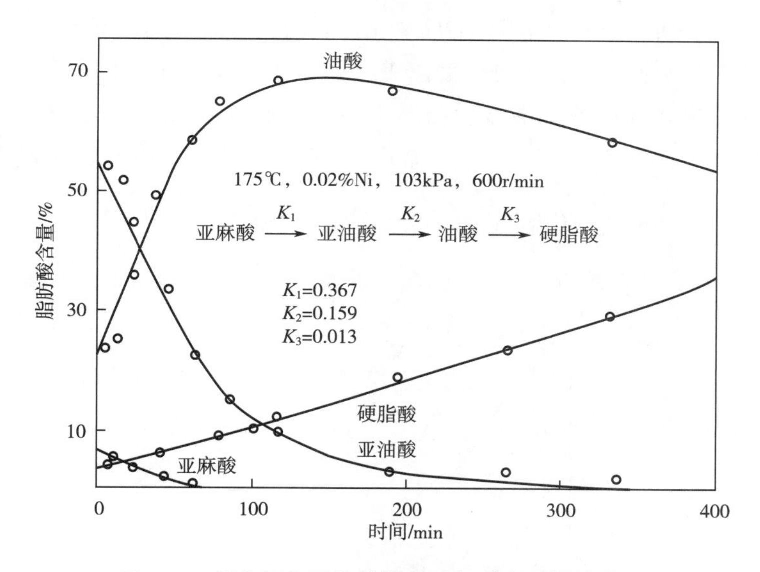

图7-6　部分氢化豆油的脂肪酸与反应时间的关系

2. 选择性的计算及意义

假定脂肪酸酯的氢化为一级反应。C_1为亚麻酸酯的浓度，K_1为亚麻酸酯反应常数；C_2为亚油酸酯的浓度；K_2为亚油酸酯的反应常数；C_3为油酸酯的浓度；K_3为油酸酯反应常数；C_4为硬脂酸酯的浓度；t为反应时间。

$$\underset{C_1}{\text{亚麻酸酯}}\xrightarrow{K_1}\underset{C_2}{\text{亚油酸酯}}\xrightarrow{K_2}\underset{C_3}{\text{油酸酯}}\xrightarrow{K_3}\text{硬脂酸酯}$$

$$\frac{dC_1}{dt}=-K_1C_1$$

$$\frac{dC_2}{dt}=-K_2C_2+K_1C_1$$

$$\frac{dC_3}{dt}=-K_1C_1+K_2C_2$$

若时间从零开始，t 时间时：

$$C_{1.t} = C_{1.0}\exp(K_1t)$$

$$C_{2.t} = C_{1.0}\frac{K_1}{K_2-K_1}[\exp(-K_1t)-\exp(-K_2t)]+C_{2.0}\exp(-K_2t)$$

$$\begin{aligned}C_{3.t} = & C_{1.0}\left(\frac{K_1}{K_2-K_1}\right)\left(\frac{K_2}{K_3-K_1}\right)[\exp(-K_1t)-\exp(-K_3t)]\\ & -C_{1.0}\left(\frac{K_1}{K_2-K_1}\right)\left(\frac{K_2}{K_3-K_2}\right)[\exp(-K_2t)-\exp(-K_3t)]\\ & +C_{2.0}\frac{K_2}{K_3-K_2}[\exp(-K_2t)-\exp(-K_3t)]+C_{3.0}\exp(-K_3t)\end{aligned}$$

其中 $C_{1.0}$、$C_{2.0}$、$C_{3.0}$ 和 $C_{1.t}$、$C_{2.t}$、$C_{3.t}$ 分别为氢化开始（零）及 t 时间后亚麻酸、亚油酸、油酸的摩尔分数。

通过气相色谱分析，原料油脂及 t 时间氢化油脂的脂肪酸组成可求得，反应速度常数可根据上述公式通过计算机算出，也可借助图表求得（图 7-7、图 7-8）。图表法估计 S_{I} 时，可以首先分析求出氢化油的亚油酸含量与原来的亚油酸含量之比（$C_{2.t}/C_{2.0}$）及碘值变化（△Ⅳ）。若 $C_{2.t}/C_{2.0}$ 为 0.2，△Ⅳ是 8，可查得 S_{I} 是 10 左右；图表法估计 S_{II} 时，可以求出 $\frac{C_{2.t}}{C_{2.0}+1.2(C_{1.0}-C_{1.t})}$ 及 $C_{1.t}/C_{1.0}$，再据图 7-8 查出 S_{II} 值。

选择性的大小不仅是选择氢化反应条件的重要依据，也反映了产品的组成及性质（图 7-9）。

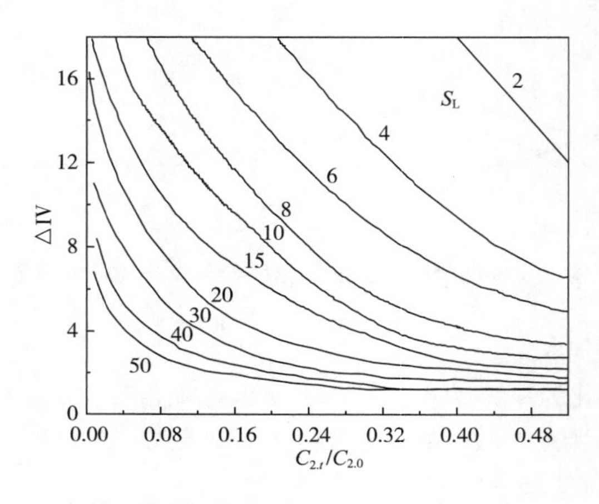

图 7-7 亚油酸选择性（S_{I}）的估计

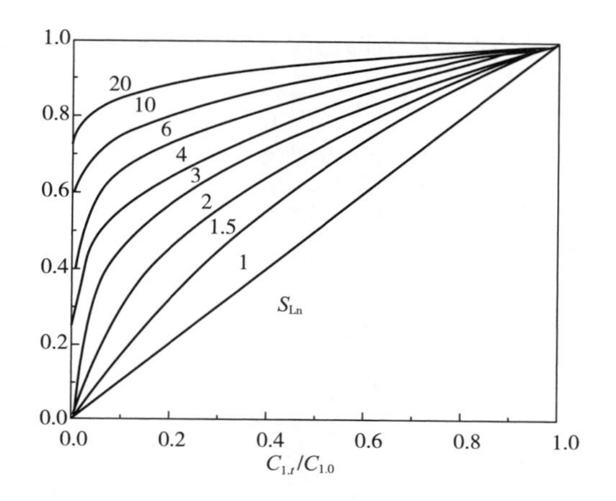

图 7-8　亚麻酸选择性（$S_{Ⅱ}$）的估计

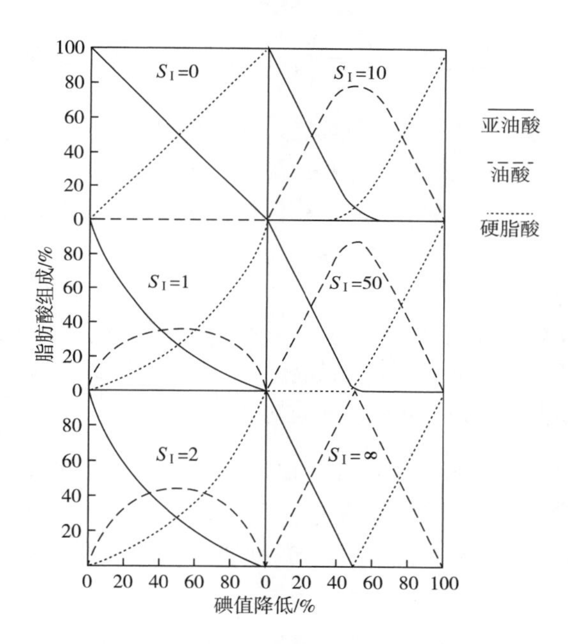

图 7-9　氢化亚油酸酯的理论组成曲线

$S_Ⅰ=0$，所有成分直接氢化生成硬脂酸酯；

$S_Ⅰ=1$，油酸与亚油酸具有相同的反应几率；

$S_Ⅰ=2$，每个双键的反应几率相等，亚油酸的反应速度为油酸的两倍；

$S_Ⅰ=50$，亚油酸的反应速度为油酸的 50 倍；

$S_Ⅰ=\infty$，亚油酸全部氢化后，油酸才开始反应，铜催化剂可具有此特性。

选择性 $S_Ⅰ$ 为 50 或 4 时氢化豆油（IV=95）SFC-T 曲线如图 7-10 所示，不同的选择性，SFC 随温度的变化有显著的差异。一级油要求 5℃时 SFC 很低，以保证冰箱温度下透明，不混浊，并具有很高的氧化稳定性，高选择性下轻微氢化不饱和油脂，降低了多不饱和脂肪酸含量，并减少硬脂酸的生成，可生产出高质量的一级油。氢化生产人造奶油及糖果用脂时，选择性应很高，以保证人体温度（37℃）时，SFC 接近零，具有好的口感，焙烤用油及起酥油则不然，它的塑性范围宽，允许一定量的高熔点甘油三酯存在，可选择较低选择性的氢化条件。

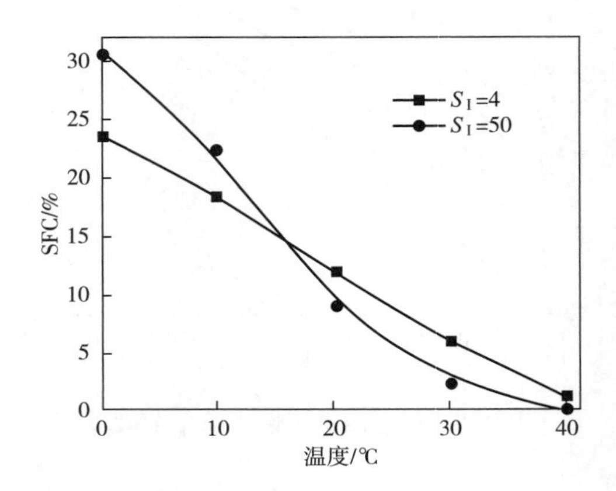

图 7-10　氢化豆油（IV=95，S_1=50 或 4）的 SFC-T 曲线

脂肪酸氢化的选择性是制造食用氢化油脂的理论基础，如何选择催化剂使氢化只选择性地在三烯酸和二烯酸的双键上起反应，阻止单烯酸过多地成为饱和脂肪酸是制造食用氢化油脂的技术关键。控制异构化，即控制反式异构体的生成量，能使氢化油脂具有不同风味。

（三）催化剂

1. 催化剂作用机理

油脂氢化是放热反应（植物油氢化时，碘值每降低一个单位，温度升高 1.6~1.7℃）。但反应要求很高的活化能。一些过渡金属如铂、镍、铜等能降低活化能，利于催化反应进行。油脂氢化工业常用的非均相催化剂作用机理是：

$$\text{催化剂+反应物}\xrightarrow{\text{吸附}}\text{催化剂-反应物复合物}\xrightarrow{\text{解吸}}\text{反应产物+催化剂}$$

催化剂的存在使反应分成连续性的两步：催化剂与反应物复合生成不稳定的反应中间产物，中间产物分解生成最终产物及催化剂。两步反应的活化能都较低（图 7-11）。

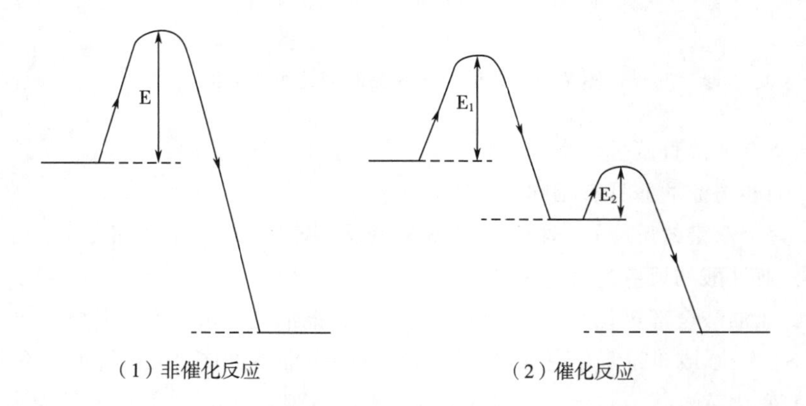

图 7-11　反应活化能示意图

根据 Arrhenius 公式：$K=ae^{-E/RT}$（其中 T-热力学温度，a-系数），可知活化能的降低将引起指数倍的加速反应。例如，300K 时活化能为 500kcal，如果反应的能量降低 10%，则使反应速度增加4400倍。

2. 油脂氢化催化剂

1903年德国科学家Norman用镍等廉价金属作催化剂把液体油氢化变成硬化油脂并获得专利，1906年开始在工业上小批量处理鲸油，后来又将此技术应用于棉籽油氢化。德国化学家Ostwald对催化剂和催化现象给出如下定义：“任何物质，它不参加到化学反应的最终产物中去，而只是改变这个反应的速率就称为催化剂”。

催化剂不但能加速化学反应，同样也可以引起反应的异构化。这是由于在很多情况下反应有很多交替的过程，因此最终产物的组成将决定于各种交替反应的相对速率。在很多不同反应同时发生的系统中加入催化剂，可以使其中几个反应的加速程度超过另外一些反应很多，而且各种催化剂对于各种不同的反应有不同的相对加速作用。油脂氢化反应就是催化剂作用这一特性的实例。如将1mol氢加到甘油三酯分子中的亚油酸的链上，可能产生油酸，也可能产生油酸的各种异构体。

油脂氢化催化剂要求过滤性好，即易与氢化油脂分离；与油脂及氢的吸附能力要强；氢化产物易解吸，不易中毒，使用性强，价格便宜。多相催化是一种表面现象，催化剂表面积越大，活性越强，但过大会使过滤性差，并使催化剂成胶体状，失去活性。

从氢化反应机理可知，氢化首先形成催化剂（金属）-反应物的复合物。为形成复合物，金属催化剂的原子间隔必须近似于C＝C键长，即0.273nm。符合此条件又有催化活性的金属如表7-1所示。对双键的吸附作用Ⅲ类金属较Ⅱ类强，其中金属铂（Pt）、钯（Pb）等稀有金属的活性比镍（Ni）高10~100倍，但价格太高。一般油脂氢化工业用催化剂主要是9910、9908或222（镍为主）。其制造过程大多通过碳酸镍、甲酸镍，并以硅藻土及其他多孔耐火材料如二氧化硅、氧化铝、沸石作为担体，用以增加活性，并防止催化剂熔结或部分熔结。催化剂中镍的含量为20%~25%。

铜催化剂比镍有较好的反应选择性，尤其对多烯类。氢化通过双键共轭的途径进行，对孤立的双键不起作用。其缺点是活性低，易中毒，残存于氢化油中的铜不易被除去，降低了油脂稳定性。

表7-1　具有催化活性的金属

分类	金属							
Ⅰ	Mo	W						
Ⅱ	Rn	Ir	Ru	Os	Ti	Re		
Ⅲ	Fe	Co	Ni	Pd	Pt	Cu	Ag	Au
Ⅳ	Zn	Ga	Cd	In	Ge	Sn	Pb	

铜-银催化剂的作用温度低，$S_{Ⅱ}$选择性高。表面覆盖有硫的镍催化剂增加亚油酸的选择性，有利于反式脂肪酸的产生，是氢化法生产人造奶油的常用催化剂。高含量的反式脂肪酸能改变人造奶油的口感及其他物理特性。以离子交换树脂为担体的钯催化剂是一种新型的油脂氢化催化剂，具有较高的亚油酸选择性及低的异构化比值。

均相催化剂或液相催化剂的出现引起人们极大的兴趣，它的作用温度低，活性高，用量少（0.005%~0.009%），有较高的经济价值，但其大规模使用以及如何脱除仍在研究中。科学家们对超临界状态下的氢化也进行了研究，发现超临界状态下的氢化速度较传统氢化快近千倍。

3. 催化剂中毒

氢化反应物——油脂、氢气中都存在着一定量的杂质，一些杂质易吸附于催化剂表面，解析困难，从而使催化剂活性中心丧失机能，这就是催化剂中毒。使催化剂失去活性的物质称为中毒物质。

中毒可以是不可逆的，它使催化剂永久性失活；也可以是可逆的，在一定条件下，去除中毒物质，恢复活性。氢气中的主要中毒物质为含硫化合物，如 H_2S、CS_2、SO_2 及 SCO 等，能引起不可逆中毒；CO 也能使催化剂中毒，但为可逆性中毒，毒性小。

油脂中的中毒物质主要是含 S、N、P、Cl 的化合物，胶质（磷脂等），肥皂，氧化分解产物，游离脂肪酸，水等。

对镍催化剂而言，中毒物质最为严重的是含第Ⅴ、Ⅵ、Ⅶ族元素的化合物（如含 S、N、P、Cl 等），其孤对电子填充未被占据的金属催化剂 d 轨道。含硫化合物的毒性取决于其含硫量，与化合物类型无关。

为防止或减少催化剂中毒，延长催化剂寿命，有效地控制反应，必须深度精制原料油脂（脱胶、碱炼、脱色、脱臭）、低皂（<25mg/kg）、干燥。含硫量高的油脂，如菜籽油、鱼油等，氢化前应用废催化剂将中毒物质以前处理的形式去除；所用氢气应干燥、纯净（>98%）。实际生产中对氢气纯度的要求如表 7-2 所示。

表 7-2　氢化时对氢气纯度的要求

气体	体积分数/%	气体	体积分数/%
N_2、甲烷等惰性气体	<0.5	硫（S）	<250μL/L
CO	<0.05	O_2	检不出
水蒸气	<0.1	卤素	检不出

部分中毒催化剂除了活性受到影响外，其他的特性也受到影响，特别是硫中毒催化剂能使氢化油中产生大量的异油酸。部分失去活性的催化剂和新催化剂相比，用它生产的氢化油中，或是饱和脂肪酸相同异油酸较高，或是异油酸相同饱和脂肪酸较高。

三、影响油脂氢化反应的因素

操作条件如反应温度、压力、搅拌速度、催化剂浓度及底物油脂的特性等影响油脂氢化反应。

（一）氢化反应条件的影响

1. 氢化反应温度

氢化反应与其他化学反应一样，升高温度能加速反应，但受温度影响的程度较小，即温度对氢化反应速率的影响略小于对一般反应的影响。

升高温度有利氢气溶解于油脂，一个大气压时，氢在油中的溶解度（S）与温度（T,℃）的关系可用下式表示：

$$S=0.0295+0.000497T$$

不同温度下氢气的溶解度如表 7-3 所示。增加温度同时也降低了油脂的黏度，从而加速催化剂表面的化学反应，若升温的同时，增加搅拌速度或氢气压力，能够使氢气充足于催化剂表面，完成饱和反应；单独升高反应温度，反应速度增加，催化剂表面氢分布不充分，提高了选择性，产生较多的异构体。

表 7-3　　温度与氢气溶解度的关系

温度/℃	25	100	150	180
溶解度/[$dm^3(H_2)/m^3(oil)$]	42	79	104	119

升高温度能降低油的黏度，强化搅拌效果，这样氢气便可通过界面从气泡中扩散到油相中。升高温度还能加快氢在催化剂表面上的反应，因而随着搅拌和压力的增加，可持久保持氢气的供给，使氢在催化剂表面呈饱和状态。如果单独提高温度，虽有更多的氢供给到催化剂表面，但因反应极快，催化剂上的氢仍可能部分地被耗尽。由于在催化剂表面缺乏足够的氢使之达到饱和，致使催化剂取回一个氢，产生几何异构体的双键，这是导致较高温度下异构体增加的原因。一般来说，随着反应温度的升高，反式异构体的生成量几乎直线上升。由于表面上氢气被耗尽会导致更多的二烯（酸）共轭化，随之其中一个双键很快被饱和，因此二烯要比单烯氢化速率快得多，但选择性比随温度上升而增加，速率将趋于降低，因为随温度增加往催化剂上供氢变得越来越易于耗尽。

2. 氢化反应压力

单独考虑化学反应，压力几乎对氢化无影响，但它能增加油中氢的浓度，即氢的溶解度，提高催化剂表面氢的供应量，从而加速氢化反应。植物油中氢的溶解度与压力的关系如下：

$$S=(47.04+0.294T)\times10^{-3}p$$

式中　S——植物油中氢的溶解度，L 氢气（标准压力）/kg 油；

p——压力，0.10~1.013MPa；

T——温度，℃。

低温范围内，催化剂表面未能充足供氢，增加压力能大大提高反应速度，降低选择性；高压时，压力对反应速度及选择性的影响较小。

3. 搅拌速度

氢气溶解于油脂及质量传递是非均相油脂氢化反应发生的必要条件。油脂氢化反应是多相催化反应，搅拌能增大气-液接触面，增大油中氢气的浓度，进一步影响催化剂表面氢的吸附量及反应速度。

在低温氢化时，高速搅拌对氢化速率的影响比较小。因为在缓慢的反应速率下高速搅拌已把足够多的氢供到催化剂表面，这时再增强搅拌已不会改变氢气的供应量。但在高温条件下氢化，氢化速率将随搅拌的变化而迅速变化，所以此时氢气的供应量将限制氢化速率。

搅拌对反应的选择性影响非常显著。一般来说，搅拌速率越高，反应选择性越低，因为如果有足够氢供应到催化剂表面，选择性就下降。同理，随着搅拌的增强异构化作用也将降低很多。

4. 催化剂浓度

催化剂浓度的变化既影响氢化反应，又与经济成本相关。在催化剂用量较小时，增加催化剂浓度将使氢化速率相应增加，然而当不断增加催化剂的用量时，氢化速率最终将达到某一数值而不再增加（图 7-12）。增加镍催化剂用量还可以减少反式不饱和物的生成，但影响不大。改变搅拌速率对生成反式异构体的影响远大于改变催化剂浓度所产生的影响，增加催化剂用量仅能轻微地减少反应的选择性。在通常工业条件下氢化时，起到限制作用的是操作条件而不是催化剂的浓度。增加催化剂用量，反应选择性及异构化程度均减小，但影响程度很小。除了催化剂浓度对氢化速率和选择性有影响外，催化剂的类型和结构对氢化速率和选择性也有影响。

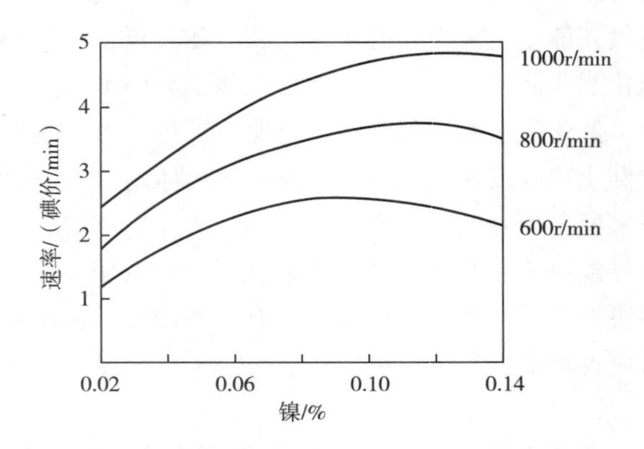

图 7-12 豆油氢化时催化剂用量对反应速率的作用

操作条件与氢化速度、选择性的关系如表 7-4 所示。

表 7-4 不同操作条件对氢化反应的影响

	氢化速度	S_{I}	S_{II}	S_{i}
温度升高	++++	++++	++++	++++
氢压力加强	+++	---	---	---
搅拌加强	++++	----	----	----
催化剂浓度增加	++	-	-	-

（二）氢化反应底物油脂结构的影响

脂肪酸酯的结构影响氢化反应，脂肪酸结构与氢化反应速度关系为：

（1）不饱和双键越多，氢化速度越快。

（2）不饱和双键越靠近羧基，氢化速度越快。

（3）顺式比反式双键的氢化反应速度快。

（4）共轭酸比非共轭酸的氢化速度快；共轭二烯酸的氢化速度是 1,4-戊二烯酸的 10~18 倍。

（5）1,4-戊二烯结构比非 1,4-戊二烯结构的氢化速度快。

除上述因素外，油脂氢化还与原料油的品质、净化工艺流程和净化程度等诸多因素有关。原料油的等级低，精炼程度差，一般会增加氢化时催化剂的用量，降低产品质量。游离脂肪酸、含硫与磷等化合物、皂化物都可降低催化剂的活性，使反应速率降低，而且有大量异构体产生。但是含氮有机化合物可提高氢化的选择性。

四、低反式脂肪酸氢化技术

对氢化油脂的功能性（如熔化和稠度）来说，反式脂肪酸起着积极的作用。但出于对营养和健康考虑，无或低含量反式脂肪酸专用油脂备受关注。近年来，油脂学界和加工企业努力寻找低反式脂肪酸的氢化反应。酯-酯交换是生产无或低含量反式脂肪酸专用油脂的有效手段，但考虑到成本和原料的来源，其又不能为唯一的替代方法。实验证明电化学氢化和超临界氢化能显著降低氢化油脂的反式脂肪酸含量，并能保持传统化学氢化产物的物理功能性。

（一）电化学氢化

电化学氢化反应器中，氢化催化剂作为阴极。在催化剂表面生成氢原子；氢原子与脂肪的不饱和键加成：

$$2H^{+}+e^{-}\longrightarrow 2H_{吸附}$$

$$2H_{吸附}+RCH=CHR'\longrightarrow RCH_2—CH_2R'$$

与普通化学氢化不同，电化学氢化反应为控速反应，而不是 H_2 解离成 $2H_{吸附}$ 的反应。副反应仅消耗电流，不影响氢化反应。

$$2H_{吸附}\longrightarrow H_2(气)$$

$$H_{吸附}+H^{+}+e^{-}\longrightarrow H_2(气)$$

电化学氢化反应器中的另一极（阳极）上发生氧化反应：

$$水电解体系\ H_2O\longrightarrow \frac{1}{2}O_2+2H^{+}+2e^{-}$$

催化剂表面氢的浓度取决于电解电流的大小。电化学氢化中，温度和压力大大降低，异构化和热解反应显著减少。以钯为催化剂，反应温度为50℃，电化学氢化豆油 IV90，其脂肪酸组成如表 7-5 所示。与传统氢化大豆油相比，反式脂肪酸显著降低，亚油酸和硬脂酸含量高。液态人造奶油、电化学氢化大豆油与大豆油的混合物（15∶85）的固体脂肪指数如图 7-13 所示。

表 7-5　　大豆油和氢化大豆油的脂肪酸组成、碘值及浊点

脂肪酸	大豆油 IV128	传统镍催化氢化 IV94	电化学钯催化氢化 IV90
16∶0	10.2	10.9	11.7
18∶0	4.2	6.4	20.6
18∶1*t*	0.1	13.1	8.1
18∶1*c*	22.4	40.1	23.5
18∶2*c*，*t*/*t*，*c*/*t*，*t*	0.2	3.9	1.7
18∶2*c*，*c*	54.8	23.5	30.8
18∶3	7.9	0.9	3.2
碘值（IV）/(g/100g)	128	94	90
浊点/℃	0	22.3	56.9

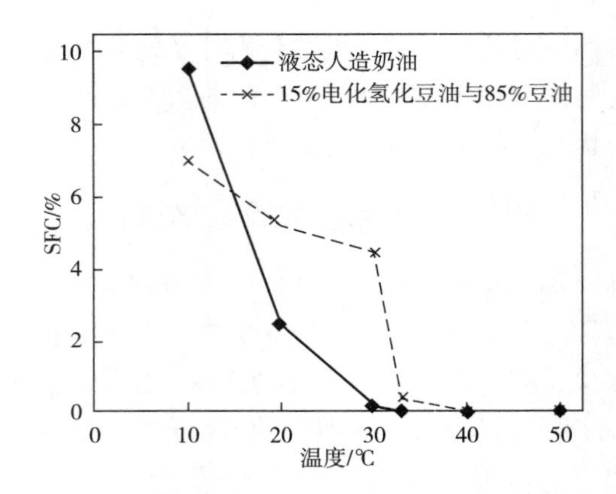

图 7-13 液态人造奶油和 15%电化学氢化大豆油（Ⅳ=90）与 85%豆油混合物的固体脂肪指数曲线

（二）超临界氢化

氢化时，催化剂表面上活化的双键可发生“饱和（saturate）”“失活（deactivate）”和“异构（reform）”。异构化过程中，反式双键更稳定。形成反式脂肪酸的多少取决于原料油和氢化油的碘值及反式脂肪酸的形成速度。氢气在油脂中溶解度的减少导致催化剂表面氢原子的缺乏，促使更多反式脂肪酸的生成；反之，反式脂肪酸含量降低。溶剂如丙烷在超临界状态下能使油脂、氢气混合均匀，大大增加催化剂表面氢原子的浓度，加速加成或饱和反应，反式脂肪酸形成的几率降低。超临界状态下，反应体系传质阻力降低，氢化反应速度提高 10~1000 倍。菜籽油脂肪酸甲酯在超临界状态下连续氢化（溶剂丙烷，催化剂钯，反应温度 50℃，压力 12MPa，时间 40ms），甲酯入口（原料甲酯）碘值 110g/100g，出口（氢化甲酯）碘值 50g/100g，与传统氢化相比，氢化甲酯反式脂肪酸降低 10%。

五、氢化油脂特性

油脂氢化过程中，影响最大的是油脂的碘值，碘值的降低与吸收的氢量成正比，与不饱和度无关的油脂特性，如皂化值、羟基值、赖克特-迈斯尔（Reichert Meissl）值及不皂化物的含量不受氢化影响。油脂氢化过程中某些非甘油酯成分减少，包括类胡萝卜素，可能也包括不饱和烃。类胡萝卜素的氢化往往可导致植物油色泽明显下降。未脱色的棕榈油原来是深橘红色，但氢化后的色度明显下降。

无论何种油脂通过长时间氢化后，原来的风味及气味均会遭到一定程度的破坏，且产生一种怪异的“氢化气味”，该气味主要来自氢化过程中产生的异构不饱和脂肪酸。若氢化油脂用作食用，必须经过脱臭处理。

氢化能使油脂的折射率下降，油脂的碘值与折射率间的关系主要取决于甘油酯的平均相对分子质量。由于测定折射率简便而迅速，因此常用此法来监控氢化程度。

在氢化初期，油脂的稠度以及与稠度有关的特性，如熔点、软化点、凝固点及固体脂肪指数，都与氢化条件和催化剂的特性有很大的关系。氢化油脂的熔点也随其饱和脂肪酸的含量而变化，但取决于反应的选择性。在氢化后期，油脂中饱和脂肪酸的含量与油脂碘值成简单函数，且在不同条件下氢化，异油酸的含量也不再有很大的差别，所以熔点及其他变量均可由其碘值来预测。

第二节 油脂分提

一、分提定义

油脂由各种熔点不同的甘油三酯组成，导致油脂的熔化范围有所差异。在一定的温度下利用构成油脂的各种甘油三酯的熔点差异及溶解度的不同，把油脂分成固、液两部分，这就是油脂分提（fractionation）。分提是一种完全可逆的改性方法，它是基于一种热力学的分离方法，将多组分的混合物物理分离成具有不同理化特性的两种或多种组分。早在 1870 年，法国、意大利等国以固体脂或其他油脂（如牛油、棉籽油）为原料，通过结晶、分离生产出人造奶油、起酥油及代可可脂等专用油脂。

分提和冬化原理相同，但二者目的不同。在冬化中，油在低温下保持一定的时间之后过滤，以除去通常引起油浑浊的固脂等物质，这些物质可以是少量的高熔点甘油酯或者是蜡质。当需要除去的固脂相当少（<5%）时，常把冬化看作精炼过程的一部分。而分提是一种改性的方法，涉及到组成以及由此获得的分提馏分物性方面的鲜明变化，冷却和分离操作必须在十分严格的控制条件下，以一种更经验性的方式来进行。分提是油脂改性不可缺少的加工手段，可分为干法分提、溶剂法分提及表面活性剂法分提。

二、油脂分提理论

油脂固液分离，无论采用哪一种分离方法，都是首先析出结晶。能否产生含液相少、粒大稳定的晶体，决定整个分离效果。晶体的形成与油脂的相特性有关。

（一）固-液平衡相图

相平衡是结晶过程的理论基础。利用图形来表示相平衡物系的组成、温度和压力之间的关系以研究相平衡，这种图称为相图，又称平衡状态图。

1. 完全互溶的固态溶液

溶液是两个或两个以上的组分均匀混合且呈分子分散状态的物系。在一定条件下，若溶液是固态，则称之为固态溶液或固溶体。若两个组分的数量可以成任何比例，我们说这两个组分形成完全互溶的溶液。若两个组分的数量比只有在一定范围内变动，则形成部分互溶的溶液。碳链相差不超过 2~4 个碳数的同系甘油三酯或脂肪酸（$C_{12\sim18}$），可形成完全互溶的固体溶液。图 7-14 为最简单的固-液相图。图 7-14 中上面一条曲线（T_AgT_B）是液相线，下面一条曲线（T_AhT_B）是固相线。液相线以上的区域为液态溶液的相区，固相线以下的区域为固态溶液的相区。液相线与固相线之间的区域为液-固两相平衡共存的相区。若将组成为 x 的物系油脂加热，使其熔化，然后沿 ax 线冷却降温，当物系点达到液相线上的 b 点时，便有晶体析出，它的相点为 c，即晶体的组成为 c。温度继续下降，晶体继续析出，相点至 f 点时，固体即晶体的相点为 h，与之平衡的溶液的相点为 g。固液二者的数量之比可用杠杆原理计算，液相量为 fh/gh；固体的量是 gf/gh。d 点的整个物系都凝为固态。

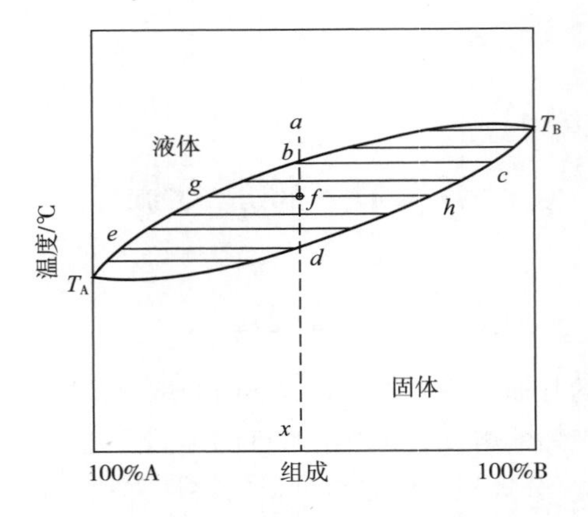

图 7-14　完全互溶的二元组分相图

2. 低共熔、部分互溶的固态溶液

图 7-14 为理想溶液相图。实际上，脂肪类化合物中不存在此类相图。一般来说，油脂的固态溶液为部分互溶型，并具有低共熔点，如图 7-15 所示。

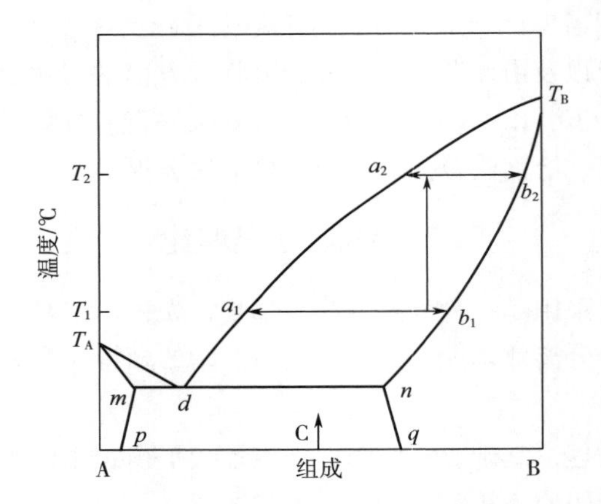

图 7-15　部分互溶的二元混合物相图

图 7-15 中有六个相区。曲线 T_AdT_B 以上是液相区，曲线 T_Amp 左侧为 α 固体相区（固体 α 为 B 溶于 A 的固态溶液），T_Bnq 右侧是固体 β 相区（固体 β 是 A 溶于 B 的固态溶液），T_Adm、T_Bdn 及 $mnqp$ 为两相区。点 d 是低共熔点，此时固体 A 与固体 B 同时析出。这种同时析出的 A 和 B 的混合物，叫作低共熔混合物。低共熔点的物系像一纯化合物，熔化迅速。如果从组成为 C 的二元物系 A+B 中分离高纯度的物质 B，应首先熔化物系，然后控制冷却至温度 T_1，分离出现组成为 b_1 的晶体和组成为 a_1 的液体，若晶体进一步熔化，冷却至温度 T_2，将产生纯度较大的晶体（组成为 b_2）及组成为 a_2 的液体，由于低共熔点的存在，不能利用重复结晶法从物系 a_1 中分离出纯净的组分 A。低熔点有机溶剂的存在不影响相的特点，并且，此原理也适应于多元物系（组分可分为两大类，每类中的各组分性质相近）。

（二）结晶

1. 结晶过程

溶质从溶液中结晶出来，要经历两个步骤：首先产生微观的晶粒作为结晶的核心，这些核心称为晶核；然后晶核长大，成为宏观的晶体。无论是微观晶核的产生或是要使晶核长大，都必须有一个推动力，这种推动力是一种浓度差，称为溶液的过饱和度。由于过饱和度的大小直接影响晶核形成过程和晶体生长的快慢，这两个过程的快慢又影响着结晶产品中晶体的粒度及粒度分布，因此，过饱和度是考虑结晶问题时的一个极其重要的因素。

过饱和度常以浓度推动力$\triangle C$表示。溶液过饱和度与结晶的关系如图 7-16 所示。图 7-16 中的 AB 线为普通的溶解度曲线，CD 线代表溶液过饱和而能自发地产生晶核的浓度曲线（超溶解度曲线），它与溶解度曲线大致平行。这两条曲线将浓度-温度图分割为三个区域。在 AB 曲线以下是稳定区，在此区中溶液尚未达到饱和，因此没有结晶的可能。AB 线以上为过饱和溶液区，此区又分为两部分，在 AB 与 CD 线之间称为介稳定区，在这个区域中，不会自发地产生晶核，但如果溶液中已加了晶种（在过饱和溶液中人为地加入少量溶质晶体的小颗粒，称为加晶种），这些晶种就会长大。CD 线以上的是不稳定区，在此区域中，溶液能自发地产生晶核。若原始浓度为 E 的溶液冷却到 F 点，溶液刚好达到饱和，但不能结晶，因为它还缺乏作为推动力的过饱和度。从 F 点继续冷却到 G 点后，溶液才能自发地产生晶核，越深入不稳定区（如 H 点），自发产生的晶核越多。过饱和度是影响晶核形成速率的主要因素。

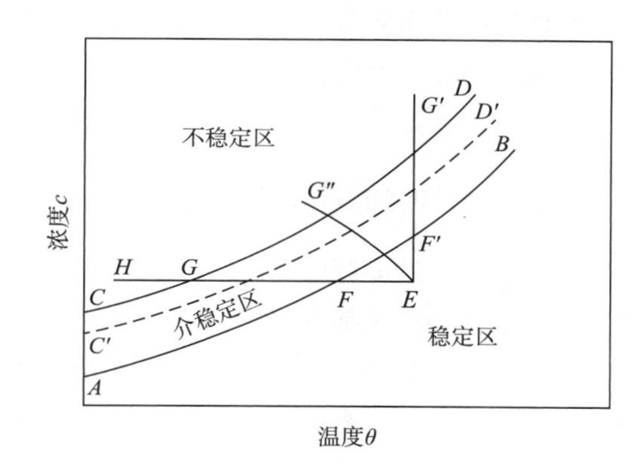

图 7-16　溶液的过饱和与超溶解度曲线

在过饱和溶液中已有晶核形成或加入晶种后，以过饱和度为推动力，晶核或晶种将长大。晶体的生长过程由三个步骤组成：待结晶的溶质借扩散穿过靠近晶体表面的一个静止液层，从溶液中转移到晶体的表面，并以浓度差作为推动力；到达晶体表面的溶质进入晶面使晶体增大，同时放出结晶热；放出的结晶热借传导回到溶液中，结晶热量不大，对整个结晶过程的影响很小。成核速度与晶体生长速度应匹配。冷却速度过快，成核速度大，生成的晶体体积小，不稳定，过滤困难。

加晶种的油脂缓慢冷却结晶，由于溶液中有晶种存在，且降温速率得到控制，溶液始终保持在介稳状态，晶体的生长速度完全由冷却速度控制。因为溶液不致进入不稳定区，不会发生初级成核现象，能够产生粒度均匀的晶体。

一些表面活性物质如磷脂、甘油一酯及甘油二酯等通过改变溶液之间的界面上液层的特性，而影响溶质进入晶面，阻止或妨碍晶体的生长。

2. 晶体对分提的作用

将熔化的油脂冷却到熔点以下，抑制了高熔点甘油三酯的自由活动能力，变成过饱和溶液的不稳定状态。在此状态下，首先形成晶核。通过甘油三酯分子逐步转移至晶核表面，使结晶生长到一定体积及形状，以便有效地分离。通常一种油或脂肪可以以三种晶型固化（见第四章)。油脂三种晶型的稳定性、熔点、溶解潜热、溶解膨胀逐步增大（表7-6)。同质多晶体转移是单向性的，即 $\alpha \to \beta' \to \beta$，而 $\beta \to \beta' \to \alpha$ 不能发生。

表7-6　三硬脂酸甘油酯的三种晶型特性

特性	晶型		
	α	β'	β
熔点/℃	55	64	72
熔化焓/(J/g)	163	180	230
熔化膨胀/(cm^3/kg)	119	131	167

有机溶剂能够降低油脂的黏度，使甘油三酯分子的运动变得容易，能够在短时间内生成稳定的、易过滤的结晶。将油脂急冷固化，首先生成不稳定的 α 结晶，向稳定晶型（β 与 β'）转变的快慢主要取决于甘油三酯的脂肪酸组成、分布以及冷却速率等。一般而言，脂肪酸碳链长或脂肪酸种类复杂的油脂转变速度慢；同一碳链长度、甘油三酯结构对称的转变速度快。固液分提工序，需要晶粒大，稳定性佳，过滤性好的 β 或 β' 型结晶。

三、影响油脂分提的因素

分提过程力求获得稳定性高、过滤性能好的脂晶。由于结晶发生在固态脂和液态油的共熔体系中，组分的复杂性及操作条件诸因素都直接影响着脂晶的大小和工艺特性。影响油脂分提的因素主要有：油品及其品质（油脂的品种、甘油三酯组分、类脂组分)、晶种与不均匀晶核、结晶温度和冷却速率、结晶时间、搅拌速度、辅助剂、输送及分离方式等。

四、分提方法及其在油脂行业中的应用

（一）干法分提（常规分提法）

在无有机溶剂存在的情况下，将处于液态的油脂慢慢冷却到一定程度，分离析出结晶固体脂的方法称为干法分提。干法分提是最简单和最便宜的分离工艺。在控制冷却速率下，熔化油经部分结晶至最终温度，随后采用真空过滤机或膜压滤机分离得到固体脂和液体油两部分。干法分提适用于产品熔点相差较大的甘油三酯的分离，并且待分离结晶大，可借助压滤或离心分离。

棕榈油采用常规分提法在18℃分提，通过真空过滤机过滤后，可得到熔点为6℃的液态油和熔点为45~50℃的固体脂。采用此方法在29℃对棕榈油进行分提，可得到熔点为12℃的液体油。分提的温度越低，固脂得率越高。

（二）溶剂分提

溶剂分提法是油脂在溶剂中形成容易过滤的稳定结晶，提高分离效果，增加分离产率，减少分离时间，提高分离产品的纯度，尤其适用于组成脂肪酸的碳链长，并在一定范围内黏度较大的油脂的分提。但由于结晶温度低及溶剂回收时能量消耗高，故投资很大。

油脂在溶剂中的溶解度是溶剂分提法最重要的因素，一般情况下，饱和甘油三酯熔点高，溶解性差；反式脂肪酸甘油三酯较顺式脂肪酸甘油三酯的熔点高，溶解度低。适用于油脂分提的溶剂主要有丙酮、己烷、甲乙酮、2-硝基丙烷等。具体溶剂的选择取决于油脂中甘油三酯的类型及对分离产品特性要求等。与其他溶剂相比，己烷对油脂的溶解度大，结晶析出温度低，结晶生成速度慢。甲乙酮分离性能优越，冷却时能耗低，但其成本高。丙酮分离性能好，但低温时对油脂的溶解能力差，并且丙酮易吸水，分提过程中丙酮中水分含量增加，使油脂的溶解度急剧变化，改变其分离性能，为克服此缺点，常使用丙酮-己烷混合溶剂。

采用溶剂分提法可降低棕榈油的分提温度，如采用正己烷作为溶剂，在5℃对棕榈油进行分提，分提后可得到熔点为10℃的液体油和熔点为55℃的固体脂，提升了分提效率。也可采用正己烷为溶剂，在-10℃对棕榈油进行分提，分提后可得到熔点为3℃的液体油和熔点为46.5℃的固体脂。

（三）表面活性剂法分提

此方法是在二十世纪初，由意大利 Fratelli Lanza 公司发明的，采用添加水溶性表面活性剂溶液到已结晶的油中的表面活性剂分提方法，改进了结晶相与液相的分离。表面活性剂法的第一步与干法分提相似，冷却预先熔化的油脂，析出 β 或 β' 结晶，然后添加表面活性剂（如十二烷基磺酸钠）水溶液并搅拌，水溶液润湿固体结晶的表面，使结晶分散，悬浮于水溶液，利用相对密度差，将油水混合物离心分离，分为油层和包含结晶的水层。加热水层，结晶溶解、分层，将高熔点的油脂和表面活性剂水溶液分离开。为防止分离体系乳化，往往添加无机盐电解质，如氯化钠、硫酸钠及硫酸镁等。水相和残留液态油通常采用离心方法分离。接着加热水相，在第二次离心分离过程中回收熔化的固体脂。为了除去微量的表面活性剂，分离之后，需进一步水洗及干燥。目前，由于成本高及最终产品受表面活性剂的污染，该技术已失去了它的吸引力。

采用表面活性剂法，对熔点为37℃的棕榈油进行分提，可得到熔点为（20±2）℃的软脂和熔点为（50±2）℃的硬脂，得率分别为70%～80%和20%～30%。

除上述分提方法外，还有其他物理分离方法，如蒸馏、超临界萃取、液-液萃取、吸附等。

第三节 油脂酯-酯交换

酯-酯交换是用来改变油脂中甘油三酯（TAG）混合物的物理和功能特性的一种常用方法，通常是通过改变甘油三酯中脂肪酸的分布，使油脂的性质尤其油脂的结晶及熔化特征发生变化。一般酯-酯交换是发生在两个 TAG 间或者 TAG 与脂肪酸单酯间的酰基或烷氧基交换，从而形成具有新的理化性质的 TAG。

尽管酯-酯交换反应能在高温下直接发生，但实际上几乎所有的酯-酯交换反应都需要催化剂的参与。化学催化剂和生物酶催化剂均可催化酯-酯交换反应。因此，本节重点介绍化学催化油脂酯-酯交换反应、酶法催化油脂酯-酯交换反应和酯-酯交换反应终点检测方法等。另外，酸解反应虽不属于酯-酯交换反应，但通过酶催化油脂 TAG 与游离脂肪酸的酸解反应也可制备出新的 TAG，因此本节也做简单介绍。

一、化学催化油脂酯-酯交换反应

根据反应产物的不同，化学催化油脂酯-酯交换可分为随机酯-酯交换和定向酯-酯交换两大类。

（一）随机酯-酯交换反应

化学随机酯交换是最常用的酯交换方法。在化学随机酯交换过程中，脂肪酰基从 TAG 分子中一个位置移动到另一个位置，或从一个 TAG 分子中移动到另一个 TAG 分子中。这种情况一直持续到 TAG 中脂肪酸的排列完全随机为止。随机酯-酯交换使 TAG 分子随机重排，最终按概率规则达到一个平衡状态，总脂肪酸组成未发生变化。脂肪酸分布从有序排列到随机排列的变化，导致油脂的理化特性发生改变，如熔化曲线和熔点等。

酯-酯交换反应的随机性使 TAG 分子酰基重组、混合，构成各种可能的 TAG 类型。可以图 7-17 加以说明：

$$\text{SSS} + \text{UUU} \longrightarrow sn\text{-SSU} + sn\text{-SUS} + sn\text{-USS} + sn\text{-UUS} + sn\text{-USU} + sn\text{-SUU} + \text{SSS} + \text{UUU}$$

图 7-17 酯交换反应达到平衡时的混合物

该平衡混合物的简化缩写形式：

$$\text{SSS} \rightleftharpoons (\text{SUS+SSU}) \rightleftharpoons (\text{SUU+USU}) \rightleftharpoons \text{UUU}$$

其中，S、U 分别表示饱和脂肪酸和不饱和脂肪酸。随机分布 TAG 的组成可根据概率理论加以计算。如果 A、B 和 C 是三种脂肪酸的摩尔分数，则含一种脂肪酸 TAG 的摩尔百分含量是：$\%AAA = A^3/10000$；含两种脂肪酸 TAG 的摩尔百分含量是：$\%AAB = 3A^2B/10000$；含三种脂肪酸 TAG 的摩尔百分含量是：$\%ABC = 6ABC/10000$。

（二）定向酯-酯交换反应

酯-酯交换反应达到平衡时，其产物为不同 TAG 的混合物。若反应混合物冷却到三饱和甘油酯（SSS）熔点以下，SSS 将会结晶析出。若将可逆反应的产物之一从体系中移去，则反应平衡状态发生变化，趋于再产生更多的被移去产物。选择性的结晶会破坏酯-酯交换反应混合物的平衡，使反应生成更多的 SSS 以使反应再次达到平衡，从理论上讲这种反应将进行到所有饱和脂肪酸全部转化为 SSS 为止，这样的方法称为定向酯-酯交换。此反应通常在低温下进行，可使高熔点 TAG 不断在反应体系中结晶析出，导致更多的饱和脂肪酸转化为 SSS。因此，定向酯-酯交换会形成比其他情况下更多的三饱和甘油酯。在定向酯-酯交换反应过程中，只有在低温下具有活性的催化剂才可以使用。钠钾合金在低温下活性较高，因此更适合这类反应。

猪油定向酯-酯交换后其固体脂肪含量（SFC）变化如图 7-18 所示。猪油的晶粒粗大（β 型），不细腻。温度高时，太软；温度低时，太硬，塑性不佳。随机酯-酯交换能够改善猪油低温时的晶粒，但塑性不理想，作为起酥油使用时仍需添加一定量的硬脂。定向酯-酯交换增加 SSS 含量，减少了 SSU，从而扩大了塑性范围。定向酯–酯交换也可用来分离 SSU。为此，催化剂应被加进冷冻的油中，冷冻油中晶体主要是 SSU，以 SSU 晶体为晶种，生成更多的 SSS 结晶。

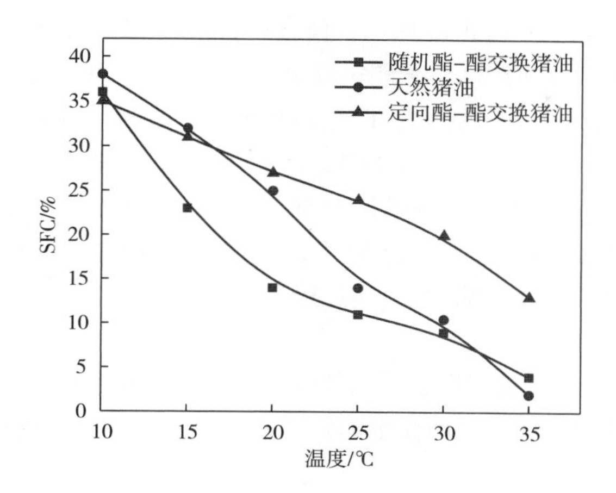

图 7–18　酯–酯交换反应引起猪油 SFC 的变化

（三）化学催化酯–酯交换反应机制

目前使用最普遍、效果最佳的化学催化剂是碱，如醇钠、碱金属及其合金等。在酯–酯交换反应中，脂肪酸在一个 TAG 分子内（分子内酯化）或不同的 TAG 分子之间“穿梭”，直到达到新的平衡。图 7–19 为 *sn*–1–硬脂酸–2–油酸–3–亚油酸甘油三酯（*sn*–StOL）的典型完全随机化反应。在该过程中，第一步是将脂肪酰基与甘油骨架相连的酯键断裂，释放出来的脂肪酸可重新酯化到甘油分子新的位置上，或在同一个甘油分子上（分子内酯交换），或在另一个甘油分子上（分子间酯交换）。反应达到平衡后，可获得单饱和、二饱和、三饱和、三不饱和 TAG 的混合物。

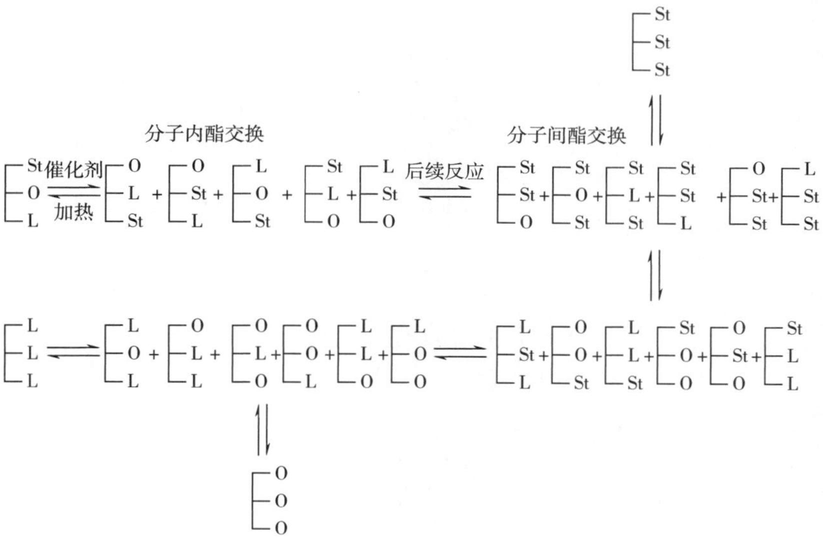

分子内酯交换　　分子间酯交换

St-O-L ⇌(催化剂/加热) O-L-St + O-St-L + L-O-St + St-L-O + L-St-O ⇌(后续反应) St-St-O + St-O-St + St-L-St + St-St-L + O-St-St + L-St-St

⇅ St-St-St

⇅

L-L-L ⇌ L-O-L + O-L-L + O-L-O + O-O-L + L-L-O + L-O-O ⇌ L-St-L + O-O-St + L-L-St + St-O-O + O-St-O + St-L-L

⇅ O-O-O

图 7–19　酯–酯交换过程中 TAG 的形成

碱性催化剂催化的化学酯-酯交换有两种机制，烯醇式阴离子反应机制和羰基加成反应机制。

1. 烯醇式阴离子反应机制

首先，甲醇钠（催化剂）攻击酸性氢，使α-碳转化为羰基碳产生烯醇式结构，反应从此开始（图7-20）。这个反应产生一个碳负离子，该离子是一种强亲核试剂。然后，烯醇式阴离子与TAG分子中的另一个酯基反应生成β-酮酯和甘油酯，后者再与其他羰基碳进一步反应生成β-酮酯。通过这种方式，TAG中的所有酯基都可发生反应，并从它们的初始位置四处移动。相同的作用模式也适用于两个或多个TAG分子之间的酯交换。在反应的初始阶段，分子内的酯交换被认为占主导地位，这种机制被称为克莱森（Claisen）缩合途径。随后发生进一步反应，完成酯-酯交换过程。

2. 羰基加成反应机制

在酯-酯交换反应中，烷氧基离子（亲核试剂）使三个脂肪酰基甘油酯键中的一个变为带正电荷的羰基碳，从而形成一个四面中间体（图7-21）。然后释放脂肪酸甲酯，生成一个甘油酯阴离子，进行下一步反应。

（1）烯醇式酯离子的形成（以甲醇钠作催化剂）

（2）分子内酯-酯交换反应

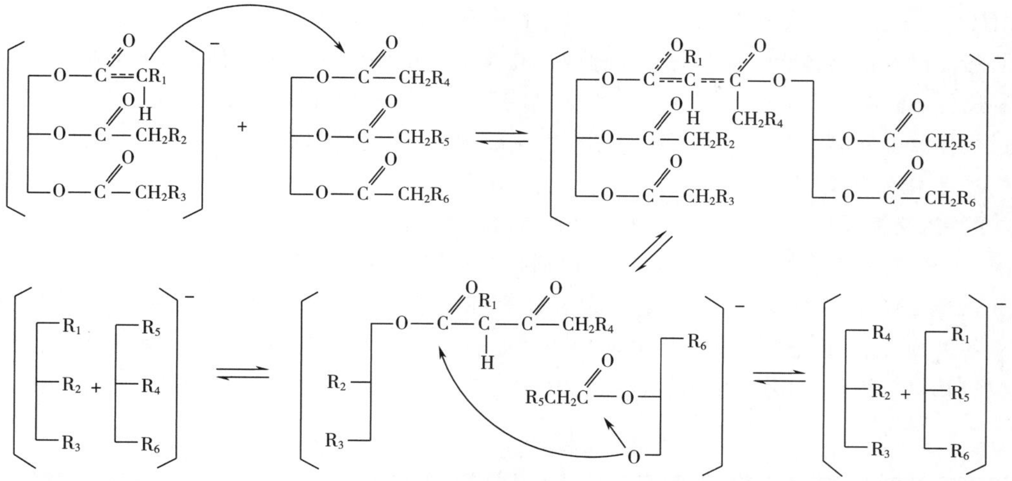

（3）分子间的酯-酯交换反应

图 7-20　烯醇阴离子的形成及其反应机制

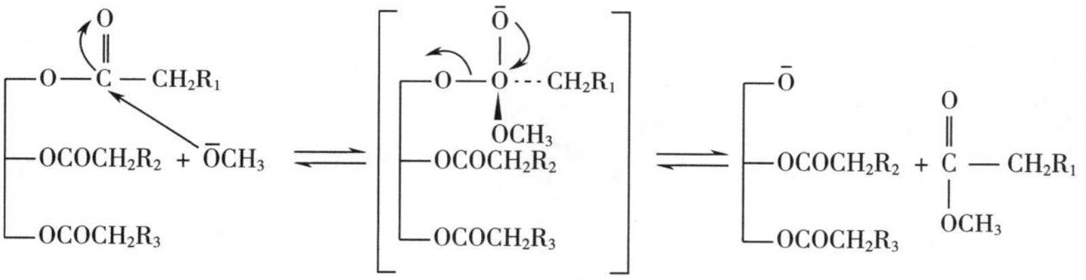

（1）活化或诱导过程

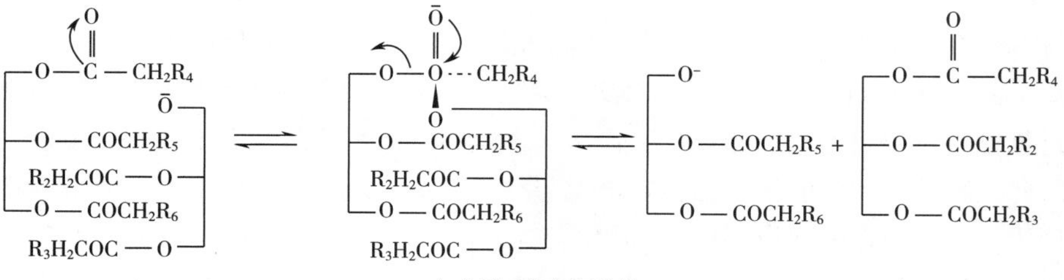

（2）酯-酯交换过程

图 7-21　羰基加成反应机制

甘油酯阴离子作为真正的催化剂，可以转移甘油骨架周围的酰基。值得注意的是，通过羰基加成机制，分子内和分子间的酯-酯交换反应均有可能同时发生。这两种机制的相似之处是，通过这两种机制均形成了甘油酯阴离子。其区别是，在第一种机制中，β-酮酯和甘油酯离子都是酯交换的酰基供体，而在第二种机制中，只有甘油酯离子是酰基供体。

（四）影响化学酯-酯交换反应的因素

酯-酯交换反应能否发生以及进行程度如何与原料油脂的品质、催化剂种类及其使用量、反应温度等反应条件密切相关。其影响因素主要有以下两点。

1. 原料油脂的性质

对于化学酯-酯交换来说，用于酯-酯交换反应的油脂应符合下列基本要求：水分不大于

0.01%、游离脂肪酸含量不大于0.01%和过氧化值不大于5.122mmol/kg。这是由于水、游离脂肪酸和过氧化物等能够削弱甚至完全破坏化学催化剂的催化功能，使酯-酯交换反应无法顺利进行。磷脂、皂脚等杂质的存在也会影响反应的速度和程度。因此，低水分、低酸价、低过氧化值、低皂及低胶杂的原料油脂有助于酯-酯交换反应的发生。

2. 催化剂种类

酯-酯交换反应可以在高温（≥250℃）、无催化剂情况下进行，但所需反应时间长，并伴随分子分解及聚合等副反应。当在催化剂存在的情况下，化学酯-酯交换可以在较低温度下（低至25℃）进行。一般使用碱、金属盐等催化剂，可以降低反应温度，并加快反应速度。各种酯-酯交换催化剂种类及其应用条件如表7-7所示。其中，目前使用最为广泛的是钠烷氧基化合物（如甲醇钠、乙醇钠），其次是钠、钾、钠-钾合金以及氢氧化钠-甘油等。

表7-7 酯-酯交换催化剂

催化剂	添加量/%	温度/℃	时间
乙酸盐、碳酸盐、硝酸盐、氯化物以及Sn、Zn、Fe、Co、Pd的氧化物	0.1~2	120~260	0.5~0.6h，真空
NaOH、KOH、LiOH	0.5~2	250	1.5h，真空
碱金属氢氧化物-甘油	0.05~0.2	60~160	30~45min，真空
硬脂肪酸钠	0.5~1	250	1h，真空
Na、K、Na-K合金	0.1~1	25~270	3~120min
金属烷基化合物如甲醇钠	0.2~2	50~120	5~120min

钠烷基化合物一般以粉末状使用，操作容易，价格低，引发反应温度低（50~70℃），用量少（0.2%~0.4%），反应后通过水洗易去除；但其质量不稳，能与水、氧、无机酸、有机酸、过氧化物及其他物质强烈地相互作用，也能够吸附水蒸气，在水中易溶解并分解为醇和碱，因此，甲醇钠和乙醇钠等必须在避免与空气、水分及上述列举的化合物接触的条件下保存和使用。另外，在酯交换反应过程中，它们容易与中性油反应，生成皂及相应的单酯，从而造成中性油的损失。Na-K合金，即使在0℃也呈液态，容易分散于油脂中，适合在低温下进行的酯-酯交换反应，如定向酯-酯交换；其使用温度为25~270℃，使用量为0.1%~1%。最容易获得、价格便宜的是NaOH和KOH，但由于二者难溶于油脂，需要与甘油共用，为使反应顺利进行，添加催化剂后，应迅速脱除水分，分散催化剂于油脂，酯交换反应在140~160℃的较高温度下进行。NaOH和KOH与甘油的合用，可提高催化效果，但伴有少量甘油一酯、甘油二酯的产生。

这些催化剂可能不是真正起催化作用的催化剂（详见酯-酯交换反应机制），但可以在形成“真正的催化剂”的过程中作为引发剂。当催化剂分散在60~80℃的干燥油中，会形成一种白色浆体。加入催化剂几分钟后，油变成红褐色，并随着反应的进行而加深。这种红褐色物质是钠和TAG形成的复合物，是真正的活性催化剂。在反应结束时，催化剂必须被灭活并去除。大多数化学催化剂可以通过水或磷酸洗涤去除。图7-22是典型的化学酯-酯交换反应流程。

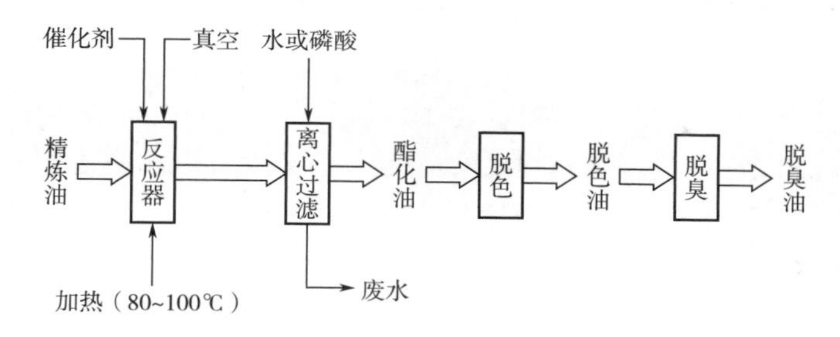

图 7-22　典型化学催化油脂酯-酯交换反应流程

二、酶法催化油脂酯-酯交换反应

酶作为生物催化剂，在油脂研究领域及工业中颇受重视。脂肪酶（lipase，EC3. 1. 3），又称甘油酯水解酶，早在十九世纪中叶人们就对脂肪酶的性质有所认识。脂肪酶最初应用于油脂工业是在油脂的水解方面，但后来人们对其动力学和热力学研究时发现，脂肪酶不仅可以促进油脂的水解，而且在一定的系统中，控制一定的条件，同样可以加速油脂的合成（有些酶更适合于合成），促进酯交换反应。可通过酶催化酯-酯交换反应来生产类可可脂、人乳脂替代品、结构脂、人造奶油基料油等。

酶促酯交换不仅克服了化学酯交换所要求的原料低水分、低杂质、低酸价、低过氧化值的苛刻条件的缺点，更重要的是作为一种生物催化剂，与化学催化剂相比，脂肪酶具有许多优点，如催化活性高，专一性强，反应副产物少，反应条件温和（常温、常压），能量消耗少，反应物和产物的热损伤少，环境污染少等。可应用于油脂酯-酯交换反应的生物酶种类很多，常用于油脂改性的脂肪酶源如表 7-8 所示。

由于游离态脂肪酶不耐热、不稳定，在水溶液或易变的环境中易失去催化活性，再者游离酶与反应产物难以分离，不能重复使用，大大增加了生产成本，从而使其在工业生产中的应用受到限制。为克服以上缺点，必须对脂肪酶进行固定化。所谓酶的固定化就是指通过物理或化学方法处理，使水溶性酶和固态的水不溶性支持物（或载体）相结合或载体包埋，使之转变为不溶于水或处于不自由状态，但仍保留活性的过程。固定方法分为：化学法，是指酶与载体以共价键连结或酶与载体交联化结合；物理法，是指将酶机械包埋，或与载体间形成弱的相互作用。

表 7-8　　常用于油脂改性的脂肪酶源

脂肪酶源	底物选择性	
	位置（*sn*-）	脂肪酸
黑曲霉（*Aspergillus niger*）	1，3>>2	M>S>L[①]
曲霉属（*Aspergillus* sp.）	1，2，3	M，S，L
皱落假丝酵母（*Candida rugosa*）	1，2，3	M，S，L
南极假丝酵母（*Candida Antarctica*）	1，2，3	M，S，L
解脂假丝酵母/溶脂念珠菌（*Candida lypolytica*）	1，2>3	M，S>L
近平滑念珠菌（*Candida parapsilosis*）	1，2>3	M，S，L

续表

脂肪酶源	底物选择性	
	位置（*sn*-）	脂肪酸
黏性色杆菌（*Chromobaterium viscoum*）	1，2>3	M，S，L
白地霉（*Geotrichum candidum*）	1，2>3	M，S，L（Δ9*c*）
爪哇毛霉（*Mucor javanicus*）	1，3>2	M，S，L
燕麦（*Avena sativa*）	1，3>2	M，S，L（Δ9*c*）
猪胰腺［Pancreatic（porcine）］	1，3	S>M，L
番木瓜乳液（Papaya latex）	1，3>2	M，S，L
青霉（*Penicillium* sp.）	1，3>2	M，S，L
沙门柏干酪青霉（*Penicillium camembertii*）	1，3	MAG>DAG>TAG②TG
娄地青霉（*Penicillium roquefortii*）	1，3	S，M>>L
闪光须霉（*Phycomyces nitens*）	1，3>2	S，M，L
假单胞菌属（*Pseudomonas* sp.）	1，3>2	S，M，L
荧光假单胞菌（*Pseudomonas fluorescens*）	1，3>2	M，L>S
米黑根毛霉（*Rhizomucor miehei*）	1，3>2	M，S，L
德式根霉（*Rhizopus delemar*）	1，3>>2	M，L>>S
爪哇根霉（*Rhizopus javanicus*）	1，3>2	M，L>S
日本根霉（*Rhizopus japonicus*）	1，3>2	S，M，L
雪白根霉（*Rhizopus niveus*）	1，3>2	M，L>S
米根霉菌（*Rhizopus oryzae*）	1，3>>2	M，L>S
少根根霉（*Rhizopus arrhizus*）	1，3	S，M>L
疏绵状嗜热丝孢菌（*Thermomyces lanuginosa*）	1，3>>2	S，M，L

注：①M、S、L分别代表中、短、长碳链脂肪酸。②MAG、DAG、TAG分别代表甘油一酯、甘油二酯及甘油三酯。

在非专一性脂肪酶的催化下，酯-酯交换反应产物同化学催化酯-酯交换反应，参照图7-19。

在1,3-专一性脂肪酶的催化作用下，POP和StOSt酯交换反应产品相对简单些（图7-23）。

P-O-P + St-O-St ⟶ P-O-P + St-O-St + P-O-St

图7-23　1,3-专一性脂肪酶催化POP和StOSt的酯交换反应

但是脂肪酶催化油脂酯-酯交换反应过程中，会伴随着水解及酰基位移等副反应的发生，致使产物多元化，其主要的副反应如图7-24所示。

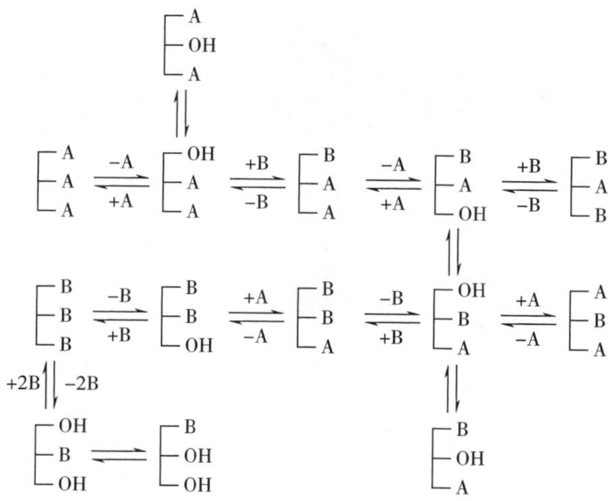

图 7-24　酯-酯交换过程中的水解和酰基位移副反应

从以上的反应结果可以看出：1,3-特异性脂肪酶催化甘油三酯的 *sn*-1,3 位，其产物包括游离脂肪酸、1,2（2,3）-甘油二酯及 2-甘油一酯。由于甘油二酯及甘油一酯不稳定，尤其是 2-甘油一酯极不稳定，易进行酰基转移作用（acyl migration）产生 1,3-甘油二酯及 1（3）-甘油一酯。因此，使用此种酶时，要严格控制反应条件，反应时间也不易过长，否则会产生许多副产物。产生 1,3-特异性脂肪酶的微生物有荧光假单胞菌（*Pseudomonas fluorescens*），伊巴丹丝孢菌（*Thermomyces ibadanensis*），戴尔根霉（*Rhizopus delemar*），少根根霉（*R. arrhizus*），黑曲霉（*Aspergillur niger*），爪哇毛霉（*Mucor javanicus*），米黑毛霉（*M. miehei*），畸形假丝酵母（*Candida deformans*）等；动物胰脏中的胰脂酶及米糠中的解脂酶等也属于这类特异性脂肪酶。

不同的脂肪酶其最佳使用温度、反应时间、副反应（主要指水解及酰基位移）发生情况等均不同。在实际生产中，要根据具体情况选择不同的脂肪酶，以生产符合要求的产品。影响酶促酯交换的因素主要有系统的加水量、反应时间、温度、酶量及底物比例等。

三、酯-酯交换反应终点检测方法

1. 熔点

测定反应前后的熔点是使用最早，也是最快的一种控制酯-酯交换反应的方法。表 7-9 列出了一些油脂酯-酯交换反应前后油脂熔点的变化。一般说来，酯-酯交换后，单一植物油的熔点上升；动物脂（如猪油、牛油等）以及富含饱和脂肪酸的植物油（如椰子油、棕榈油等）熔点变化不大；熔点差别明显的油脂混合物，经酯-酯交换反应后，熔点下降。

表 7-9　　随机分子重排作用对油脂及其混合物的熔点的影响

油脂	熔点/℃		油脂	熔点/℃	
	反应前	反应后		反应前	反应后
大豆油	-8	5.5	乳脂	20	26
棉籽油	10.5	34	10%深度氢化棉籽油+60%椰子油	58	41

续表

油脂	熔点/℃		油脂	熔点/℃	
	反应前	反应后		反应前	反应后
优质牛油	49.5	49	烛果油	43	63.5
优质汽蒸猪油	43	43	25%三硬脂酸甘油酯+75%大豆油	60	32
棕榈油	40	47	50%深度氢化猪油+50%猪油	57	50.5
牛油	46.5	44.5	15%深度氢化猪油+85%猪油	51	41.5
椰子油	26	28	25%深度氢化棕榈油+75%深度氢化棕榈仁油	50	40
可可脂	34.5	52			

2. 膨胀法

酯-酯交换反应前后 SSS 与 SSU 含量的变化可通过 SFC 或 SFI 反映出来。图 7-25 为酯-酯交换对混合油脂固体脂肪含量变化的影响。反应前的油脂混合物的 SFC，随着温度的变化，在人体温度下具有较高的固体脂肪含量，在高温下（50℃）仍有一定量的固体脂，于口中不能完全熔化。但酯-酯交换后，混合油脂的固体脂肪含量随着温度的升高，迅速下降，到 40℃其 SFC 接近零。膨胀法应用于控制反应终点的更多实例如表 7-10 所示。膨胀法的缺点是费时费事，因此快速测定 SFC 的核磁共振技术颇受人们青睐。

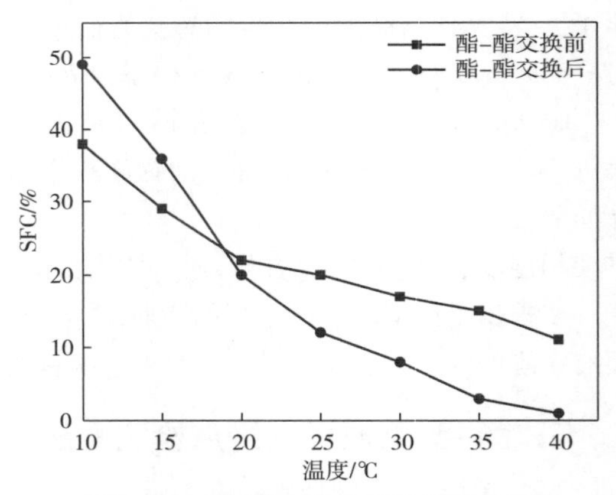

图 7-25 酯-酯交换前后油脂混合物
（全氢化高芥酸菜籽油/中链 TAG/棕榈油，1∶1∶4）SFC 变化

表 7-10 酯交换反应前后 SFI 变化

油脂	反应前/℃			反应后/℃		
	10	20	30	10	20	30
可可脂	84.9	80.0	0	52.0	46.0	35.5
棕榈油	54.0	32.0	7.5	52.5	30.0	21.5
棕榈仁油	—	38.2	80.0	—	27.2	1.0
氢化棕榈仁油	74.2	67.0	15.4	65.0	49.7	1.4
猪油	26.7	19.8	2.5	24.8	11.8	4.8

续表

油脂	反应前/℃			反应后/℃		
	10	20	30	10	20	30
牛油	58.0	51.6	26.7	57.1	50.0	26.7
60%棕榈油+40%椰子油	30.0	9.0	4.7	33.2	13.1	0.6
50%棕榈油+50%椰子油	33.2	7.5	2.8	34.4	12.0	0
40%棕榈油+60%椰子油	37.0	6.1	2.4	35.5	10.7	0
20%棕榈油硬脂+80%轻度氢化植物油	24.4	20.8	12.3	21.2	12.2	1.5

3. TAG 组成分析

由于酯-酯交换反应涉及 TAG 结构的变化，因此，任何直接分析 TAG 组分变化的方法都可以用于反应终点的检测，如气相色谱法、液相色谱法（具体方法参考第十一章）等。

棕榈仁油酯-酯交换前后 TAG 的组成变化如表 7-11 所示。GC 分析得到的 TAG 组成近似于随机分布的计算值。

表 7-11 TAG 的碳数分析（GC 法）

TAG 碳数	棕榈仁油/%	随机酯交换棕榈仁油/%	随机分布计算值/%
36	21.1	16.4	16.8
38	16.2	16.2	14.7
40	9.6	12.7	14.9
42	9.2	18.6	19.3
44	6.8	10.4	10.5
46	6.8	10.4	10.5

4. 脂肪酸在 TAG 上的分布分析

酯-酯交换前后脂肪酸在 TAG 中的位置分布和含量变化可以判断酯-酯交换反应的程度。目前常用于测定脂肪酸在 TAG 中的位置分布和含量变化的方法是 *sn*-2 位脂肪酸组成分析（即胰脂酶水解法）和采用 1,3-随机-2-随机分布学说计算 TAG 组分的组合分析法。详见第三章和第十一章。

例如，当猪油作为酯-酯交换的反应底物时，酯-酯交换反应前后油脂 *sn*-2 位脂肪酸和总脂肪酸组成的分布变化如表 7-12 所示。可通过 *sn*-2 位脂肪酸含量的变化来评价酯交换的反应程度。

表 7-12 酯交换反应前后猪油 *sn*-2 位脂肪酸和总脂肪酸含量变化

脂肪酸	总脂肪酸含量/%		*sn*-2 位脂肪酸含量/%	
	酯交换前	酯交换后	酯交换前	酯交换后
14：0	1.46	1.60	3.11	1.24
16：0	24.17	24.47	53.87	23.47

续表

脂肪酸	总脂肪酸含量/%		sn-2 位脂肪酸含量/%	
	酯交换前	酯交换后	酯交换前	酯交换后
16：1	2.21	2.28	3.17	2.10
17：0	0.51	0.48	0.52	0.46
18：0	18.91	17.64	0.42	19.85
18：1	42.27	42.26	8.88	42.17
18：2	8.18	8.77	25.36	8.46
18：3	0.29	0.34	4.68	0.92
20：0	0.33	0.32	—	0.49
20：1	0.91	1.07	—	0.29
其他	0.75	0.78	—	0.56

四、通过其他酯-酯交换反应获得改性油脂产品

除上述主要的酯-酯交换反应外，通过酸解反应也可获得改性的 TAG 产品。酸解反应涉及酰基在游离脂肪酸和 TAG 之间的转移。化学催化酸解反应详见第五章。酸解是将新脂肪酸引入 TAGs 的有效手段，可将 EPA、DHA 和中碳链脂肪酸等引入植物油中，以提高其营养特性；也可通过酸解反应制备有特定用途或物理性质的油脂，如类可可脂、人乳脂替代品、中长碳链 TAG 等。酶是催化酸解反应常用的催化剂。

（一）人乳脂替代品

人乳脂肪对婴儿的正常发育起着非常重要的作用。人乳脂特别的结构形式，即棕榈酸的60%~70%分布于 *sn*-2 位（表 7-13），硬脂酸、油酸、亚油酸等主要分布在 *sn*-1,3 位，有利于婴儿对脂肪、矿物质的吸收和利用。但由于母亲工作或生理上的原因，婴儿的喂养越来越依赖于乳粉。为了满足婴儿的生理要求，乳粉脂肪的结构组成等应以人乳脂肪的组成为标准。

表 7-13　　典型人乳脂的脂肪酸组成和分布　　单位：%

脂肪酸	总脂肪酸	*sn*-2	*sn*-2*	*sn*-1，3
12：0	4.9	5.3	36.0	4.7
14：0	6.6	11.2	57.0	4.3
16：0	21.8	44.8	68.0	10.3
18：0	8.0	1.2	5.0	11.4
18：1（*n*-9）	33.9	9.2	9.0	46.3
18：2（*n*-6）	13.2	7.1	18.0	16.3
18：3（*n*-3）	1.2	—	—	—

注：*sn*-2* 是指脂肪酸在 *sn*-2 位酯化的百分比，按下式计算：*sn*-2 脂肪酸/（3×总脂肪酸）× 100%

Loders Croklaan（Unilever）公司以PPP为原料，通过*sn*-1,3位酸解反应生产OPO，其工艺过程如图7-26所示。工艺过程分两步完成，首先反应物通过第一级连续反应器，利用蒸馏去除一级产物中多余的游离脂肪酸；一级产物与油酸通过二级反应器，并通过蒸馏和分提去除游离脂肪酸和PPP。两级反应中催化剂为*sn*-1,3专一性固定化脂肪酶Lipozyme RMIM。酸解反应中应避免副反应（酰基位移，图7-27）的发生。高温、高含水量和长反应时间等都能增加酰基位移。二级产品经配比后，人乳脂替代品的TAG组成为：StStSt（0.3%）、StOSt（0.9%）、OStSt（6.6%）、StStL（3.1%）、StOO（5.8%）、OStO（54.1%）、OStL（22.8%）、StOL（1.8%）和OOO（0.8%），其中St、O和L分别为饱和脂肪酸、油酸和亚油酸。

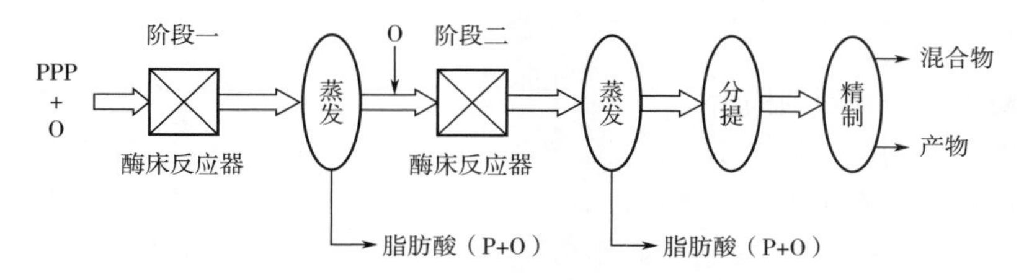

图7-26　*sn*-1,3专一性脂肪酶催化棕榈硬脂（主要成分为PPP）生产OPO

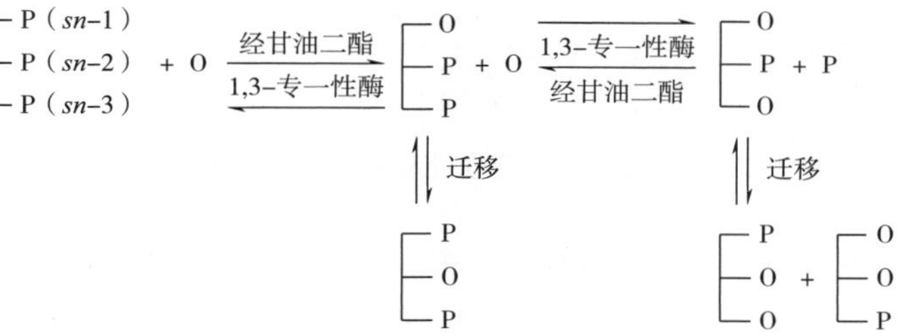

P（*sn*-1）
P（*sn*-2）　+ O　经甘油二酯 / 1,3-专一性酶　O / P / P　+ O　1,3-专一性酶 / 经甘油二酯　O / P / O　+ P
P（*sn*-3）

迁移　　　　迁移

P / O / P　　　　P / O / O　+　O / O / P

图7-27　PPP与O的*sn*-1,3专一性酸解反应

以猪油为原料，在*sn*-1,3专一性酶催化作用下与大豆脂肪酸反应也可以制备人乳脂替代品，工艺过程如图7-28所示。反应在无溶剂条件下进行，通过单因素试验和响应面法优化得到最佳反应条件为：反应温度61℃，水含量3.5%，底物比（猪油∶脂肪酸）1∶2.4（mol/mol），Lipozyme RMIM加入量13.7%（基于底物）和反应时间1h。反应过程中酶的失活符合二级反应模型。其最终产品性能如表7-14所示。

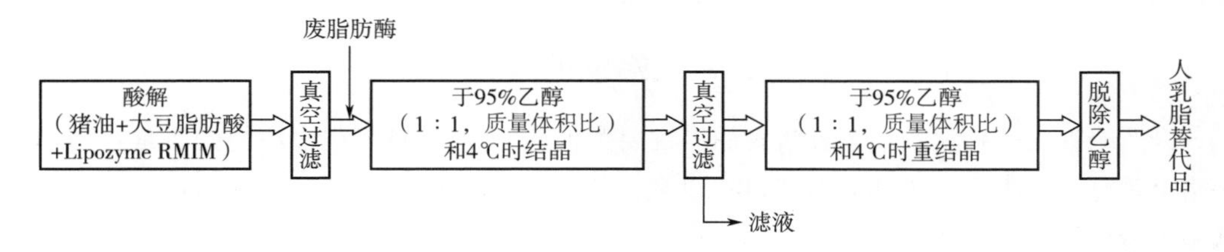

图7-28　猪油与大豆脂肪酸反应生成人乳脂替代品

表 7-14　　酶催化猪油酸解制备人乳脂替代品的脂肪酸组成和分布

单位：%（物质的量浓度）

脂肪酸	总脂肪酸	*sn*-2 脂肪酸	*sn*-1,3 脂肪酸
14∶0	1.3	2.0	1.0
16∶0	25.0	65.0	8.0
18∶0	8.9	5.6	10.6
18∶1	34.7	15.3	44.4
18∶2	23.7	4.1	33.5
18∶3	2.3	0.5	3.2

注：18∶2（*n*-6）/18∶3（*n*-3）= 10.5；熔点 32~35℃

（二）MLM 和 LML 型结构脂

结构脂对免疫功能、氮平衡、血脂水平等有着有益的作用。MLM 型结构脂在 *sn*-2 位（L）分布着必需脂肪酸或 EPA 和 DHA，*sn*-1,3 位被中碳链脂肪酸（$C_{8\sim10}$）占据。长碳链甘油三酯（LLL）在 *sn*-1,3 专一脂肪酶作用下与中碳链脂肪酸（M）发生酸解反应，生成 MLM 和脂肪酸 L（图 7-29）。

$$\begin{bmatrix} L \\ L \\ L \end{bmatrix} + M \xrightleftharpoons{sn\text{-}1,3\text{专一脂肪酶}} \begin{bmatrix} M \\ L \\ M \end{bmatrix} + L$$

图 7-29　*sn*-1,3 专一脂肪酶催化 LLL 与 M 的酸解反应

通过物理分离方法去除产物中的游离脂肪酸，即得到产品 MLM。LML 型结构脂也可通过类似的途径合成、生产。但反应过程中要抑制酰基位移的发生，以减少副产品的生成。反应器可以是连续的（填料式）或间歇的（罐式）。

第四节　常见油脂酯-酯交换改性产品

改性使油脂产品丰富多彩，如高脂肪或低脂肪的人造奶油，各种起酥油及糖果用脂等。并使原料的互补性增强，稳定油脂原料及产品的市场价格。

一、人造奶油的基料油

人造奶油是一种塑性液态乳状食品，主要为油包水（W/O）型，油相主要是食用油脂。规格上可分为：①人造奶油，油相 80%以上；②调和人造奶油，油相 75%~80%；③低脂肪软脂人造奶油，油相 35%~75%。

人造奶油在较低温度下（即冰箱温度）应有可塑性。在 21~27℃下必须含有足够的固体甘油酯以便于成形和常规包装，并能在 27~32℃下适当的时间内保持其外形并不析出油。在人体温度下必须完全熔化、不粘嘴，因此其 SFC 曲线应稍呈凸状。低温比高温时的 SFC-温度变化率小（图 7-30）。人造奶油的结构、稳定性也受脂肪晶型的影响，人造奶油希望形成 β′型晶型。β′型结构由非常细微网络组成，由于其有很大的表面积，它能束缚大量的液体油和液相油滴。

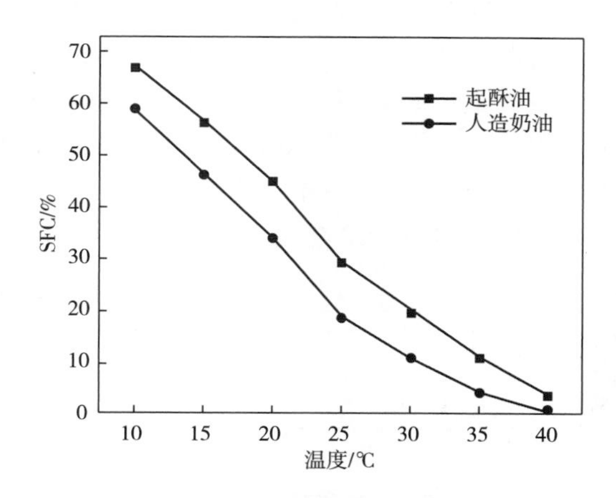

图 7-30　典型起酥油及人造奶油脂肪的固体脂肪含量曲线

人造奶油的原料油脂主要是氢化植物油、动物油、酯交换油、分提油脂或不同油脂的混合物（表 7-15）。如把氢化到碘值范围为 80～90g/100g 的棉籽油或豆油（80%）与碘值为 55～65 的硬化油（20%）进行掺和的混合油经过随机酯-酯交换反应，可制得在 10℃、21℃和 33.7℃时的 SFI 分别为 8、3.5、2.5 的油脂，制得的软质人造奶油多不饱和脂肪酸含量高，晶体结构稳定，并具有良好的氧化稳定性。原料油也可以是中碳链的甘油酯。

表 7-15　由 80 份软基料油脂和 20 份硬基料油脂制成的典型人造奶油油相分析数据

分析项目		人造奶油油相掺和脂	软基料油脂	硬基料油脂
碘值/(g/100g)		79	86	55
熔点/℃		37.7	30	43.8
固体脂肪指数	10℃	27	18	66
	21.1℃	16	7	59
	26.7℃	12	2	57
	33.3℃	3.5	0	43
	37.8℃	0	0	27

二、起酥油的基料油

起酥油可以用来酥化或软化烘焙食品，阻止蛋白质及碳水化合物变硬。起酥油可以根据下列方法分类：①根据脂肪成分：动物或植物、部分氢化或完全氢化、乳化或非乳化；②根据物理形态：塑性的、流体的、液体的或粉状的；③根据特殊用途的功能：面包用的、糕点用的、糖霜用的、煎炸用的起酥油等。

一般起酥油或通用起酥油要求在较低温度下尽可能柔软并具可塑性；同时在接近 36℃下具有一定的稠度，固体脂肪含量曲线应尽可能接近水平，即温度每变化一个单位时其固体脂的变化度应该最小，起酥油与人造奶油一样，也希望得到β'型晶体。细小的β'型晶体能扩展起酥油的塑性范围，使它有光滑均匀的外表，并使产品具有乳化的能力。

棉籽油或大豆油及其他植物油单独或配合进行部分氢化，制成稠度适当的起酥油，如碘值为 60~65g/100g 的氢化棉籽油，亚油酸含量 10%~15%。分提、酯交换及调合也能改变油脂的稠度及可塑性，生产起酥油基料油脂。如羊油和红花油按 70：30（质量比）比例混合，经酯-酯交换得到的起酥油塑性好，亚油酸含量达 25%（表 7-16）。

表 7-16　　70：30（质量比）羊油与红花油酯-酯交换制得的起酥油

温度/℃	10	20	30	40
SFI	27.4	15.4	12.2	5.3

三、可可脂替代品

天然可可脂是从可可豆中提取出来的具有特殊功能的油脂。熔点范围窄；室温下（21~27℃）比较硬；在体温下完全熔化；无油腻感；具有清凉触感（图 7-31）。由于天然可可脂供不应求，价格昂贵等原因，迫使人们去寻找价格低廉容易得到的可可脂代用品，主要有类可可脂与代可可脂两类。

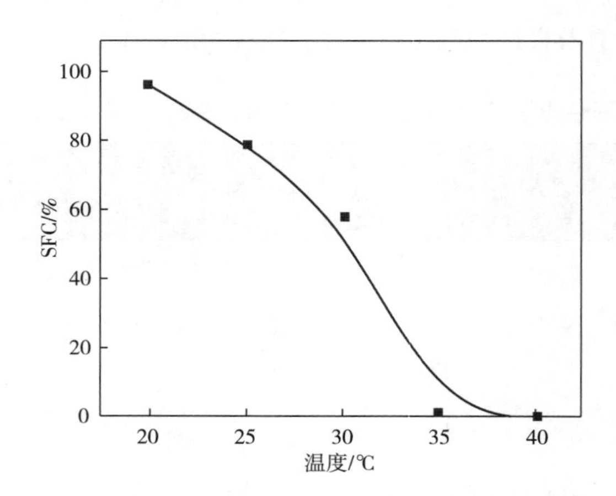

图 7-31　天然可可脂的固体脂肪含量

1. 类可可脂

类可可脂与可可脂的性质几乎完全一样，可以任意比例互掺，并对可可脂的热特性和流变学特性影响不显著。类可可脂主要是利用热带地区的雾冰藜脂（illipe butter）、牛油树脂（shea nut oil）、棕榈油、芒果仁油（meangokernel oil）、烛果脂（kokum）等油脂分提制得。

另外，以棕榈油中间物（POP）、乌桕脂、茶油、橄榄油及高油酸葵花籽油等为原料，

利用 *sn*-1,3 专一性脂肪酶催化酸解或酯-酯交换反应可制备类可可脂。其具体反应皆利用 *sn*-1,3 专一性反应生产 POSt、StOSt 和 POP，反应式如下：

POP+StOSt→StOSt+POSt+POP

POP+St→StOSt+POSt+POO+St+P

POP+StStSt→StOSt+POSt+POP+StStSt+PStSt+PStP

上述第一个反应式中混合物 POP 和 StOSt 可来自牛油树脂（shea nut），后两个反应式中的 St 和 StStSt 来自于极度氢化豆油，POP 为棕榈油中间分提物。由于产物复杂，通过第三个反应式很难获得高纯度的类可可脂（POP、StOP 和 StOSt），但该反应与溶剂分提技术的结合将可生出高质量的类可可酯。从技术和经济上考虑，第二个反应式较第一和第三个反应式应用价值高。

2. 月桂酸型代可可脂

月桂酸型代可可脂是以棕榈仁油、椰子油、星实榈油（tucum）、羽叶棕榈油（cohune）等为原料，通过氢化、酯-酯交换及分提等处理而得到的一种含月桂酸的代可可脂。

3. 非月桂酸型代可可脂

非月桂酸型代可可脂是利用大宗油脂如大豆油、棉籽油、棕榈油、玉米油等经过选择性氢化、酯交换、分提等技术制备的一种不含月桂酸的可可脂代用品。如以棉籽油（30%）与橄榄油（70%）进行酯-酯交换，以丙酮为溶剂，在 25℃ 时除去析出的三饱和甘油酯，然后冷却至 0℃ 进行结晶，得到的中熔点部分（代可可脂）。部分的甘油三酯是以单油酸二饱和甘油三酯为主体，但油酸不仅分布于 *sn*-2 位也分布于 *sn*-1、*sn*-3 位。熔化特性类似可可脂，但不呈现可可脂之类的过冷现象，结晶时收缩率为可可脂的三分之一。

第八章

CHAPTER 8

油脂中的非甘油三酯成分

学习要点

1. 理解非油成分、非甘油三酯成分、脂质、简单脂质、复杂脂质、脂溶性成分、脂不溶性成分等概念的涵义，并分清这些概念的异同点。

2. 了解油脂中脂不溶性成分的来源以及对油脂品质的影响。

3. 了解简单脂质（烃、脂肪醇、蜡、固醇、4-甲基固醇，三萜醇、叶绿素、胡萝卜素、维生素 A、维生素 C、维生素 D、维生素 E 等）来源，在油脂中的存在方式、结构特征、性能及用途等。

4. 掌握各种磷脂的结构式及特性，熟悉磷脂的化学性质。

5. 了解磷脂的组成及脂肪酸组成，磷脂的表面活性作用。

天然油脂中除主要成分甘油三酯外，还含有少量的其他成分。这些其他成分称为非甘油三酯成分（nontriacylglycerol component），也称为非油成分（non oil component）、其他脂质（other lipids）等，其含量因油脂种类、制取和加工方式不同而有所差异。

虽然油脂中的非甘油三酯成分含量不高，但成分复杂，根据其分子结构的特点，可分为简单脂质和复杂脂质。简单脂质主要包括脂肪酸、甘油一酯、甘油二酯、固醇及其酯、脂肪醇及蜡、脂肪烃、色素、三萜醇及其酯和维生素 A、维生素 D、维生素 E、维生素 K 等；复杂脂质包括磷酸甘油酯、糖基甘油二酯、鞘脂类等。其中，一些物质可与碱起皂化反应，称为可皂化物，另一些物质不与碱起皂化反应，称为不皂化物。

脂肪酸、甘油一酯和甘油二酯在本书的第二、三章中已有介绍。个别油脂中含有一些特殊成分，如棉菜籽油中的含硫化合物、葵花籽油中的绿原酸、米糠油中的谷维素、芝麻油中的芝麻酚和芝麻素等，这些已在本书第六章、第十章中介绍。

第一节　简单脂质

本部分主要介绍的简单脂质有固醇及其衍生物、脂溶性维生素、色素、蜡与脂肪醇、角鲨烯。

一、固醇及其衍生物

（一）固醇

固醇（sterol）又称类固醇（steroids），是天然有机物中的一大类，动植物组织都有。动物普遍含胆固醇（cholesterol）；植物中很少含胆固醇，而含β-谷甾醇、豆甾醇、菜油甾醇等，通常称为植物甾醇。

以环戊多氢菲为骨架的化合物，称为甾族化合物，环上带有羟基的即为固醇，其特点是羟基在3位，C_{10}、C_{13}位有甲基（角甲基），C_{17}位上带有一个支链；不同固醇结构类似，相互间区别在于支链的大小及双键的多少不同（图8-1）。天然油脂中固醇B环和C环以及C环和D环多数是反式连接，A、B环顺反式都有，但顺式占多数；固醇C_3羟基则有α、β两种构型。例如，胆固醇的立体化学结构式如图8-2所示。

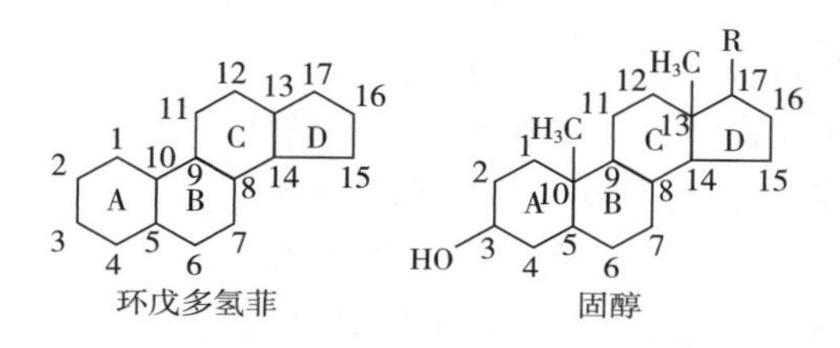

图8-1　环戊多氢菲和固醇通式

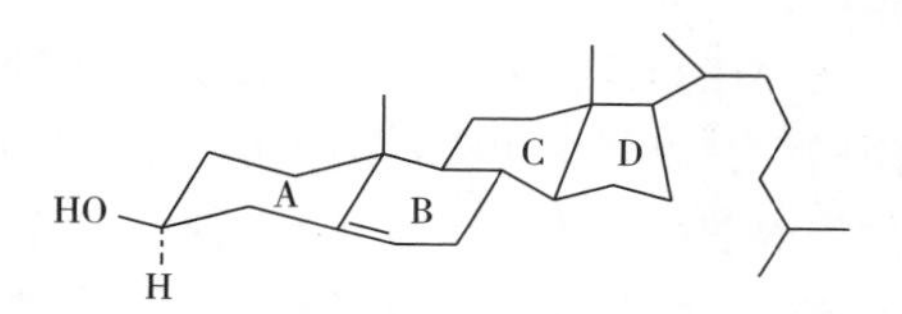

图8-2　胆固醇的立体化学结构式

A环与B环为顺式连接，B环与C环、C环和D环均为反式连接，属椅-船-椅-船构型。羟基为β构型，根据IUPAC命名法，固醇α，β构型以C_{10}角甲基为准，先假定C_{10}角甲基在立体平面构型上方，任何取代基位于平面下与C_{10}角甲基相对者为α型，以虚线表示；与C_{10}角甲基同位于平面上者为β型，以实线连接表示。β-固醇和毛地黄皂苷生成的络合物在乙醇中的溶解度很小，成沉淀析出；α-固醇则不能生成沉淀，因此可用此法分离提取α-、β-固醇。

自然界固醇种类有近千种，存在于菌类中的麦角甾醇［图8-3（1）］也是很重要的一种固醇，动物油脂中的固醇主要是胆固醇［图8-3（2）］，植物油中的甾醇主要有菜油甾醇［图8-3（3）］、豆甾醇［图8-3（4）］、β-谷甾醇［图8-3（5）］和菜籽甾醇［图8-3（6）］。

HO

（1）麦角甾醇（熔点157～158℃）

HO

（2）胆固醇（熔点148～150℃）

HO

（3）菜油甾醇（熔点156～160℃）

HO

（4）豆甾醇（熔点165～167℃）

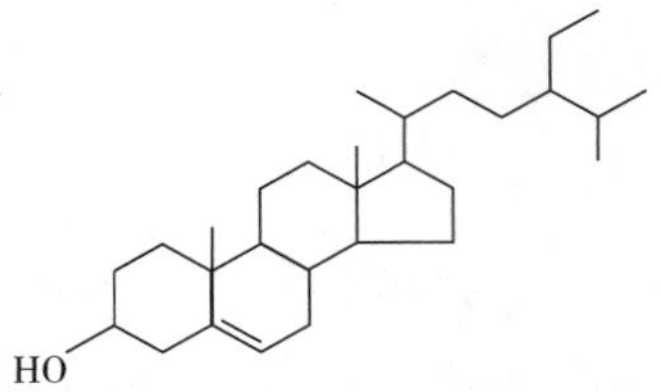

HO

（5）β-谷甾醇（熔点136～140℃）

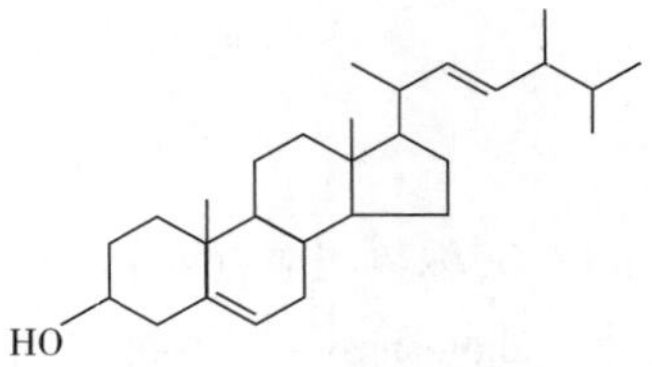

HO

（6）菜籽甾醇（熔点205～213℃）

图 8-3 几种常见固醇的化学结构式

动物油脂的特征性固醇是胆固醇，胆固醇是人们最熟悉而且数量最多的固醇。植物油中含有多种植物甾醇，其中以β-谷甾醇分布最广，其次是菜油甾醇和豆甾醇。固醇是天然油脂中不皂化物的主要成分。固醇及其脂肪酸酯在天然油脂中均有存在；碱炼时，一部分固醇被皂粒吸附经分离转移到皂脚中；脱臭过程中，一部分固醇转化为固醇脂肪酸酯（固醇酯）。常见油脂中的固醇含量如表 8-1 所示，各固醇的组成如表 8-2 所示。

固醇在非极性溶剂中溶解度大于在极性溶剂中溶解度，但在极性溶剂中溶解度随温度升高而增大，以此可用来提纯固醇。固醇为无色结晶，具有旋光性，不溶于水，易溶于乙醇、氯仿等溶剂中。固醇可发生冰乙酸-乙酰氯（tschugaeff）颜色反应：将固醇溶于冰乙酸中，加入数滴乙酰氯及氯化锌颗粒，稍加煮沸，呈淡红色或紫红色，此反应极灵敏。

表 8-1 各种油脂的固醇含量 单位：%

油脂	含量	油脂	含量	油脂	含量	油脂	含量
菜籽油	0.35～0.50	玉米油	0.58～1.50	红花籽油	0.35～0.63	茶油	0.10～0.60
大豆油	0.15～0.38	芝麻油	0.43～0.55	亚麻油	0.37～0.50	小麦胚芽油	1.30～2.60
棉籽油	0.26～0.51	可可脂	0.17～0.30	椰子油	0.06～0.23	猪油	0.11～0.12
花生油	0.19～0.47	牛乳脂	0.24～0.50	棕榈油	0.03～0.26	牛油	0.08～0.14
米糠油	0.75～1.80	蓖麻油	0.29～0.50	橄榄油	0.11～0.31	羊油	0.03～0.10
葵花籽油	0.35～0.75	鳕鱼肝油	0.42～0.54	棕榈仁油	0.06～0.12	比目鱼肝油	7.60

表 8-2 油脂中各固醇的组成 单位：%

油脂	胆固醇	芸薹甾醇	菜油甾醇	豆甾醇	β-谷甾醇	异岩藻甾醇	2，2-二氢菠菜甾醇	燕麦甾醇	其他
菜籽油	tr～4	4～20	22～41	—	51～63	1～6	tr～5	—	0～6
大豆油	tr	tr	13～24	10～24	50～72	1～4	1～3	1	
棉籽油	tr	tr	4～10	0.5～2.5	86～97	tr～3	tr	tr	
花生油	tr	tr	10～20	6～15	54～78	tr～16	tr～3	1～3	
米糠油	tr	tr	14～33	3～18	49～72	1.511	1～5	1～4	
葵花籽油	—	—	7～14	7～13	57～75	1～13	4～20	1～5	0～3
玉米油	tr	tr	10～23	5～8.3	60～89	0～10	0～1.5	tr	
芝麻油			14～24	6～10	45～64	3～13	1～2	0～2.2	

续表

油脂	胆固醇	芸薹甾醇	菜油甾醇	豆甾醇	β-谷甾醇	异岩藻甾醇	2，2-二氢菠菜甾醇	燕麦甾醇	其他
红花油			8～17	4～14	41～57	tr～6	8～25	2～7	2～7①
亚麻油	tr～2	tr～2	26～29	7～10	42～57	9～13	tr～4	5.6②	
椰子油	tr～3	0～2	6～10	12～20	47～76	2～26	0.4～7.8		
棕榈油	1～4	tr	14～24	8～14	58～74	0～2.7	0～1		
橄榄油			1～6.6	0.1～3	80～98.6	0.2～1.3	tr～4	tr	
茶油				0～1			32～48	5～11	40～60③
小麦胚芽油	tr	tr	19～29	tr～4	60～67	2～7	1～3	2～2.6	—
可可脂	0.7～2	tr	8～11	24～31	57～63	0～4.8	0.4～1.1	tr	
棕榈仁油	0.5～3	tr	8～12	11～16	68～75	0～6	0～1.5	tr	
蓖麻油	—		10～10.6	17～22	44～56	11～21	0～2	0～1	
木棉油	tr～0.6	tr	9～10.4	2～3.7	86	0～2	0～1		
桐酸油	tr		3～5	10～12.3	84.7～85				

注：①7-麦角烯醇；②24-亚甲基胆固醇；③菠菜甾醇。tr 表示微量。

麦角甾醇或7-脱氢甾醇在紫外光照射下可产生维生素 D_2 和维生素 D_3，反应过程如图8-4所示。其中三共轭双键为维生素D的必要结构，一旦氢化或氧化即失去效能。

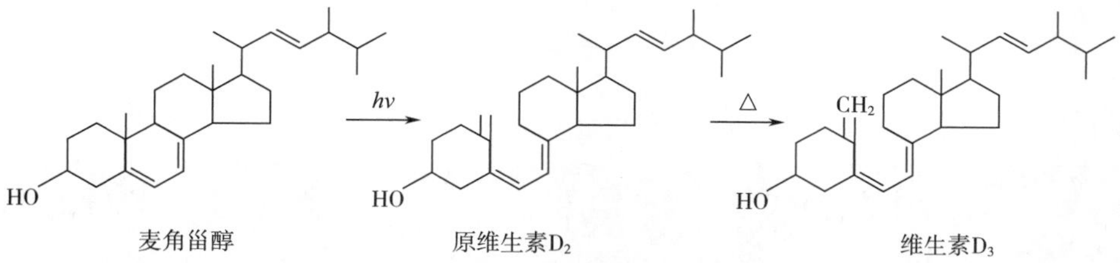

图8-4　紫外光照射下麦角甾醇转化为维生素 D_2 和维生素 D_3

胆固醇及胆固醇酯广泛存在于血浆、肝、肾上腺及细胞膜的脂质混合物中，具有重要的生理功能：参与细胞膜和神经纤维的组成，是合成性激素、肾上腺皮质激素的原料，转变成维生素 D_3，促进脂肪的消化，启动T细胞生成IL-2，有助于血管的修复和保持完整。胆固醇在化妆品中具有强化皮肤的保湿能力、维护皮肤的正常功能的作用。

植物甾醇可用作调节水、蛋白质、糖和盐的甾醇激素，并作为治疗心血管疾病、抗哮喘及顽甾性溃疡的药物应用。最主要的用途是合成多种医疗药品，如合成类甾醇激素、性激素等。

（二）4-甲基固醇

在固醇基础上，在 C_4 位上或 C_4、C_{14} 位上均有甲基（均为 α 构型）即称为4-甲基固醇。是19世纪70年代发现的一类与固醇不同的类固醇，是不皂化物成分之一，其性质尚在研究中。一般油中4-甲基固醇含量多在0.1～0.5g/kg油，在米糠油和芝麻油中稍多。主要几种

4-甲基固醇化学结构式如图 8-5 所示，其含量及分布如表 8-3 所示。

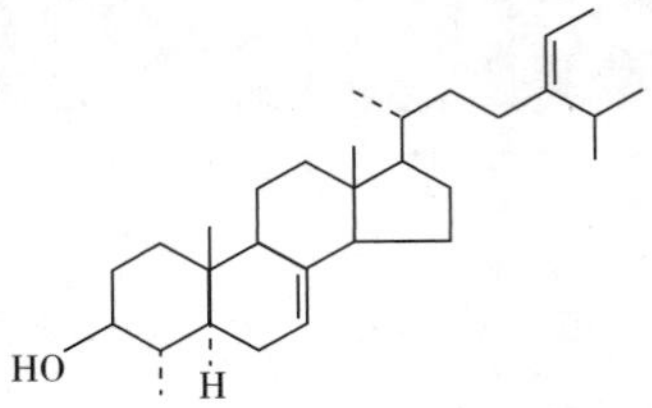

钝叶大戟甾醇 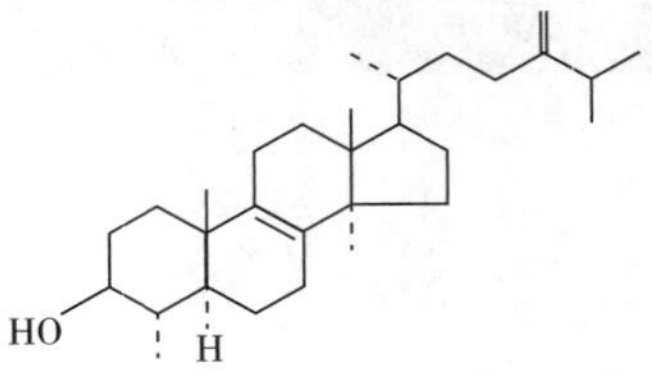　　柠檬固二烯醇

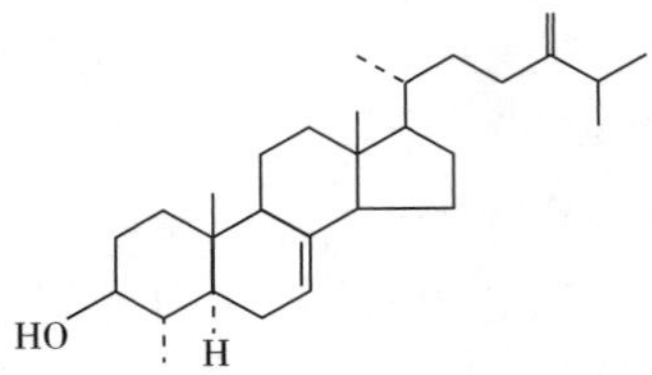

芦竹甾醇 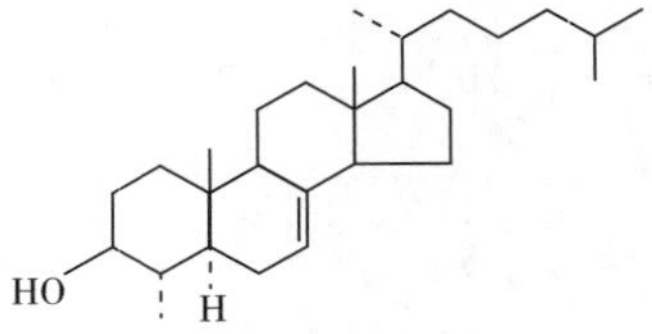　　洛飞烯醇

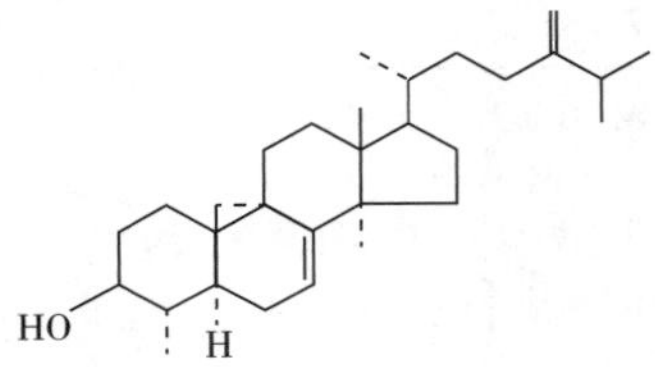

环桉烯醇 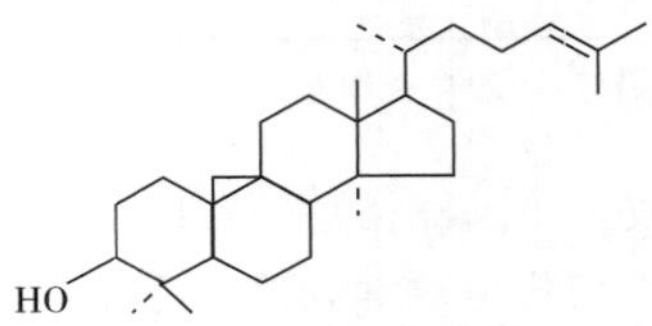　　31-去甲环阿屯醇

图 8-5　几种 4-甲基固醇的化学结构式

表 8-3　　油脂中 4-甲基固醇含量及分布

油脂名称	含量/‰	固醇分布/%							
		洛飞烯醇	钝叶大戟甾醇	31-去甲环阿屯醇	环桉烯醇	芦竹甾醇	24-乙基洛飞烯醇	柠檬固二烯醇	其他
菜籽油	0.27	3~11	23~29	2.3	17~22	14~37	0~3	7~17	3~28[1]
大豆油	0.25~0.66	1.6	6~8	0.5~2	10	9~24	7~19	35~53	
棉籽油	0.42	1.1	8~27	0.8~8	5	11~22	3~8	41~45	3.1[2]
葵花籽油	0.78~1.12	tr	26~33	0~2	3	15~20	2~13	31~39	
花生油	0.16	0.5	19~25	2.3~7	11	16~28	4~16	20~24	2~4[2]
米糠油	4.2	—	7~10	1~6	—	39~60	6~8	24~40	
芝麻油	4.0	—	17~31	2~19	12	15~35	1~5	15~32	
玉米油	0.13~0.6	0.6	21~30	0~2	0~6	26~34	1~4	29~37	
红花油	0.24~0.3	0.6~11	20~43	6~17	—	15~28	1~8	10~15	
小麦胚芽油	1.6~9.3	tr	6~14	1~3	—	25~42	0~4	30~46	0~3[2]
可可脂	0.16	9~12	13~16	1~10	0~12	8~17	7~15	29~38	

续表

油脂名称	含量/‰	固醇分布/%							
		洛飞烯醇	钝叶大戟甾醇	31-去甲环阿屯醇	环桉烯醇	芦竹甾醇	24-乙基洛飞烯醇	柠檬固二烯醇	其他
椰子油	0.16	tr	9~12	0~5	0~36	4~38	2~22	24~33	
棕榈油	0.36	0~2.4	13~17	1~3	—	38~67	1~3	7~9	
棕榈仁油	0.04	0~1	9~13	—	0~33	2~20	6~10	19~30	0~10[2]
葡萄籽油	0.64	tr	5~9	0~5	0~4	4~23	4~6	11~43	0~8[2]
橄榄油	0.16~0.68	tr	7~12	0.6~4	0~4	3~33	2.5~8	22~65	
蓖麻油	0.2	tr	13	4	—	18	11	44	
木棉油	0.25	—	27	8	—	18	3	41	

注：①31-去甲羊毛固醇；②28-异柠檬固二烯醇。tr 表示微量。

（三）三萜醇

三萜醇又叫环三萜烯醇或 4,4-二甲基甾醇等，广泛分布于植物中。三萜醇是甾醇的前体，可通过脱去 4,4-二甲基和 C_{14} 甲基而得到甾醇。三萜醇易结晶，不溶于水，溶于热醇。三萜醇可发生 Liebermann-Burchard 反应：将少量三萜醇溶于无水乙酸酐中，滴加一滴硫酸，可产生由黄色到红色，至紫色，再到蓝色等颜色变化，最后褪色。各种植物油中三萜醇含量及其分布如表 8-4 所示。多数植物油中三萜醇含量在 0.42~0.7g/kg 油，米糠油、小麦胚芽油等含量在 1g/kg 以上，米糠油中三萜醇最高含量可达 11.78g/kg。

表 8-4　　油脂中三萜醇含量及分布

油脂名称	含量/‰	固醇分布/%							
		环阿尔坦醇	β-香树素	环阿屯醇	α-香树素	24-亚甲基环阿尔坦醇	环米糠醇	其他	未鉴定甾醇
菜籽油	0.54	3	tr	60	—	29		8	
大豆油	0.4~0.84		15	20		9	tr		56
棉油	0.17~0.48		4	20		33			43
葵花籽油	0.32~0.7		7	42		23	9		19
花生油	0.17~0.36	2	7	30		46	8		4
米糠油	11.76	9		41		42	tr		7
玉米油	0.13~0.54	0~2	3.5	38~40.5		41.7~53	0~2		1~14
芝麻油	1.8	2	2	34		59			3
红花油	0.6	tr~1	11~14	40~60	13~18	6~10	3~4		5~6
小麦胚芽油	2.24	3	18	17	8	44	2		2
棕榈油	0.32	2		60		34			4
棕榈仁油	0.22~0.72		4	41	29	4			22

续表

油脂名称	含量/‰	固醇分布/%							
		环阿尔坦醇	β-香树素	环阿屯醇	α-香树素	24-亚甲基环阿尔坦醇	环米糠醇	其他	未鉴定甾醇
可可脂	0.52	2	tr	74		18			6
椰子油	0.68	2		79		11	tr		8
橄榄油	1.4~2.9		15	9		33	10		33
葡萄籽油	0.9		20	21	3	12	7	9	18
亚麻油	1.54	1	8	69		22			

注：tr 表示微量。

油脂中含量较多、分布较广的主要有环阿屯醇、24-亚甲基环木菠萝烷醇、β-香树素，其次是α-香树素、环劳顿醇及24-甲基环阿屯醇（环米糠醇）。它们的化学结构式如图8-6所示。

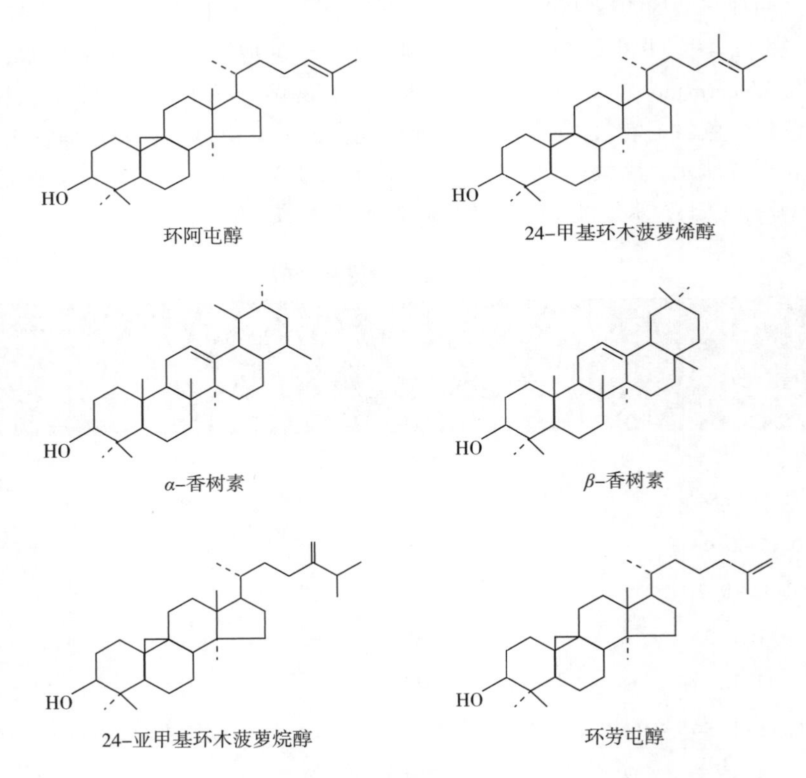

图8-6 几种三萜醇的化学结构式

米糠油中三萜醇绝大部分不是游离的，其中环阿尔坦醇、环阿屯醇及24-亚甲基环阿尔坦醇等可与阿魏酸发生酯化反应成为酯（图8-7）。生成的环木菠萝醇类阿魏酸酯即是谷维素的主要成分，占总量75%~80%。米糠油谷维素中还有甾醇类阿魏酸酯。谷维素只有从米糠中提取的效果才好，对周期性精神病、脑震荡后遗症、妇女更年期综合征及慢性胃病等具有良好疗效。

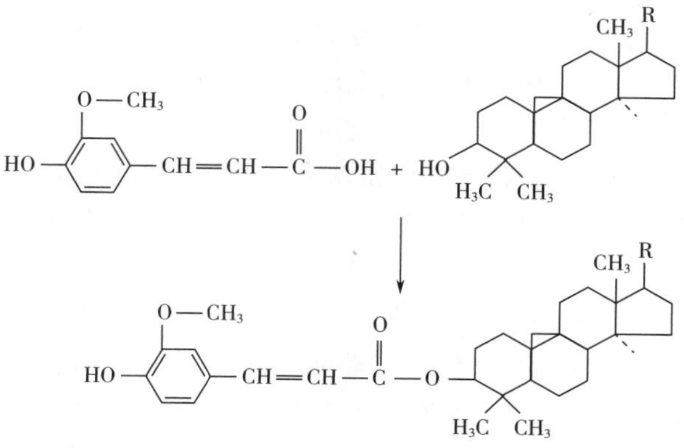

图 8-7 三萜醇与阿魏酸酯化形成酯

二、脂溶性维生素

维生素是维持人体正常代谢不可缺少的化合物，多从食物中摄取。根据溶解性不同可分为水溶性维生素和脂溶性维生素，脂溶性维生素包括维生素 A、维生素 D、维生素 E 和维生素 K。

（一）维生素 A

维生素 A（Vitamin A）是视黄醇及其衍生物的统称，可以认为是由胡萝卜素转化而来的，一些维生素 A 的化学结构式如图 8-8 所示。维生素 A 存在于动物性食物中，如动物肝脏、蛋黄、乳及它们的制品等；鱼肝油中维生素 A 含量很高，以鲨鱼、大比目鱼、鲑鱼等鱼肝油中维生素 A 最丰富。多数植物油脂中存在的胡萝卜素可以在体内转化为维生素 A。商业上浓缩维生素 A 主要从鱼油中提取，也可工业合成。

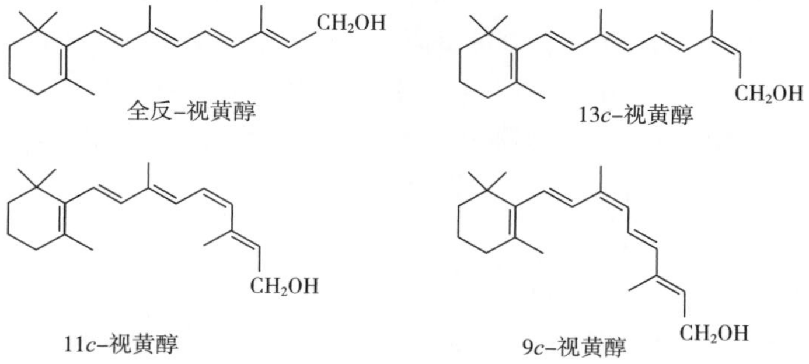

图 8-8 一些维生素 A 化合物的化学结构式

胡萝卜素、维生素 A 对酸不稳定。对热和碱较稳定，可以进行真空蒸馏。一般烹调和作罐头时不会遭破坏，但容易氧化变质，高温及紫外线都可促进氧化作用，油脂酸败时，维生素 A 及维生素 A 原被严重破坏。浓缩维生素 A 中常加维生素 E、维生素 C 等抗氧化剂。

（二）维生素 D

维生素 D（Vitamin D）是固醇衍生物，有多种异构体，只有维生素 D_2 和维生素 D_3 有生物活性，维生素 D_2 和维生素 D_3 的化学结构式如图 8-9 所示。维生素 D_2 和维生素 D_3 分别由麦角甾醇和 7-脱氢胆固醇受紫外光辐射而生成。植物油脂中一般不含维生素 D，植物甾醇作为维生素 D 原功效不大，但鱼肝油中含量极为丰富。现在维生素 D 的工业合成品已代替鱼肝油作为主要的维生素 D 来源。维生素 D 需避光保存，在常温下不易被空气氧化。在中性溶液中对热较稳定，在酸性介质中迅速被破坏，即使高温下维生素 D 也能耐强碱。

维生素 D 对调节机体钙磷代谢极为重要。儿童缺乏维生素 D 就会患佝偻病，成人缺乏维生素 D 易引起软骨症，维生素 D 族中生理活性最高的是维生素 D_3，其次是维生素 D_2，其他维生素 D 生理作用很弱。一般人适当接受阳光辐射可以获得足够的维生素 D_3。维生素 A、维生素 D 过量摄入会产生副作用，引起血钙过高而导致肾脏功能损害及动脉性高血压等病症。

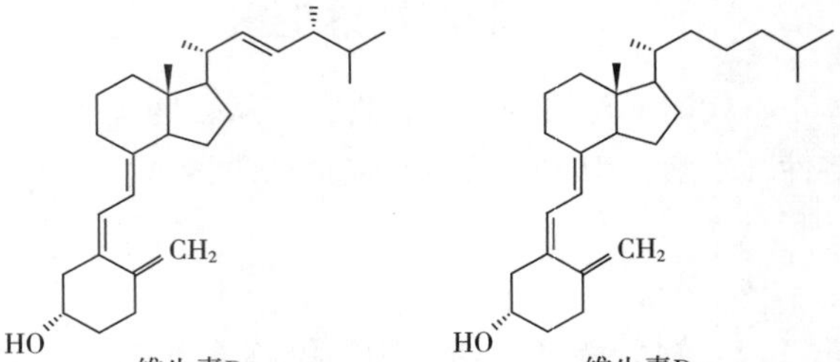

CH₂ HO 维生素D_2　　CH₂ HO 维生素D_3

图 8-9　维生素 D_2 和维生素 D_3 的化学结构式

（三）维生素 E

维生素 E（Vitamin E）是生育酚和生育三烯酚的混合物，主要存在于植物油脂中，动物油脂中维生素 E 含量很少（一般低于 100mg/kg）。维生素 E 可看作是色满环［图 8-10（1）］的衍生物，根据色满环上取代基的不同，可分为生育酚和生育三烯酚两大类，目前发现每类中又有四种异构体，即 α-、β-、γ-、δ-生育酚［图 8-10（2）］及 α-、β-、γ-、δ-生育三烯酚［图 8-10（3）］。植物油中的维生素 E 以生育酚为主，生育三烯酚含量较少。维生素 E 对油脂具有抗氧化作用，是一种天然抗氧化剂。

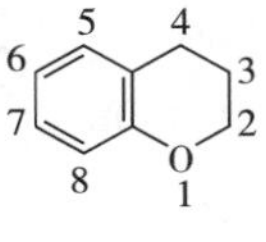

5 4 6 3 7 2 8 O 1

（1）色满环

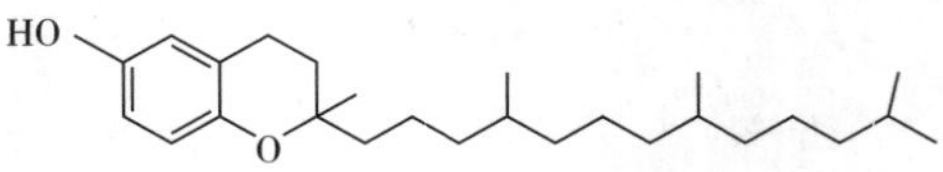

HO O

（2）

α-生育酚	5,7,8-三甲基
β-生育酚	5,8-二甲基
γ-生育酚	7,8-二甲基
δ-生育酚	8-甲基

HO

O

（3）

α-生育三烯酚	5,7,8-三甲基
β-生育三烯酚	5,8-二甲基
γ-生育三烯酚	7,8-二甲基
δ-生育三烯酚	8-甲基

图 8-10　维生素 E 的化学结构式

生育酚是淡黄色或无色的油状液体，由于具有较长的侧链，因而是油溶性的，不溶于水，易溶于石油醚、氯仿等弱极性溶剂中，难溶于乙醇及丙酮。与碱作用缓慢，对酸较稳定，即使在 100℃时也没有变化。生育酚轻微氧化后其杂环打开并形成生育醌，生育醌的化学结构式如图 8-11 所示。

CH_3　CH_3　CH_3　CH_3　O　OH　CH_3　O　CH_3

图 8-11　α-生育醌的化学结构式

常温下，α-生育酚、β-生育酚、γ-生育酚、δ-生育酚的抗氧化性能接近，加热到 100℃时，其抗氧化能力顺序是 α-生育酚<β-生育酚<γ-生育酚<δ-生育酚；生理作用则正相反，α-生育酚最强，β-生育酚、γ-生育酚不及 α-生育酚的一半，δ-生育酚几乎没有生理效应。生育酚在油脂加工中损失不大，集中于脱臭馏出物中，可以脱臭馏出物为原料采用分子蒸馏法来制得浓缩生育酚。各种油脂的生育酚含量和组成如表 8-5 所示。

生育酚最早发现有抗不育作用，其后又用来治疗某些神经系统疾病，现在又发现维生素 E 可延缓衰老，有预防冠心病和癌症的作用。维生素 E 的生理及营养作用还在研究中。维生素 E 作为营养剂和食品添加剂的用量急剧增加，已成为当代药品营养剂中声誉很高的物质。

表 8-5　　各种精炼油脂的生育酚含量和组成

油脂名称	生育酚含量/（mg/100g 油）				
	α	β	γ	δ	总量
大豆油	4.7~12.3	0.9~1.8	52.5~77.9	15.3~25.8	71.9~116.7
棉籽油	20.9~37.4	tr~0.7	20.0~33.4	0.3~0.6	41.5~68.6
玉米油	14.0~20.8	0.4~1.0	51.1~73.9	1.7~3.3	68.0~77.0
米糠油	19.0~29.7	1.2~1.9	2.6~4.2	0.2~0.5	23.0~35.4
菜籽油	11.9~18.1	tr~1.2	18.1~40.0	0.4~1.6	34.4~60.2
花生油	4.0~7.8	0.1~0.4	4.4~6.6	0.4~0.7	9.6~13.9
葵花籽油	29.2~49.1	0.5~1.1	1.1~3.2	0.3~0.5	31.5~52.3
红花油	23.7~32.3	0.3~0.7	1.6~2.9	tr~0.6	27.2~35.5

续表

油脂名称	生育酚含量/（mg/100g 油）				
	α	β	γ	δ	总量
芝麻油	0~1.4	0~0.4	37.8~48.6	0.4~2.1	38.8~49.2
橄榄油	7.4~15.7	0~0.4	0.7~1.4	0~2.1	8.9~17.1
棕榈油	6.1~12.6	0.3~0.5	0.6~1.9	0.1~0.2	8.3~15.1
茶油	6.9	tr	tr	ND	6.9
椰子油	0.1~0.7	tr	tr~0.3	tr~0.1	0.2~0.9

注：tr 表示微量；ND 表示未检出。

（四）维生素 K

维生素 K（vitamin K）是一类甲（基）萘醌结构（图 8-12）的化合物，绿色植物和肠道微生物均可产生维生素 K。

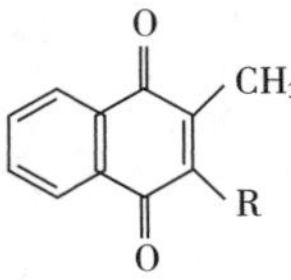

O
CH_3
R
O

图 8-12　维生素 K 的化学结构式

三、色素

（一）叶绿素

叶绿素是二氢卟吩的衍生物，其化学结构式如图 8-13 所示，有叶绿素 a、叶绿素 b 两种。在可见光区，a 型叶绿素吸收峰为 660nm，b 型叶绿素吸收峰为 640nm。

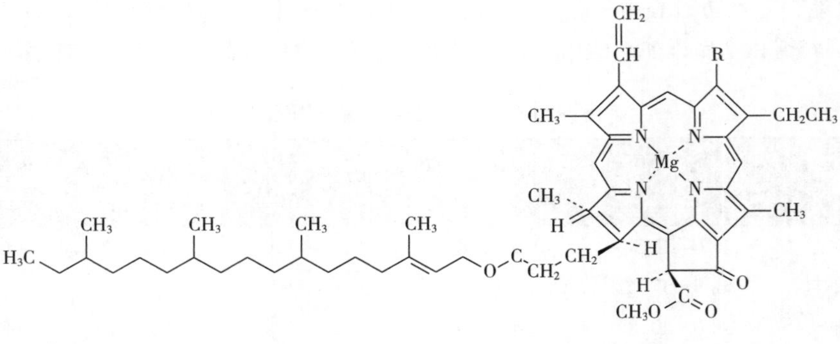

CH_2
CH
R
CH_3
CH_2CH_3
N
N
Mg
N
N
CH_3
CH_3
CH_3
CH_3
CH_3
CH_3
CH_3
H
H_3C
O
C
CH_2
CH_2
H
H
O
CH_3O
C
O

图 8-13　叶绿素的化学结构式

叶绿素 a，R=—CH_3；叶绿素 b，R=—CHO

叶绿素不溶于水，易溶于有机溶剂，但在碱性溶剂中水解时可生成水溶性钠盐和钾盐。在酸性溶剂中则脱去镁原子降解为脱镁叶绿素。脱镁叶绿素可制取油溶性金属叶绿素及绿色素——叶绿素铜钠。叶绿素及脱镁叶绿素均为光敏物质，是油脂光氧化源。一般油脂中叶绿素含量极少，橄榄油、未成熟大豆油等含有一定量的叶绿素，橄榄油中含量尤多，故橄榄油常呈绿色。由未成熟种子油料制取的油脂，带有稍多的绿色，其绿色很难消除，用酸性白土吸附脱色效率高于中性白土；氢化后豆油绿色加深，是因为红、黄色素均被饱和破坏，被掩住的绿色又呈现所致。油脂氢化时叶绿素可被降低2/3，吸收峰也从660nm变成640nm。

叶绿素有多种生理功能，如叶绿素可抑制金黄色葡萄球菌和化脓链球菌的生长，还可以抑制体内的奇异变形杆菌和普通变形杆菌。故可用来消除肠道臭气，治疗慢性和急性胰腺炎效果很好，且没有使用抑肽酶及其他卟啉药物的过敏和肝损害等副作用。叶绿素还有促进组织再生的作用，治疗皮肤创伤、溃疡和火伤也有较好的效果。

（二）类胡萝卜素

类胡萝卜素是由八个异戊二烯（四萜）组成的共轭多烯长链为基础的一类色素，因最早发现于胡萝卜肉质根中而得名。类胡萝卜素广泛分布于生物界，也是使大多数油脂带有黄红色泽的主要物质。油中类胡萝卜素可分为烃类类胡萝卜素和醇类类胡萝卜素。

1. 烃类类胡萝卜素

烃类类胡萝卜素主要有α-胡萝卜素、β-胡萝卜素、γ-胡萝卜素及番茄红素，化学结构式如图8-14所示。α-胡萝卜素、β-胡萝卜素、γ-胡萝卜素左环相同，是β-紫罗兰酮环（　）。α-胡萝卜素右环为α-紫罗兰酮环（　），γ-胡萝卜素为开环。α-胡萝卜素具旋光性，β-胡萝卜素左右结构相同，中间为四个异戊二烯组成九个共轭双键。通常三种异构体共存，以β-胡萝卜素最多（85%）。在番茄里存在的番茄红素结构是两个开环的十三个双键的长链多烯烃。绝大多数类胡萝卜素都可看作是番茄红素的衍生物，胡萝卜素可淬灭单线态氧，对光氧化有抑制作用。

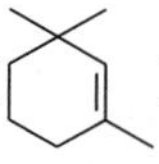

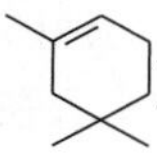

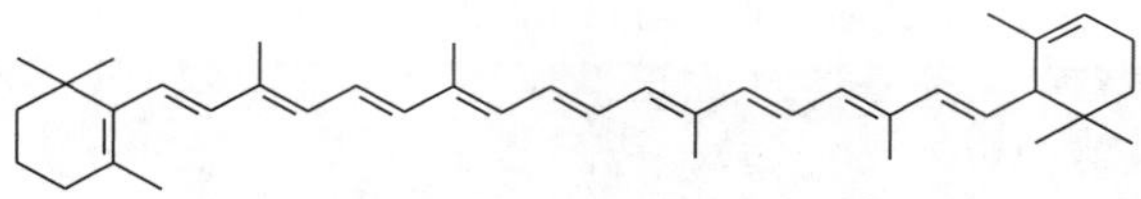

α-胡萝卜素（熔点187.5℃）

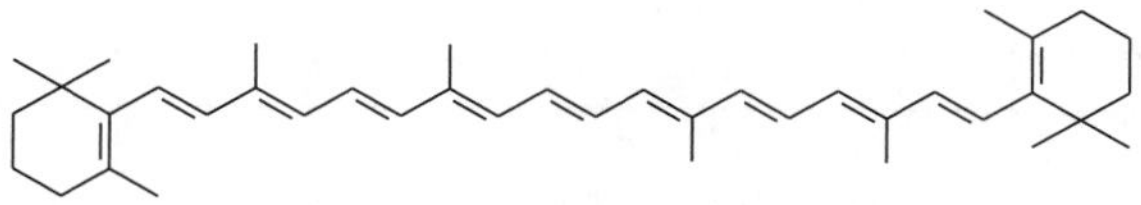

β-胡萝卜素（熔点183℃）

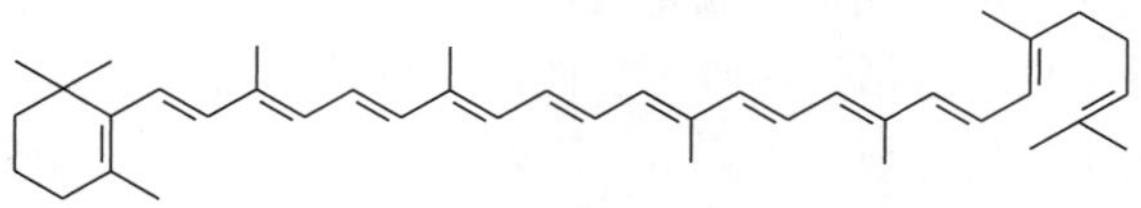

γ-胡萝卜素（熔点177.5℃）

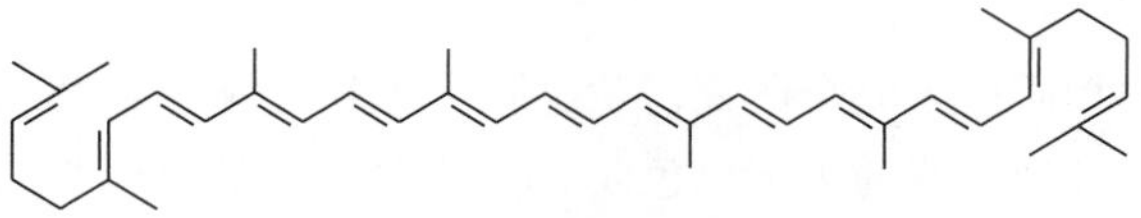

番茄红素（熔点172.5℃）

图8-14　烃类类胡萝卜素的化学结构式

2. 醇类类胡萝卜素

醇类类胡萝卜素是胡萝卜素的羟基衍生物，主要有叶黄素和玉米黄质两种，是分布较广的类胡萝卜素，化学结构式如图 8-15 所示。

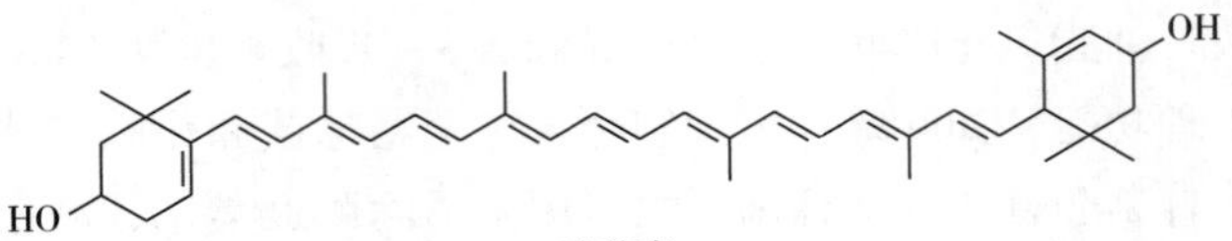

图 8-15　醇类类胡萝卜素的化学结构式

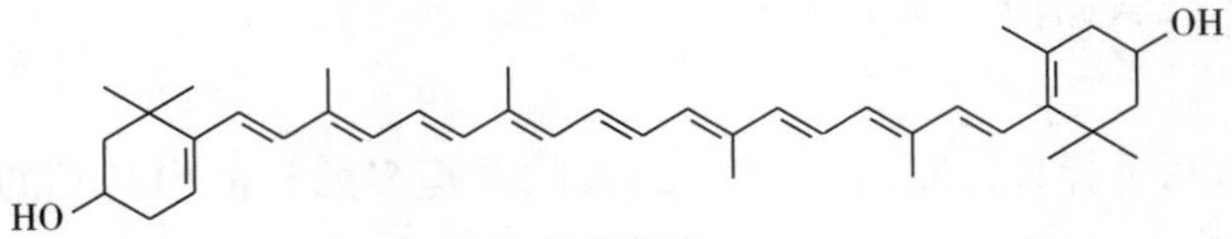

叶黄素是 α-胡萝卜素的二羟衍生物，常和叶绿素同存在于植物中。秋天叶绿素分解，即可显出叶黄素的黄色（秋叶变黄）。叶黄素还可以酯的形态存在于植物中。玉米黄质为橙红色结晶，存在于玉米种子、辣椒果皮、柿的果肉中。

类胡萝卜素在室温时是固体，熔点一般在 100~200℃，不溶于水，易溶于二硫化碳、氯仿及苯中。烃类类胡萝卜素易溶于乙醚和石油醚，难溶于乙醇和甲醇；醇类类胡萝卜素正好相反，因此可用此方法将烃类和醇类类胡萝卜素分开。

类胡萝卜素都具有共轭多烯长链发色团，还有羟基等助色基团，所以具有不同的色泽，其可见光谱的特征吸收也各不相同（表 8-6），可以此分辨各种类胡萝卜素。

表 8-6　胡萝卜素在可见光区的特征吸收

溶剂	特征吸收/nm			
	α-胡萝卜素	β-胡萝卜素	γ-胡萝卜素	番茄红素
石油醚	444	451	462	475.5
氯仿	454	466	475	480

类胡萝卜素的氯仿溶液与三氯化锑氯仿溶液反应，多呈蓝色；与浓硫酸作用均显蓝绿色。类胡萝卜素的呈色性质可被氧化和氢化破坏，所以酸败油和氢化油颜色要变浅一些。油脂中类胡萝卜素很容易被白土或活性炭吸附，使油脂色泽变浅。

胡萝卜素在人体内可被转化成维生素 A，所以被称为维生素 A 原或维生素 A 前体。其中一分子 β-胡萝卜素可得两分子维生素 A，而 α-胡萝卜素、γ-胡萝卜素只得一分子维生素 A。

（三）其他色素

使油脂带有颜色的物质尚未完全研究清楚，除了上述叶绿素、叶黄素外，个别油脂中还含有一些特殊色素，如棉油中棉酚为黄色色素。γ-生育酚的氧化产物及磷脂褐变产物会影响油脂的色泽，油料中的酚类物质氧化后会使油粕颜色变灰暗而影响粕的食用及营养价值，如葵花籽中的绿原酸氧化聚合后会使葵花籽蛋白溶液呈深绿色或棕色。

四、蜡与脂肪醇

蜡按照来源可分为动植物蜡、化石蜡和石蜡三大类。动植物蜡的主要成分是长碳链脂肪酸和长碳链的一元醇形成的酯，常被称为蜡酯。例如，蜂蜡、虫蜡、巴西棕榈蜡、糠蜡、鲸蜡、羊毛脂等。化石蜡成分复杂，不完全属同一类型，例如，地蜡、干馏褐煤所得褐煤蜡几乎完全是高级烃；而从沥青页岩和褐烟煤中萃取的蒙丹蜡，其组成成分中有近一半是高级脂肪酸与高级醇形成的酯，还有10%以上游离脂肪酸和20%~30%的树脂以及烃类和少量的沥青。石蜡是石油精炼过程中自重油里提取出的，完全是高级烃。目前，商品化的动植物蜡主要有蜂蜡、巴西棕榈蜡、小烛树蜡、葵花蜡、米糠蜡等。

（一）动植物蜡的组成

动植物蜡组成比较复杂，最主要的成分是高级脂肪醇和高级脂肪酸组成的酯，其他成分包括游离酸、游离醇、烃类，还有其他的酯如固醇酯、三萜醇酯、二元酸酯、羟酸酯及树脂等。组成蜡酯的脂肪酸从 C_{16}~C_{30} 甚至更高，以饱和酸为主。例如，从米糠油中提取的糠蜡，主要由 $C_{22:0}$、$C_{24:0}$ 饱和脂肪酸与 C_{24}~C_{34} 脂肪醇组成的酯，还有少量的其他酯和游离脂肪酸、烃以及固醇等。一些常见动植物蜡的组成如表 8-7 所示。

在生物新陈代谢中，酸、醇、酯、烃存在着平衡，烃是最终产物。偶碳酯产生的烃是奇碳的烃链。

$$RCOOR' \longrightarrow R—R' + CO_2$$

因此蜡中存在酯、酸、醇、烃四种成分是可以理解的。当游离脂肪酸多时，醇必然少，反之亦然。堪德里拉蜡、玫瑰花蜡中烃类含量很高，可达50%。羊毛脂中约含1/3的固醇脂肪酸酯，这就使得羊毛脂可吸收200%~300%的水。由于羊毛脂贮存的高稳定性，因此广泛用于化妆品及药膏制备上。

表 8-7 一些常见动植物蜡的组成

	酯/%	游离脂肪酸/%	游离脂肪醇/%	烃类/%	熔点/℃
葵花蜡	97~100	0~1	—	—	74~77
米糠蜡	92~97	0~2	—	—	78~82
巴西棕榈蜡	80~85	3~4	10~12	1~3	78~85
小烛树蜡	27~35	7~10	10~15	50~65	60~73
蜂蜡	70~80	10~15	—	10~18	60~67

（二）蜡的性质及用途

纯净的动植物蜡在常温下呈结晶固体，因种类不同而有高低不同的熔点（表 8-7）。例如，蜂蜡为60~67℃，米糠蜡为78~82℃，巴西棕榈蜡为78~85℃，很多种蜡都有悦目的光泽。蜡的构成决定了它的化学性质比较稳定，具有抗水性。蜡在酸性溶液中极难水解，只有在碱性介质中可以缓慢地水解，比油脂水解困难得多。

$$R—\overset{\overset{\displaystyle O}{\|}}{C}—OR' + NaOH \longrightarrow RCOONa + R'OH$$

由于酸及醇碳链均很长，因此水解产物皂及醇在蜡中溶解度很大，使得水解很难彻底完成。可用醇-醇钠溶液对蜡进行完全水解。

蜡水解虽困难，但可顺利进行酯交换反应。很多多元醇如甘油与蜡进行醇解反应，可以改变蜡的性质。含不饱和醇的液体蜡可以像甘油三酯一样进行催化加氢。

蜡的性质使它具有独特广泛的用途。例如，电器绝缘、照明（蜡烛）、鞣革上光、铸造脱模、磨光剂（家具、地板、漆布等的磨光）、蜡漆、鞋油、蜡封、药膏配料、塑型及化妆品等。

在油脂产品中，蜡的存在会影响其透明度，所以需以脱蜡（冬化）工艺将蜡脱除。

（三）脂肪醇

脂肪醇是蜡的主要组成成分，游离脂肪醇较少，主要以酯的形式存在于蜡中，工业用脂肪醇则主要由油脂或氧化石蜡的氢化法制取。蜡中脂肪醇从 C_8 开始，最高可达 C_{44}。以直链偶碳伯醇为主也有多种支链醇（仲醇），一般是带一个甲基的支链醇，还有多种不饱和醇以及少量的二元醇。动植物蜡中常见醇类如表 8-8 所示。

表 8-8 动植物蜡中常见的脂肪醇

名称	分子式	存在	名称	分子式	存在
正辛醇	$C_8H_{17}OH$	抹香鲸头油（痕量）	正三十醇（蜂花醇）	$C_{30}H_{61}OH$	米糠蜡、蜂蜡、巴西棕油
正癸醇	$C_{10}H_{21}OH$	抹香鲸头油（痕量）	正三十二醇（虫漆蜡醇）	$C_{32}H_{65}OH$	蜂蜡、虫漆蜡
正十二醇	$C_{12}H_{25}OH$	抹香鲸头油（痕量）	正三十四醇	$C_{34}H_{69}OH$	蜂蜡
正十四醇	$C_{14}H_{29}OH$	抹香鲸油	正四十四醇	$C_{44}H_{89}OH$	Kory 蜡
正十六醇	$C_{16}H_{33}OH$	抹香鲸头油	异二十四醇（巴西棕榈醇）	$C_{24}H_{49}OH$	植物蜡
正十八醇	$C_{18}H_{37}OH$	鲸蜡	十六碳-9-烯醇-（1）	$C_{16}H_{31}OH$	鲸头蜡
正二十醇	$C_{20}H_{41}OH$	霍霍巴油	十六碳-7-烯醇-（1）	$C_{16}H_{31}OH$	鲸头蜡
正二十二醇	$C_{22}H_{45}OH$	霍霍巴油	十八碳-9-烯醇-（1）（油醇）	$C_{18}H_{35}OH$	鲸蜡
正二十四醇	$C_{24}H_{49}OH$	羊毛脂	二十碳-11-烯醇-（1）	$C_{20}H_{39}OH$	霍霍巴油
正二十六醇（蜡醇）	$C_{26}H_{53}OH$	羊毛脂、中国蜡蜂蜡	二十二碳-11-烯醇-（1）	$C_{22}H_{43}OH$	霍霍巴油
正二十八醇（褐煤醇）	$C_{28}H_{57}OH$	棉花、蜡			

正三十烷醇又称蜂花醇［$CH_3(CH_2)_{28}CH_2OH$］，是具有调节植物生长活性的植物生长激素。在米糠蜡及蜂蜡的脂肪醇中，蜂花醇约占半数，可加以利用。

五、角鲨烯

角鲨烯又称三十碳六烯，是一种高不饱和烃，因首先发现存在于鲨鱼肝油而得名，分子式为 $C_{30}H_{50}$，化学结构式如图 8-16 所示。

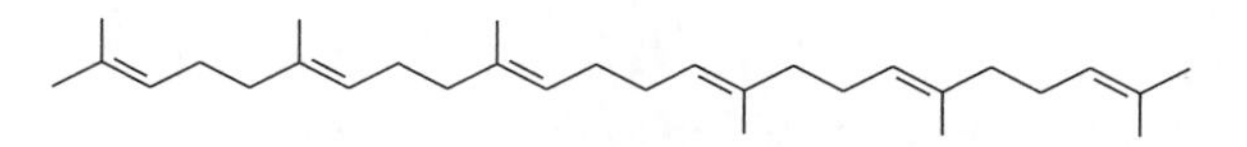

图 8-16　角鲨烯的化学结构式

角鲨烯的六个双键全为反式，是三萜类开环化合物，中间两个异戊烯尾尾相连，没有共轭双键，无色，d_4^{20}0.8590，n_D^{20}1.4594，凝固点 -75℃，在 266.644Pa 的压力下沸点为 240~242℃。

角鲨烯是三萜类化合物生物合成的前体。角鲨烯先在肝脏中通过环氧酶作用下环氧化成 2,3-环氧角鲨烯，再在环化酶作用下环合成三萜醇。纯的角鲨烯极易氧化形成类似亚麻油的干膜。角鲨烯在油中有抗氧化作用，但全氧化后又成为助氧剂，氧化的角鲨烯聚合物是致癌物。角鲨烯极性较弱，在 Al_2O_3 分离柱中首先被石油醚洗脱出来，常用此法分离和测定角鲨烯。海产动物油中角鲨烯含量很高，尤其是鲨鱼肝油中含量最高；植物油中，橄榄油和米糠油中角鲨烯含量较高，因而不易酸败，主要商品油脂的角鲨烯含量如表 8-9 所示。

表 8-9　主要商品油脂中角鲨烯含量

油脂名称	角鲨烯含量/（mg/100g 油脂）		油脂名称	角鲨烯含量/（mg/100g 油脂）	
	范围	平均值		范围	平均值
橄榄油	136~708	383	葵花油	8~9	12
米糠油	300~400	332	茶籽油	8~16	12
玉米胚油	16~42	28	棉籽油	3~15	8
花生油	8~49	27	芝麻油	3~9	5
菜籽油	24~28	26	棕榈油	2~5	3
大豆油	5~22	12			

第二节　复杂脂质

复杂脂质是由一些非脂质与简单脂质形成的化合物，主要有磷脂、鞘磷脂和糖基甘油二酯等。

一、磷脂

磷脂是磷酸甘油酯的简称，是甘油与脂肪酸和磷酸酯化生成的化合物，其磷酸部分又与含氮化合物（如胆碱、乙醇胺），或丝氨酸、肌醇基团结合在一起。常见的磷酸甘油酯组分有磷脂酰胆碱、磷脂酰乙醇胺、磷脂酰丝氨酸、磷脂酰肌醇等。

（一）磷脂的来源、含量

磷脂普遍存在于动植物细胞的原生质和生物膜中，对生物膜的生物活性和机体的正常代谢有重要的调节功能。磷脂在动物的脑、心脏、肝脏、肾脏、血液以及细胞膜中的含量较高，鸡蛋蛋黄中磷脂含量最为丰富。

油料种子中的磷脂大部分存在于油料的胶体相中，大都与蛋白质、酶、糖苷、生物素或糖以结合状态存在，构成复杂的复合物，以游离状态存在的很少。如棉籽中结合态磷脂达90%，向日葵中达66%。植物油料种子中磷脂含量最高的是大豆。几种油料、油脂中磷脂含量如表8-10及表8-11所示。

表8-10 几种油料种子中磷脂的含量 单位：%

油料名称	大豆	棉籽仁	菜籽	花生	亚麻籽	向日葵
磷脂含量	1.2~2.8	1.8	1.02~1.20	0.6~1.1	0.44~0.73	0.61~0.84

表8-11 几种毛油中磷脂的含量 单位:%

油脂名称	大豆油	菜籽油	花生油	米糠油	棉籽油	亚麻油
磷脂含量	1.1~3.5	1.5~2.5	0.6~1.8	0.4~0.6	1.5~1.8	0.3

（二）磷脂的组分

磷酸甘油酯是磷脂酸（phosphatidic acid，PA）的衍生物，常见的有磷脂酰胆碱（phosphatidyl cholines，PC）、磷脂酰乙醇胺（phosphatidyl ethanolamines，PE）、肌醇磷脂（磷脂酰肌醇，phosphatidyl inositols，PI）、磷脂酰丝氨酸（phosphatidyl serines，PS），还有磷脂酰甘油、二磷脂酰甘油和缩醛磷脂等。

一般植物油料中主要由磷脂酰胆碱、磷脂酰乙醇胺、肌醇磷脂和磷脂酸等磷脂组成，不同油料、不同品种中各种磷脂含量也不同。几种植物油料中所含的磷脂及相对含量如表8-12所示。

表8-12 大豆、花生、菜籽及玉米中磷脂的组成及相对含量 单位：%

磷脂种类	玉米	大豆			菜籽	花生
		低	中	高		
磷脂酰乙醇胺	3.2	12.0~21.0	29.0~39.0	41.0~46.0	20~24.6	49.0
磷脂酰胆碱	30.4	8.0~9.5	20.0~26.3	31.0~34.0	15~17.5	16.0
磷脂酰肌醇	16.3	1.7~7.0	13.0~17.5	19.0~21.0	14.7~18.1	22.0
磷脂酸	9.4	0.2~1.5	5.0~9.0	14		
磷脂酰丝氨酸	1.0	0.2	5.9~6.3			
其他磷脂	9.4	4.1~5.4	8.5			

（三）磷脂的脂肪酸组成

常见植物油料磷脂的脂肪酸组成如表8-13所示，其中亚油酸含量最高，其次为油酸和棕榈酸，但棉籽磷脂中棕榈酸含量高于油酸。植物油料磷脂的脂肪酸组成与其甘油三酯的脂肪酸组成相近，但大豆磷脂、菜籽磷脂及葵花籽磷脂的亚油酸含量高于甘油三酯，大豆磷脂及葵花籽磷脂的油酸含量较相应甘油三酯的低，棉籽磷脂的饱和脂肪酸含量较相应甘油三酯高得多。菜籽磷脂的脂肪酸组成与相应甘油三酯有很大区别，主要在于磷脂中长碳链脂肪酸（20：1，22：1）含量甚微。

表 8-13 常见植物油料磷脂的主要脂肪酸组成 单位：%

脂肪酸组成	玉米	棉籽	大豆	葵花籽	菜籽	花生
14：0		0.4				
16：0	17.7	32.9	17.4	13.0	21.7	11.7
16：1		0.5				8.6
18：0	1.8	2.7	4.0	4.6	1.1	4.0
18：1	25.3	13.6	17.7	16.0	23.1	9.8
18：2	54.0	50.0	54.0	67.3	38.0	55.0
18：3	1.0		6.4		9.4	4.0
20：0+22：0					1.1	5.5
22：1					2.6	

（四）磷脂化学结构与特性

1. 磷脂酰胆碱

磷脂酰胆碱广泛存在于动植物体内，在动物的脑、肾上腺细胞中含量较多。蛋黄磷脂中磷脂酰胆碱的含量最为丰富，达 70%左右。

磷脂酰胆碱分子结构因磷酸胆碱基团所连接的碳位不同，有 α、β 两种异构体。若磷酸胆碱基连接在甘油基的 1、3 位上称 α 型，连接在 2 位上则为 β 型。自然界存在的磷脂酰胆碱多为 L-α-PC。

磷脂酰胆碱分子中 α 碳位上连接的脂肪酸几乎是饱和脂肪酸，β 碳位上连接的通常是油酸、亚油酸、亚麻酸等不饱和脂肪酸。由于磷脂酰胆碱分子中具有强酸性的季铵，故显中性，并且磷脂酰胆碱常以偶极离子形式存在，化学结构式如图 8-17 所示。

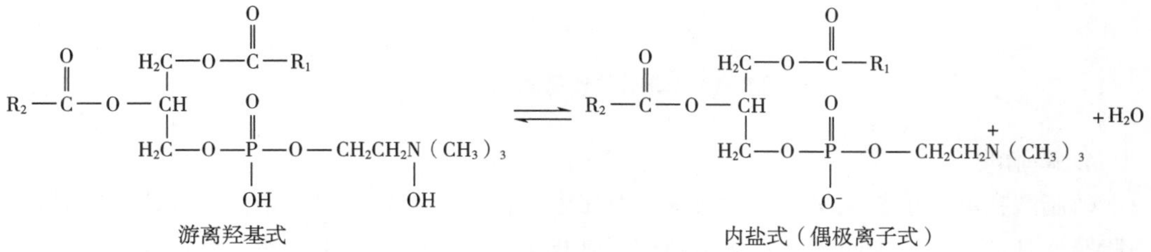

$$R_2-\overset{O}{\overset{\|}{C}}-O-\underset{H_2C-O-\underset{OH}{\overset{O}{\overset{\|}{P}}}-O-CH_2CH_2\underset{OH}{N}(CH_3)_3}{\overset{H_2C-O-\overset{O}{\overset{\|}{C}}-R_1}{CH}} \rightleftharpoons R_2-\overset{O}{\overset{\|}{C}}-O-\underset{H_2C-O-\underset{O^-}{\overset{O}{\overset{\|}{P}}}-O-CH_2CH_2\overset{+}{N}(CH_3)_3}{\overset{H_2C-O-\overset{O}{\overset{\|}{C}}-R_1}{CH}} + H_2O$$

游离羟基式 内盐式（偶极离子式）

图 8-17 磷脂酰胆碱的化学结构式

纯度很高的磷脂酰胆碱产品是一种白色蜡状固体，极易吸湿，吸湿后又软又黏，遇空气氧化成棕色，并且有难闻气味，没有清晰的熔点，随温度升高（100℃左右）而软化，其软化点取决于脂肪酸组成。磷脂酰胆碱具有旋光性；可溶于脂肪溶剂如甲醇、乙醇、苯及其他芳香烃、醚、氯仿、四氯化碳、甘油等中，不溶于丙酮及乙酸甲酯。

2. 磷脂酰乙醇胺

磷脂酰乙醇胺主要存在动物的脑组织中，心脏、肝脏及其他组织中也含有，常与磷脂酰胆碱共同存在于动植物组织中。磷脂酰乙醇胺的分子结构与磷脂酰胆碱相似，只是以胆氨（氨基乙醇）代替了胆碱，它也有 α、β 两种异构体。

与磷脂酰胆碱一样，磷脂酰乙醇胺能以双离子形式存在，但氨基碱性弱，也能以中性分子、阴离子或阳离子形式存在（图 8-18）。

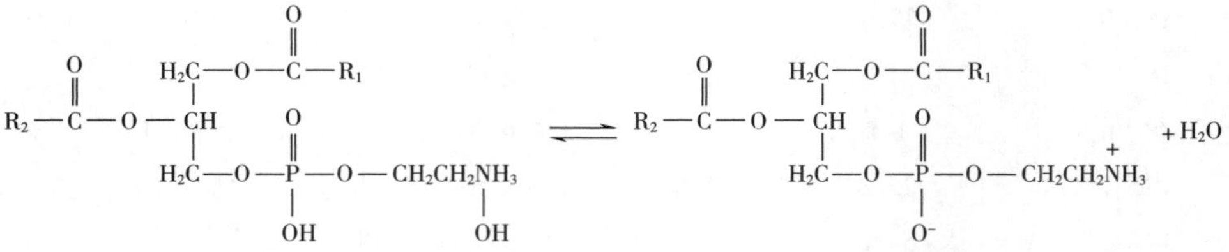

游离羟基式　　　　内盐式（偶极离子式）

图 8-18　磷脂酰乙醇胺的化学结构式

纯度很高的磷脂酰乙醇胺产品为白色固体，易吸湿，氧化后颜色加深。不溶于冷的石油醚、乙酸、苯及氯仿中，不溶于丙酮中；但能溶于有一定温度的石油醚、苯、乙醚及氯仿。由于磷脂酰乙醇胺在乙醇中的溶解性差，也称为醇不溶性物质或醇不溶磷脂。在乙醇中溶解性差的磷脂还有磷脂酰丝氨酸、肌醇磷脂。

3. 磷脂酰丝氨酸

磷脂酰丝氨酸是动物脑组织和红血球中的重要类脂物之一，是磷脂酸与丝氨酸形成的磷脂，略带酸性，常以钾盐形式被分离出来。在花生、大豆等植物种子中都有少量的存在。磷脂酰丝氨酸的结构如图 8-19 所示。

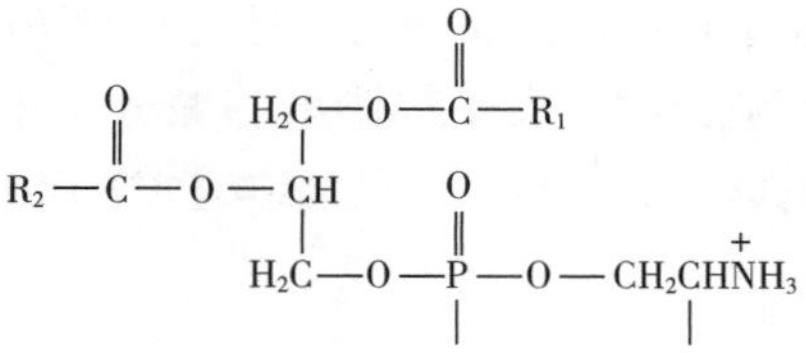

图 8-19　磷脂酰丝氨酸的化学结构式

4. 磷脂酸

磷脂酸在动、植物组织中含量极少，但在生物合成中极其重要，是生物合成磷酸甘油酯与脂肪酸甘油三酯的中间体，其化学结构式如图 8-20 所示。未成熟的大豆较成熟大豆的含量高；在储存过程中，大豆中磷脂酸含量随温度的升高、湿度的增加而增加；毛油水化脱胶过程，磷脂酸的水化速率较磷脂酰胆碱、磷脂酰乙醇胺、磷脂酰丝氨酸等低得多，被看作非水化磷脂，现采用磷脂酶辅助脱胶技术可将其转化为可水化磷脂。

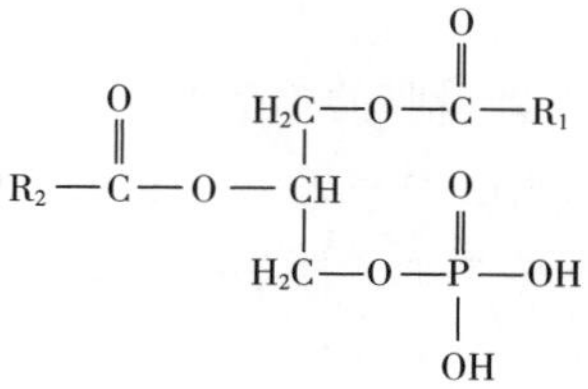

图 8-20　磷脂酸的化学结构式

纯净的磷脂酸是棕色具有黏性的物质，无吸湿性，在光及空气中不稳定，微溶于水，易溶于有机溶剂如丙酮及乙醚中。磷脂酸的钠盐溶于水，微溶于冷醇，不溶于乙醚。

5. 磷脂酰肌醇

磷脂酰肌醇是动物、植物及微生物脂质中的主要成分之一，化学结构式如图 8-21 所示，是无旋光性肌醇衍生物，显酸性，易与 Ca^{2+}、Mg^{2+} 等复合。来源于动物的磷脂酰肌醇，其 *sn*-1 位脂肪酸大多是饱和脂肪酸（硬脂酸），*sn*-2 位主要是花生四烯酸。

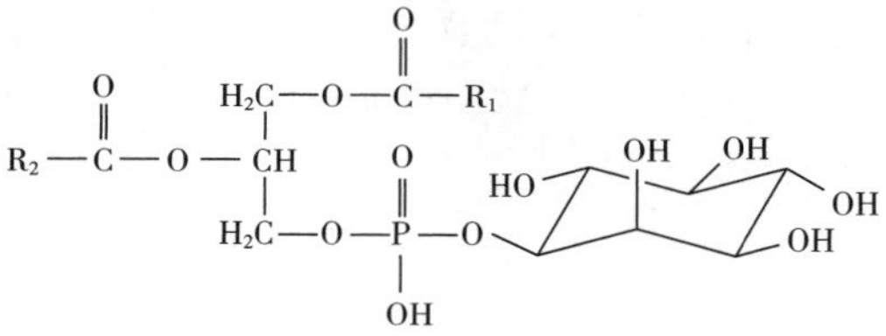

图 8-21　磷脂酰肌醇的化学结构式

6. 其他甘油磷脂

（1）磷脂酰甘油与双磷脂酰甘油

磷脂酰甘油（phosphatidyl glycerol，PG）是叶绿体光合作用组织中一种重要的磷脂，但含量较低。双磷脂酰甘油（diphosphatidyl glycerol，DPG）首先发现自牛的心脏，又称心磷脂（cardiolipin）。PG、DPG 化学结构式如图 8-22 所示，皆是酸性脂质，水解生成甘油、脂肪酸和磷酸。

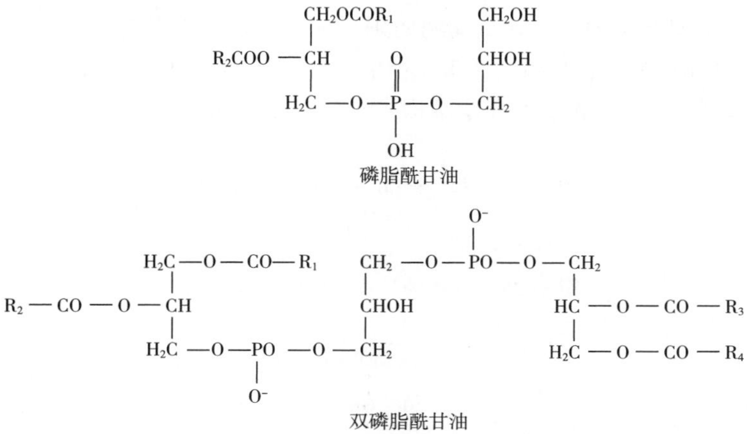

磷脂酰甘油

双磷脂酰甘油

图 8-22　磷脂酰甘油和双磷脂酰甘油的化学结构式

（2）溶血磷脂

溶血磷脂（lysophospholipids），即磷脂的单酰基形式，是二酰磷脂酶水解的产物，化学结构式如图 8-23 所示。磷脂酶 A_2 水解去除 2-位脂肪酸、磷脂酶 A_1 水解 1-位上脂肪酸分别生成相应的溶血磷脂，但 2-位脂肪酸溶血磷脂易异构成稳定的 1-位脂肪酸溶血磷脂。

$$\begin{array}{l} \qquad\qquad\qquad H_2C-OH \\ R_2-\overset{O}{\overset{\|}{C}}-O-CH \\ \qquad\qquad\qquad H_2C-O-\overset{O}{\overset{\|}{\underset{O^-}{\underset{|}{P}}}}-O-CH_2CH_2\overset{+}{N}H_3 \end{array} \qquad \begin{array}{l} \qquad\quad H_2C-O-\overset{O}{\overset{\|}{C}}-R_1 \\ HO-CH \\ \qquad\quad H_2C-O-\overset{O}{\overset{\|}{\underset{O^-}{\underset{|}{P}}}}-O-CH_2CH_2\overset{+}{N}H_3 \end{array}$$

图 8-23　溶血磷脂的化学结构式

二、鞘磷脂

鞘磷脂又称神经鞘磷脂，主要存在于动物组织内，但微生物组织中未发现，它是（神经）鞘酰胺与磷酸结合后，再与胆碱或胆胺相连而成的酯（图 8-24）。鞘酰胺由（神经）鞘氨醇与脂肪酸生成（图 8-25）。

$$CH_3(CH_2)_{12}CH=CH-\underset{HO}{\underset{|}{C}}H\underset{NHOCR'}{\underset{|}{C}}H-CH_2-O-\overset{O}{\overset{\|}{\underset{O^-}{\underset{|}{P}}}}-OCH_2CH_2-\overset{+}{N}(CH_3)_3$$

图 8-24　鞘磷脂的化学结构式

$$CH_3(CH_2)_{12}CH=CH-\underset{HO}{\underset{|}{C}}H\underset{NHOCR}{\underset{|}{C}}H-CH_2-OH$$

图 8-25　鞘酰胺的化学结构式

常见的鞘氨基醇有两种，一种从动物而来，称（神经）鞘氨醇（sphingosine），化学结构式如图 8-26 所示；另一种从植物而来，称植物（神经）鞘氨醇（photosphingosine），也称植物二氢鞘氨醇或二氢鞘氨醇，其化学结构式如图 8-27 所示。

$$CH_3(CH_2)_{12}CH=CH-\underset{HO}{\underset{|}{C}}H\underset{NH_2}{\underset{|}{C}}H-CH_2-OH$$

图 8-26　（神经）鞘氨醇的化学结构式

$$CH_3(CH_2)_{12}\underset{HO}{\underset{|}{C}}H\underset{OH}{\underset{|}{C}}H-\underset{NH_2}{\underset{|}{C}}H-\underset{OH}{\underset{|}{C}}H_2$$

图 8-27　植物（神经）鞘基醇的化学结构式

鞘磷脂是一种白色、稳定的晶体，无吸湿性，能溶于热甲醇、乙醇、乙酸及氯仿，不溶于吡啶、乙醚及冷丙酮。鞘磷脂具有两个不对称碳原子、有旋光性。鞘氨醇、鞘磷脂也可与糖或肌醇连接成为糖基鞘磷脂（图 8-28）。

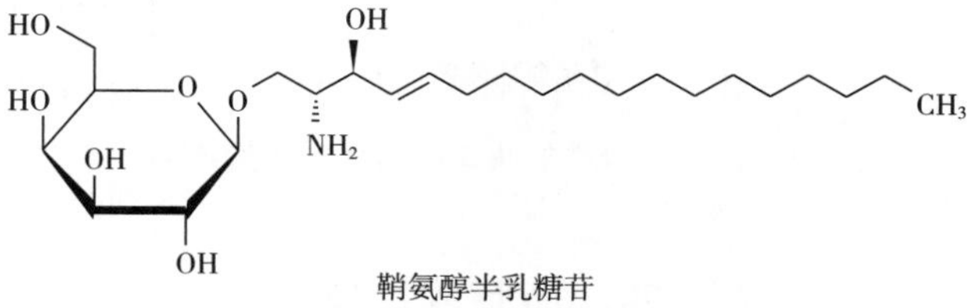

鞘氨醇半乳糖苷

脑苷脂

图 8-28　糖基鞘磷脂的化学结构式

三、糖基甘油二酯

糖基甘油酯存在于细菌、真菌、藻类、酵母菌、高等植物和动物组织内，主要为单糖甘油二酯、二糖甘油二酯、三糖甘油二酯，也有少量的四糖和多糖甘油二酯（图 8-29）。

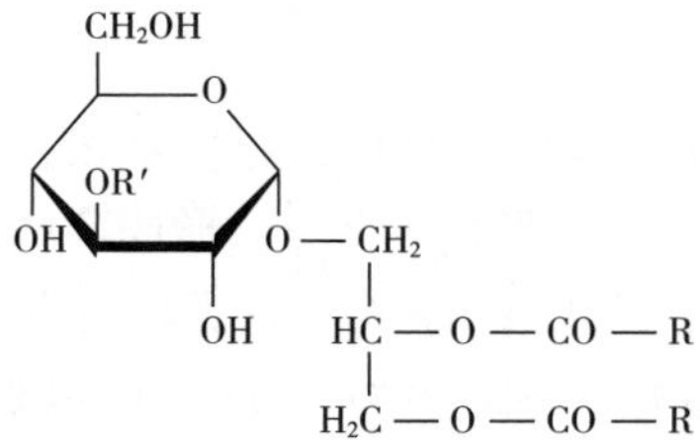

葡萄糖甘油二酯

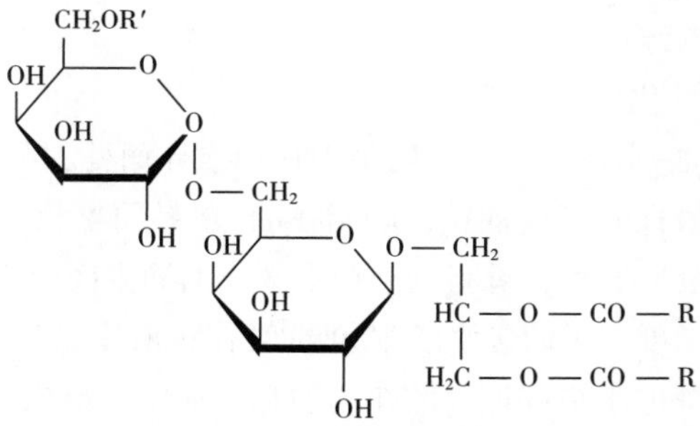

二半乳糖甘油二酯

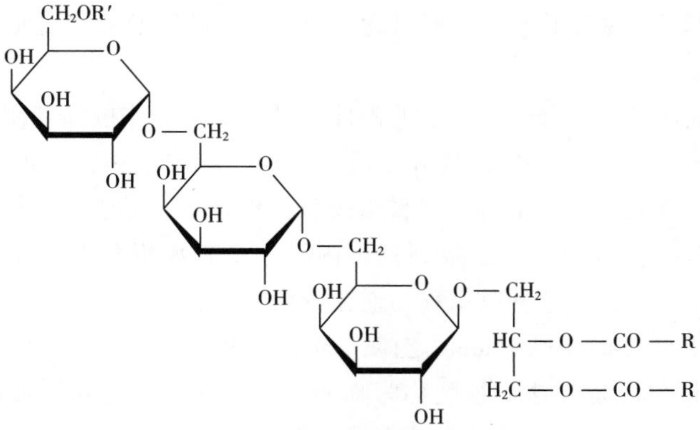

三半乳糖甘油二酯

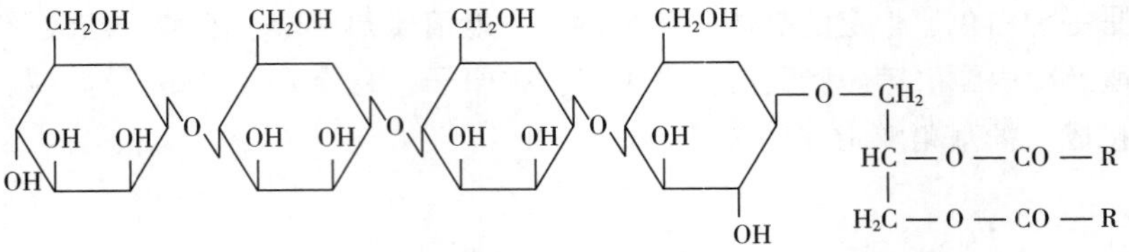

三甘露糖葡萄糖甘油二酯

图 8-29　糖基甘油二酯的化学结构式

四、磷脂的性质

（一）物理性质

1. 性状及溶解性

磷脂产品多为粉末状或膏状固体、半固体，粉末状磷脂易吸水变成颗粒状、块状或膏状物，由于磷脂制取方法、种类的不同，产品呈淡黄色或棕色。浓缩磷脂呈半固态或流体态，粉末磷脂呈固体粉状，高纯度磷脂酰胆碱呈膏状。

磷脂没有清晰的熔点，随温度的升高而软化（100℃），达 200℃ 时则熔化。高温下，磷脂易热氧化甚至碳化，颜色变成褐色乃至生成黑色。

磷脂易溶于脂肪溶剂，如乙醚、已烷、石油醚、三氯甲烷、四氯化碳等，在丙酮和乙酸乙酯中的溶解性较差，习惯上将磷脂称作丙酮不溶物，但磷脂产品中的丙酮不溶物则不完全是磷脂。不同的磷脂在不同的有机溶剂中溶解度不同，磷脂酰胆碱易溶于乙醇，而磷脂酰乙醇胺不易溶，借此可将磷脂酰胆碱和磷脂酰乙醇胺初步分离，鞘磷脂不溶于丙酮和乙醚，却溶于热乙醇。

2. 乳化作用

在油-水体系中，磷脂集中在油水界面处，分子的亲水部分（极性）指向水相，亲油部分（非极性）指向油相，磷脂在油-水界面聚集，降低了表面张力，有可能形成乳状液。一旦乳状液形成后，磷脂分子在水滴或油滴表面成为载体，阻止液滴聚合，使乳状液稳定。

磷脂可用于油包水或水包油型乳状液中，如在人造奶油制品中加入 0.3% 的浓缩磷脂，能使 16% 的水很好地分散在奶油基料油中，形成稳定的油包水的乳化体系。在水包油乳状液用的磷脂则具有水分散性，如在牛乳、冰淇淋中加入 0.3% 的磷脂能形成水包油的乳化体系。作为水包油型乳化剂的有酰基化磷脂、羟基化磷脂、脱油磷脂及磷脂酰胆碱。

3. 胶束的形成

磷脂是一种表面活性剂，分子由亲水的极性基团和疏水的非极性基团组成。磷脂溶于水时，亲水基朝向水分子，疏水基则远离水分子，达到一定浓度后，有形成胶态集合体的倾向，这种集合体就称为胶束。胶束可以在水相或非水相介质中形成，水相介质中，亲水基团聚集在一起，朝向水相，亲油基团隐蔽到胶束内核中；非水相系中亲油基团朝向外部的油相，亲水基转向胶束核内部，这种胶束称为逆相胶束。

磷脂溶液在很低浓度时服从 Raoult 定律，即浓度达到一定值时，再增加浓度对渗透压和表面张力不产生任何影响，这一浓度称为临界胶束浓度，这时开始形成胶束聚集体。在超过临界胶束浓度时，胶束的形状近于球形或扁圆形、长圆形，若浓度进一步增加，胶束呈棒状，继续增加浓度，棒状胶束就逐渐聚集成束状或层状，浓度更大时，就可能形成凝胶（图 8-30）。

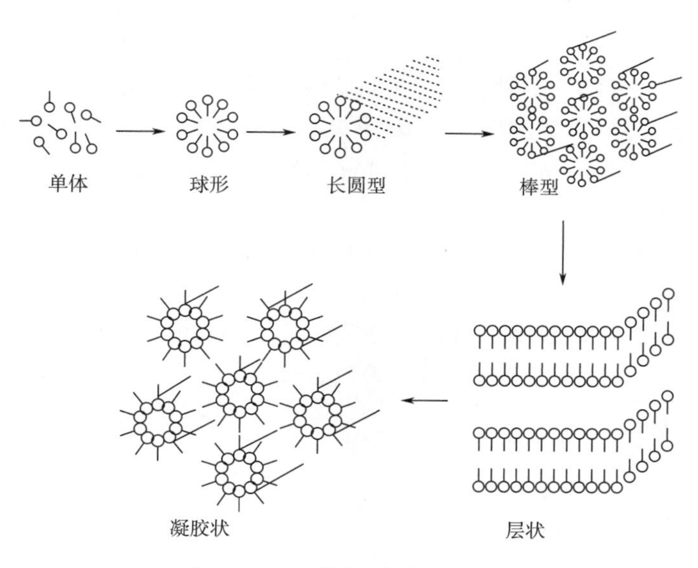

图 8-30 各种胶束形状示意图

4. 加溶作用

在表面活性剂的存在下能使不溶或微溶于水的化合物的溶解性显著提高。不溶或微溶于水的被加溶物之所以能被表面活性剂加溶，完全是由于胶束的形成。胶束形成得越多，加溶作用越强。磷脂的加溶作用主要是通过溶于磷脂胶束内部的有机物以其分子形式与胶束内的磷脂分子一起穿插排列的形式而溶解。加溶作用和乳化作用有所区别，加溶作用中被加溶的有机物和溶液处于同一相；而乳化作用中，被乳化的物质和溶剂处于两相。磷脂的加溶作用对制备药物、化妆品及形成微乳化等有着十分重要的作用。

5. 润湿作用

润湿作用指固体上的气体被水或水溶液所取代。表面活性剂之所以能作为润湿剂，就是因为它们能促进水溶液取代液体或固体表面的空气。磷脂对一些粉末或颗粒物质具有很强的润湿性。亲油性强的粉末，如可可粉、咖啡伴侣、汤料等要求速溶时，可选用亲水性强的羟化磷脂作为润湿剂，喷涂表面以增强润湿作用。

（二）化学性质

1. 氧化与增效

由于磷脂分子结构上连接有不饱和脂肪酸，所以磷脂的自动氧化与脂肪酸或脂肪酸酯的氧化机理相近，一级氧化产物主要是共轭二烯氢过氧化合物。氧化反应不仅取决于磷脂的脂肪酸组成，也与其结构、聚集状态有关。

磷脂发挥增效作用的主要原因是对金属离子的络合作用，从而使促进氧化的金属离子钝化。PE 的增效作用大于 PC，主要原因在于这两种化合物对促进氧化的金属离子络合能力的差异。磷脂络合金属的能力归因于其分子中潜在的含氮配位基团。PC 和 PE 分子结构相似，差别仅在于各自的碱基不同，PC 的碱基为胆碱基，而 PE 的碱基为胆氨基。PC 分子中配位原子 N 上连接有三个甲基，空间阻碍大，使形成络合物的稳定性降低；PE 分子中配位原子 N 上连接的是三个氢，空间阻碍小，形成的络合物稳定，从而导致 PC 的增效作用小于 PE。

2. 水解反应

磷酸甘油酯分子的酯键有三种，一种是脂肪酸与多元醇成酯的键（甘油酯键），一种是磷酸与多元醇成酯的键（磷酸酯键），一种是磷酸与胆碱或胆氨结合成酯的键（磷酸羟胺键）。磷脂的这三种酯键在一定条件下都能进行水解，但水解条件与方法不同。磷脂水解方法主要有酸、碱和酶法。

在碱性介质条件下（例如，在氢氧化钾的乙醇溶液中）水解磷脂，甘油酯键很容易水解，磷酸羟胺键水解较慢，而磷酸酯键难水解。在酸性介质条件下（例如，在盐酸溶液中）水解，磷酸与胆碱或胆氨成酯的键（磷酸羟胺键）很容易水解，甘油酯键水解较磷酸羟胺键慢，而磷酸酯键很难水解。碱、酸水解主要产物为甘油磷酸酯、胆碱（或乙醇胺）、脂肪酸，反应式如图 8-31 所示。

$$\begin{array}{l} H_2C-O-CO-R_1 \\ R_2-CO-O-CH \\ H_2C-O-PO(O^-)-O-CH_2CH_2\overset{+}{N}(CH_3)_3 \end{array} \xrightarrow{OH^-} HOCH_2CH_2\overset{+}{N}(CH_3)_3 + R_1COOH + R_2COOH + \begin{array}{l} CH_2OH \\ CHOH \\ CH_2O-PO(OH)-OH \end{array}$$

图 8-31 化学催化磷脂水解反应

酶水解是利用磷脂酶或脂肪酶选择性地水解磷脂的某类酯键。目前，商用磷脂酶有磷脂酶 A_1、磷脂酶 A_2、磷脂酶 C 和磷脂酶 D；用来水解油脂的商用脂肪酶也可水解磷脂。

磷脂酶 A_1 可水解 1-位酰基甘油酯键，磷脂酶 A_2 水解 2-位酰基甘油酯键，生成脂肪酸与溶血磷脂。磷脂酶的催化水解无脂肪酸选择性，即不同种类脂肪酸的水解速率相近。磷脂酶 A_1 和磷脂酶 A_2 的位置选择性不是很好，即在水解反应体系中磷脂酶 A_1 也会水解磷脂 *sn*-2 位酰基，磷脂酶 A_2 也是这样。鼠的大脑、肝脏中含有磷脂酶 A_1；磷脂酶 A_2 可由胰脏、蛇毒、绵羊的细胞以及蜜蜂毒液中提取。目前，磷脂酶 A_1 和磷脂酶 A_2 均可通过微生物发酵法生产。脂肪酶能够很好地水解磷脂生成溶血磷脂，但无论是选择性脂肪酶还是非选择性脂肪酶，都不能很好地实现对磷脂的选择性水解。另外，脂肪酶和磷脂酶还能催化磷脂与乙醇（甲醇）反应生成溶血磷脂。

磷脂酶 C 催化水解磷酸酯键，生成甘油二酯及磷酸羟基碱化合物。磷脂酶 C 也能水解含醚基团的磷酸酯键。磷脂酶 C 可以从鼠的肝脏中提取。磷脂酶 D 水解羟胺磷酸键生成磷脂酸、胆碱或乙醇胺。磷脂酶 D 主要来源于胡萝卜、菠菜、甜菜叶的叶绿体、花生仁、甘蓝及鼠的大脑中。图 8-32 是不同磷脂酶催化磷脂水解反应。

$$R_2-\overset{O}{\overset{\|}{C}}-O-CH(CH_2-O-\overset{O}{\overset{\|}{C}}-R_1)(CH_2-O-\overset{O}{\overset{\|}{P}}(OH)-OX)$$

磷脂酶A_1、磷脂酶A_2、磷脂酶C、磷脂酶D

$$\xrightarrow{\text{磷脂酶}A_1} R_1COOH + R_2-\overset{O}{\overset{\|}{C}}-O-CH(CH_2-OH)(CH_2-O-\overset{O}{\overset{\|}{P}}(OH)-O-X)$$

$$\xrightarrow{\text{磷脂酶}A_2} R_2COOH + HOHC(CH_2-O-\overset{O}{\overset{\|}{C}}-R_1)(CH_2-O-\overset{O}{\overset{\|}{P}}(OH)-OX)$$

$$\xrightarrow{\text{磷脂酶C}} R_2-\overset{O}{\overset{\|}{C}}-O-HC(CH_2-O-\overset{O}{\overset{\|}{C}}-R_1)(CH_2-OH) + HO-\overset{O}{\overset{\|}{P}}(OH)-OX$$

$$\xrightarrow{\text{磷脂酶D}} R_2-\overset{O}{\overset{\|}{C}}-O-CH(CH_2-O-\overset{O}{\overset{\|}{C}}-R_1)(CH_2-O-\overset{O}{\overset{\|}{P}}(OH)-OH) + X-OH$$

图 8-32　酶催化磷脂水解反应

X 为胆碱、氨基乙醇、丝氨酸或肌醇基

甘蓝中的磷脂酶 D 不仅催化磷脂水解，也可催化磷脂醇解。如在乙醇或甘油存在下水解磷脂酰胆碱生成相应的磷脂酰甘油及胆碱。

$$R_2-\overset{O}{\overset{\|}{C}}-O-CH(CH_2-O-\overset{O}{\overset{\|}{C}}-R_1)(CH_2-O-\overset{O}{\overset{\|}{P}}(O^-)-O-CH_2CH_2\overset{+}{N}(CH_3)_3) \xrightarrow[\text{甘油}]{\text{磷脂酶 D}} R_2-\overset{O}{\overset{\|}{C}}-O-CH(CH_2-O-\overset{O}{\overset{\|}{C}}-R_1)(CH_2-O-\overset{O}{\overset{\|}{P}}(O^-)-O-CH_2-CH(OH)-CH_2-OH) + HOCH_2CH_2\overset{+}{N}(CH_3)_3$$

3. 加成反应

磷脂中的不饱和脂肪酸能与卤素起加成反应。例如，蛋黄磷脂在氯仿中与Br_2反应（30℃），生成一种无色、蜡状溴化物，能溶于氯仿、乙醇、乙醚，几乎不溶于丙酮和水；磷脂与氯、碘混合物反应生成一种不仅具有药用价值而且还可作为食品乳化剂的卤化物；在四氯化碳试剂中，磷脂与碘在铁或锡催化作用下，生成一种性质稳定、无吸湿性、具有较高药用价值的碘化磷脂。

尽管磷脂是油脂氢化过程中的催化中毒物质，但较高温度（70～85℃）、高压下（6～

10MPa)，于溶剂中也能进行催化氢化。所用催化剂一般是镍、钯、镍-铜复合物等；溶剂是含醇的混合溶剂，如乙醇与二氯甲烷；氢化速度随溶剂中醇的含量增大而加快。氢化磷脂的稳定性好，易脱色，乳化能力强。

在适当的温度下磷脂中不饱和脂肪酸的双键与过氧化氢、在乳酸的催化下进行羟基化反应。可通过测定反应中碘值降低与反应混合物中二羟基硬脂酸的含量评价反应的程度，羟基化反应程度以碘值降低不超过10%为宜。

羟基化磷脂的稳定性强，在水或水相介质中分散能力增加。磷脂与过硼酸钠、碳酸钠过氧化物、磷酸钠过氧化物及高锰酸钾等也可发生羟基化反应，生成的羟基化磷脂是很好的纺织品软化剂。

$$-CH{=}CH- + H_2O_2 \xrightarrow{H^+} -\underset{OH}{CH}-\underset{OH}{CH}-$$

4. 酰化反应

磷脂酰乙醇胺的氨基可与乙酰化试剂（乙酸酐）发生酰化反应，在磷脂酰乙醇胺的氨基上引入乙酰取代基，可使其溶解性与水包油的乳化能力增强。

$$\begin{array}{l} CH_2OCOR_1 \\ | \\ R_2OCOCH \quad\quad O \\ | \quad\quad\quad\quad\quad \| \quad\quad\quad\quad\quad\quad\quad + \\ CH_2-O-P-O-CH_2CH_2NH_3 \\ \quad\quad\quad\quad\quad | \\ \quad\quad\quad\quad\quad O^- \end{array} \xrightarrow{(CH_3OC)_2O} \begin{array}{l} CH_2OCOR_1 \\ | \\ R_2OCOCH \quad\quad O \\ | \quad\quad\quad\quad\quad \| \\ CH_2-O-P-O-CH_2CH_2NH \\ \quad\quad\quad\quad\quad | \quad\quad\quad\quad\quad\quad\quad\quad | \\ \quad\quad\quad\quad\quad OH \quad\quad\quad\quad\quad\quad C{=}O \\ \quad\quad\quad\quad\quad\quad\quad\quad\quad\quad\quad\quad\quad\quad | \\ \quad\quad\quad\quad\quad\quad\quad\quad\quad\quad\quad\quad\quad\quad CH_3 \end{array} + CH_3COOH$$

5. 复合

磷脂与一些无机盐、碘、蛋白质和碳水化合物均能形成复合物，表现出独特的性质。磷脂酰胆碱在甲醇中能与 Ca^{2+}、Mg^{2+} 和 Ce^{3+} 以 1∶1（mol/mol）比例复合，水的存在会竞争性地阻止此复合物的形成。氯化镉与磷脂酰胆碱的复合物不溶于醇，而与磷脂酰乙醇胺的复合物则能溶解，利用此特性可分离提纯得到高纯度的磷脂酰胆碱产品。氯化钙与磷脂生成的复合物不溶于乙醚，可用来净化磷酸甘油酯。一些碱性物质如碳酸铵或碳酸铅等可分解磷脂-氯化镉复合物。磷脂能与氯化钯形成复合物，此复合物不溶于乙醇，而溶于乙醚、二硫化碳、氯仿、苯等。二价阳离子的复合能力较单价离子强，阴离子能使磷脂乳化液稳定性降低，其降低能力顺序为：$SCN^- > NO_3^- > Cl^- > F^-$。少量的氯化钠能显著地降低磷脂或磷脂溶液的黏度。商业磷脂中加入一定量的氯化钙、氯化镁、硝酸盐或乙酸盐等能够改善其流动性。

磷脂也能与蛋白质、碳水化合物通过分子间弱相互作用形成复合物。在面团形成过程中，添加适量的磷脂，磷脂与面粉中的蛋白质、淀粉相互作用形成复合物进而改善面团的性能和面制品的品质。辣条生产中添加磷脂也会使产品品质得到提升。

（三）磷脂的生产与开发动态

磷脂是利用油脂精炼的副产品——水化油脚经深加工的产品。目前，工业化生产的磷脂主要有浓缩磷脂、粉末磷脂、氢化磷脂、改性磷脂系列（羟基化、酰基化、羟酰化、溶血磷脂等）、磷脂酰胆碱、磷脂酰丝氨酸及磷脂软胶囊、磷脂复合产品等近百个品种。

1. 浓缩磷脂的制备

由植物油料浸出得到混合油，混合油经过滤除杂、负压蒸发溶剂后得到毛油，毛油经水化脱磷得到的水化油脚（含水量<50%），水化油脚采用固定刮板薄膜蒸发器，在温度 95~105℃、真空度 96kPa 以上的条件下连续真空浓缩脱水，使水化油脚中水分瞬间加热蒸发，得到透明度好的浓缩磷脂产品（含水量<1%）。

2. 粉末磷脂的制备

以丙酮为溶剂，浓缩磷脂为原料，根据浓缩磷脂中油脂溶于丙酮，磷脂不溶于丙酮的原理，向浓缩磷脂中加入 5~10 倍的丙酮，经混合萃取脱油得到丙酮磷脂悬浮液，悬浮液经离心分离得脱油磷脂和丙酮混合油，分离出的脱油磷脂一般含有 20%左右的丙酮溶剂，需经脱溶干燥得粉末磷脂。由于磷脂在超过 80℃条件下干燥，易氧化褐变，采用真空干燥可得到无氧化褐变的粉末磷脂。也可用超（亚）临界萃取技术制备粉末磷脂，但运行费用较高。

3. 磷脂酰胆碱的制备

根据大豆磷脂中磷脂酰胆碱组分易溶于乙醇，其他磷脂组分不易溶于乙醇的原理，将大豆磷脂与乙醇溶剂［质量体积比，1：(4~10)］按一定的比例混合萃取，萃取混合物经离心分离得到乙醇可溶物溶液和乙醇不溶物，乙醇可溶物再经真空浓缩回收乙醇溶剂，得到磷脂酰胆碱浓缩物。磷脂酰胆碱浓缩物在温度 60~70℃、真空度 95kPa 以上的条件下真空干燥，得到富含磷脂酰胆碱产品；乙醇不溶物经真空干燥得到富含磷脂酰乙醇胺产品。由于用乙醇溶剂从大豆磷脂中提取磷脂酰胆碱时，其溶解与不溶解是相对的，因此，提取的磷脂酰胆碱产品仍含有其他磷脂组分，要制取高纯度磷脂酰胆碱组分还需采用柱层析或其他分离技术进一步提纯。也可采用超临界流体萃取技术制备高纯度磷脂酰胆碱产品，但运行费用较高。

4. 微胶囊化磷脂的制备

将磷脂与芯材和壁材载体分散在水中，经均质乳化形成稳定的水包油乳化体系，再采用喷雾造粒干燥技术，使乳化液迅速脱水造粒成型，得到分散性、流动性、包埋率高的微胶囊化颗粒磷脂。

5. 酰化磷脂的制备

将低浓度的乙酸酐加入浓缩磷脂或水化油脚原料中，乙酸酐的加入量与原料及酰化产品程度有关，一般为磷脂含量的 1.5%~5.0%，然后在一定的反应温度、时间及真空度条件下进行酰化反应，反应一段时间后，用食用碱［NaOH、$Ca(OH)_2$］调节反应物 pH 为 6.5~8.0，再真空干燥至水分含量小于 1%以下。

还可通过各种酶对磷脂进行改性，其中磷脂酶 A、磷脂酶 D 水解及酯交换生产溶血磷脂与丝氨酸磷脂已达工业化应用。

五、磷脂的应用

磷脂具有良好的乳化特性、很好的营养性和独特的应用和生理功能性，在医药、食品及其他工业领域中有广泛的应用。

（一）医药及保健品工业

由于磷脂具有多种生理功能，磷脂作为保健品已大量生产。利用磷脂酰胆碱的乳化特性作为静脉注射脂肪乳输液的乳化剂，以及制备含各种药物制剂的调理剂。磷脂酰胆碱形成的脂质体可用在药剂的传递或输送系统。

（二）食品工业

磷脂作为性能良好的乳化剂用于食品生产，发挥乳化、起泡作用。天然磷脂产品结构和组成复杂、独特，在乳化液中既能形成 W/O 型乳化液，也能形成 O/W 型乳化液，还能形成脂质体。在乳化体系中，磷脂可以油相和水相的分散特性，调节体系的界面行为，改善体系的稳定性，提高食品质量。磷脂与颗粒食品相互作用，可以改变产品在水溶液中的润湿性和分散性，从而实现产品在水中迅速分散的效果，达到速溶的要求。

磷脂能够改善食品组分的结晶过程。在含油脂或糖的食品中，加入适量的磷脂可以调节油脂或糖的结晶结构和形态，使产品的结晶形态及结构得到改善，从而提升产品的结构和流变性。生产巧克力时，加入适量的磷脂，能够有效控制蔗糖和油脂结晶，可使产品表面润滑光亮，口感更加细腻，并可降低体系黏度，易浇模成型。生产冰淇淋时，加入适量的磷脂，可增加各物料成分间的分散性，同时还可以在冰淇淋结晶过程控制冰晶的大小，增加产品的充气效果，使得产品口感更加细腻。

在烘焙食品制作时，将磷脂与油脂及其他物质调配呈流体态物质喷涂于烤盘或模具上，发挥脱模剂和防粘结剂的作用，可以有效防止食品与模具、食品与食品、食品与包装之间的粘连，利于食品生产和提高产品质量。

在面制品制作中，磷脂可与蛋白质和淀粉产生相互作用，改善面团的加工性能、产品的食用口感。

（三）化妆品工业

化妆品中加入磷脂能发挥其乳化性，使泡沫稳定，分散性好，而且磷脂的渗透性能可改善化妆品的润湿、营养、涂抹和附着效果，还可改善皮肤的触感，降低油腻性，提高保湿性。磷脂可以改善皮肤营养，防止皮肤干燥脱水，促进皮肤细胞再生，延缓皮肤细胞老化，使皮肤柔软光滑、弹性好、褶皱少；促进汗腺分泌，清除青春痘和色素沉淀，减少和消除老年斑。磷脂在护肤及洁肤品和洗发、护发、美发、美容的用品等中均有应用。浓缩磷脂、改性磷脂、粉末磷脂、复配磷脂均可用于化妆品中，添加量一般不超过 10%。

（四）饲料工业

在饲料中添加磷脂提高饲料的营养价值，改善饲料的适口性，并促进动物的消化吸收、生长代谢及神经组织、内脏、骨髓和脑的发育，且能增强动物的免疫力。

磷脂在家禽、家畜、鱼类、鳖虾等动物饲料中均有应用。饲用磷脂的种类有浓缩磷脂、改性磷脂、粉末磷脂、复配磷脂，添加量通常小于 10%，一般为 1%～5%。

（五）纺织工业

作为柔软剂，磷脂可使织物纤维保持柔软。作为润湿渗透剂，磷脂可促进燃料的润湿和充分溶解，促进染液快速润湿纤维表面，并向纤维内部扩散，使颜色牢固和丰满。磷脂还可使织物染色均匀，能减轻织物加工过程中的损伤，并有抗静电的作用。纺织工业中应用的磷脂多为改性磷脂，添加量一般控制在 1%以内。

（六）皮革工业

磷脂对皮革制品具有润滑作用，且磷脂可与皮革中胶原蛋白纤维相互作用，在皮革纤维上形成膜，起到软化、润滑纤维的作用，使皮革具有良好的丝旋光性能，提高皮革的柔软性、弹性和防水性。皮革工业中应用的磷脂多为浓缩磷脂、改性磷脂及复配磷脂，磷脂用量一般为皮革质量的 1%～2%。

磷脂在其他方面的应用如表 8-14 所示。

表 8-14　磷脂在其他方面的应用

应用	功能作用
黏合剂	分散剂、混合助剂或助混剂、塑化剂
吸附剂	黏合助剂、偶合剂、絮凝剂
催化剂	催化剂、乳化剂或表面活性剂、改性剂、润湿剂
陶瓷与玻璃	分散剂或混合助剂或助混剂、脱模或防粘剂、水分拒斥剂
洗涤剂	防腐蚀、乳化剂或表面活性剂
污尘控制	吸附助剂、去污剂
乳化炸药	去污剂、乳化剂、稳定剂
肥料	去污剂、调节剂、分散助剂
墨水	增色剂、分散剂或助混剂、乳化剂或表面活性剂、研磨剂、稳定剂、润湿剂、悬浮剂
磁带	抗氧化剂、分散剂或混合助剂、乳化剂、润湿剂
沥青产品	防腐蚀剂、分散剂、乳化剂、塑化剂、脱模或防粘剂、强化剂、润湿剂
金属加工	防腐蚀剂、防溅剂、絮凝剂、润滑剂、脱模或防粘剂
油漆与其他涂料	抗氧化剂、增色剂、分散剂、乳化剂、混合助剂、研磨助剂、促进剂、分散剂、黏度改性剂、稳定剂、悬浮剂、润湿剂
造纸	分散剂或混合助剂、润滑剂或软化剂
杀虫剂	黏合助剂、抗氧化剂、生物降解添加剂、分散剂、乳化剂、渗透剂、分散助剂、稳定剂、增效剂、生物活性剂
石油及其他燃料制品	黏合助剂、防腐蚀剂、抗氧化剂、分散剂、乳化剂、润滑剂、稳定剂
橡胶等聚合物	防泌脂剂（油脂涂层）、抗氧化剂、乳化剂、改性剂、塑化剂、脱模或防粘剂、稳定剂、强化剂
印刷、复印、照相材料	增色剂、分散剂或助混剂、研磨助剂、感光剂、润湿剂
脱模剂	乳化剂或表面活性剂、润湿剂、脱模或防粘剂
废水处理	黏合助剂、分散剂、絮凝剂

第九章 脂质与健康

学习要点

1. 了解几种重要功能性脂肪酸（包括必需脂肪酸、共轭亚油酸、花生四烯酸、EPA和DHA、芥酸、神经酸、中碳链脂肪酸等）的生理功能。

2. 了解磷脂、糖脂、植物甾醇、胆固醇、脂溶性维生素等脂类衍生物的性质与功能。

3. 掌握乳糜微粒、VLDL、LDL及HDL的定义、特征及在脂质代谢中的功能；掌握脂质在人体的消化、吸收与代谢过程。

4. 了解脂质与疾病的关系。

第一节　脂类的生理与营养功能

脂类是人类所需的三大供能营养素之一，是膳食的主要组成部分。脂类的分布十分广泛，各种植物种子、动物组织和器官中都存在一定数量的油脂。人体中脂类占人体重的10%~20%，人体储存的脂类中，甘油三酯高达99%。从人体生理及营养角度来看，脂类的生理功能主要包括：构成机体组织、储存和提供能量、维护机体、提供必需脂肪酸、促进脂溶性维生素的消化吸收、保证生育等。构成脂类的最主要成分是脂肪酸，且脂类在人体内最终以脂肪酸的形式被分解利用，为人体提供营养和能量，下面主要讲述几种重要脂肪酸与类脂的生理与营养功能。

一、多不饱和脂肪酸

（一）必需脂肪酸

作为膳食要素的脂肪曾经被认为仅为机体提供能量，经历了1840—1930年维生素研究的活跃期，人们逐渐发现无脂饲料饲养的动物会出现皮肤起鳞、体重减轻、肺部积累胆固醇、心肾增大、生育能力减退等症状。后期还观察到用脱脂乳喂养婴儿，会产生湿疹、血清不饱和脂肪酸含量下降。1929年，研究发现如果在饲料中添加富含亚油酸和α-亚麻酸的油脂，患鳞皮病以及生长和生殖出现障碍的动物可以得到治愈，由此首次提出了“必需脂肪酸（essential fatty acids，EFA）”的概念。必需脂肪酸是指人体维持机体正常代谢不可缺少，而自身不能合成或合成速度慢无法满足机体需要，必须从食物中摄取的脂肪酸。

一般来说，必需脂肪酸的双键呈顺式，属于 ω-3 和 ω-6 型，并具有五碳双烯结构。人类和哺乳动物体内没有能从脂肪酸的甲基端数起的第三个碳和第六个碳上导入双键的脱氢酶，即缺乏合成亚油酸和亚麻酸的酶。亚油酸和亚麻酸只能在植物体内合成。因此，必需脂肪酸指的是 ω-3 系列的 α-亚麻酸（18：3）和 ω-6 系列的亚油酸（18：2），其他多个不饱和脂肪酸均可以由这两种脂肪酸为原料逐步合成。动物组织中存在的脱氢酶，能使饱和脂肪酸的碳链上产生双键（Δ^9），如棕榈酸（$C_{16:0}$）及硬脂酸（$C_{18:0}$）脱氢分别生成棕榈油酸[16：1（n-7）]和油酸（18：1ω-9），该种酶称为 Δ^9 脱氢酶。脱氢酶也能使不饱和脂肪酸的碳链上产生双键，生成多不饱和脂肪酸，增加的双键位于第一双键与羧基之间，呈五碳双烯结构，如油酸转换生成（18：2ω-9）；亚油酸转变成（18：3ω-6）；α-亚麻酸转化为18：4（n-3）（图9-1）。动物组织的一些酶可使脂肪酸碳链在羧基端增加两个碳单位。为了满足机体需要，动物体可通过脱氢，延长碳链生成四种类型（ω-3、ω-6、ω-9 及 ω-7）的多不饱和脂肪酸。这四种类型的多不饱和脂肪酸在动物组织内不能互相转换。花生四烯酸可通过亚油酸代谢（脱氢、增链）生成，故不能称为必需脂肪酸。作用 ω-3、ω-6、ω-9 及 ω-7 型脂肪酸的酶为同一酶系，因而四种底物具有竞争性，竞争能力 ω-3>ω-6>ω-9>ω-7。ω-3 及 ω-6 型多不饱和脂肪酸受氧化酶的作用，生成生物活性极高的前列腺素、凝血噁烷及白三烯，即二十碳脂肪酸衍生物。

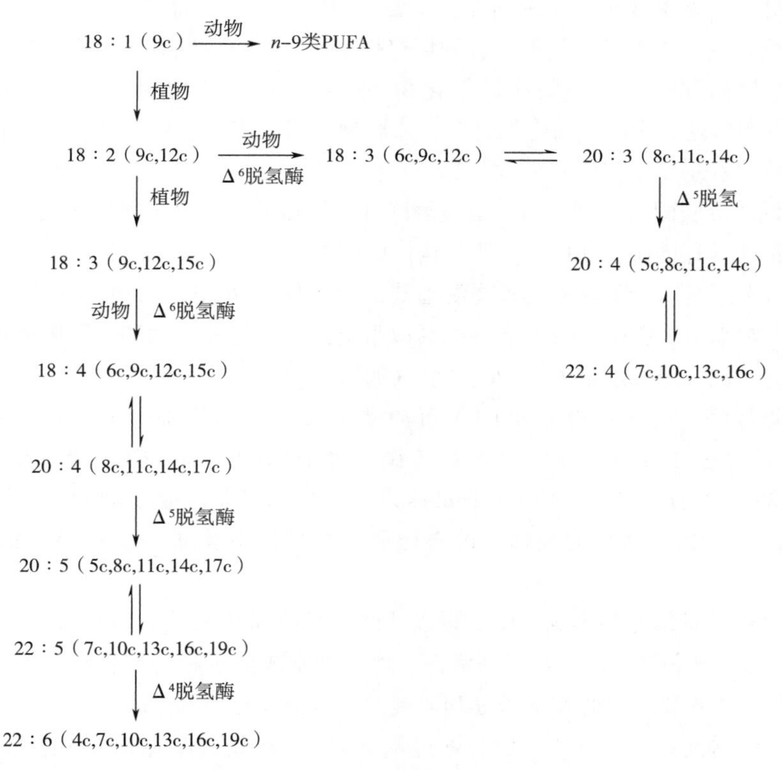

图 9-1　多烯酸（PUFA）的合成路线

必需脂肪酸的生理功能主要体现在以下四个方面。①构成生物膜脂质：必需脂肪酸是生物膜、线粒体膜等生物膜脂质的主要成分，在绝大多数膜的特性中起关键作用。必需脂肪酸参与磷脂的合成，并以磷脂形式作为细胞膜、线粒体膜等生物膜的组成成分。必需脂肪酸也是膜上脂类转运系统的重要组成部分。②维持皮肤等组织对水的不通透性：正常情况下，皮肤对水分和其他许多物质是不能通过的。当必需脂肪酸不足时，水分可迅速通过皮肤，造成饮水量加大，生成的尿少而浓。另外，血脑屏障、胃肠道屏障等许多膜的通透性都与必需脂肪酸有关。③合成某些生物活性物质的前体：必需脂肪酸是合成前列腺素、白三烯类二十烷酸衍生物的前体。类二十烷对动物的胚胎发育、骨骼生长及繁殖功能、免疫反应等均有重要作用。α-亚麻酸调节二十碳酸衍生物的代谢和生成，为正常的生理活动提供物质基础。④参与脂类代谢：必需脂肪酸与类脂、胆固醇的代谢密切相关。人体内大约70%胆固醇与脂肪酸酯化，才能被转运和代谢，如亚油酸与胆固醇结合形成高密度脂蛋白（HDL）可将胆固醇运往肝脏而被代谢。

（二）共轭亚油酸

共轭亚油酸（CLA）是亚油酸的一组位置和几何异构体的统称。天然的共轭亚油酸主要存在于反刍动物牛和羊的脂肪及其乳制品中。牛、羊等的肉中共轭亚油酸含量在2.9~5.6mg/g，脂肪、乳制品中为2.5~30mg/g。CLA异构体类型丰富，已经发现多达25种异构体的存在，其中以异构体9*c*,11*t*-CLA和10*t*,12*c*-CLA最具生理活性。吸收的CLA主要进入血脂、细胞膜及组织结构脂中，也有进入血浆磷脂、细胞膜磷脂或在肝脏中代谢生成花生四烯酸，花生四烯酸进一步合成二十烷类活性物质。

研究证明CLA具有重要的生理功能，主要包含以下五个方面。

（1）抗癌作用　CLA具有抗癌、抗肿瘤等作用，其抗癌机制有：①作为抗氧化剂预防肿瘤；②特异性提高肿瘤组织的脂质过氧化物，通过脂质过氧化物对抗肿瘤细胞的毒性作用；③抑制生物体内二十碳酸衍生物合成；④影响肿瘤细胞的增殖周期，诱导肿瘤细胞的凋亡；⑤影响雌激素介导的有丝分裂途径。

（2）降低血液胆固醇浓度　CLA能显著降低动物血液中的总胆固醇和低密度脂蛋白胆固醇浓度。CLA还具有抗血栓性质，一些异构体能抑制由花生四烯酸或胶原质引起的血小板聚集。另外，CLA还是一个很好的过氧物酶增殖活化受体（PPAR）的配位体和催化剂，可促进脂类代谢。在细胞实验中，CLA能够抑制载脂蛋白B分泌和甘油酯、胆固醇酯的合成，抑制蛋白脂肪酶活性、降低细胞内甘油酯和甘油的浓度。

（3）抗糖尿病　动物实验发现CLA可使喂食大鼠血糖下降，葡萄糖耐量恢复正常。其作用机制可能是CLA通过中枢神经系统调节外周糖脂代谢，CLA通过激活PPARγ上调F型三磷酸腺苷酶（F-adenosine triphosphate，F-ATP）、脂酰辅酶A合成酶（acyl-CoA synthetase，ACS）基因的表达，改善肥胖大鼠的胰岛素抵抗，从而对糖尿病起到抵抗的作用。

（4）对骨骼和骨细胞的影响　CLA可以加强骨矿物质代谢，高浓度组的9*c*,11*t*-CLA及10*t*,12*c*-CLA均能显著提高成骨细胞系活性，增加细胞成熟过程中矿化结节的数量，对成骨过程有一定的促进作用，对骨质疏松症和风湿性关节炎具有缓解作用。

（5）调节机体免疫力的作用　CLA通过调节类二十碳烷酸形成来调节免疫功能。CLA具有提高细胞免疫的作用，在免疫刺激时可促进机体保持机能而影响健康。另外，CLA对抗过敏也有一定的作用，CLA 可通过减少Ⅰ型过敏反应的敏感性，从而减少机体对抗原的反应程度。

（三）花生四烯酸

花生四烯酸（20∶4ω-6）主要存在于海洋鱼油中，在陆地动物中含量不高，一般小于1%。但研究发现，花生四烯酸在陆地动物肾上腺磷脂脂肪酸中的含量高达15%，在人脑神经组织中占总多不饱和脂肪酸的40%，在神经末梢中高达70%。花生四烯酸在植物油脂中很少，仅在苔藓及蕨类种子油中微量存在。近年来的研究发现，在一些霉菌和藻类里花生四烯酸含量丰富，如高山被孢霉（*Mortierella alpina*）、长型被孢霉（*Mortierella elongata*）、终极腐霉（*Pythium iltimum*）、紫球藻（*Porphyridiam cruentum*）等。

人体中的亚油酸在 Δ^6 脱氢酶的作用下转化为γ-亚麻酸（18∶2ω-3），经二十碳三烯酸（二高-γ-亚麻酸，DH-GLA，20∶3）转化为前列腺素，或经 Δ^5 脱氢酶转化为花生四烯酸，花生四烯酸再经不同酶系列催化形成不同的代谢产物，如前列腺素（PGs）、血栓素（TXs）、羟基脂肪酸（HETEs）、白三烯（LTs）等。花生四烯酸及其代谢产物具有重要的生理活性，广泛应用于化妆品、医药和食品等领域，主要生理功能如下：①花生四烯酸及其代谢产物能以受体非依赖方式激活心脏与G蛋白偶联的毒蕈碱样 K^+ 通道，调节心脏兴奋；②花生四烯酸能刺激腺垂体、胎盘和肥大细胞的分泌，在神经内分泌组织中参与调节催产素、加压素、胰岛素等多种激素和神经肽的分泌；③花生四烯酸及其代谢产物可以促进平滑肌细胞、纤维细胞以及淋巴细胞分裂；④血管内皮细胞与花生四烯酸酶密切相关，在某种刺激下能释放血管舒张因子、松弛血管平滑肌、舒张血管。

（四）二十碳五烯酸和二十二碳六烯酸

二十碳五烯酸（EPA，20∶5ω-3）和二十二碳六烯酸（DHA，22∶6ω-3）是两个重要的ω-3系列脂肪酸，分别含有五个和六个双键，高度不饱和性使其具有高度活性与重要生理功能。天然EPA和DHA主要来源于海（水）生动物、微藻、海洋浮游植物、真菌、细菌和酵母等微生物中，目前食品工业中用于添加或直接作为营养补充剂的EPA和DHA主要来源于鱼油和微藻油脂。EPA和DHA在陆地动物油脂中含量很少，仅发现在牛肝磷脂中有少量的EPA存在。高度的不饱和性导致EPA和DHA的化学性质很不稳定，极易受到光、热、氧、金属离子和自由基等的影响而发生氧化、分解、聚合、双键共轭化等化学反应。EPA和DHA的氧化产物与氨基化合物结合产生具有强烈腥臭味的胺类物质，这也是含EPA和DHA产品易出现异腥味的原因。

EPA和DHA是最重要的两种长链多不饱和脂肪酸，对人体生长发育、维持健康具有重要的生理功能：①有效防治心血管疾病：EPA和DHA能有效降低人体血液中的甘油酯、总胆固醇、极低密度脂蛋白胆固醇和低密度脂蛋白胆固醇含量，改善血液循环，降低血液黏度。通过控制花生四烯酸代谢途径的脱氢酶和环氧化酶，EPA和DHA还能抑制血小板凝聚，降低血栓和动脉硬化形成的几率。通过影响钙离子通道，DHA还能降低心肌的收缩力和兴奋性，防止心律失常。②对人体脑部和视力有重要功能：DHA主要以磷脂形式存在于中枢神经系统细胞和视网膜细胞中，占人脑组织细胞中总脂的10%。DHA是大脑细胞优先吸收利用的脂肪酸成分，参与脑细胞的形成和发育，对神经细胞轴突的延伸和新突起的形成，维持脑的功能、延缓脑的衰老、修复脑细胞萎缩、增强神经信息传递起着重要作用。DHA是视网膜磷脂的重要组分，在视神经细胞及视网膜组织中的含量高达50%，DHA与胎儿视觉功能完善直接相关，能有效促进视网膜的正常发育和视神经膜延伸。EPA 能迅速在脑中转化成 DHA 并蓄积而对大脑发育起重要作用。③抗癌作用：研究表明 EPA 和 DHA 能明显抑制肿瘤的发生、生长和转移，对前列腺癌、乳腺癌、胃癌、膀胱癌、结肠癌和子宫癌等有积极的预防作用。其抗癌机制主要有：抑制花生酸类的生物合成；抑制癌细胞膜的合成；促进自由基和易氧化物转化为新物质；有利于细胞代谢与修复。④抗炎和提高免疫力：DHA 和 EPA 的抗炎机制主要是抑制发炎前体物质的形成，通过改变细胞膜磷脂脂肪酸组成来影响细胞膜的流动性以及膜上相关信号分子、酶和受体的功能，从而改变信号传导过程。另外，DHA 和 EPA 还可通过影响酶或细胞因子的基因表达，抑制促炎症因子产生，调节黏附分子表达来调节免疫功能。除此以外，EPA 和 DHA 还具有防治药物导致的糖尿病、抗花粉症等过敏反应、防治脂肪肝、营养皮肤和毛发、提高动物的抗变应性和行为镇定能力等作用。

由于 DHA 对婴幼儿大脑与视力发育的重要功能，添加 DHA 的婴儿配方乳粉已广泛流行，美国食品与药物管理局（FDA）已批准微藻 DHA 为婴幼儿食品中 DHA 补充剂。鉴于补充鱼油有可能引起脂质过氧化反应，世界卫生组织（WHO）建议人们日常应以鱼类食物作为补充 EPA 和 DHA 的主要途径。近年来，DHA 与 EPA 也逐渐应用到饮料、食用油、饲料等多个领域。尽管 DHA 和 EPA 具有诸多生理功能，但值得注意的是不同个体、不同时期和健康状态对其需求量与适宜比例有较大的差异，过量摄入可能会引起一些不良反应，因此，血脂正常的成人或儿童要慎重服用 DHA 和 EPA 类药品或保健品。我国规定用鱼油生产儿童保健食品中 DHA：EPA>2.5：1，并认为儿童每日摄入 EPA 应在 4mg 以下。

（五）γ-亚麻酸

γ-亚麻酸仅存在于少数植物油中，在月见草油和微孔草籽油中含量在 10%以上，在螺旋藻（spirulina）中约占脂类物质总量的 20%～25%。γ-亚麻酸既是组成人体各组织生物膜的结构物质，也是合成人体前列腺素的前体物质。γ-亚麻酸是人体内 ω-6 系列脂肪酸代谢的中间产物，在体内转换成二高-γ-亚麻酸（DH-GLA，20：3）以及花生四烯酸的速度比亚油酸更快，具有广泛的生理活性。临床试验表明，γ-亚麻酸对甘油酯、胆固醇、β-脂蛋白下降有效性在 60%以上，γ-亚麻酸可通过抑制血管平滑肌细胞的 DNA 合成来抑制血管平滑肌细胞的无节制增殖，从而起到抗动脉粥样硬化的作用。γ-亚麻酸在临床上可以用于防治冠心病、心肌梗死、高血压、阻塞性脉管炎等心血管疾病。γ-亚麻酸还具有防治糖尿病、抗炎、抑菌、抗溃疡、抗癌、增强免疫力、缓解更年期综合征、抗衰老等生理功能。此外，γ-亚麻酸还被广泛应用于化妆品行业，通过抑制酪氨酸酶，对抗黑色素生成与沉淀，增强血液流通和细胞新陈代谢，有效增白保湿、延缓衰老，是化妆油、润肤乳、嫩肤霜等护肤品的天然油脂原料。

二、单不饱和脂肪酸

（一）油酸

油酸是饮食脂肪中主要的单不饱和脂肪酸（MUFA），与多不饱和脂肪酸相比，单不饱和脂肪酸具有较好的氧化稳定性。研究发现，饮食中 MUFA 取代饱和脂肪酸使得低密度脂蛋白胆固醇（LDL-C）和高密度脂蛋白胆固醇（HDL-C）的比值向有益的方向改变。地中海地区食用橄榄油人群心血管疾病发病率低的情况也说明了油酸对降低血浆胆固醇浓度具有积极作用。有研究结果表明，亚油酸在降低 LDL 胆固醇的同时也降低了 HDL 胆固醇，而摄取油酸却不会降低 HDL 胆固醇。研究学者认为，油酸的这种作用是由于摄入较多油酸时 LDL 中油酸含量较多，此类 LDL 在体内比较耐受氧化。但对油酸的这种作用也存在争议，日本学者认为油酸不具有降低血浆中胆固醇浓度的效果。也有人认为，油酸降低 LDL 胆固醇的作用，对食用动物脂肪较多的欧洲人可能有效，而对正常饮食者没有效果。

如同 $n-3$ 系列和 $n-6$ 系列脂肪酸之间的代谢存在相互制约的关系，亚油酸、α-亚麻酸和油酸三类不饱和脂肪酸之间也存在相互制约，这些脂肪酸的摄取应保持一定的平衡。联合国卫生组织建议，饱和脂肪酸：单不饱和脂肪酸：多不饱和脂肪酸大致应为 1：1：1。日本在修订膳食营养需求量时，提高了单不饱和脂肪酸的比例，推荐三者的摄取比例为 1：1.5：1。

（二）芥酸

芥酸（22：1ω-9）是十字花科植物种子油中的主要脂肪酸，菜籽油、芥籽油通常含 40%~50%的芥酸，在旱金莲科植物种子油中含量高达 80%。动物实验结果表明，以含菜籽油（芥酸 45%）5%（以能量计）的食物喂养幼鼠，发现其心肌被脂肪浸润，一周后心脏脂肪含量为对照组的 3~4 倍，继续喂养则使脂肪沉积量减少，同时也观察到心肌中形成纤维组织等其他生理变化。以高芥酸菜籽油喂养鼠及猪时，出现消化率低等生理现象。中国和其他一些国家已食用菜籽油多年（摄入量远低于动物实验中含量），但未能证明芥酸对人类是否具有类似的生理作用。虽然芥酸对人体健康是否有危害至今仍未定论，但很多科学家仍建议谨慎对待。从营养健康的角度，高芥酸菜籽油中人体必需脂肪酸含量低而芥酸含量过高，芥酸碳链过长，影响人体吸收，其营养价值远不如大豆油等其他植物油脂。国内外相继培育出低芥酸的油菜新品种，低芥酸菜籽的芥酸含量在总脂肪酸中的含量小于 5%。从维护人体健康的角度出发，美国政府规定，食用油脂中芥酸的含量不得大于 5%。

（三）神经酸

神经酸（24：1ω-9）最早发现于哺乳动物的神经组织中，故命名为神经酸。1925 年，Klenk 首次从人和牛的脑苷中分离出熔点为 41℃的不饱和脂肪酸，并推出其分子式。1926 年日本学者从鲨鱼油中提取出神经酸，并首次确认为顺式结构，因此，神经酸又称鲨鱼酸。神经酸的生物合成过程并不复杂，在生物体内是从其他饱和、不饱和脂肪酸转化而来。将芥酸注射到大鼠静脉中，8min 后检测其在肝、肾和心脏中的转化情况，发现芥酸在肾脏中转化为神经酸的比例高于油酸，神经酸为 20%，油酸为 14%；在肝脏和心脏中的转化较少。在研究 Zellweger 综合征和脑白质肾上腺萎缩症时发现，神经酸是由芥酸的碳链加长形成的。神经酸的药理作用主要体现在促进受损神经组织修复和再生、提高脑神经的活跃程度、防止脑神经衰老与老年痴呆。神经酸已用于治疗多重硬化症、肾上腺髓质萎缩症、视神经脊髓炎症、急性弥漫性脑脊髓炎症、Zellweger 综合征等疾病。

三、中碳链脂肪酸

一般认为从六个碳的己酸（$C_{6:0}$）到十二个碳的月桂酸（$C_{12:0}$）之间的脂肪酸即为中碳链脂肪酸。也有仅将八个碳的辛酸（$C_{8:0}$）和十个碳的癸酸（$C_{10:0}$）定义为中碳链脂肪酸。中碳链脂肪酸的理化性质、代谢过程和生理功能与长链脂肪酸有所不同。目前普遍认为，短、中链脂肪酸通过门静脉系统运输，长链脂肪酸通过淋巴系统运输。中、低碳链脂肪酸酯极易被胰脂肪酶水解，主要以游离脂肪酸的形式进入门静脉，只有当胆汁酸盐或胰脂肪酶缺乏时才以甘油三酯的形式被吸收。中、低碳链甘油三酯不易与蛋白质结合，而易以游离脂肪酸的形式与血清蛋白结合，通过门静脉运输，比长链脂肪酸先到达肝脏，从肠内水解到进入血液只需要0.5h，在2.5h可达最高峰，而长链脂肪酸一般需要5h。由于中、低碳链脂肪酸可优先被吸收，从而对长链脂肪酸酯和胆固醇酯的吸收有抑制作用。大部分中碳链脂肪酸在肝脏内被迅速分解产生能量，其氧化速度与葡萄糖一样迅速，消化吸收速度是普通长链脂肪酸的4倍，代谢速度是其10倍，很难再形成脂肪，不会造成人体肥胖。

中碳链脂肪酸被吸收后无需肉碱协助可迅速氧化，不为碳水化合物和蛋白质摄入量充足的代谢机制所调控。中碳链甘油三酯因其在甘油骨架上引入中碳链脂肪酸使其理化性质与生理功能都有很大的不同，使其在食品、医药、化妆品、化工等领域有着广泛的前景。中碳链甘油三酯可作为特殊营养食品的配料，为无胆汁症、胰腺炎、原发性胆汁性肝硬化等患者提供能量，并借此提高油溶性维生素的吸收效率。另外，婴幼儿消化系统未发育完全，胆酸分泌不够，摄取乳脂肪的能力有限，在婴幼儿食品中加入中碳链甘油三酯，可以促进其对脂肪的吸收。已经商业化的中（短）长碳链甘油三酯产品有辛酰基癸酰基山嵛酸酰基甘油、丙酰基丁酰基硬脂酰酰基甘油等。

我国卫生部也于2012年批准中长碳链脂肪酸食用油作为新资源食品，规定以食用植物油和中碳链甘油三酯（来源于食用椰子油、棕榈仁油）为原料，通过脂肪酶催化酯交换反应后，经蒸馏、脱色、脱臭等工艺制成，卫生安全指标应符合食用植物油卫生标准。中碳链甘油三酯具有减肥、迅速提供能量、保护皮肤等作用。但长期过量食用中碳链脂肪酸甘油三酯会造成人体缺乏必需脂肪酸，还可能引起酮症，因此规定中长碳链脂肪酸食用油食用量≤30g/d。另外，中碳链脂肪酸甘油三酯的烟点较低（低于160℃），因此不适合作为烹饪用油使用。

四、类脂

（一）磷脂

甘油磷脂（glycerophospholipids）即磷酸甘油酯，是指甘油三酯中一个或两个脂肪酸被磷酸或含磷酸的其他基团取代的脂类物质。磷脂包括甘油磷脂和鞘磷脂两类，其中甘油磷脂和营养最为密切，常见的有磷脂酰胆碱、磷脂酰乙醇胺、肌醇磷脂等。磷脂普遍存在于动植物细胞的原生质和生物膜中，对生物膜的生物活性和机体正常代谢有重要的调节功能。磷脂广泛分布于鸡蛋、肝脏、大脑、大豆、棉籽和花生等中。其主要的生理功能如下所述。

1. 构成生物膜成分

生物膜是细胞的表面屏障，由蛋白质和脂类组成，是细胞内外环境进行物质交换的通道。生物膜脂类主要是甘油磷脂、糖脂和胆固醇，甘油磷脂主要是磷脂酰胆碱和磷脂酰乙醇胺。磷脂的双分子层构成了细胞质膜、核膜、线粒体膜、内质网等各种生物膜的基本结构。磷脂的种类和组成比例对生物膜的状态、功能及细胞活性有重要的影响，决定了机体的代谢能力、免疫能力及修复能力等。众多酶系与生物膜结合，在膜上进行一系列化学反应，生物膜上有些酶具有较强的磷脂依赖性，例如，脂肪酰辅酶A合成酶的依赖性磷脂就是磷脂酰胆碱。

2. 调节人体血脂平衡

磷脂酰胆碱是各种脂蛋白的主要成分，具有显著降低胆固醇、甘油三酯、低密度脂蛋白的作用。磷脂具有良好的乳化特性，能阻止胆固醇在血管壁沉积，有效预防心脑血管疾病。磷脂中的胆碱可促进脂肪以磷脂形式由肝脏通过血液输出，防止脂肪在肝脏里异常积聚。

3. 健脑、增强记忆力

乙酰胆碱是构成中枢神经系统神经递质的胆碱类化合物，是传导联络大脑神经元的主要递质。在脑神经细胞中磷脂酰胆碱含量占细胞质量的17%~20%，磷脂酰胆碱可有效提高大脑中乙酰胆碱的浓度，乙酰胆碱含量增加时，大脑神经细胞之间的信息传递速度加快，大脑活力明显增高、记忆力增强。磷脂酰胆碱也是羊水的主要成分之一，对胎儿的脑细胞及组织器官正常发育有重要影响。

4. 抗癌与抗病毒活性

具有某些碳链的磷脂酰胆碱还具有抗癌活性，例如，十六烷基磷脂酰胆碱、磷脂酸核苷酸可用于治疗癌症药物。另外，利用磷脂的脂质体特征及作用部位的靶向性，磷脂可用作抗癌药物和缓释药物的载体。高纯度肌醇磷脂组成的脂质体，具有选择性杀伤多种癌细胞的生物活性。

（二）糖脂

甘油糖脂（glycolipid）又称糖基甘油酯，是甘油二酯分子 *sn*-3 位上的羟基与糖基以糖苷键相连接的化合物。甘油糖脂具有抗氧化、抗肿瘤、抗病毒、抗炎、抗菌、溶血等作用。另外，学者们从不同生物中分离的硫代异鼠李糖甘油二酯（SQDG）能强烈抑制哺乳动物DNA 聚合酶 α、DNA 聚合酶 β 和末端脱氧核苷转移酶（TdT）的活性，中度抑制人类免疫缺陷病毒反转录酶 HIV-RT 的活性。从海藻石莼中分离得到的酰基-3-（6-脱氧-6-磺酸基-α-D-吡喃型葡萄糖苷基）-*sn*-甘油酯，可将 α-葡萄糖苷酶的活性中心封闭，从而对 α-葡萄糖苷酶产生强烈的抑制活性，有效预防糖尿病。

鞘糖脂是以神经酰胺为母体构成的，神经酰胺是脂肪酸以酯键连接在神经氨基醇的 C-2 氨基上的缩合物，神经酰胺以糖苷键与糖基相连即为鞘糖脂。鞘糖脂主要包括脑苷脂和神经节苷脂，广泛分布于各组织尤其是神经和脑组织中，是生物膜的重要组成成分，在细胞黏附、生长、分化、增殖、信号传导等细胞基本活动中发挥着重要作用，还参与细胞恶变、肿瘤转移等过程。鞘糖脂功能的多样化使得鞘糖脂与多种疾病都有一定的关系。大量研究和报道证明肿瘤细胞膜表面鞘糖脂的组成和代谢都发生了变化，主要有三种形式：鞘糖脂谱简单化；出现新的鞘糖脂抗原；鞘糖脂结构发生改变。这些变化甚至可以作为肿瘤标志物，在肿瘤组织中高表达的鞘糖脂组分可作为黏附分子加速肿瘤转移，诱导信号转导，控制肿瘤的生长和流动性，甚至具有免疫抑制活性。许多研究学者认为，帕金森综合征、阿尔茨海默病等神经性疾病或许与鞘糖脂的变化有着密切关系。研究发现阿尔茨海默病患者的葡萄糖神经酰胺合成酶 GCS 活力降低，神经酰胺水平上升，鞘糖脂水平下降。另外，鞘糖脂代谢异常与一些遗传性疾病之间也存在显著的因果关系。研究表明，Taysachs、Fabry 和 Gaucher 等遗传性疾病的产生均是由细胞溶酶体中缺乏有关鞘糖脂分解代谢的酶引起的。

（三）植物甾醇

植物甾醇主要以游离甾醇、甾醇酯、甾醇糖苷和酰化甾醇糖苷的形式存在。其中游离甾醇、甾醇酯与甘油三酯等脂质共存于植物种子中，是油脂中不皂化物的主要成分，其含量取决于油料种类、加工方法和加工程度。人体不能合成植物甾醇，只能从食物中摄取。植物甾醇在人体中的吸收率很低，只有5%左右，而胆固醇的吸收率则超过 40%。未被吸收或体内代谢后的植物甾醇则可经过肠道细菌转化，形成粪甾醇和粪甾酮等代谢产物而排出体外。植物甾醇作为一种功能性脂质伴随物，具有重要的生理活性。

1. 植物甾醇可以抑制人体中胆固醇的合成与吸收，促进胆固醇的分解代谢等，可作为调节高胆固醇症，预防动脉粥样硬化及防治前列腺疾病的药物。研究学者们认为植物甾醇降低人体血清中胆固醇含量的作用机制主要是其能够抑制胆固醇在肠道的吸收。主要原因有：①植物甾醇与胆固醇结构相似，二者在小肠微绒毛膜的吸收过程中具有竞争性，且植物甾醇在肠黏膜上与脂蛋白、糖蛋白的结合具有优先性；②植物甾醇能阻碍小肠上皮细胞内胆固醇酯化，进而抑制胆固醇的吸收和向淋巴输出；③植物甾醇在消化道与胆固醇形成混合晶体，使其沉淀，呈不溶解状态而排出体外；④抑制催化胆固醇代谢转化酶的活性。

2. 植物甾醇是重要的甾体类药物和维生素 D_3 的合成前体。在生物体内，甾体激素具有维持机体内环境稳定、控制糖原和矿物质代谢、调节应激反应等功能。植物甾醇还具有消炎和解热镇痛作用。

3. 植物甾醇对皮肤有很好的渗透性，可以保持皮肤表面水分，促进皮肤新陈代谢，具有防止日晒红斑、皮肤老化等功能，被广泛应用于化妆品行业。植物甾醇还可以作为油包水（W/O）型乳化剂，应用于唇膏、护发素等日化产品中，具有铺展性好、滑爽不黏、不易变质等特点。

植物甾醇还具有抗氧化、阻断致癌物诱发癌细胞形成等功能，对治疗溃疡、皮肤鳞癌、宫颈癌等具有良好的效果。另外，植物甾醇可与在水中能形成分子膜的脂质与植物生长激素结合，形成植物激素-植物甾醇-核糖核蛋白复合体，这一复合体能促进动物蛋白质的合成。

（四）胆固醇

胆固醇是一种动物固醇，广泛存在于动物体内，尤其是动物大脑及神经组织中最为丰富，在肾脏、脾、皮肤、肝脏和胆汁中含量也很高，人体内发现的胆结石，几乎全部由胆固醇构成。胆固醇是高等动物生物膜的重要成分，占膜脂类的20%以上，在人体内不可或缺。胆固醇的代谢产物是胆汁酸，以与甘氨酸和牛磺酸结合的形式存在，在脂肪的消化和吸收中起着关键作用。胆固醇是合成人体内固醇类激素（如性激素和肾上腺皮质激素）的前体。胆固醇还可转化为7-羟基胆固醇存在于动物皮下，7-羟基胆固醇在紫外线的作用下可转化成维生素 D_3，维生素 D 对调节机体钙磷代谢极为重要。

人体中的胆固醇主要有两种来源：人体自身合成的（内源性）胆固醇和从食物中摄取的（外源性）胆固醇。内源性胆固醇由糖、氨基酸、脂肪酸的代谢产物在体内合成，占 80%以上，外源性胆固醇占 10%~20%。人体内胆固醇的生物合成和代谢受到饮食中脂肪酸种类、胆固醇含量、脂肪总量、肥胖、生活饮食习惯等诸多因素的影响。学者们普遍认为膳食中饱和脂肪酸可促进内源性胆固醇合成，使血清胆固醇升高，不饱和脂肪酸则可降低血清胆固醇含量。研究表明膳食中胆固醇含量与人体血清中总胆固醇和低密度脂蛋白胆固醇（LDL-C）浓度呈正相关，而血液中胆固醇浓度的升高是导致动脉粥样硬化的重要致病因素，血浆总胆固醇的 70%存在于低密度脂蛋白中（LDL）。

人体血液胆固醇含量受膳食胆固醇影响的个体差异很大。能引起血浆胆固醇上升的最小膳食胆固醇摄入量称为胆固醇阈值，当胆固醇摄入量在 100~300mg/d 时，不会引起血浆胆固醇的显著升高。研究表明，植物甾醇可有效降低人体血清中胆固醇浓度，且这种功能与摄入胆固醇的量密切相关，每天摄入胆固醇量高于400mg时，植物甾醇才会表现出对胆固醇吸收的抑制作用。研究表明，每天摄入3g植物甾醇可降低15%~40%心脏病发病率。

五、脂溶性维生素

（一）维生素A

维生素A由β-紫罗酮与不饱和一元醇所组成。维生素A包括维生素A_1（视黄醇）、维生素A_2（3-脱氢视黄醇）两种。维生素A_2的生物活性约为维生素A_1的40%。在动物组织中，视黄醇及其酯是维生素A活性的主要形式，植物组织中尚未发现维生素A，但许多深绿色或红黄色蔬菜和水果等植物性食品中含有类胡萝卜素，如胡萝卜素、玉米黄素、叶黄素和番茄红素等。在600多种已知的类胡萝卜素中，约有50种能在动物体内部分转化成维生素A，所以被称为维生素A原或维生素A前体。其中β-胡萝卜素具有最高的维生素A原活性，在小肠黏膜处被氧化酶分解，从而释放出2分子活性视黄醇。

维生素A的主要生理功能包括：维持正常视觉与上皮组织健康、促进生长发育、增强免疫力、抗癌、维持正常生殖功能、清除自由基等。维生素A长期不足或缺乏，首先出现黑暗适应能力降低及夜盲症，然后出现毛囊角化过度症。上皮细胞的角化还可发生在呼吸道、消化道、泌尿生殖器官的黏膜以及眼角膜和结膜上，其中最显著的是眼部因角膜和结膜上皮的蜕变，泪液分泌减少而引起的干眼病。因此，维生素A又称为抗干眼病维生素。一般每人每天需要5000IU（国际单位）的维生素A，一个IU的β-胡萝卜素相当于0.6μg β-胡萝卜素的标准品。但人在静坐和运动状态，怀孕及哺乳期对维生素A的需求量是不一样的。维生素A是人体生长发育过程中不可缺少的营养物质，但过量摄入维生素A可引起急性、慢性及致畸毒性，严重者可导致死亡。成年人一次或多次连续摄入超过推荐量（RNI）100倍、儿童超过20倍即可发生急性中毒，主要症状是恶心、呕吐、头痛、眩晕、视觉模糊、嗜睡、厌食等。

（二）维生素D

维生素D是具有胆钙化醇生物活性的类固醇的统称，其结构以环戊烷多氢菲为母核。由于维生素D具有抗佝偻病的作用，故又称为抗佝偻病维生素。维生素D有多种，其中以维生素D_2（麦角钙化醇）和维生素D_3（胆钙化醇）最为重要。维生素D广泛存在于动物性食品中，脂肪含量高的海鱼和鱼卵、动物肝脏、蛋黄等含量均较多，而瘦肉及乳中含量较少。其最重要的来源是鱼油，尤其是鱼肝油。植物中不含维生素D，但维生素D原在动、植物体内都存在，可经紫外照射后衍生而成维生素D。人体内的维生素D有外源和内源性两种。植物中的麦角甾醇为维生素D_2原，经紫外照射后可转变为维生素D_2。人和动物皮下含的7-脱氢胆固醇为维生素D_3原，在紫外照射后转换为维生素D_3，直接被血液吸收，这部分维生素占人体维生素D供给的90%，因此，多晒太阳是预防维生素D缺乏的有效方法。维生素D_2和维生素D_3对人体的作用机制相同，但维生素D_2的功效相当于维生素D_3的三分之一。

维生素D的主要功能包括：促进小肠对钙、磷的吸收；促进骨骼生长与钙化；调节血钙平衡；促进皮肤新陈代谢等。维生素D的缺乏容易导致肠道吸收钙和磷减少，肾小管对钙磷的重吸收减少，影响骨骼钙化，造成骨骼和牙齿钙化异常。在婴幼儿期发生佝偻病，对成人而言，尤其是孕妇、乳母、老人易发生骨质软化症和骨质疏松症。一般人每天应获得 400IU 的维生素 D，其中 100~150IU 来自食物摄取，其他来自 7-脱氢胆固醇转化。一个国际单位（IU）维生素 D 相当于 0.025μg 维生素 D_3。目前各国的婴儿配方乳粉也都强化了维生素 D_2 或维生素 D_3，约 400IU/100g，有效预防了儿童佝偻病。但过多的摄入维生素 D 也会导致中毒，造成血液中钙浓度升高而导致钙在血管壁、肝脏、肺部、肾脏、胃中异常沉淀，关节疼痛和弥漫性骨质脱矿化。

（三）维生素 E

天然存在的维生素 E 有 8 种，所有的维生素 E 都具有抗氧化活性。其中，α-生育酚在自然界中分布最广泛、含量最丰富、化学和生物活性最高。β-生育酚与 γ-生育酚和 α-三烯生育酚的生理活性仅为 α-生育酚的 40%、8%和 20%。维生素 E 广泛存在于动植物食品中，其中植物油中的含量较多，一般为 100~600mg/kg，如胚芽油、棉籽油、玉米油、大豆油中都含有丰富的维生素 E，豆类及绿叶蔬菜中含量也较高。维生素 E 在空气中极易被氧化，特别在碱性条件下加热食物，可使 α-生育酚完全遭到破坏。

维生素 E 的主要生理功能：维生素 E 是一种很强的抗氧化剂，在细胞膜上与超氧化物歧化酶、谷胱甘肽过氧化物酶一起构成体内抗氧化系统，保护细胞免受自由基损害；有益于生殖系统；保护心脑血管、抗衰老；抑制癌变；调节体内某些物质如 DNA、辅酶 Q 的合成等。维生素 E 缺乏症状主要表现为红细胞脆性增加、视网膜病变、溶血性贫血、尿中肌酸排出增多、神经退行性病变等。维生素 E 的毒性相对较小，人体长期摄入 1000mg/d 以上的维生素 E 有可能出现视觉模糊、头痛和极度疲乏等中毒症状。食物中多不饱和脂肪酸含量的增加，对维生素 E 的需求也增多，一般认为维生素 E 的摄入应考虑其与不饱和脂肪酸的相对含量，建议食物中维生素 E/亚油酸为 66mg/100g 左右。

（四）维生素 K

维生素 K 又称为凝血维生素，是一类能促进血液凝固的甲基萘醌类化合物。维生素 K 有维生素 K_1、维生素 K_2、维生素 K_3 和维生素 K_4 四种，其中维生素 K_1 和维生素 K_2 为天然产物，维生素 K_3 和维生素 K_4 为人工合成产物。维生素 K_1 广泛分布于绿色植物及动物肝脏中，维生素 K_2 则是人体肠道细菌的代谢产物，鱼肉中富含维生素 K_2，正常人不会出现维生素 K 缺乏的现象。维生素 K 经小肠吸收进入淋巴系统或肝门静脉循环系统，与乳糜微粒结合后转运至肝脏。根据维生素 K 的来源、剂型、吸收后载体和肠、肝的循环速度，维生素 K 的吸收率在 10%~80%。

维生素 K 可以促进肝脏合成凝血酶原而促进血液凝固。如果缺乏维生素 K，血液中凝血酶原含量降低，凝血时间延长，会导致皮下、肌肉及肠道出血，或因受伤后血流不凝或难凝。另外，维生素 K 还参与骨骼中钙质的新陈代谢。维生素 K 及其他脂溶性维生素缺乏主要是脂肪吸收受阻的结果，这可能是由于胆汁酸盐的分泌不畅，肠道受阻等原因。人体对维生素 K 的膳食需要量较低，正常膳食基本可以满足需要。但母乳例外，因其维生素 K 含量低，甚至不能满足 6 个月以内的婴儿的需要。新生儿是对维生素 K 营养需求的一个特殊群体，有相当数量的婴儿出现皮肤、胃肠道、胸腔内出血等新生儿出血病，严重时有颅内出血。天然维生素 K_1 和维生素 K_2 不具有毒性，但维生素 K_3 因与巯基反应而产生毒性，大剂量可引起婴儿溶血性贫血、高胆红素血症和核黄症以及脾肿大和肝肾伤害，对皮肤和呼吸道有强烈刺激，因此，维生素 K_3 不用于治疗维生素 K 缺乏症。

第二节 脂类的转运与代谢途径

一、脂类在体内的消化与吸收

食物中脂类物质主要包括甘油三酯、磷脂、胆固醇及胆固醇酯，其中甘油三酯是最主要的膳食脂肪组成成分，占膳食脂肪的90%~95%。脂类不溶于水，脂类在肠道内的消化不仅需要相应的消化水解酶，还需要胆汁中胆汁酸盐的乳化作用。胆汁酸盐能降低油水两相间的表面张力，使食物中的脂类乳化并分散为细微脂滴，增加消化酶与脂质的接触面积，促进脂类消化吸收。

脂肪消化吸收主要经以下几个阶段（图9-2）：①胃中主要的脂肪酶是胃脂肪酶，胃脂肪酶可以在胃的低酸性环境中依然保持结构稳定并有很高的活性，其最适 pH 为 4.5~5.0。脂肪在胃机械力和剪切力的作用下被乳化。胃脂肪酶对中短链脂肪酸的酶解具有高活性，大部分在 *sn*-3 位点的中短链脂肪酸在胃里便被释放出来。这些脂肪酸可直接透过胃黏膜细胞经门静脉转运进入肝脏，经 β-氧化后被机体迅速利用。②脂类经口腔和胃作用后能形成脂肪乳糜，脂肪乳糜进入十二指肠在脂肪酶的作用下被消化。胰腺分泌入十二指肠中的消化酶有胰脂肪酶、胆固醇酯酶、磷脂酶 A_2 及辅脂酶。胰脂肪酶特异性催化甘油三酯的 *sn*-1 位及 *sn*-3 位酯键水解，生成 2-甘油一酯和 2 分子游离脂肪酸。胰胆固醇酯酶催化胆固醇酯水解生成游离胆固醇和脂肪酸。胰磷脂酶 A_2 催化磷脂 *sn*-2 位酯键水解，生成溶血磷脂和脂肪酸。③通过消化作用，90%左右的甘油三酯可水解为甘油一酯、脂肪酸和甘油等，它们与胆固醇、磷脂及胆汁酸盐形成体积更小的混合微团。这种混合微团极性较强，更容易被肠黏膜上皮细胞吸收。④短、中链脂肪酸组成的甘油三酯容易分散和被完全水解。短、中链脂肪酸循门静脉进入肝脏，长链脂肪酸、甘油一酯、溶血磷脂和游离固醇在吸收入肠黏膜细胞后，绝大部分在光面内质网脂酰辅酶 A 转移酶的催化下，由 ATP 提供能量在小肠黏膜细胞内重新合成甘油三酯、磷脂和胆固醇酯，再与吸收的小部分游离胆固醇以及肠黏膜细胞合成载脂蛋白 apoB48、apoC、apoAⅠ、apoAⅡ、apoAⅣ等组装成乳糜微粒（chylomicron，CM）。⑤乳糜微粒被小肠绒毛中细小的淋巴管吸收后，经锁骨下静脉进入胸导管，进入血液循环，经血液运输到达肝脏（30%），以及脂肪机体（30%）、肌肉和心脏等组织（40%）。⑥最后被存在于这些组织毛细管内皮细胞表面的脂蛋白脂酶水解，释放出游离脂肪酸和甘油，与肉碱结合完全氧化为水和二氧化碳，并释放能量。

二、脂质在体内的运输与代谢

（一）脂质在体内的运输

脂质是所有营养物质中单位质量具有最高能量的化合物（38kJ/g），是动物的主要能量存储形式。这些贮存的脂肪称为贮存脂肪或脂肪组织，当需要脂肪分解代谢提供 ATP 形式的能量时，脂肪酶和磷脂酶催化脂肪水解，与血清蛋白结合后，运送到身体各个组织进行分解代谢。进入血浆中的脂类物质，统称为血脂，主要包括甘油三酯、磷脂、游离脂肪酸、胆固

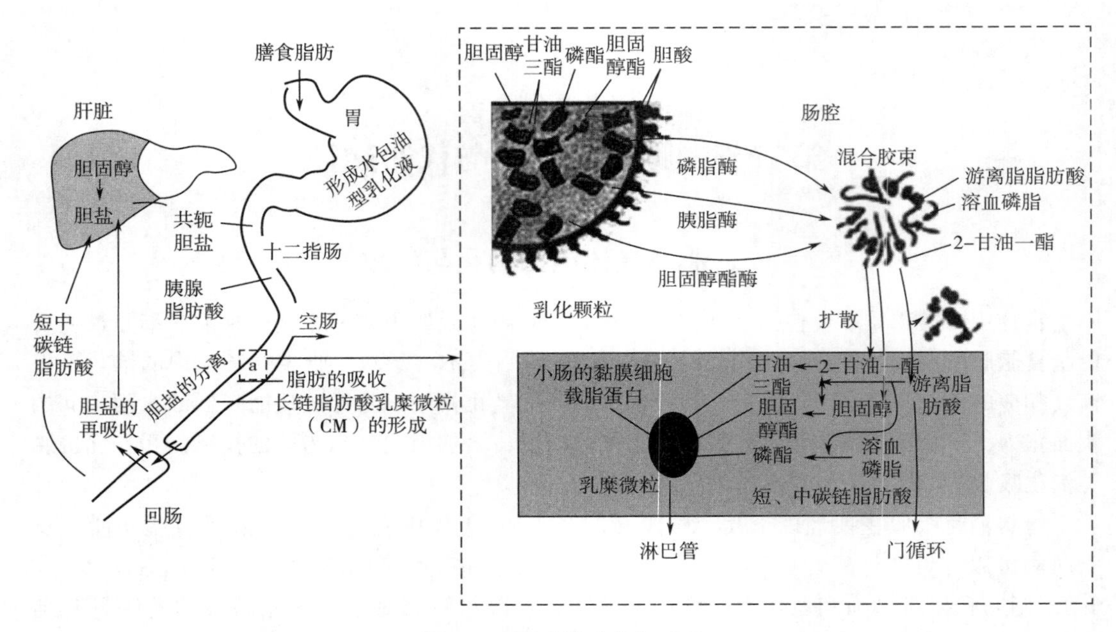

图 9-2 脂肪的消化与吸收

醇及胆固醇酯等。血脂受膳食、年龄、性别、职业以及代谢等的影响，波动范围较大，一般正常的血脂水平为400~700mg/100mL，脂质在血液中由脂蛋白协助转运。采用超速离心法，根据脂蛋白密度及沉降速度的不同，将血浆脂蛋白分为乳糜微粒（CM）、极低密度脂蛋白（VLDL）、低密度脂蛋白（LDL）和高密度脂蛋白（HDL）4类。此外，血浆中还存在中间密度脂蛋白（IDL），它是VLDL在血浆中的代谢产物，其组成和密度介于VLDL和LDL之间，不同脂蛋白其化学组成和生理功能也不同（表9-1）。

表 9-1 血浆脂蛋白的分类、组成及功能

组成	乳糜微粒	VLDL（前 β ）	LDL（ β ）	HDL（ α ）
蛋白质/%	0.5~2	5~10	20~25	50
甘油三酯/%	80~95	50~70	10	5
游离胆固醇/%	1~3	5~7	8	5
酯化胆固醇/%	3	10~12	40~42	15~17
磷脂/%	5~7	15	20	25
合成部位	小肠黏膜细胞	肝细胞	血浆	肝、肠、血浆
功能	转运外源性甘油三酯进入血液循环	转运内源性甘油三酯至全身	转运内源性胆固醇至全身组织被利用	逆向转运胆固醇

注：α-、β-、前 β-脂蛋白指血浆脂蛋白电泳时的位置，即电泳法可以将脂蛋白分为乳糜微粒、前 β-脂蛋白、β-脂蛋白和 α-脂蛋白。

载脂蛋白不仅在结合和转运脂质及稳定脂蛋白结构上发挥重要作用，而且还具有调节脂蛋白代谢关键酶的活性、参与对脂蛋白受体的识别等功能，在脂类代谢过程中发挥着极为重要的作用。

（1）乳糜微粒　乳糜微粒是一种胶体状的脂肪球（即外围由蛋白质及磷脂等包围着的脂肪微粒），存在于血液和淋巴中，是转运外源性甘油三酯及胆固醇酯的主要形式。乳糜微粒主要由甘油三酯（83%）、少量蛋白质及其他物质组成，是微粒最大、密度最小的一种脂质蛋白。微粒直径高达400nm，相对分子质量为10^9～10^{10}，相对密度小于0.94。肠黏膜细胞中形成的乳糜微粒，经淋巴进入血液后，在肌肉、脂肪等组织的毛细管内皮细胞表面的脂蛋白脂肪酶（LPL）作用下，其所含的甘油三酯逐步水解，释放出来的脂肪酸及甘油为心肌、骨骼肌、脂肪组织、肝脏等摄取利用，同时其表面的apoAⅠ、apoAⅡ、apoAⅣ等连同磷脂及胆固醇离开乳糜微粒，形成新生的高密度脂蛋白。乳糜微粒逐步变小，最后转变为富含胆固醇酯的乳糜微粒残体，被肝脏细胞摄取代谢。

（2）极低密度脂蛋白（VLDL）　VLDL呈球形，甘油三酯位于中心位置，外围被蛋白质及磷脂包裹，相对分子质量为5×10^6～10×10^{10}，分子直径28～80nm，相对密度为0.950～1.006。VLDL由肝细胞合成，是运输内源性甘油三酯的主要形式。肝细胞及小肠黏膜细胞合成的甘油三酯与载脂蛋白、胆固醇等形成VLDL。进入血液循环后，在脂蛋白脂解酶的作用下水解，水解过程中VLDL与HDL发生交换，VLDL转化成中间密度脂蛋白（IDL），其中一部分IDL被肝细胞受体接受，未被摄取的IDL分解生成分子直径更小、胆固醇及磷脂含量高的低密度脂蛋白（LDL）。多数学者认为，血浆VLDL水平升高是致冠心病的最危险因素之一。

（3）低密度脂蛋白（LDL）　LDL的主要成分是胆固醇酯，是运输内源性胆固醇的主要形式，相对密度为1.006～1.063。LDL主要在肝脏及小肠上皮细胞内合成，由VLDL代谢生成。LDL可通过细胞膜上的受体使胆固醇进入外围细胞被利用，是所有血浆脂蛋白中首要的致动脉粥样硬化的脂蛋白。LDL直径相对较小，能很快穿过动脉内膜层，被氧化修饰后形成氧化低密度脂蛋白（OX-LDL），改变其原有的构型后，不能被运输LDL受体识别，具有更强的致动脉粥样硬化作用。

（4）高密度脂蛋白（HDL）　HDL的相对密度为1.063～1.210，来源于肝脏和小肠的乳糜微粒及VLDL的脂解产物，脂质成分主要是磷脂。HDL通过与LDL竞争细胞膜受体部位，控制周围细胞的胆固醇含量，干扰动脉壁胆固醇的沉积。HDL能将周围组织中包括动脉壁内的胆固醇转运到肝脏进行代谢，并能促进损伤内皮细胞修复。新分泌的HDL含大量的蛋白质、磷脂酰胆碱和胆固醇酰基转移酶（LCAT），当进入组织间隙时周围细胞表面的游离胆固醇便往HDL移动，在LCAT催化下，游离胆固醇利用磷脂酰胆碱中的脂肪酸酰基酯化，一部分进入HDL颗粒核心，其余的转移给VLDL和LDL。HDL颗粒表面的胆固醇结合空缺部位，又可接纳来自周围细胞的游离胆固醇，HDL颗粒内部的胆固醇含量增高，密度降低，富含胆固醇酯的HDL进入肝脏进行代谢后，HDL又重新回到血液进行循环。

（二）甘油三酯代谢

脂类的代谢包括合成与分解两个过程。人体内的脂肪有两个来源：一是将食物中的脂肪转化为人体脂肪；一是将糖通过异生化转化为脂肪。糖转化为脂肪是体内脂肪的主要来源，是体内存储能量物质的过程。合成甘油三酯需要的甘油由糖酵解产生的磷酸二羟基丙酮转化而来，脂肪酸则由糖氧化产生的乙酰辅酶A合成，脂肪酸活化生成脂酰辅酶A。磷酸二羟基丙酮在脂肪和肌肉中转变为3-磷酸甘油，在脂酰辅酶A转移酶作用下，与脂酰辅酶A作用生成磷脂酸。磷脂酸水解脱去磷酸即生成1,2-甘油二酯，在脂酰辅酶A转移酶催化作用下，与另一分子脂酰基反应即生成甘油三酯。

脂肪组织中储存的甘油三酯，经酶催化分解为甘油和脂肪酸运送到全身各个组织进行利用。甘油经磷酸化以后，转变为磷酸二羟丙酮，循糖酵解途径进行代谢。胞液中的脂肪酸首先活化成脂酰辅酶 A，然后由肉毒碱携带通过线粒体内膜进入基质中进行β-氧化，产生的乙酰辅酶 A 进入三羧酸循环彻底氧化，这是脂肪代谢的基本途径和体内能量的重要来源。脂肪酸在肝脏中分解氧化时产生特有的中间代谢产物——酮体，包括乙酰乙酸、β-羟基丁酸和丙酮，由乙酰辅酶 A 在肝脏合成，经血液运输到其他组织，为肝外组织提供能源。在正常情况下，酮体的生成和利用处于平衡状态。

（三）胆固醇代谢

胆固醇的主要合成部位是在肝细胞和小肠的胞液及线粒体中，其中肝脏合成的胆固醇占全身合成总量的 70%~80%，小肠中占 10%。乙酰辅酶 A 是合成胆固醇的唯一碳源，HMG-辅酶 A 还原酶是合成胆固醇的关键酶。乙酰辅酶 A 经一系列酶催化后，合成开链三十碳角鲨烯，由固醇载体蛋白将其转运到微粒体后，在氧化环化酶系的作用下，转化成胆固醇。饥饿、饱食、激素水平等因素通过调节胆固醇合成关键酶（HMG-辅酶 A 还原酶）的活性调控胆固醇合成。

约一半以上（约 800mg）的胆固醇在肝脏中转变为胆酸和脱氧胆酸，胆汁酸盐随胆汁排入消化道参与脂类的消化和吸收，部分胆固醇（约 500mg）经肠道转变为粪固醇排出体外，还有一部分经皮肤由汗液排出。胆固醇在体内不能彻底氧化分解，在人和哺乳动物体内，可转化成固醇类激素（肾上腺皮质激素、性激素等）、维生素 D_3 等活性物质。在植物体内，则由角鲨烯转变为豆甾醇和谷甾醇，在酵母和霉菌中则转化为麦角甾醇。

（四）磷脂代谢

人体多种组织都能合成磷脂，其中在肝脏中的合成效率最高，在脑中的含量最高。磷脂的合成部位在内质网，合成磷脂的主要原料与辅助因子有脂肪酸、甘油（糖代谢）、不饱和脂肪酸（食物）、磷酸盐、ATP 与 CTP 等。磷脂合成主要遵循两种途径：甘油二酯合成途径和 CDP-甘油二酯途径，胞苷三磷酸、胞苷二磷酸和腺苷三磷酸参与其中。合成磷脂的前体是磷脂酸，而胞苷三磷酸和胞苷二磷酸则是合成磷脂的关键。磷脂酰胆碱的合成始于磷酸甘油。鞘磷脂由鞘氨醇构成，鞘氨醇由软脂酰辅酶 A 和丝氨酸反应生成，鞘氨醇经长链脂酰辅酶 A 作用形成 *N*-酰基鞘氨醇（神经酰胺），进一步和胆碱作用而形成鞘磷脂。

磷脂的主要消化吸收场所是小肠。磷脂酶具有的专一性，磷脂酶 A_1 作用于 *sn*-1 位酯键，磷脂酶 A_2 使磷脂分子 *sn*-2 位酯键水解，均生成溶血磷脂和脂肪酸，溶血磷脂的乳化作用使食糜中的脂类进一步乳化，但溶血磷脂浓度过高时则损害细胞膜。磷脂在各种脂肪酶的作用下最终分解为脂肪酸、甘油、磷酸、氨基醇等。在胆盐存在下，肠内约有 25%磷脂酰胆碱可以不经消化直接吸收入门静脉中，其余大部分经分解吸收后，在小肠壁中重新合成磷脂再进入血液循环。磷脂酰胆碱的分解产物有甘油、脂肪酸、磷酸和胆碱，甘油转变为磷酸二羟丙酮进入 EMP 和 TCA 分解，脂肪酸则经过β-氧化分解。

三、脂肪代谢异常

脂肪组织分布在人体的皮下、腹腔、内脏周围、颈和肩胛等部位，脂肪组织不仅是分解、合成和贮存脂肪的组织，而且还具有重要的内分泌功能。进食行为和脂类代谢都受到激素和中枢神经系统的调节，长期禁食和饥饿将造成代谢紊乱。健康成年人体内可以动用的能源贮备有三类物质：一类是甘油三酯，主要贮存在脂肪组织中，约占体重的20%以上；一类是蛋白质，贮存在肌肉，占体重的6%~9%；一类是糖原，贮存在肌肉和肝脏，占体重的0.16%~0.33%。葡萄糖是最易利用的能源物质，因此在饥饿时最先动用肌糖原和肝糖原，然后才是脂肪组织的甘油三酯和肌肉蛋白质。糖代谢异常引起能量供应不足，促进脂肪大量分解，经β-氧化而产生大量的乙酰辅酶A，又因糖酵解失常草酰乙酸减少，使产生的乙酰辅酶A不能与之充分结合氧化而转化为大量酮体。当酮体生成过多过快，氧化利用减慢时，则出现酮血症和酮尿。临床上可发生酮症、酮症酸中毒，严重时出现糖尿病性昏迷。乙酰辅酶A增多可促进胆固醇合成，形成高胆固醇血症，血脂升高是糖尿病患者出现动脉粥样硬化并发症的主要因素。另外，脂肪代谢异常还可引起血液中甘油三酯和游离脂肪酸增多。

第三节　脂质与健康

一、脂类与心脑血管疾病

心脑血管疾病主要包括心脏病、高血压及中风等，是对人类健康威胁最大的疾病之一，心脑血管疾病的最致病因素是动脉粥样硬化。动脉粥样硬化是指早期动脉内膜有局限损伤后，血液中的脂质在内膜上沉积，进而内膜纤维结缔组织增生，引起内膜局部增厚或隆起，形成斑块，斑块下面发生坏死、崩溃、软化，崩解组织与脂质混合形成粥糜样物质，故称为动脉粥样硬化。研究发现，斑块主要由平滑肌细胞、泡沫细胞、胆固醇、甘油三酯组成。研究发现，血脂异常是诱发动脉粥样硬化及心脑血管疾病的重要危险因素，而血脂异常与膳食脂类密切相关。

膳食中的饱和脂肪酸被认为是血液总胆固醇含量升高的主要脂肪酸，一般认为，碳原子少于12，大于或等于18的饱和脂肪酸对血清胆固醇含量无影响，而含12~16个碳原子的饱和脂肪酸，如月桂酸、肉豆蔻酸、棕榈酸可明显升高血清胆固醇含量。富含单不饱和脂肪酸的油脂，如橄榄油和茶油，能降低血清总胆固醇含量和LDL，且不降低HDL。含多不饱和脂肪酸的油脂，能显著降低血清中胆固醇含量，并且ω-6型及ω-3型多烯酸的具体作用也不同。例如，EPA和DHA具有明显降低甘油三酯、血浆总胆固醇，增加HDL含量的作用。值得注意的是，多不饱和脂肪酸富含不饱和双键，在体内容易被氧化而提高机体氧化应激水平，从而促进动脉粥样硬化的形成和发展。单不饱和脂肪酸相对稳定，对氧化作用敏感性较低，这也许是单不饱和脂肪酸对动脉粥样硬化更有优越性的原因。另外，大量研究表明，摄入过多的反式脂肪酸可使血液中LDL胆固醇含量增加，HDL降低，HDL/LDL比例降低，反式脂肪酸可能比饱和脂肪酸更能增加动脉粥样硬化和心脑血管疾病发病的风险。

二、脂类与癌症

流行病学调查结果表明膳食脂肪与癌症，特别是乳腺癌和结肠癌有明显的关系，包括总脂肪水平高的膳食以及动物性脂肪和（或）饱和脂肪酸水平高的膳食，但并无结论性报道。

高脂肪的摄入可能增加某些激素的产生，流行病学调查结果表明，子宫内膜癌和前列腺癌也可能与高脂肪膳食有关。ω-6 型脂肪酸通过合成Ⅱ类前列腺素，抑制免疫反应，刺激肿瘤生长。据报道，ω-3 型多烯酸对乳腺癌、结肠癌及胰腺癌等有抑制作用，这可能是由于ω-3 型不饱和酸能有效阻止Ⅱ类前列腺素的合成代谢所致。另外，人体身体质量指数（BMI）与膳食中脂肪含量密切相关，因此，高脂肪膳食是引起肥胖相关癌症的间接危险因素。大多数学者认为高脂肪影响大肠癌的发病机制是高脂肪刺激肝脏胆汁分泌增多，胆汁酸在肠道厌氧细菌的作用下转变为促癌物质脱氧胆酸及石胆酸。乳腺癌发病机制的必要因素是激素，高脂肪刺激雌激素分泌增多，雌激素中的雌酮和雌二酮有致癌作用，这些雌激素通过促进乳腺细胞增生而增加乳腺癌发生的风险。

三、脂类与高血压

高血压是一种常见的以体循环动脉血压增高为特征的临床综合征，是心脏产生的泵力和动脉血管阻力两种作用的共同结果，一般分为原发性和继发性。高血压在升高血压的同时，也威胁着心脑血管，还会导致心、肾、脑结构和功能的改变。流行病学调查和临床研究证明，高血压是引起中风、冠心病、心肌梗死等严重心血管疾病的最主要危险因素。原发性高血压可能是由于多种因素引起的，包括遗传、性别、年龄、超重和肥胖、大量饮酒、精神因素及膳食因素。

膳食脂肪对高血压的发病有着重要影响，但膳食脂肪对血压的调控作用有许多争议。近年来，ω-3 型多不饱和脂肪酸的作用受到较多的关注，长期摄入适量的富含ω-3 型脂肪酸的鱼油对降低血压有益。ω-3 型多不饱和酸的降压机制主要有抑制血栓素 TXA_2 的产生、抑制血管收缩和血小板凝聚、降低血管对交感-肾上腺能刺激的反应、增加前列腺素 PGI_3 的作用和抑制血管平滑肌增生等。ω-6 型多不饱和脂肪酸是否具有降压作用仍有较多的争议。另外，高血压还与饮食中的钠盐含量呈正相关，与钾、钙、镁呈负相关，与营养代谢紊乱的肥胖密切相关。

四、脂类与糖尿病

糖尿病主要分为胰岛素依赖性（Ⅰ型）和非胰岛素依赖性（Ⅱ型）。胰岛素依赖型为缺乏胰岛素，β-氧化及葡萄糖异生作用增强，而肝脏合成脂肪与肝糖原功能减弱，从而引起消瘦，血液中血糖水平上升。严重缺乏胰岛素时，必须用胰岛素治疗，才能维持正常生命。非胰岛素依赖性糖尿病则加强了脂质代谢。由于脂肪组织对胰岛素的灵敏性降低，为了维持正常的代谢需要更多的激素，胰腺产生较多的胰岛素时脂质合成反应加强，从而产生肥胖、高血脂、动脉硬化等疾病。

流行病学的调查资料肯定了饮食营养因素对Ⅱ型糖尿病产生的影响。热能摄入过多或能量消耗较少可引起肥胖，而肥胖是Ⅱ型糖尿病的重要诱因。临床分析表明，超重 25%的人群糖尿病发病率为正常体重者的 8.3 倍。这可能是因为肥胖者的脂肪细胞大，细胞膜上胰岛素受体相对减少，对胰岛素的敏感性降低。肥胖病人为维持正常的血糖浓度，需要分泌更多的胰岛素才能满足需要，从而引起高胰岛素血症。高胰岛素血症导致肝脏合成甘油三酯和 VLDL 增加，增加了心血管疾病发生的风险，因此，心脑血管疾病及高血脂是糖尿病常见的并发症。另外，为满足胰岛素较多分泌的需求，胰岛β-细胞长期处于应激状态，引起胰岛功能衰竭，分泌相对减少，诱发糖尿病。

五、氧化脂质与健康

（一）空气氧化物产物

不饱和脂肪酸在空气、光和各种催化剂的作用下，可经不同途径与空气中氧气发生反应而产生脂质氧化物，一般认为不饱和脂肪酸的自动氧化遵循自由基反应机制。多不饱和脂肪酸自发性氧化缓慢，但有促氧化剂存在时，氧化诱导期很短或几乎没有。自动氧化脂质的毒性主要表现在以下几个方面：①油脂的初级氧化产物为氢过氧化物，氢过氧化物又进一步降解生成烃、醛、酮等次级氧化产物。动物实验证明了脂肪的氢过氧化物具有细胞毒性，许多脂质过氧化物被认为是致癌的促进剂。氢过氧化物的分解过程也可产生以过氧键交联为特征的极性聚合物，对动物产生毒性。脂质的氧化和氧化分解产物会造成蛋白质、生物膜及其他影响细胞生理过程的物质显著破坏。②脂质氧化物通过与蛋白质共氧化，或通过引起蛋白质上的氨基酸侧链共价交联，降低蛋白质的营养价值。研究表明，油脂自动氧化产物通过与胱氨酸的二硫键作用，使卵蛋白失去营养作用。脂质次级氧化产物所含羰基，比糖类更容易与蛋白质和氨基酸发生美拉德反应，最终降低了有效赖氨酸的含量。另外，过氧化脂质还会降低脂溶性维生素和叶酸的活性和作用效果。③过氧化脂质还有可能抑制肠道、肝脏和其他组织中的黄嘌呤氧化酶、琥珀酸脱氢酶、唾液淀粉酶等酶的活性，并使血液中谷丙转氨酶和谷草转氨酶的酶活性增加，表现中毒症状。

另外，脂质自动氧化产生的氢过氧化自由基能与多环芳烃反应生成有致癌作用的氧化物，不饱和氢过氧化物产生的过氧自由基引起苯并芘的协同氧化，生成7,8-二羟基苯并芘的环氧化物。但在一般情况下，食品中的氢过氧化物分解很快，含量很低，因此不会对人体造成显著危害。白鼠急性毒性试验表明，氢过氧化物的半数致死量（LD_{50}）是300mg/kg体重，次级氧化产物丙二醛的半数致死量（LD_{50}）约为600mg/kg体重。

（二）热氧化聚合物

在高温的条件下，油脂部分水解，再缩合生成分子质量较大的醚型化合物，增加油脂黏度，使其乳化困难，阻碍脂肪酶的活性。水解生成的甘油在高温下分解成丙烯醛，丙烯醛具有强烈辛辣气味，对鼻、眼黏膜具有较强的刺激作用，损害人体的呼吸系统，引起呼吸道疾病。在有氧气存在或是隔绝空气的条件下，油脂都能进行热聚合反应。隔绝氧气时，在高温条件下共轭双键与非共轭双键之间反应生成六元环结构的聚合物，具有强烈的毒性，例如，亚麻仁油和鱼油就很容易发生此类反应。而在高温有氧时，油脂发生剧烈的热氧化聚合反应，与自动氧化不同，在热氧化过程中，饱和脂肪也发生剧烈的热氧化。

不饱和脂肪的次级氧化产物形成的非挥发物由单体氧化物、环状氧化物、二聚体和多聚体构成，非挥发物被油脂及食物吸收，使油脂进一步氧化分解。试验表明，具有较高羰基值的氧化脂肪会引起平滑肌内质网状结构增生，损伤肝脏中巯激酶和琥珀酸脱氢酶的活性。油脂热氧化生成的单聚物和强极性二聚物组分对大白鼠都具有毒性。环状氧化物是一种脲不加合物，活性较强，能引起胃扩张、肾损伤、肝和其他组织病灶出血和严重的心脏损伤，有致癌性和辅助致癌的风险。尽管加热会使油脂产生或多或少的问题，但研究认为，只要保证烹饪和煎炸用油的品质及遵循食品加工的操作规程，在日常生活中适量食用煎炸食品是安全的。

（三）胆固醇氧化物

胆固醇在空气中可自动氧化生成70多种氧化物，其中氧化程度最高、毒性最强的是三羟基胆固烷醇。研究表明，氧化的胆固醇比非氧化胆固醇更明显地提高血清胆固醇及肝脂水平，更容易在血管内形成动脉硬化斑块。从食物中摄取的氧化胆固醇经小肠吸收后转化为脂肪酸酯或硫酸酯形式，通过乳糜微粒和LDL脂蛋白运输，在一定程度上促进了氧化变性LDL的生成，而氧化LDL是诱发动脉粥样硬化的重要原因。胆固醇的氢过氧化物和环氧衍生物也可诱发动脉粥样硬化，有弱致畸性、细胞毒性和抑制胆固醇合成酶活力的作用。

植物甾醇与胆固醇结构类似，在食品加工和运输过程中，不可避免的会受到光、热、氧和金属污染物的影响而发生氧化、聚合、分解反应，产生植物甾醇氧化衍生物、挥发性化合物和低聚物等。植物甾醇遵循与胆固醇相似的氧化机制。研究表明，高浓度的植物甾醇氧化物也具有跟胆固醇类似的细胞毒害性，也有学者认为植物甾醇氧化物具有和丙烯酰胺、杂环胺、亚硝胺及多环芳烃相类似的毒副作用，但仍缺乏统一的结论。虽然对植物甾醇氧化物危害的研究尚不充分，但近年来植物甾醇强化油脂及制品的广泛推广，植物甾醇氧化物的安全性也引起了食品研究领域的广泛关注。

第十章 天然油脂

CHAPTER 10

学习要点

1. 了解天然油脂存在的广泛性及差异性，理解天然油脂分类的特点。

2. 熟悉各种常见动植物油脂的典型特征包括脂肪酸组成、微量成分、甘油三酯结构、功能特征及应用等。

3. 了解芝麻酚、角鲨烯、谷维素等功能性成分在哪些天然油脂中含量最丰富。

4. 掌握可可脂、橄榄油、花生油、芝麻油、桐油等油脂的鉴别方法和原理。

5. 掌握常见产油微生物的种类及所产油脂的特点。

第一节　天然油脂的分类

油脂来源广泛，资源丰富，自然界存在约 25 万种油脂，而目前仅有 6000 ~ 8000 种被开发出来，新的油脂资源还在不断出现。随着基因工程的发展，一系列油脂新产品将不断出现。油脂的种类繁多，其分类方式也很多。通常根据油脂来源、脂肪酸组成、碘值和油脂存在状态等进行分类。

一、按油脂的来源分类

1. 动物油脂

动物油脂主要取自动物体内，包括水产动物（如鱼油、鱼肝油等）、陆地动物（如猪脂、牛脂、羊脂等）、两栖动物（如蛙油、鳄鱼油等）。

2. 植物油脂

植物油脂主要取自植物的种子、果肉，分为草本植物油脂（如大豆油、花生油、棉籽油及芝麻油等）和木本植物油脂（如椰子油、橄榄油、棕榈油、茶油等）。

3. 微生物油脂

微生物油脂又称单细胞油脂，是取自微生物细胞胞内的油脂，主要包括藻类油脂、细菌油脂、酵母油脂、霉菌油脂。

二、按脂肪酸组成分类

按油脂的主要脂肪酸组成差异，可分为月桂酸型、油酸型、油酸-亚油酸型、亚油酸型、亚麻酸型、芥酸型、共轭酸型、羟基酸型油脂等。

（1）月桂酸型油脂　椰子油、棕榈仁油等。

（2）油酸型油脂　橄榄油、茶油、卡诺拉（Canola）油等。

（3）油酸-亚油酸型油脂　花生油、芝麻油、棉籽油和米糠油等。

（4）亚油酸型油脂　玉米胚芽油、葵花籽油、红花油和大豆油等。

（5）亚麻酸型油脂　亚麻籽油、紫苏籽油等。

（6）芥酸型油脂　传统菜籽油、芥子油等。

（7）共轭酸型油脂　桐油、奥的锡卡油等。

（8）羟基酸型油脂　蓖麻油等。

三、按油脂碘值分类

碘值（IV）是衡量油脂干燥性能的主要依据，按油脂碘值的不同可分为干性油脂（$IV>130g/100g$）（桐油、亚麻籽油等）、半干性油脂（$IV=80\sim130g/100g$）（大豆油、菜籽油）和不干性油脂（$IV<80g/100g$）（棕榈油、棕榈仁油、椰子油等）。

四、按室温下油脂的存在状态分类

（1）固态油脂　可可脂、牛油、猪油、羊油等。

（2）半固态油脂　乳脂、椰子油、棕榈油等。

（3）液态油脂　大豆油、玉米胚芽油、菜籽油等。

以上每种分类方法都有其存在和使用的科学依据，但不能涵盖全面，这里仅提供一个参考。随着油脂化学研究的更为深入，将会出现更详细、更科学的分类方法。本章主要根据油脂的来源及脂肪酸组成选择一些具有代表性的油脂，对其性质和特点进行介绍。

第二节　动物油脂

凡是从动物体内取得的油脂均称为动物油脂（animal fat），包括陆地、海产和两栖动物油脂。动物油脂的产量占油脂总量的30%。与植物油脂相比，熬制的动物油脂具有独特的、不可替代的特殊香气。大多数的动物油脂以食用为主，近年来，随着营养价值观念的不断更新，大量的动物油脂被进一步开发和利用。动物身上不同部位油脂的组成各不相同，尤其是脂肪组织、肝脏、血液等部位油脂组成差异性较大。本节主要介绍有代表性的动物油脂的性质及应用特点。

一、猪脂

猪脂（lard），俗称猪油，是从猪的脂肪组织，如板油、肠油、皮下脂肪层的肥膘中提炼出来的油脂。猪油是主要的食用陆地动物油脂，具有特有的香味，在我国主要用于烹调食用。猪油制取通常采用熬炼法，一般分为干法和湿法两种。干法是在较高温度（120℃）下直接熬炼，得到的油脂香味浓郁，但色泽较深。湿法一般是以水蒸气对猪组织进行加热熬煮，提取油脂，得到的油脂风味淡，色泽浅，通常称为优质蒸煮猪油（prime steam lard）。

一般猪油可分为食用和工业用两种规格。食用猪油色泽洁白，游离脂肪酸含量低，脂肪酸的凝固点较高，是我国食用量最大的一种动物油脂，广泛用于面制品加工、烹制等。工业猪油色泽稍差，酸价较高，常混有较多水分、杂质（蛋白质等）。构成猪油的脂肪酸目前已证实有 200 余种。猪油的主要脂肪酸组成为：14∶0，1%~2%；16∶0，20%~30%；16∶1，2%~4%；18∶0，12%~20%；18∶1，42%~46%；18∶2，8%~11%；18∶3，<2.0%。

猪油的脂肪酸组成受到许多因素的影响，包括饲料、遗传和性别等，其中最为显著的因素是饲料。与其他陆地动物油脂相比，猪油中脂肪酸分布比较特殊，棕榈酸主要分布于甘油三酯的 *sn*-2 位，而油酸、亚油酸主要分布于 *sn*-1,3 位（表 10-1）。猪油甘油三酯主要由 β-OPSt、β-OPO 及 β-OPL 组成，其中不对称的 β-OPSt 含量最高，使得猪油结晶多为 β 型。酯交换可以改变猪油脂肪酸在甘油骨架上的分布，改变甘油三酯组成（表 10-2）。酯交换后的猪油更易形成稳定的 β′晶型，起酥性和酪化性得到改善，工业应用性能更佳。食用及工业猪油的常见理化指标如表 10-3 所示。

表 10-1　猪油的立体专一分布　单位：%

位置	14∶0	16∶0	16∶1	18∶0	18∶1	18∶2
1	2	16	3	21	44	12
2	4	59	4	3	17	8
3	tr	2	3	10	65	24

注：tr 表示含量<0.5%。

表 10-2　猪油随机酯交换前后甘油三酯组分变化　单位：%

方法	SSS	SUS	SSU	UUS	UUU
天然猪油	7.9	13.3	37.3	38.0	6.8
50%酯交换猪油	9.6	15.1	35.3	46.2	8.8
100%酯交换猪油	12.5	17.3	33.9	41.2	12.5

表 10-3　猪油的主要理化指标

项目	食用猪油		工业用猪油
	一级	二级	
国家标准	GB/T 8937—2006		GB/T 8935—2006
折射率（40℃）	1.448~1.460		1.448~1.465
相对密度（20℃/20℃）	0.896~0.904		0.894~0.910
熔点/℃	32~45		32~45

续表

项目	食用猪油		工业用猪油
	一级	二级	
水分/%	≤0.20	≤0.25	≤0.5
酸价（KOH）/(mg/g)	≤1.0	≤1.3	≤4.0
过氧化值/(mmol/kg)	≤3.8		≤38.4
碘值/(g/100g)	45~70		45~70
皂化值（KOH）/(mg/g)	190~202		190~205

猪油中胆固醇含量一般在1000mg/kg左右，通过精制可以将猪油中胆固醇的含量减少一半，但是其含量仍然远高于植物油脂，而且其饱和脂肪酸含量很高，要想解决这一问题，可通过配以植物油脂共同食用。猪油中天然抗氧化剂的含量很低（维生素E，5~29mg/kg）使得其氧化稳定性较差、保质期很短，但是可以通过添加抗氧化剂来解决猪油的氧化稳定性问题。当然，正是由于猪油中天然抗氧化剂的含量极微，猪油常被作为研究抗氧化剂抗氧化效果的基料油。

二、牛脂

牛脂（tallow），俗称牛油，主要是由板油、肉膘、网膜或者附着于内脏器官的纯脂肪组织经过炼制而成的食用油脂。牛油具有独特的风味，深受消费者喜爱，被广泛应用于火锅底料、烘焙起酥油、香精香料、调味酱包等领域。牛油的炼制可以分为干法熬制和湿法熬制。干法得到的油脂色泽深、风味独特；湿法熬制的油脂得率高、色泽浅。

牛油的脂肪酸组成相当复杂，其主要脂肪酸组成如表10-4所示。牛油中饱和脂肪酸含量高达55%，因此牛油常温下呈现为固态，熔点40~50℃。牛油中的不饱和脂肪酸以单不饱和油酸为主，同时含有少量的短链脂肪酸、支链脂肪酸和奇数碳链脂肪酸，还含有<5%的反式脂肪酸。一般认为牛油中的反式脂肪酸来源于牛的瘤胃。牛属于反刍动物，其瘤胃中含有丰富的酶系，其中的移位酶可以将亚油酸转变为9*c*,11*t*-18：2，还原酶将亚油酸转变为11*t*-18：1和11*t*-18：0，也可使亚麻酸还原为15*c*-18：1。受饲料、牛品种及加工时所取部位的影响，牛油的脂肪酸组成有明显区别，从而造成牛油的理化性质也有差异（表10-5）。

表10-4　　牛油的主要脂肪酸组成　　单位：%

脂肪酸组成	含量	脂肪酸组成	含量
12：0及以下	≤1.0	17：1	≤1.5
14：0	2.0~6.0	17：0异构体	≤1.5
14：1	≤1.5	18：0	15.0~33.0
14：0异构体	≤0.3	18：1	25.0~49.0
15：0	0.1~1.0	亚油酸（18：2）	1.0~6.0
15：0异构体	≤1.5	亚麻酸（18：3）	≤3.0
16：0	20.0~30.0	花生酸（20：0）	≤0.5

续表

脂肪酸组成	含量	脂肪酸组成	含量
16：1	0.5~5.0	花生一烯酸（20：1）	≤0.5
16：2	≤1.0	花生二烯酸（20：2）	≤0.3
16：0 异构体	≤0.5	花生四烯酸（20：4）	≤0.5
17：0	0.5~2.5	二十二碳酸（22：0）	≤0.5

表 10-5　　牛油的理化性质

项目	指标	
	工业级	食用级
气味	有特征气味	无臭及异味
色泽	白色~淡黄色	白色~淡黄色
折射率（40℃）	1.448~1.460	1.448~1.460
相对密度（40℃/20℃）	0.894~0.898	0.894~0.904
熔点/℃	42.5~47.0	40.0~49.0
碘值/(g/100g)	32~47	32~50
酸价（KOH)/(mg/g)	<2	<2.5
皂化值（KOH)/(mg/g)	190.0~200.0	190.0~202.0
不皂化物/(g/kg)	≤10.0	≤12.0
水分及杂质	—	—

微量成分方面，牛油中含有胆固醇、维生素 E。牛油在储存过程中容易“起砂”，尤其是在温度波动的条件下，主要是因为牛油中高熔点的甘油三酯（SSS 和 SSU）含量较高。这类甘油三酯在结晶时发生油脂迁移和晶型衍变，形成可物理感知的砂粒。酯交换可以延缓牛油的“起砂”。

三、羊脂

羊脂，俗称羊油。羊油一般呈白色或微黄色蜡状固体，熔点较高，在工业上广泛作为肥皂、脂肪酸、润滑油等的原料，新鲜的羊油精制后可供食用。羊油的主要脂肪酸组成及理化指标如表 10-6 和表 10-7 所示。与牛油相似，羊油中饱和脂肪酸含量较多，从羊的不同部位提取的油脂，其脂肪酸组成有明显区别。不同部位羊油的甘油三酯组成及含量如表 10-8 所示。

表 10-6　　羊油的主要脂肪酸组成

脂肪酸	含量/%	脂肪酸	含量/%
14：0	1.5~6.0	17：1	<4.0
14：1	<2.0	18：0	8.0~35.0
16：0	10.0~30.0	18：1	30.0~55.0

续表

脂肪酸	含量/%	脂肪酸	含量/%
16∶1	0.5~6.0	18∶2	1.0~6.0
17∶0	0.5~4.5	18∶3	<4.0

表 10-7 食用羊油的主要理化指标

项目	指标	项目	指标
折射率	1.450~1.457	熔点/℃	42~48
相对密度（40℃/20℃）	0.893~0.904	皂化值（KOH）/(mg/g)	190~202
碘值/(g/100g)	32~60	不皂化物/(g/kg)	≤12.0

表 10-8 羊油的主要甘油三酯组成及含量 单位：%

甘油三酯	肾脏油	背膘油	羊肠油	甘油三酯	肾脏油	背膘油	羊肠油
OOO	3.0	8.4	4.3	StOP	14.0	17.1	15.9
POO	5.6	16.0	8.4	StPO	4.3	2.8	4.3
OPO	1.1	1.3	1.5	StOSt	11.4	7.1	9.5
POP	2.4	7.5	4.2	StStO	7.6	2.7	5.1
OPP	2.0	2.5	2.8	SSS	24.6	9.7	19.0
StOO	11.7	15.4	12.9	SUS	28.7	31.9	29.9
OStO	2.0	1.5	1.7	USS	18.2	10.7	16.4
PStSt	11.0	3.7	8.1	USU	3.4	2.9	3.6
PPSt	5.4	3.6	5.8	UUS	21.2	35.1	25.6
StStSt	7.4	1.2	3.8	UUU	3.9	9.7	5.5

四、鱼油

鱼油（fish oil）是鱼体内的全部油脂类物质的总称，它包括体油、肝油和脑油。不同于其他动物脂肪，深海鱼油富含多种不饱和脂肪酸，特别是 EPA、DHA 等 *n*-3 系列的多不饱和脂肪酸，具有十分重要的营养和医用价值。在过去的几十年里，全球鱼油的年产量可达 120~140 万 t，近年来由于保护渔业资源的国际协议及禁止捕鲸法规的实施，潮汐及海洋生态体系的变动、渔场的移动，使得鱼的种类、数量、质量有很大的波动，导致鱼油产量在逐渐减少。目前，海洋鱼油资源主要用途是经过粗加工（精炼或半精炼）后用于水产以及禽畜饲料，而作为营养补充剂使用的高品质鱼油或经过深加工的鱼油主要用于食品、保健品以及药品。

影响鱼油脂肪酸组成和特性的因素很多，如品种、年龄、组织部位、水质、饲料、气温等，几种海产鱼油的主要脂肪酸组成如表 10-9 所示。鱼油的脂肪酸组成相当复杂，含有大量的长碳链多不饱和脂肪酸和异构体。一般在鱼油的多不饱和脂肪酸中 *n*-3 系列明显高于 *n*-6 多不饱和脂肪酸含量。鱼油甘油三酯中，多不饱和脂肪酸中 EPA 和 DHA 主要分布于 *sn*-2 位。

表 10-9　　几种鱼油的主要脂肪酸组成　　单位：%

脂肪酸	凤尾鱼	金枪鱼	三文鱼	毛鳞鱼	步丁鱼	鲐鱼	鲱鱼	鳀鱼	鲢鱼	罗非鱼	草鱼
14：0	10.81	8.09	6.69	6.51	9.14	8.86	8.50	8.43	3.10	6.11	5.84
16：0	29.85	27.09	12.51	10.20	21.25	15.02	11.90	16.05	18.00	20.97	25.70
16：1	6.93	10.03	5.91	9.44	10.23	4.90	4.10	11.20	9.90	11.54	11.97
18：0	3.95	3.39	8.92	0.81	0.76	0.24	0.80	2.24	2.50	4.20	5.51
18：1	13.46	18.81	27.94	12.75	12.52	12.69	11.90	11.13	25.60	28.03	14.96
18：2	1.53	2.99	1.31	1.35	0.10	0.34	1.00	1.70	17.72	13.41	17.78
18：3	0.91	0.50	0.42	0.56	0.74	1.06	0.90	1.03	15.00	6.43	9.41
18：4（n-3）	2.47	1.41	1.14	1.82	2.56	3.50	2.40	—	—	—	—
20：1	2.07	2.40	1.84	21.56	1.42	8.12	14.30	1.90	—	—	—
20：2（n-6）	—	—	—	—	—	—	—	—	1.08	1.02	1.23
20：3（n-6）	—	—	—	—	—	—	—	—	1.36	1.38	1.44
20：4（n-6）	0.77	0.42	0.48	—	—	—	—	0.53	1.59	1.55	1.58
20：5（n-3）	10.43	9.32	14.43	5.54	13.87	5.80	5.20	13.66	1.27	0.49	0.76
22：1	2.59	2.30	5.69	17.96	1.43	14.08	21.50	—	—	—	—
22：5（n-3）	1.28	1.16	2.26	0.39	2.05	1.02	0.50	1.21	1.03	1.73	1.41
22：6（n-3）	8.35	18.76	5.48	2.99	8.45	9.62	5.30	18.44	2.30	2.22	2.20
24：1	0.76	0.84	0.96	0.75	0.88	0.25	1.10	—	—	—	—

鱼油的理化指标与其结构和组成密切相关，几种鱼油的主要理化指标如表 10-10 所示。

表 10-10　　几种鱼油的主要理化指标

项目	鲸鱼油	沙丁鱼油	步鱼油	鲱鱼油	鳕鱼肝油
相对密度（25℃/25℃）	0.910~0.920	0.914~0.921	—	—	—
折射率（25℃）	1.470~1.477	1.4785~1.4802	1.4590~1.4623（60℃）	1.473~1.478	1.477~1.481
碘值/(g/100g)	110~135	170~188	150~165	115~160	160~170
皂化值（KOH)/(mg/g)	185~202	188~199	192~199	180~192	182~191

续表

项目	鲸鱼油	沙丁鱼油	步鱼油	鲱鱼油	鳕鱼肝油
不皂化物含量/%	<2.0	0.10~1.25	1	0.5~1.7	0.9~1.4
脂肪酸凝固点/℃	—	—	32	25	—

鱼油中含有多种非甘油三酯成分，受多种因素影响其差异性很大。鱼油中甾醇含量0.5%~1.0%，其中主要是胆固醇（95%以上），商业鱼油中常含有2%的蜡质。鱼油中维生素E的含量在300mg/kg左右，且以生理活性最高的α-生育酚为主。鱼油在贮存和使用过程中很容易氧化变质，其酸败味主要是由EPA和DHA氧化产生的2*t*，4*c*，7*c*-三烯癸醛所造成的，而鱼油的鱼腥味一般认为是从鱼刺中产生的含碳和氮的化合物所致。通常鱼油中加入TBHQ能起到很好的抗氧化效果。

鱼肝油含有丰富的维生素A和维生素D，营养丰富，主要作为药用，几种鱼肝油的维生素含量如表10-11所示。

表10-11 几种鱼肝油的维生素含量

项目	鳕鱼	长身鳕鱼	黑线鳕鱼	角鲨鱼	大比目鱼	鼠鲨鱼油
维生素A/(IU/g)	800~1500	2000~5000	800~1200	1000~2000	20000~20000	1000~1500
维生素D/(IU/g)	60~120	100~200	50~100	10~30	1000~2000	50~100
不皂化物/%	0.6~1.3	1.0~2.2	0.6~1.5	8~13	5~10	1~3

第三节 植物油脂

植物油脂（vegetable oil）是指以草本或者木本植物的果实、种子或胚芽为原料制得的油脂。以下主要介绍具有代表性的几种植物油脂的化学成分、理化特性、营养价值和应用。

一、椰子油

椰子油（coconut oil），又称椰油，是从椰子果肉中得到的油脂。椰子树是棕榈科椰属的一种大型单子叶常绿乔木植物，四季结果，主要分布在热带和亚热带地区（如印度、菲律宾、马来西亚、印度尼西亚以及我国的海南、云南、广东、广西和台湾等地）。椰子一般呈球形，质量1~2kg，直径15~17.5cm，外层椰衣包裹椰壳（3~5mm厚，占全果质量的28%），椰壳包藏果肉（1~2cm厚，占全果质量的55%），果肉内空腔约300mL，内含美味的无菌椰汁（pH约为5.6，占全果质量的17%），俗称椰子水。椰肉干燥后称为椰干，其含水6%~8%，含油高达65%~75%。

椰子油是月桂酸型油脂，其主要脂肪酸组成如表10-12所示。椰子油中饱和脂肪酸占90%以上，而且所含的饱和脂肪酸以8：0、10：0、12：0、14：0为主。其中，月桂酸和豆蔻酸含 60%以上，为其他油脂所罕见。

表 10-12 椰子油主要脂肪酸组成

脂肪酸	含量/%	脂肪酸	含量/%	脂肪酸	含量/%
6：0	ND	14：0	16.8~21.0	18：2	1.0~2.5
8：0	4.6~10.0	16：0	7.5~10.2	18：3	≤0.2
10：0	5.5~8.0	18：0	2.0~4.0	20：0	≤0.2
12：0	45.1~50.3	18：1	5.0~10.0	20：1	≤0.2

注：“ND” 表示未检出。

椰子油的主要甘油三酯包括 LaLaCy、LaLaCa、LaLaLa、LaLaM 和 MLaCy，其中，M 表示 14：0，La 表示 12：0，Ca 表示 10：0，Cy 表示 8：0。椰子油的主要脂肪酸立体专一分布如表 10-13 所示。月桂酸在椰子油甘油三酯的 *sn*-1、*sn*-2、*sn*-3 位均有分布，其中以 *sn*-2 位为主，在 *sn*-1 和 *sn*-3 位接近相同，辛酸和癸酸主要分布于 *sn*-3 位，豆蔻酸和棕榈酸主要分布于 *sn*-1 位。

表 10-13 椰子油的主要脂肪酸立体专一分布 单位：%

位置	6：0	8：0	10：0	12：0	14：0	16：0	18：0	18：1	18：2
1	1.1	4.2	4.2	38.5	29.2	15.6	3.4	3.7	ND
2	0.3	2.1	4.5	77.8	8.1	1.4	0.5	2.9	1.5
3	2.6	32.2	13.3	37.8	8.0	0.7	0.5	3.4	1.4

注：“ND” 表示未检出。

椰子油的主要理化指标如表 10-14 所示。椰子油的熔点较低，为 24~27℃，常温下为半固态的脂，而非液态的油，这归咎于其高含量的低、中碳链脂肪酸。椰子油的碘值较低，为 7.0~12.5g/100g，椰子油从固态脂到液态油并不是随温度升高逐渐软化，而是在一极狭窄温度范围内突然转化为液态，这与可可脂的性质极为相似。

表 10-14 椰子油的主要理化指标

项目	指标	项目	指标
熔点/℃	24~27	酸价（KOH）/(mg/g)	≤0.3
凝固点/℃	24~25	皂化值（KOH）/(mg/g)	250~264
水分及挥发物/%	≤0.10	折射率（40℃）	1.448~1.450
不皂化物含量/%	≤1.5	脂肪酸凝固点/℃	20~24
相对密度（40℃/20℃）	0.908~0.921	Reichert-Meissl 值	6~8
碘值/(g/100g)	7.0~12.5	Polenske 值	14~18
过氧化值/(mmol/kg)	≤10.0	Kirschner 值	1~2

椰子油含有极少量的不皂化物（0.1%~0.3%），主要是甾醇（0.29%左右），其中以 β-谷甾醇为主。

椰子油中的维生素 E（主要是 α-生育酚）含量很少，但是由于椰子油主要由饱和脂肪酸构成，所以其储存稳定性很好，一般不需要加入抗氧化剂。若添加抗氧化剂，可加入 BHA 等合成抗氧化剂或者维生素 E 等天然抗氧化剂。

椰子油中含有微量的 γ-内酯和 δ-内酯，所以具有类似奶油的愉快香味。

椰子油中有较多中短碳链酸构成的甘油三酯，使得椰子油容易乳化分散于水相中，同时导致椰子油容易水解产生游离脂肪酸，使椰子油食品容易产生类似肥皂的挥发性气味。

另外，如果在干燥过程中，椰子肉受到含硫物质的污染，制得的椰子油有难闻的橡胶味道。如果利用烟道气烘干椰子肉，以此生产的毛椰子油中含有 3mg/kg 左右的多环芳香烃类（PAH）物质，该物质在精炼过程中可以脱除。

椰子油在其生产国广泛作为烹饪油使用，也可与棕榈油一起作为人造奶油和起酥油的原料。另外，氢化椰子油可作为代可可脂的生产原料。椰子油中含有丰富的易于人体消化吸收的低中碳链脂肪酸 8：0 和 10：0，可作为合成中碳链甘油三酯的原料，用于功能性医药食品和婴儿配方食品中。椰子油中含有丰富的月桂酸，可作为生产椰子皂的原料，也是生产牙膏、洗发水、化妆品的原料。

二、棕榈仁油

棕榈仁油（palm kernel oil）是由油棕榈果实的核仁制得的油。新鲜的核仁含水为 20% 左右，干燥后含水量为 6%～7%，含油率为 53%左右。其主要脂肪酸组成与椰子油相似，如表 10-15 所示。

表 10-15　　棕榈仁油的主要脂肪酸组成

脂肪酸	含量/%	脂肪酸	含量/%	脂肪酸	含量/%
2：0	<0.5	14：0	14～20	18：2	0.7～5.4
6：0	ND	16：0	6.5～11	18：3	ND
8：0	2.4～6.2	16：1	ND	20：0	ND
10：0	2.6～7.0	18：0	1.3～3.5	20：1	ND
12：0	41～55	18：1	10～23		

注：“ND” 表示未检出。

棕榈仁油的主要理化指标如表 10-16 所示。棕榈仁油的熔点和碘值较椰子油稍高，其原因是其中的油酸及亚油酸含量较椰子油中的稍高，而月桂酸、豆蔻酸含量较椰子油中的稍低。

表 10-16　　棕榈仁油的主要理化指标

项目	指标	项目	指标
熔点/℃	25～28	游离脂肪酸含量（以月桂酸计）/%	≤0.20
水分及挥发物/%	≤0.10	皂化值（KOH）/(mg/g)	230～254
不皂化物含量/%	≤1.0	折射率（40℃）	1.448～1.452
相对密度（40℃）	0.899～0.914	Reichert-Meissl 值	80～140
碘值/(g/100g)	14.1～21.0	Polenske 值	160～240
过氧化值/(mmol/kg)	10.0	Kirschner 值	0.5～1

棕榈仁油适合于生产月桂酸、豆蔻酸，也适用于制皂，但由于其色泽较难去除，不宜生产白色的皂。制皂用棕榈仁油商用质量标准为：水分及杂质总量≤0.5%，酸价≤1.5，皂化值 244~248，凝固点 20~28℃，色泽为黄色。

棕榈仁油具有很好的氧化稳定性，也是制备代可可脂、冰淇淋、人造奶油等的原料。

三、棕榈油

棕榈油（palm oil）的开发食用已有近百年的时间，于 1980 年左右快速兴起，其主产于马来西亚、印度尼西亚、非洲和南美洲等地区。不同于棕榈仁油取自油棕榈核仁（含油约 53%），棕榈油取自油棕榈果肉（含油约 50%）。油棕榈产油量远高于其他油料作物，每公顷可产 4t 左右的油脂，其中棕榈仁油和棕榈油的比例为（1.0~1.3）：10。

受解脂酶的影响，未灭酶的棕榈果制备的毛棕榈油酸价较高。因此，新鲜的棕榈果在制油前一般装入刹酵罐中，然后通入 300kPa 的蒸汽（143℃左右），加热 60min，使其中的解脂酶失活变性。当然，经过精炼后的棕榈油其游离脂肪酸的含量低于 0.5%。表 10-17 列出了棕榈油精炼前后有关指标。

表 10-17　棕榈油精炼前后有关指标

指标	毛油	全精炼油	指标	毛油	全精炼油
酸价（KOH）/（mg/g）	≤10.0	≤0.20	不溶性杂质/%	≤0.05	≤0.05
水分及挥发物/%	≤0.20	≤0.05	铁/（mg/kg）	≤5.0	—
过氧化值/（mmol/kg）	—	≤5.0	铜/（mg/kg）	≤0.4	—
透明度	—	50℃澄清、透明	色泽（133.4mm）		黄≤30 红≤3.0

棕榈油的脂肪酸组成比较简单，饱和脂肪酸和不饱和脂肪酸各半，如表 10-18 所示。典型的脂肪酸组成为棕榈酸（44.0%）、油酸（39.2%）、亚油酸（10.1%）、硬脂酸（4.5%）、豆蔻酸（1.1%）、花生酸（0.4%）、亚麻酸（0.4%）、月桂酸（0.2%）和棕榈油酸（0.1%）。棕榈油的高饱和脂肪酸含量使得其碘值在 53g/100g 左右，如表 10-19 所示。

表 10-18　棕榈油的主要脂肪酸组成

脂肪酸	含量/%	脂肪酸	含量/%	脂肪酸	含量/%
12：0	ND~0.5	17：0	ND~0.2	18：3	ND~0.5
14：0	0.5~2.0	18：0	3.5~6.0	20：0	ND~1.0
16：0	39.3~47.5	18：1	36.0~44.0	20：1	ND~0.4
16：1	ND~0.6	18：2	9.0~12.0	22：0	ND~0.2

棕榈油的熔点为 33~39℃，在室温下为半固态，其主要甘油三酯组成（%）为：StStSt，6.6；β-POP，24.1；β-POSt，7.0；β-PPO，3.6；β-POO，18.9；β-StOO，2.8；β-PLP，7.8；β-PLSt，2.3；OOO，2.7；β-POL，4.0；β-PLO，4.5；β-OOL，1.8；β-OLO，1.4。棕榈油甘油三酯的 *sn*-2 位主要是油酸。根据饱和度分类其主要甘油三酯组成（%）为：三饱和，10.2；二饱和单不饱和，48.0；单饱和二不饱和，34.6；三不饱和，6.8。

表 10-19 棕榈油的主要理化指标

项目	指标	项目	指标
熔点/℃	33~39	过氧化值/(mmol/kg)	≤5.0
水分及挥发物/%	≤0.05	酸价（KOH)/(mg/g)	≤0.20
不皂化物含量/%	≤1.2	皂化值（KOH)/(mg/g)	190~209
相对密度（50℃/20℃）	0.891~0.899	折射率（50℃）	1.454~1.456
碘值/(g/100g)	50.0~55.0		

目前市售的棕榈油多为分提后的产品，有棕榈液油（碘值≥56g/100g）、超级棕榈液油（碘值≥60g/100g）、棕榈硬脂（碘值≤48g/100g）。硬脂的熔点很高，为50℃左右，软脂为24℃左右。硬脂适合作起酥油、人造奶油的原料油；软脂是极好的煎炸用油；中间部分的熔点范围窄，且接近人体温度，所以可作为类可可脂使用。

棕榈毛油中含有0.06%~0.1%的维生素E，其中以γ-生育三烯酚、α-生育酚和δ-生育三烯酚为主。精炼棕榈油中维生素E的含量约为棕榈毛油中维生素E含量的一半，其中生育三烯酚占82%。棕榈油高饱和脂肪酸含量和高维生素E含量使得其性能十分稳定，不容易氧化酸败，这也是棕榈油或其软脂多用于煎炸方便面的原因。

棕榈毛油中含有0.05%~0.07%类胡萝卜素（主要是α型和β型，分别占24%~42%和50%~60%），使毛油呈红棕色。因此，也有人将含有类胡萝卜素等色素的棕榈油称为红棕油。但是，经脱色、脱臭处理后类胡萝卜素基本被去除或破坏，所以，精炼棕榈油的色泽很浅。

棕榈毛油中含有0.2%~0.25%甾醇，其中，β-谷甾醇约占65%，菜油甾醇约占25%，豆甾醇约占14%。

受棕榈果中解脂酶的影响，精炼棕榈油中含有约6%的甘油二酯（2% *sn*-1,2和4% *sn*-1,3），为除米糠油（见第十章第三节）之外的其他油脂所罕见。

四、可可脂

可可脂（cocoa butter或cacao butter）是由可可豆经压榨法制得的，可可豆含油45%~48%，脱皮后含油升高至50%~55%。可可豆盛产于热带，主要是赤道南北20纬度以内地区，全世界可可豆年产量在270万t，可产120万~130万t可可脂，其中非洲占60%，美洲、巴西等占30%，其他地区如印度、印度尼西亚（东南亚）约占10%。

可可脂的脂肪酸组成如表10-20所示，其中棕榈酸、硬脂酸和油酸的总含量在80%以上。

表 10-20 可可脂的主要脂肪酸组成

脂肪酸	含量/%	脂肪酸	含量/%	脂肪酸	含量/%
14：0	0.1	18：0	32.9~37.1	20：0	1.0~1.1
16：0	23.7~25.5	18：1	33.2~37.4	20：1	≤0.1
16：1	0.3	18：2	2.6~4.0	22：0	0.2
17：0	0.2~0.3	18：3	0.2	24：0	≤0.1

可可脂的显著特点是：第一，可可脂的塑性范围很窄，在低于熔点温度时，可可脂具有典型的表面光滑感和良好的脆性，有很大的收缩性，具有良好的脱模性，不黏手，不变软，无油腻感；第二，在最稳定的结晶状态下熔点范围为34~36℃，即在室温下呈固态，而入口后完全熔化，产生凉爽、丝滑的口感（可可脂不同晶型的熔点范围如表10-21所示，主要理化指标如表10-22所示）。可可脂具有特殊的物理性质，加之产量有限，其价格较一般油脂昂贵。

表10-21 可可脂不同晶型的熔点范围

晶型		sub-α	α	β'_2	β'_1	β_2	β_1
熔点/℃	分类1	17.3	23.3	25.5	27.5	33.8	36.3
	分类2	13.1	17.7	22.4	26.4	30.7	33.8

表10-22 可可脂的主要理化指标

项目	指标	项目	指标
滑动熔点/℃	30~34	酸价（以油酸计）/%	≤1.75
不皂化物含量/%	≤0.35	皂化值（KOH）/(mg/g)	188~198
碘值/(g/100g)	33~42	折射率	1.4560~1.4590
相对密度（40℃/20℃）	0.918~0.926	脂肪酸凝固点/℃	45~50

注：滑动熔点表示在此温度下，脂肪软化并且在敞开的毛细管中能充分流动。

可可脂具有上述特点，主要是因为其甘油三酯结构单一。其甘油三酯的主要组分是对称性的*sn*-2油酸，*sn*-1,3饱和脂肪酸的甘油酯，包括β-POP，18%~23%；β-POSt，36%~41%；β-StOSt，23%~31%，占总甘油三酯的80%以上；油酸在*sn*-2位上的分布占50%以上，棕榈酸和硬脂酸主要分布在*sn*-1、*sn*-3位上。

可可脂中含有一定量的维生素E，其含量在0.013%~0.027%。其中γ-生育酚占90%；再加上构成可可脂的不饱和脂肪酸很少，主要是油酸，使可可脂具有很强的抗氧化能力，保质期长。可可脂中的微量成分如磷脂（0.7%~0.9%）、甾醇（0.2%）等对其加工、应用无明显的特殊贡献。

由于可可脂的价格很高，使得可可代用品工业近几十年发展很快。可可代用品包括类可可脂（cocoa butter equivalent or extender，CBE），月桂酸型代可可脂（cocoa butter substitute，CBS）和非月桂酸型代可可脂（cocoa butter replacer，CBR）三类。

类可可脂是指甘油三酯组分和同质多晶现象与天然可可脂十分相似的代用品。类可可脂和天然可可脂完全相溶，因此可以以任意比例掺混于天然可可脂中，并对其塑性、熔化特性、加热特性等影响很小。

类可可脂资源很少，与天然可可脂结构相似的油脂如表10-23所示。其中婆罗洲牛脂和沙罗脂与可可脂组分相似，可以直接作为代用品。其他油脂可以经分提并与其他油脂混合等工艺制备类可可脂。此外，目前以酶改性油脂制备类可可脂技术也逐步推广。例如，用棕榈油分提得到的中间部分（富含POP)、高油酸油脂（茶油、高油酸花生油、高油酸大豆油）

与硬脂酸（或硬脂酸乙酯）或棕榈酸在 *sn*-1,3 位定向脂肪酶的催化下进行酯交换生产类可可脂。

表 10-23　与天然可可脂结构相似的油脂

甘油三酯	可可脂 (cocoa butter) /%	婆罗洲牛脂 (borneo tallow) /%	牛油树脂 (shea butter) /%	烛果油 (kokum butter) /%	沙罗脂 (sal fat) /%	芒果核仁脂 (mango kernel fat) /%
POSt	36~41	34	8	7.4	13	12
POP	18~23	7	1	0.5	1	1
StOSt	23~31	47	68	72.3	60	56

代可可脂是指甘油三酯组分与天然可可脂相差很大，但膨胀特性与可可脂具有相似性的代用品。代可可脂与天然可可脂的相容性很差，因此，一般不与可可脂混掺，而是单独使用。

代可可脂资源十分丰富，有月桂酸类油脂（如椰子油、棕榈仁油等），有非月桂酸类的氢化油脂、酯交换油脂、分提油脂或相互混合的改性油脂等。

五、菜籽油

菜籽油（rapeseed oil）取自十字花科植物——油菜籽，其含油量为 30%~50%。油菜盛产于西欧、中国、印度和加拿大等国家和地区。

传统菜籽油的特点是：第一，芥酸含量在 5%以上，一般为 20%~60%；第二，芥子苷（硫代葡萄糖苷或葡萄糖异硫氰酸盐）的含量在 2%~10%。

菜籽油的脂肪酸组成受菜籽品种（低亚麻酸菜籽油、高月桂酸菜籽油、高硬脂酸菜籽油、高油酸菜籽油、高 γ-亚麻酸菜籽油、高蓖麻酸菜籽油等）的影响变化较大，几乎没有固定的范围。由于产地、土壤与气候等的影响，菜籽油的脂肪酸组成也有一定的变化，一般严寒地区芥酸含量较低，亚油酸含量相对较高；对于气温较高的地区则相反。国内传统菜籽油的脂肪酸组成如表 10-24 所示，其饱和脂肪酸含量相比其他油脂较少。

表 10-24　菜籽油的主要脂肪酸组成

脂肪酸	含量/%	脂肪酸	含量/%	脂肪酸	含量/%
16:0	1.5~6.0	18:2	9.5~30.0	22:0	ND~2.0
16:1	ND~3.0	18:3	5.0~13.0	22:1	3.0~60.0
17:0	ND~0.1	20:0	ND~3.0	22:2	ND~2.0
17:1	ND~0.1	20:1	3.0~15.0	24:0	ND~2.0
18:1	8.0~65.0	20:2	ND~1.0	24:1	ND~3.0

菜籽油中的芥酸主要分布在 *sn*-1,3 位，特别是 *sn*-3 位上，这可以从表 10-25 中菜籽油的主要脂肪酸立体专一分布中看出。

表 10-25 菜籽油的主要脂肪酸立体专一分布 单位：%

位置	16：0	18：0	18：1	18：2	18：3	20：1	22：1
1	4	2	23	11	60	16	3.5
2	1	0	37	36	20	2	4
3	4	3	17	4	3	17	51
全样	3.0	1.7	25.6	17.0	9.6	11.6	30.0

传统菜籽油的物理化学特性受其中芥酸含量的影响与一般植物油脂有较大不同，有关的研究结果很多，比较典型的理化指标如表 10-26 所示。

表 10-26 菜籽油的主要理化指标

项目	指标	项目	指标
凝固点/℃	-12～10	闪点/℃	218
黏度（E20℃）	13.5～14.0	烟点/℃	>274
不皂化物含量/%	≤2.0	皂化值（KOH）/(mg/g)	168～181
碘值/(g/100g)	94～120	折射率	1.465～1.469
相对密度	0.910～0.920	脂肪酸凝固点/℃	12～18
Crismer 值/℃	76～82		

菜籽毛油在精炼过程中需要更多的蒸汽量，其原因是菜籽毛油特殊的菜籽味较难去除。菜籽毛油中含有较多磷脂，以磷脂酰胆碱为主。另外，菜籽油中的磷脂不同于一般植物油（其磷脂中脂肪酸组成与其甘油三酯中脂肪酸组成相似），其磷脂脂肪酸组成中几乎无芥酸。

菜籽油含有 0.5%～1.1%甾醇，主要是β-谷甾醇、菜油甾醇和菜籽甾醇。其中，菜籽甾醇为十字花科作物所特有，约占 10%，可用于鉴定菜籽油在其他油脂中的掺伪。

菜籽油含有微量的维生素 E（300mg/kg 左右），主要为γ-生育酚和α-生育酚。

传统菜籽油芥酸含量很高，其营养性曾经引起过极大争议，至今仍无定论。

菜籽中含有一定量的硫代葡萄糖苷（又称芥子苷或硫苷），硫代葡萄糖苷是一类复杂的烃基配糖体，目前已发现近 120 种。菜籽中常见的芥子苷结构式如下：

$$R-C\begin{matrix} \nearrow S-C_6H_{11}O_5 \\ \searrow\!\!\searrow N-O-SO_2O^- -K^+ \end{matrix}$$

不同的 R 烃基构成不同的芥子苷。

油菜芥子苷的 R 基为：

$$H_2C=CH-\underset{\displaystyle OH}{\underset{|}{CH}}-CH_2-$$

黑芥子苷的 R 基为：

$$H_2C=CH-CH_2-$$

白芥子苷的 R 基为：

$$HO-C_6H_4-CH_2-$$

其中 K^+ 为：

$$CH=CH-CH_2-\overset{O}{\overset{\|}{C}}-O-CH_2-CH_2-N-(CH_3)_3$$

（苯环上连有 H_3CO、OH、OCH_3）

硫代葡萄糖苷很难溶解于油中，因此，菜籽油中几乎没有硫代葡萄糖苷，主要存在于菜籽饼粕中。硫代葡萄糖苷能够降解产生含硫化合物，如腈、硫氰酸酯、异硫氰酸酯、噁唑烷硫酮等，其降解过程如图 10-1 所示。

$$R-C(-S-C_6H_{11}O_5)=N-O-SO_2O^-$$

↓ 芥子苷酶

$$\left[R-C(=S)-N^--O-SO_3^- \longleftrightarrow R-C(-S^-)=N-O-SO_3^-\right]$$

硫代羟肟酸-O-磺酸酯

↓ H^+或Fe^{2+}（pH不同，产物不同）

$$R-C\equiv N \ (\text{腈}) + R-N=C=S \ (\text{异硫氰酸酯})$$

↓ 重排

$$R-S-C\equiv N \ (\text{硫氰酸酯}) \xrightarrow{H_2O} R-NH_2 \ (\text{胺}) + O=C=S \ (\text{氧硫化碳})$$

图 10-1 硫代葡萄糖苷降解过程

这些含硫化合物有毒，可引起一些生理疾病（如甲状腺肿大等）。另外，经实验证实，成年奶牛、羊饲用与其他饲料搭配的未脱毒菜籽饼粕，对产乳无太大影响；而年幼的奶牛、羊长期饲用未脱毒的菜籽饼粕，会导致发育迟缓，产乳量下降；对猪、鸡等的不良影响更大。因此，菜籽饼粕必须经过脱毒工艺处理或者严格限制牲畜的饲用量。研究表明，采用碱性条件下的湿热处理或者酶存在下的生物化学处理均有较好的脱毒效果。

芥子苷降解产生的异硫氰酸酯、硫氰酸酯、腈等也能分散在油中，它们在油脂加工中通过碱炼吸附、脱色吸附和真空脱臭等工序可降至 5mg/kg 以下。

菜籽油除食用外，还是一种使用性能较好的润滑剂生产原料。因此，高芥酸菜籽油作物也被培育用于生产润滑油。另外，利用化学方法分解富含芥酸的菜籽油，经分离、提纯后得到的芥酸是化工行业的重要原料。

六、卡诺拉（Canola）油

卡诺拉（Canola）油，又称双低菜籽油，是低芥酸、低芥子苷菜籽油的一种，含油量40%以上。卡诺拉（Canola）仍是十字花科，是由传统菜籽培育而来。1980年加拿大将其命名为卡诺拉（Canola），尽管未被世界各国接受，但是其影响力很大。加拿大规定卡诺拉（Canola）油脂肪酸中芥酸含量<5%，芥子苷含量<3mg/g油料（以3-丁烯基异硫氰酸酯为准）。1986年对该标准进行了修订，芥酸含量<2%，芥子苷含量<30μmol/g干基无油菜籽粕。目前卡诺拉（Canola）主要在欧洲、亚洲、美洲等一些国家进行种植。

卡诺拉（Canola）油脂肪酸组成如表10-27所示，其与传统菜籽油有很大的不同。卡诺拉（Canola）油中十八碳酸（包括硬脂酸、油酸、亚油酸和亚麻酸）占总脂肪酸的95%左右，其饱和脂肪酸含量相比其他油脂较少。卡诺拉（Canola）油的主要脂肪酸立体专一分布如表10-28所示。

表10-27　不同品种卡诺拉（Canola）油的主要脂肪酸组成　单位：%

脂肪酸	普通 Canola	低亚麻酸 Canola	高油酸 Canola
饱和	3.3~11.4	7	7
18：1	51.0~70.0	60	86
18：2	15.0~30.0	30	4
18：3	5.0~14.0	2	4
22：1	<3	<2	<2

表10-28　卡诺拉（Canola）油的主要脂肪酸立体专一分布　单位：%

位置	16：0	18：0	18：1	18：2	18：3	20：1	22：1
1	6.4	0.7	64.7	15.8	7.4	0.2	0.7
2	0.2	0.1	52.7	30.6	15.7	—	0.1
3	7.8	1.8	70.4	10.3	5.4	0.7	1.0
全样	4.8	1.2	62.6	18.6	9.5	0.3	0.6

卡诺拉（Canola）油是一种全新的油脂，使用性能优良。其常规的理化指标如表10-29所示。

表10-29　卡诺拉（Canola）油的主要理化指标

项目	指标	项目	指标
黏度（E50℃）	17.0	烟点/℃	238
不皂化物含量/%	≤2.0	皂化值（KOH）/(mg/g)	182~193
碘值/(g/100g)	105~126	折射率	1.465~1.467
相对密度	0.914~0.920	脂肪酸凝固点/℃	6.6
Crismer 值/℃	67~70	冷冻试验（4℃）	15h 无结晶形成

卡诺拉（Canola）毛油磷脂含量在3.5%左右，精炼后降低到0.001%~0.03%。卡诺拉（Canola）油含有660~870mg/kg维生素E，主要为γ-生育酚和α-生育酚。卡诺拉（Canola）油中的甾醇以β-谷甾醇、菜油甾醇和菜籽甾醇为主。卡诺拉（Canola）饼粕的含硫量远远低于传统菜籽的饼粕，是优良的蛋白质资源，省略了传统菜籽饼粕需脱毒的麻烦。

近年来，一些新的卡诺拉（Canola）菜籽品种也被育种成功。受品种的影响，脂肪酸组成（表10-28）和甘油三酯组成具有很大的差异（表10-30）。普通卡诺拉（Canola）油主要甘油三酯包括LOO、OOO、LnOO、LLO和LnLO；高油酸卡诺拉（Canola）油的主要甘油三酯是OOO；低亚麻酸卡诺拉（Canola）油主要甘油三酯包括OOO、LOO和LLO。

表10-30　　不同品种卡诺拉（Canola）油的主要甘油三酯组成　　单位：%

甘油三酯	普通Canola	低亚麻酸Canola	高油酸Canola
LnLO	7.6	1.7	1.5
LLO	8.6	11.0	1.1
LnOO	10.4	2.6	8.6
LnOP	2.1	0.5	1.1
LOO	22.5	28.4	12.7
LOP	5.7	4.2	2.2
OOO	22.4	32.8	49.5
POO	4.6	4.8	7.7
SOO	2.6	2.4	5.0
PPP	0.1	1.4	2.8
LLP	1.4	1.1	0.8
LOS	1.6	1.9	1.0
LLL	1.3	1.6	0.2
LnLL	1.4	0.0	0.3
LnLnO	1.7	0.4	0.1
其他	6.0	5.2	5.4

七、橄榄油

橄榄油（olive oil）是从油橄榄果（又称齐墩果）果仁和果肉中提取的风味优良的黄绿色油脂。橄榄油不经过任何化学精炼，极大程度地保留了天然营养成分，具有极高的生理价值，因此被誉为是世界上最贵重的油脂之一。

油橄榄分布在北纬45°和南纬37°之间，盛产于地中海盆地，占世界总量的95%左右。全球油橄榄产量的81%来自于欧洲国家（意大利、希腊、西班牙、葡萄牙和法国），7%来自于近东，11%来自于北非，1%来自于美洲（阿根廷、墨西哥、秘鲁和美国）。我国于 20 世纪 60 年代引进橄榄树，主要分布于甘肃、湖北、四川、陕西、云南等地，由于气候不太适宜，产量不高。

橄榄果（干基）含油 35%～70%，其中，果肉含油 60%～80%，果仁含油 30%左右，橄榄果收获后 3d 内要进行油脂加工，否则橄榄油的质量会下降。工业上一般采用低温压榨工艺制备橄榄油，最后用溶剂浸出法提取油饼中的残油。

国际橄榄油委员会（IOOC）发布的国际公认的橄榄油和市场上可得到的橄榄油分为橄榄油和橄榄饼油。橄榄油是用机械自橄榄果中提取的油脂产品。这个定义排除了用溶剂浸提或重酯化工艺获得的油与任何其他种类的油的混合油，绝不准许用“橄榄油”表示橄榄饼油。橄榄饼油（olive-pomace oil）是用溶剂浸提或其他物理方法从橄榄饼中获得的油，不包括任何由重酯化过程得到的油或任何其他种类的油混合而成的油。

橄榄油又可分为初榨橄榄油（virgin olive oil）、精炼橄榄油（refined olive oil）和混合橄榄油（blended olive oil）。初榨橄榄油包括特级初榨橄榄油（extra virgin olive oil）、优质初榨橄榄油（excellent virgin olive oil）和初榨橄榄灯油（lampante virgin olive oil）。它们的不同之处如表 10-31 所示。

表 10-31　不同等级的橄榄油及特点

类型	特点
特级初榨橄榄油	感官评价在 6.5 分以上，酸价（以油酸计）≤1.6mg KOH/g，过氧化值≤0.25g/100g，可用于食用
优质初榨橄榄油	感官评价在 3.5 分以上，酸价（以油酸计）≤3.0mg KOH/g，过氧化值≤0.25g/100g，可用于食用
初榨橄榄灯油	感官评价在 3.5 分以下，酸价（以油酸计）>3.0mg KOH/g，过氧化值≤0.25g/100g，这一等级的橄榄油用于生产精炼橄榄油或者用于非食用领域
精炼橄榄油	采用精炼方法对初榨油橄榄灯油进行处理得到的油，感官上正常，色泽为淡黄色，酸价（以油酸计）≤0.6mg KOH/g，过氧化值≤0.25g/100g，可用于食用
混合橄榄油	精炼橄榄油和初榨橄榄油（初榨油橄榄灯油除外）按不同比例勾兑的混合油，感官上正常，色泽为浅黄到淡绿色，酸价（以油酸计）≤2.0mg KOH/g，过氧化值≤0.25g/100g，可用于食用

橄榄饼油包括橄榄饼毛油（crude olive-pomace oil）、精炼橄榄饼油（refined olive-pomace oil）和混合橄榄饼油［blended olive-pomace oil，由精炼橄榄饼油和初榨橄榄油（不包括初榨油橄榄灯油）勾兑的混合油］。

橄榄油是高油酸型油脂，主要脂肪酸组成如表 10-32 所示。其脂肪酸组成比较单一，主要由棕榈酸（7.5%～20%）、棕榈烯酸（0.3%～3.5%）、硬脂酸（0.5%～5%）、油酸（55%～83%）及亚油酸（3.5%～21%）组成。

表 10-32　　橄榄油的主要脂肪酸组成

脂肪酸	含量/%	脂肪酸	含量/%	脂肪酸	含量/%
14：0	≤0.05	18：0	0.5~5.0	20：0	≤0.6
16：0	7.5~20.0	18：1	55.0~83.0	20：1	≤0.5
16：1	0.3~3.5	18：2	2.5~21.0	22：0	≤0.2
17：0	≤0.4	18：3	≤1.0	24：0	≤0.2
17：1	≤0.6				

与我国的茶油相似，橄榄油的油酸含量平均为75%左右，多不饱和脂肪酸含量很低，因此其碘值很低（80~88g/100g），在0℃仍为液体；同时也是其氧化稳定性很高的原因之一。

橄榄油的甘油三酯结构符合1,3-随机-2随机分布规律，*sn*-2位几乎全部是油酸和亚油酸。橄榄油主要甘油三酯组成如表10-33所示。

表 10-33　　橄榄油主要甘油三酯组成

甘油三酯	含量/%	甘油三酯	含量/%
LLL，LnLO，LnLP	0.5~1.6	POO	22.0~26.0
LLO	2.4~10.6	POP	nd~5.1
LnOO，LLP	1.7~2.9	StOO	4.3~5.1
LOO	13.3~16.0	StOP	1.0~1.4
LOP，PLP	8.0~16.2	OStSt，PStSt	nd~0.8
OOO	23.2~39.9		

受解脂酶和成熟度的影响，橄榄油中含有少量的甘油二酯和微量的甘油一酯。橄榄油中甘油二酯的含量通常用来预估橄榄油的新鲜程度和油橄榄收获时间。

橄榄油的非甘油三酯成分非常复杂。其中角鲨烯含量高达3000~7000mg/kg，除苋菜油（60000~80000mg/kg）和米糠油（10000mg/kg）外，比其他油脂（角鲨烯含量一般低于500mg/kg）平均高出约10倍，这是橄榄油氧化稳定性好的主要原因之一。另外，橄榄油中含有0.3~3.6mg/kg的β-胡萝卜素和30~300mg/kg的生育酚（主要为α-生育酚）以及甾醇、酪醇、羟基酪醇、3,5-二羟基苯甲酸等酚类抗氧化剂，它们对橄榄油的氧化稳定性有一定的正面影响。但是，橄榄油中含有1~20mg/kg的a，b-叶绿素和0.2~24mg/kg的脱镁叶绿素，对橄榄油的储存有不利影响。

特级初榨橄榄油是最高等级的橄榄油，由于其含有丰富的天然营养成分，使其保健功能凸显，价格远远高于其他食用植物油，因而特级初榨橄榄油掺伪现象频发。通常，将低价植物油（如大豆油、玉米油、葵花籽油、橄榄果渣油等）掺入到特级初榨橄榄油中，或者直接冒充特级初榨橄榄油。特级初榨橄榄油的真实性检验受到国内外学者广泛的研究。20世纪90年代，欧盟出台了初榨橄榄油的鉴定方法EEC/2568/91（1991）和EEC/2472/97（1997），即采用紫外光谱法鉴定橄榄油的等级。研究发现，不同等级橄榄油经高温处理后的紫外光谱在260～270nm处的吸收度显著不同。与此同时，越来越多的研究表明，脂肪酸组成、甘油三酯分析、甾醇、生育酚和挥发性化合物等测定可以在一定程度上鉴别特级初榨橄榄油。此外，红外、近红外和拉曼光谱在特级初榨橄榄油掺伪鉴别方面的应用也非常活跃，包括不同产地、新鲜度、成熟度、质量等级等。这些分子光谱法的应用需要借助于化学计量学，如主成分分析、聚类分析等。然而，不同产地、品种、成熟度、加工工艺的特级初榨橄榄油的品质也存在差异，因此随着物理、化学和分子生物学技术的不断发展，其在橄榄油掺伪检测方面也会不断改进与完善。

八、茶油

茶油（camellia seed oil），又称茶籽油、山茶油，是由山茶科植物油茶种子获得的木本油脂，其种仁含油47%。在我国，油茶主要分布在河南、浙江、福建、江西、广西、贵州、云南和湖南等地。

茶油是油酸型油脂，其脂肪酸组成与橄榄油相似，因此被称为“东方橄榄油”。茶油的主要脂肪酸组成如表10-34所示，其不饱和脂肪酸含量在85%以上。茶油的高油酸含量使得其碘值（83～89g/100g）较低，同时也是其氧化稳定性较高的原因之一。茶油的主要甘油三酯组成如表10-35所示，其中OOO含量最高。

表10-34 茶油的主要脂肪酸组成

脂肪酸	含量/%	脂肪酸	含量/%
16：0	6.1～12.4	18：2	5.1～13.3
18：0	1.6～4.3	18：3	0.5～0.8
18：1	66.8～82.8		

表10-35 茶油的主要甘油三酯组成

甘油三酯	含量/%	甘油三酯	含量/%
LLLn	ND～2.9	PPL	ND～0.5
LLL	0.1～11.1	OOO+StLO	51.1～83.4
OLLn	ND～0.3	OOP	10.2～11.7
LLO	0.3～5.9	POP	0.1～0.9
PLL	0.1～4.1	StOO	0.2～0.3
OOL+StLL	3.3～7.1	StLSt	1.8～2.7
POL	0.7～4.7	POSt	0.1～0.3

茶油含有1000～2300mg/kg甾醇，以β-谷甾醇和$\Delta 7$-豆甾烯醇为主；700mg/kg维生素E，α-生育酚占90%以上；20～340mg/kg角鲨烯。这些微量成分是茶油氧化稳定性较高的又一原因。

九、米糠油

米糠油（rice bran oil），又称稻米油，是从新鲜米糠中制得的油脂。米糠含油 18%～22%，与大豆油相似。米糠油的脂肪酸组成与卡诺拉（Canola）油相似，组成比较简单，油酸含量较高（40%～50%，典型为 42%），其他为亚油酸（29%～42%，典型为 37%）、棕榈酸（12%～18%，典型为 16%）、硬脂酸（1%～3%）、花生酸（0～1%）、豆蔻酸（0.4%～1.0%）、棕榈油酸（0.2%～0.4%）、亚麻酸（0～1%）等。

米糠油的主要甘油三酯组成（%）为：β-PLO，10.8；β-OLL，10.6；β-POO，9.9；β-OOL，9.8；β-OLO，8.5；OOO，7.7；β-PLL，6.9；β-POL，6.2；β-PLP，3.5；LLL，3.4；β-POP，3.2；β-LOL，3.1。

米糠中含有解脂酶，储存不当时，解脂酶快速水解米糠中的油脂导致米糠毛油的酸价升高（研究发现米糠在 25℃及一定相对湿度下，每储存 1h，游离脂肪酸含量增加 1%）。研究认为，米糠稳态化处理的实用方法主要有干法加热、湿法加热和挤压膨化法。精炼后的米糠油游离脂肪酸含量能够达到国家标准的要求（酸价≤0.20mg KOH/g）（表 10-36）。

表 10-36 米糠油的主要理化指标

项目	指标	项目	指标
折射率	1.464～1.468	烟点/℃	≥215
相对密度	0.914～0.925	酸价（KOH）/（mg/g）	≤0.20
不皂化物含量/%	≤4.5	皂化值（KOH）/（mg/g）	179～195
碘值/（g/100g）	92～115	过氧化值/（mmol/kg）	≤5.0

毛米糠油中含有 1.5%～2.0%的谷维素，1.5%～3.5%的甾醇。成品米糠油中的谷维素含量和甾醇含量受加工工艺的影响。谷维素在碱炼脱酸时损失较多，甾醇在脱臭时损失最多。经过工艺的调整可以保留米糠油中谷维素和甾醇，目前已经有市售谷维素和甾醇含量均超过 1%（10000mg/kg）的米糠油。谷维素是环木菠萝醇阿魏酸酯或者甾醇阿魏酸酯，其结构通式如图 10-2 所示。

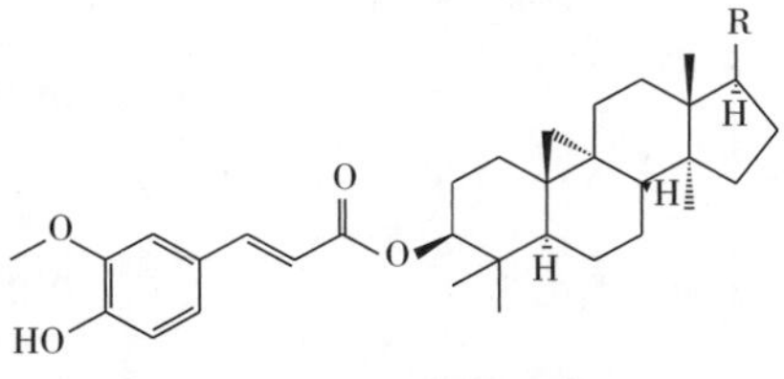

（1）环木菠萝醇阿魏酸酯 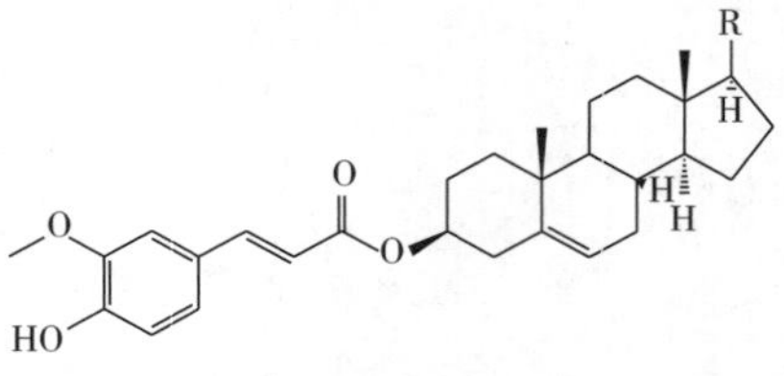　　（2）甾醇阿魏酸酯

图 10-2 谷维素的两种结构通式

R 是直（支）链的烷烃或烯烃

另外，米糠油中含有维生素 E，约为 700mg/kg（γ-生育三烯酚，429mg/kg；γ-生育酚，128mg/kg；α-生育酚，82mg/kg；δ-生育三烯酚，35mg/kg；α-生育三烯酚，21mg/kg；δ-生

育酚 13mg/kg；其他，微量），所以成品米糠油的氧化稳定性很强，利于保存。米糠油中角鲨烯的含量最高可达 10000mg/kg 以上。

米糠毛油中含有 0.5%~5%的蜡，影响油脂的口感和使用，因此，要将米糠油中的糠蜡除去。

十、花生油

花生属豆科，一年生植物，主要盛产于印度、中国和美国。花生果含仁 68%~72%，仁含油 46%~57%。

传统花生油（peanut oil，ground nut oil，arachis oil，earthnut oil，monkey nut oil）具有独特的花生气味和风味，一般含有较少的非甘油酯成分，色浅质优，可直接用于制造起酥油、人造奶油和蛋黄酱，也是良好的煎炸油。

花生油的脂肪酸组成比较独特，含有 5%~8%的长碳链脂肪酸（二十烷酸、二十二烷酸、二十四烷酸），如表 10-37 所示。因此，花生油在冬季或冰箱中一般呈固态或半固态，它的云点为 5℃，比一般的植物油要高。另外，花生油不能凝固，不宜冬化。近年来，高油酸花生品种受到很多关注，其脂肪酸组成如表 10-37 所示。花生油的主要甘油三酯含量（%）为：β-StLSt，5.3；OOO，6.2；β-StOL，5.0；β-StLO，15.7；β-OOL，7.8；β-OLO，8.7；β-StLL，10.7；β-OLL，17.8；LLL，3.9。

表 10-37 不同品种花生油的主要脂肪酸组成 单位：%

脂肪酸	花生油	高油酸花生油	脂肪酸	花生油	高油酸花生油
14:0	≤0.1	—	18:3	≤0.3	ND~0.1
16:0	8.0~14.0	5.5~6.2	20:0	1.0~2.0	1.2~1.7
16:1	≤0.2	0.1	20:1	0.7~1.7	0.9~1.3
17:0	≤0.1	0.1	22:0	1.5~4.5	1.7~2.5
17:1	≤0.1	0.1	22:1	≤0.3	—
18:0	1.0~4.5	2.8~5.2	24:0	0.5~2.5	0.8~1.1
18:1	35.0~69.0	80.1~82.0	24:1	≤0.3	—
18:2	13.0~43.0	2.4~3.5			

花生油中的磷脂含量（0.6%~2.0%）很低。但是若不将磷脂去除，在煎炸食品时，容易起泡沫而溢锅。因此，必须将其中的大部分磷脂去除才能用于煎炸食品。

花生油具有良好的氧化稳定性，是使用性能良好的煎炸油。

从发霉花生仁中取得的油，常含有黄曲霉毒素（aflatoxins），约 800μg/kg。该毒素在碱炼过程中很容易除去，碱炼后可下降至约 15μg/kg，再经脱色处理后可降至 1μg/kg 以下。

花生油含有 130~1300mg/kg 的维生素 E，以 α-生育酚和 γ-生育酚为主。

花生油含有 0.09%~0.3%的甾醇，经精炼后约 61%甾醇损失。

十一、棉籽油

棉籽油（cottonseed oil）是皮棉加工的副产品棉籽制得的油脂。棉籽盛产于我国，在一些其他国家（印度、美国、俄罗斯、巴基斯坦、巴西、土耳其）也有种植。棉籽的整籽含油17%~26%，籽仁含油40%左右。精炼的棉籽油又称棉清油。

棉籽油的主要脂肪酸组成（棕榈酸、油酸、亚油酸）与花生油的主要脂肪酸组成相似；相比于其他油，棉籽毛油中含有0.1%~0.3%的环丙烯酸（锦葵酸和苹婆酸，见第二章），一般认为其对生物体有不利作用。去除环丙烯酸或使其失活的方法很多，工业上主要是采用脱臭的方法，传统的脱臭方法可使油中的环丙烯酸含量从最初0.53%降到0.04%以下。另外，氢化也可使之失活。因此，经过全精炼的棉籽油中环丙烯酸含量极低，可放心食用。

棉籽油的主要甘油三酯组成（%）为：PLL，25.7；LLL，16.1；POL，14.0；OLL，12.9；PPL，8.7；OOL，4.4；POO，3.3；PPO，2.5；OOO，2.4；StLL，2.4；StPL，2.1；StOL，1.5。其主要脂肪酸的立体专一性分布如表10-38所示，棕榈酸主要分布在*sn*-1,3位，油酸和亚油酸主要分布在*sn*-2位。棉籽油中二饱和一不饱和甘油三酯（S_2U）占13.3%，其熔点较高，因此棉籽油在冬季等较低温度下呈浑浊分层现象，有固体析出。制造能够在0℃下5.5h内保持澄清透明的一级棉籽油必须经过冬化处理，冬化后分出的固态脂是人造奶油及起酥油的很好原料。

表10-38　棉籽油的主要脂肪酸立体专一分布　单位：%

位置	14：0	16：0	16：1	18：0	18：1	18：2	18：3
sn-1,3	1.4	37.1	1.5	3.0	13.7	43.4	ND
sn-2	ND	1.8	0.6	0.5	22.7	74.4	ND
全样	0.9	25.3	1.2	2.2	16.7	53.7	ND

棉籽仁中含有1%左右的棉酚，棉酚有抗氧化作用，但是游离的棉酚对非反刍动物有抗生育效能。压榨棉籽毛油含有0.25%~0.47%棉酚，浸提棉籽毛油含有0.05%~0.42%棉酚，使得棉籽毛油呈现深红甚至黑色。经过碱炼后棉籽油中棉酚的含量很低，通常小于1mg/kg，因此精炼棉籽油为浅琥珀色。

棉籽毛油含有1000mg/kg维生素E，以γ-生育酚和α-生育酚为主，精炼过程损失约1/3。因此，一级棉籽油的保质期很短。一般要添加BHA、BHT、TBHQ等抗氧化剂来延长它的保质期。

十二、芝麻油

芝麻油（sesame oil）是我国最古老的食用油之一，产量位居世界之首。芝麻品种众多，有白、褐、黄及黑色等芝麻。各类芝麻平均含油45%~58%，芝麻不但含油量高，其蛋白质含量也相当高，一般为23%~26%。所含蛋白质具有多种必需氨基酸，营养丰富。

根据工艺的不同，芝麻油可分为芝麻香油、小磨芝麻香油和精炼芝麻油。不同工艺加工的芝麻油，其色味也不同。水代法制备的芝麻油（常被称作为小磨芝麻香油）色泽浅、香味浓郁；压榨法提取的油色泽深、香味较浓（有焦煳味）；而采用浸出法在芝麻饼中提取的芝麻油，经过碱炼、脱臭等工艺处理后，其香味几乎完全消失。芝麻中的香味成分主要是C_4~C_9直链的醛及乙酰吡嗪等。近年来，日本改进了压榨方法（130℃以上），也能从压榨法取得与水代法色香味类似的芝麻油。

芝麻油的主要脂肪酸包含饱和脂肪酸20%，不饱和脂肪酸中油酸和亚油酸基本相当。芝麻油的脂肪酸组成比较简单，典型的组成及范围为：16∶0（7.9%~12%）、18∶0（4.5%~6.9%）、18∶1（34.4%~45.5%）、18∶2（36.9%~47.9%）。其他如16∶1、18∶3及20∶0、20∶1、22∶0含量较少。油脂制取方式对脂肪酸组成影响不大。

芝麻油的甘油三酯组分与一般的草本植物油的相似，典型的甘油三酯组成（%）为：OLL，39；StOL，37；OOL，15；StLL，4；StOSt，3；StLSt，1；LLL，1。

压榨或水代芝麻油中维生素E的含量不高（500mg/kg），但是它的稳定性很高，保质期也很长。这是由于芝麻油中含有1%左右的芝麻酚、芝麻林素、芝麻素等天然抗氧化剂（图10-3）。

市场上，芝麻油售价远高于大豆油、玉米油等常见大宗油脂，其掺假现象频发。不同种类油脂具有不同的固有特性，如气味、特征成分、脂肪酸组成、甘油三酯结构等。常用的掺伪分析方法一般是通过比较脂肪酸组成的差异，也可以通过掺伪油脂特殊成分作为判定依据，例如，棉籽油中棉酚、菜籽油中芥酸、花生油中二十碳以上长链脂肪酸等。对于芝麻油中掺入非食用油及低价植物油勾兑香精的“芝麻香油”的掺伪检测，可以根据非食用油的特殊性质或者芝麻油中木脂素物质的显色性质进行分辨。研究表明，芝麻油加工过程中经过高温炒籽、磷酸水化脱胶和活性白土吸附脱色等工序可使芝麻素异构化形成细辛素（图10-3），细辛素可以作为精炼芝麻油的一种特征指标。

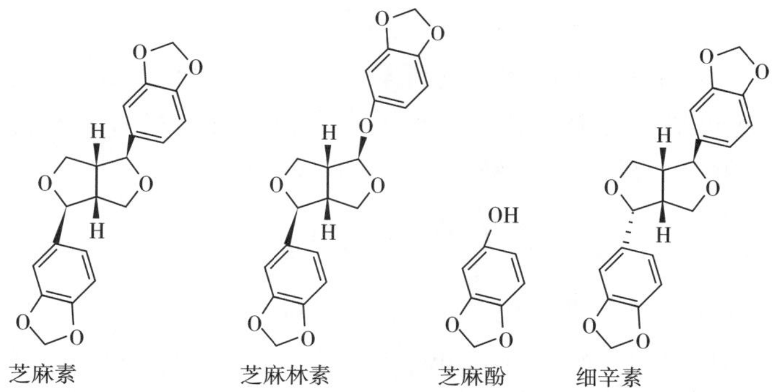

芝麻素　芝麻林素　芝麻酚　细辛素

图10-3　芝麻素、芝麻林素、芝麻酚和细辛素的化学结构式

十三、玉米油

玉米油（corn oil，maize oil）又称玉米胚芽油（corn germ oil），也有称其为粟米油，占全玉米粒3%~5%。玉米胚芽占全玉米粒7%~14%，胚芽含油36%~47%。

玉米胚芽油的脂肪酸组成中饱和脂肪酸占15%，不饱和脂肪酸占85%。不饱和脂肪酸主要是油酸及亚油酸，其比例约为1∶2.5。玉米油的脂肪酸组成一般比较稳定，亚油酸含量为34.0%~65.6%，油酸20.0%~42.2%，棕榈酸8.6%~16.5%，硬脂酸3.3%以下，亚麻酸含量极少（<2%），其他如14∶0、16∶1、20∶0、20∶1、22∶0、22∶1、24∶0等含量极微或不存在。玉米不同部分提取的油脂其脂肪酸组成有些差别，与其他部分相比，一般胚芽油的亚油酸含量较高，饱和脂肪酸含量较低。表10-39列出了玉米油的主要脂肪酸立体专一分布。

表 10-39　　玉米油的主要脂肪酸立体专一分布　　单位：%

位置	16：0	16：1	18：0	18：1	18：2	18：3
sn-1	17.9	0.3	3.2	27.5	49.8	1.2
sn-2	2.3	0.1	0.2	26.5	70.3	0.7
sn-3	13.5	0.1	2.8	30.6	51.6	1.0
全样	11.3	0.2	2.1	28.2	57.3	1.0

玉米胚芽油的主要甘油三酯组成（%）为：LLL，15；LLO，21；LLSt，17；LOO，14；LOSt，17；LStSt，5；OOO，6；OOSt，4。UUU 型甘油三酯占 63%，SUU 型甘油三酯占 33.3%，SUS 型甘油三酯占 3.4%，SSS 型甘油三酯占 0.3%。

未脱蜡的玉米油含 0.05%的蜡质，云点较高，在较低的温度下就会浑浊，使玉米油不透明。因此，只有经过冬化脱蜡处理后的玉米油才能作一级油使用。

玉米油中维生素 E 的含量高达 1000mg/kg，且 γ-生育酚占绝对优势，其转化产物容易造成玉米油的返色（又称回色）。另外，玉米油中还含有一定量的阿魏酸酯，使其氧化稳定性较好。

玉米油中不皂化物含量为 1.3%~2.3%，大约 60%的不皂化物是甾醇（8000~22000mg/kg），而这 60%的绝大部分以甾醇酯的形成存在。其中主要的甾醇是 β-谷甾醇（55%~67%）、菜油甾醇（18%~24%）和豆甾醇（4%~8%）。另外，玉米油样品中存在痕量胆固醇（<10mg/kg），已经由质谱证实。

发霉的玉米容易产生赤霉烯酮和黄曲霉毒素，在制油的过程中需要注意毒素的脱除。

目前，人们通过转基因技术已经开发出了高含油、高油酸的玉米新品种，含油量从 6.5%提高到 11%，油酸的含量可以达到 65%，亚油酸降低至 22%。

十四、大豆油

大豆油（soybean oil）在全球的生产量与消费量都很高。一般是利用大豆经过溶剂浸出得到的。大豆含油较低，仅 16%~24%；蛋白质含量（且为优质蛋白）很高，40%~47%。大豆毛油中含 2%左右的磷脂（以磷脂酰胆碱、磷脂酰乙醇胺、肌醇磷脂为主，见第八章），分离出的不同纯度和类型的磷脂可应用于医药、保健食品、化妆品、食品添加剂等方面。

大豆油的主要脂肪酸组成是亚油酸（50%~55%）、油酸（22%~25%）、棕榈酸（10%~12%）、亚麻酸（7%~9%）和硬脂酸（3%~4%）等。有研究认为（n-3）：（n-6）= 1：（1~6）时，对健康有利，从这一观点看，豆油符合这一比例。表 10-40 列出了大豆油的主要脂肪酸立体专一分布情况。

表 10-40　　大豆油的主要脂肪酸立体专一分布　　单位：%

位置	16：0	18：0	18：1	18：2	18：3
sn-1	14	6	23	48	9
sn-2	1	ND	22	70	7
sn-3	13	6	28	45	8

注：ND 表示未检出。

大豆油中 UUU 型甘油三酯占 58%、SUU 型甘油三酯占 35%、SSU 型占 5.6%、SSS 型占 0.1%，因此大豆油的熔点较低（-7℃左右）。

大豆油很容易发生回味现象，可能是由于氧化产生呋喃类化合物所致。此外，有资料显示回味还与亚麻酸有关系，金属离子，比如铜离子、铁离子对油脂的回味也有贡献。为了解决这一问题，目前美国已经进行了基因改良大豆（亚麻酸含量和脂肪氧化酶均降低）的研制与生产。

大豆毛油富含维生素 E，但是经过脱臭处理后，大部分维生素 E 以脱臭馏出物的形式被分离除去。精炼大豆油中维生素 E 的含量为 800~1300mg/kg，同时大豆油的多不饱和脂肪酸含量很高，所以豆油也极易氧化酸败，可通过添加 TBHQ 等抗氧化剂来延缓它的储存期。

精炼大豆油在储存过程中常会出现色泽加深的现象，俗称返色（回色）。

目前大豆的育种技术已经很先进，可以通过育种技术改变豆油的脂肪酸组成，实现油脂脂肪酸组成的定制化生产，表 10-41 给出了一些已经育种成功的豆油的脂肪酸组成。

表 10-41　普通育种和基因工程得到的新品种大豆油的脂肪酸组成

种类	脂肪酸组成/%					碘值/（g/100g）
	16：0	18：0	18：1	18：2	18：3	
常规大豆油	10.4	3.2	23.5	54.6	8.3	136.5
低亚麻酸型	12.2	3.6	24.2	57.2	3.8	130.1
高油酸型①	6.4	3.3	85.6	1.6	2.2	82.1
低饱和酸型①	3.0	1.0	31.0	57.0	9.0	148.9
低棕榈酸型	5.9	3.7	40.4	43.4	6.6	127.2
高棕榈酸型	26.3	4.5	15.0	44.4	9.8	115.4
高饱和酸型	8.6	28.7	16.2	41.6	4.9	98.8

注：①基因工程育种得到。

十五、葵花籽油

葵花籽油（sunflower oil）又称向日葵油，盛产于乌克兰、俄罗斯、加拿大、美国等。我国东北和华北地区有较大面积的种植。葵花籽油的籽仁含油 20%~40%。

葵花籽油含饱和脂肪酸 15%左右，不饱和脂肪酸 85%。不饱和脂肪酸中油酸和亚油酸的比例约为 1：3.5，所以，葵花籽油是为数不多的富含亚油酸的油脂之一，而亚油酸又是人体必需脂肪酸，因此，也有人将它与玉米油列为健康保健油脂。同时，油脂加工厂生产的调和食用油，常常选用葵花籽油和玉米油为调和原料之一。我国北部地区葵花籽的主要脂肪酸组成一般为：16：0（6%~8%）、18：0（2%~3%）、18：1（14%~17%）、18：2（65%~78%）及少量的含氧酸。

葵花籽油的甘油三酯结构相对其他油脂也比较简单，其甘油三酯组分以含亚油酸的组分为主，占 90%以上。其中，LLL，25%；OLL，30%；StLL，19%，OOL，9%；StOL，10%；

StStL，2%。UUU 占 70%，SUU 占 26.6%，SSU 占 3.1%，SSS 占 0.3%。其脂肪酸在甘油三酯中的立体专一分布如表 10-42 所示。

表 10-42 葵花籽油的主要脂肪酸立体专一分布 单位：%

位置	16：0	18：0	18：1	18：2
sn-1,3	9.0	3.6	17.9	69.4
sn-2	0.6	—	11.9	87.5
全样	6.2	2.4	15.9	75.4

葵花籽油一般呈淡琥珀色，精炼后与其他油相似，呈淡黄色。葵花籽油有独特的气味，但是不令人讨厌，一般经过脱臭可以去除。

葵花籽油富含维生素 E（600~650mg/kg，以 α-生育酚为主），还含有绿原酸（水解可生成咖啡酸，咖啡酸具有抗氧化作用）。因此，葵花籽油的氧化稳定性很好。

葵花籽油含有 0.01%~0.04%蜡，云点较高，低温时呈现浑浊现象。因此，葵花籽油需经过脱蜡处理。

葵花籽油目前也育种成功，如中等含量油酸的葵花籽油，主要脂肪酸为棕榈酸（4.3%）、硬脂酸（4.7%）、油酸（60.4%）、亚油酸（30.6%）；高油酸葵花籽油，主要脂肪酸为棕榈酸（3.7%）、硬脂酸（5.4%）、油酸（81.3%）、亚油酸（9.0%）。高油酸葵花籽油可广泛应用在食品、保健品和化妆品等领域。

十六、桐油

桐油（tung oil）又称中国木油（Chinese wood oil），主要产于中国西南部，美国和巴西等也有一定量的生产。桐籽含仁 40%左右，仁含油 35~45%。桐油是一种很好的干性油，不能食用，是制造油漆等的重要原料。

桐油的脂肪酸组成十分特殊，主要由 65%~85% α-桐酸（共轭酸）、7%~18%亚油酸、5%~12%油酸、2%~4%棕榈酸和 2%~3%硬脂酸等组成。

对桐油的甘油三酯结构研究较少，其脂肪酸立体专一分布如表 10-43 所示。由于桐油中桐酸含量很高，可以推测其甘油三酯组分比较单一。

表 10-43 桐油的主要脂肪酸立体专一分布 单位：%

位置	16：0	18：0	18：1	18：2	桐油酸
sn-1,3	4.5	3.2	12.4	6.6	73.3
sn-2	0.3	—	8.8	30.5	60.4
全样	3.1	2.1	11.2	14.6	69.0

桐油的折射率特别高（1.5185~1.5200），并且具有较高的色散力，40℃为 0.0371。桐籽饼粕中含有一定量的毒素（桐油中含量极微），具体毒素成分有待于进一步研究确定。实验发现，用蒸汽和酒精综合处理的桐籽饼粕，其毒性明显降低，可以直接作为牲畜的饲料。

优质桐油在室温下为透明液体（纯桐油的凝固点在 7℃以上），但是，由于受加工过程中硫、碘、硒等化合物的影响，α-桐油酸容易转变成β-桐油酸，导致桐油在低温下即会凝固，极大地降低桐油的使用（干燥）性能。研究表明，只要将新鲜的桐油在 200℃加热 30min，就可以有效地避免这种现象的发生。

检验桐油的纯度，可以通过 Worstalltest（胶化实验）来鉴别。

若鉴别桐油中是否掺有其他油脂，一般通过测定折射率、脂肪酸组成等变化就可以鉴定出来。

十七、蓖麻油

蓖麻油（castor oil）是最古老的油料作物，目前世界各地均有种植，其主要生产国有巴西、印度、泰国、巴基斯坦、越南和部分非洲国家等。

蓖麻籽含油 45%~55%，种仁含油 69%左右。蓖麻油是富含羟基酸类（达 90%以上）油脂，不能食用，主要应用于工业。

蓖麻油的脂肪酸组成比较简单，主要有 87.1%~90.4%蓖麻酸、4.1%~4.7%亚油酸、2.0%~3.5%油酸和 0.6%~1.1%包括二羟基硬脂酸在内的硬脂酸等成分。

与其他植物油相比，蓖麻油的羟值、乙酰值、黏度都很高，其相对密度、折射率在碘值相近的油脂中也很高。蓖麻油主要的理化指标如表 10-44 所示。

表 10-44　　蓖麻油的主要理化指标

指标	范围	指标	范围
相对密度（25℃）	0.945~0.965	维生素 E 含量/(mg/kg)	400~500
折射率（25℃）	1.473~1.477	凝固点/℃	±18
黏度（E20℃）	13.9~14	不皂化物含量	<0.1
皂化值（KOH)/(mg/g)	176~187	碘值/(g/100g)	82~86
乙酰值	143~165		

由于蓖麻油中含有大量的蓖麻酸，因此其溶解特性也与一般植物油脂不同。蓖麻油不溶于烃类溶剂，但可以无限制地与无水乙醇混溶，与 95%乙醇的溶解比例为 1∶5；在室温下蓖麻油可以溶解于冰乙酸中。利用这些方法可以定性鉴别蓖麻油。

蓖麻饼中含有少量毒素，如蓖麻素（是血红素的强烈凝结剂，对动物的致死量为 0.5mg/kg）、蓖麻碱等。因此，蓖麻饼必须经脱毒处理，如 205℃的高温蒸炒或蒸煮后才能作动物饲料，否则只能用作肥料。

第四节　微生物油脂

很多微生物在一定条件下可以在细胞内积累大量油脂，这种油脂称为微生物油脂，也可以称为单细胞油脂。一般认为脂质含量大于20%的为产油微生物。产油微生物一般包括藻、酵母、霉菌、细菌等，这些微生物具有生长周期短、易于培养、易于基因改造等特点。微生物能在细胞内积累油脂，是自然进化的结果，一般情况下，微生物倾向于在氮源消耗完毕、碳源充足的情况下积累油脂。微生物可以合成一些含特殊脂肪酸的油脂，特殊脂肪酸包括γ-亚麻酸、花生四烯酸、EPA、DHA、奇数碳链脂肪酸、支链脂肪酸等。本节内容主要对产油微生物和微生物油脂进行简要的归纳和总结。

一、藻油

藻是一类单细胞或多细胞的真核生物。藻类种类繁多，人类已经发现了高达5万种藻类。按照其使用能量的方式可以分为异养型、自养型、兼养型、光能异养型等。按照藻的颜色可以分为绿藻、红藻、褐藻、黄绿藻等。常见的产油藻类包括隐甲藻属（*Crypthecodinium*）、裂殖壶藻（*Schizochytrium*）、吾肯氏藻（*Ulkenia amoeboida*）、褐指藻属（*Phaeodactylum*）、微绿球藻（*Nannochloropsis*）、小球藻（*Chlorella*）等。

藻类的油脂含量和生物量容易受到外界培养条件的影响，比如pH、碳源种类、氮源种类、碳氮比、磷含量、微量金属离子、温度、溶氧等。自养型藻还会受到光照的影响。通过调整合理的发酵条件可以提高油脂的产量。

藻油的脂肪酸组成因藻的种类不同而差异巨大（表10-45）。比如，菱形藻（*Nitzschia*）、三角褐指藻（*Phaeodactylum tricornutum*）可以生产EPA，寇氏隐甲藻（*Crypthecodinium cohnii*）、裂殖壶藻（*Schizochytrium*）可以生产DHA，也有部分藻可以生产富含花生四烯酸［紫球藻（*Porphyridium purpureum*）］和γ-亚麻酸［勃那特螺旋藻（*Spirulina platensis*）］的油脂。藻油的脂肪酸组成中一般还含有豆蔻酸、棕榈酸、棕榈油酸、硬脂酸、油酸等常见脂肪酸。只包含常见脂肪酸的藻油一般用于制备生物柴油，用于能源领域；含多不饱和脂肪酸的藻油作为人类的食品和保健品。

提取藻油时需要对藻的细胞壁进行破碎，然后提取。藻油精炼一般需要经过冬化、脱酸、脱色、脱臭等工序。对于含有多不饱和脂肪酸，比如DHA、EPA等的藻油，精炼时宜采用低温的方法。

二、酵母油脂

产油酵母一般的含油量能达到干重的40%。常见的产油酵母包括假丝酵母属（*Candida*）、隐球酵母属（*Cryptococcus*）、斯达氏油脂酵母（*Lipomyces starkeyi*）、红冬孢酵母属（*Rhodosporidium*）、红酵母属（*Rhodotorula*）、丝孢酵母属（*Trichosporon*）和耶氏酵母属（*Yarrowia*）等。酵母所产油脂的脂肪酸一般都是常规脂肪酸，包括棕榈酸、棕榈油酸、硬脂酸、油酸、亚油酸等，且以棕榈酸和油酸含量最高，这一点与棕榈油相似（表10-46）。酵母油脂大多数作为制备生物柴油的原料使用。酵母可以利用的碳源很多，包括葡萄糖、木糖、阿拉伯糖、淀粉、甘油、各种纤维素和木质素水解液等，因此产油酵母广泛应用于生物炼制领域。酵母的生物量、含油量和油脂的脂肪酸组成会受到培养基的影响。红冬孢酵母属和红酵母属的菌株所产的油脂中含有胡萝卜素。丝孢酵母属的菌株可以用于发酵制备可可脂替代品。

表 10-45 常见藻类的生物量、油脂产量和脂肪酸组成

藻种类	生物量/(g/L)	油脂产量	脂肪酸组成/%										
			14:0	16:0	16:1	18:0	18:1	18:2	18:3	花生四烯酸	EPA	DPA	DHA
隐甲藻 (*Crypthecodinium* sp. SUN)	5.5		24.1	26.5		2.3	11.5						35.5
寇氏隐甲藻 (*Crypthecodinium cohnii*)	44.7	DHA 5.8g/L	12.8	20.2		3.4	11.4						48.5
破囊壶菌 (*Thraustochytrium* sp.)	2.7	DHA 67.6mg/L	6.2	28.6	6.9	6.6	12.5						35.0
裂殖壶藻 (*Schizochytrium* sp.)	71.0	DHA 35.7g/L	6.0	17.0								20	50.0
微绿球藻 (*Nannochloropsis* sp.)	4.0	EPA 90.1g/L	5.5	32.0	26.3		7.5			3	19.2		
菱形藻 (*Nitzschia laevis*)	2.3	EPA 52.3mg/L	9.9	18.6	39.1	2.4	1.4			6.2	19.2		
三角褐指藻 (*Phaeodactylum tricornutum*)	2.8	EPA 133mg/L		11.4	26.0		2.2				38		
勃那特螺旋藻 (*Spirulina platensis*)				45.1	3.9	0.7	2.6	19.3	27.2				
蛋白核小球藻 (*Chlorella pyrenoidosa*)	18.3	7.7g/L		18.3	6.9	6.5	42.1	15.3	8.9				

注：EPA-二十碳五烯酸；DPA-二十二碳五烯酸；DHA-二十二碳六烯酸。

表 10-46 常见酵母的生物量、油脂产量、含油量和脂肪酸组成

菌种	生物量/（g/L）	油脂产量/（g/L）	含油量/%	脂肪酸组成/%			
				16∶0	18∶0	18∶1	18∶2
发酵性丝孢酵母（*Trichosporon fermentans*）	7.9	3.4	43.0	19.6	8.5	35.5	36.4
斯氏油脂酵母（*Lipomyces starkeyi*）	23.8		53.0	34.1	4.6	51.4	1.9
斯氏油脂酵母（*Lipomyces starkeyi*）	57.0	27.0		33.1	16.2	46.7	3.0
双倒卵形红冬孢酵母（*Rhodosporidium diobovatum*）	14.1	7.1	50.3	28.0	6.0	33.0	20.0
解脂耶氏酵母（*Yarrowia lipolytica*）	6.2	2.5	39.5	19.5	11.0	28.4	12.4
隐球酵母（*Cryptococcus podzolicus*）	26.0	10.4	38.8	18.0	2.0	62.0	5.0
弯假丝酵母（*Candida curvata*）	10.2		33.2	33.0	12.0	42.9	7.3
粘红酵母（*Rhodotorula glutinis*）	70.8	33.5	47.2	33.1	3.3	46.9	14.3

三、霉菌油脂

常见的产油霉菌一般包括曲霉属（*Aspergillusterreus*）、麦角菌属（*Claviceps*）、褶孢黑粉菌属（*Tolyposporium*）、被孢霉属（*Mortierella*），常见霉菌的生物量、产量、含油量和脂肪酸组成如表 10-47 所示。

跟微藻一样，霉菌可以生产富含多不饱和脂肪酸的油脂，比如富含 γ-亚麻酸、花生四烯酸、EPA、DHA 的油脂。

曲霉属真菌可以利用烷烃和葡萄糖合成甘油三酯，所产油脂中主要的脂肪酸包括棕榈酸、硬脂酸、油酸、亚油酸等，还含有一些稀有脂肪酸。

毛霉属（*Mucor*）的一些菌株可以合成 SUS 型结构酯，比如 POP、POSt、StOSt，因此，具有生产可可脂替代品的潜力。但是由于生物量小、含油量低，POP、POSt、StOSt 比例不合适等因素，至今尚不能工业化。

表 10-47 常见霉菌的生物量、产量、含油量和脂肪酸组成

菌种	生物量/（g/L）	产量/（g/L）	脂肪酸组成/%						
			16∶0	18∶0	18∶1	18∶2	18∶3	18∶3 γ	花生四烯酸
高山被孢霉（*Mortierella alpina*）DSA-12	72.5	18.8	18.0	6.0	7.0	9.0			42.0

续表

菌种	生物量/(g/L)	产量/(g/L)	脂肪酸组成/%						
			16∶0	18∶0	18∶1	18∶2	18∶3	18∶3γ	花生四烯酸
高山被孢霉(*Mortierella alpina*) ATCC32222	35.8	3.7	9.0	6.8	8.31	7.3			54.1
高山被孢霉(*Mortierella alpina*)	41.4	13.5	6.0	10.0	12.0	6.0	2.0		60.0
高山被孢霉(*Mortierella alpina*) IS-4			13.4	6.8	11.3	13.3	3.6		36.2
高山被孢霉(*Mortierella alpina*) 20-17			6.0	5.3	6.2	3.0	3.5		60.0
出芽短梗霉(*Aureobasidium pullulans*)	13.0		26.7	6.1	44.5	21.0			
土曲霉(*Aspergillus terreus*)			12.2	14.3	30.4	24.3			
高大毛霉(*Mucor mucedo*) CCF-1384			24.3	35.9	22.7	6.0		8.6	

注：18∶3γ 表示 γ-亚麻酸。

四、细菌油脂

目前发现的能产油脂的细菌来自不动杆菌属（*Acinetobacter*）、分枝杆菌属（*Mycobacterium*）、红球菌属（*Rhodococcus*）、诺卡氏菌属（*Nocardia*）和链霉菌属（*Streptomyces*）。目前，细菌合成油脂的过程在微生物油脂中研究的最多，也最清楚。细菌油脂除了含有常见脂肪酸，比如豆蔻酸、棕榈酸、硬脂酸、油酸等，还含有奇数碳链脂肪酸，比如 15∶0、15∶1、17∶0、17∶1，以及少量支链脂肪酸。细菌油脂的脂肪酸组成容易受到外界碳源的影响，比如，向培养基中添加丙醇可以显著提高油脂中奇数碳链脂肪的含量。

浑浊红球菌（*Rhodococcus opacus*）的含油量可以达到干重的 87%，其所产的油脂中主要成分为甘油三酯，含有少量的甘油一酯、甘油二酯。脂肪酸主要为棕榈酸、油酸、硬脂酸，还含有一些十五酸、十七酸、十七烯酸。菌种的脂肪酸组成受到外界碳源的调控（表 10-48），甘油三酯的 *sn*-2 位棕榈酸含量为 60%（表 10-49）。

表 10-48　　碳源对浑浊红球菌菌油脂肪酸组成的影响　　单位：%

碳源	含油量/% DCW	14∶0	15∶0	15∶1	16∶0	16∶1	17∶0	17∶1	18∶0	18∶1
葡萄糖酸	76	1.9	6.4	—	36.4	4.6	11.4	10.6	9.6	19.1
乙酸	31	1.9	11.4	—	34.8	4.0	16.8	12.5	5.7	12.9

续表

碳源	含油量/% DCW	14：0	15：0	15：1	16：0	16：1	17：0	17：1	18：0	18：1
果糖	40	2.1	8.4	—	32.3	4.6	12.5	13.7	4.5	21.4
丙酸	18	—	33.3	tr	3.2	—	23.2	39.1	—	—
十五烷	39	—	80.1	13.5	—	—	—	—	—	—
十六烷	38	9.1	—	—	68.9	20.4	—	—	—	—
十七烷	28	—	37.7	tr	—	—	35.1	25.3	—	—
十八烷	39	4.7	—	—	41.7	1.4	—	—	14.3	37.9
橄榄油	87	0.7	—	—	16.8	5.9	—	—	2.8	73.8

注：DCW 为细胞干重；tr 为含量<0.5%；“—”为未检出。

表 10-49　　浑浊红球菌甘油三酯的脂肪酸分布　　单位：%

分布	13：0	14：0	15：0	16：0	16：1	17：0	17：1	18：0	18：1
全样	0.8	4.3	6.3	25.7	9.5	12.3	15.4	3.5	22.0
sn-2	—	11.3	11.7	59.3	tr	17.6	—	tr	tr
sn-1	—	12.0	3.4	18.4	7.1	12.0	16.2	6.0	23.7
sn-3	—	—	3.8		21.4	7.3	30.0	4.5	42.3

注：碳源为葡萄糖酸钠（1%质量体积分数）；氮源为氯化铵（0.01%质量体积分数），培养温度 30℃，时间 48h。

第十一章

油脂分离与分析

学习要点

1. 了解油脂分析的发展现状，了解油脂分析的样品制备、贮存方法以及油脂分析所涉及的主要内容，理解油脂理化指标、油脂中各种组分的分析原理。

2. 掌握气相色谱分析油脂等脂肪酸组成的甲酯化原理，理解脂肪酸组成分析的定性和定量方法，掌握胰脂酶水解分析 *sn*-2 位脂肪酸组成的原理与过程，掌握立体专一分析 *sn*-1 位和 *sn*-3 位脂肪酸组成的基本过程。

3. 了解 GC 和 HPLC 分析甘油三酯组分的方法，理解油脂中甘油酯含量分析的主要方法及特点。

4. 了解油脂中磷脂组成、维生素 E 组成、合成抗氧化剂组成、固醇组成的检测方法。

5. 理解单一脂肪酸的分离与制备方法；掌握尿素包合法制备多不饱和脂肪酸的原理、特点；了解简单脂质的分离与制备方法；理解 Ag^+-TLC 分离制备高纯度甘油三酯的原理；了解复杂脂质的分离与制备方法。

油脂化学的发展与油脂分析技术的发展息息相关，每次重大的发展都是建立在现代分析方法突破的基础之上。油脂化学离不开油脂的分离分析技术，油脂分析也是油脂化学的重要组成部分。

油脂是一类复杂的混合物，油脂的分离分析涉及面广，包括油脂原料及副产品分析、油脂理化指标分析、油脂功能特性分析、油脂营养组分分析、油脂结构分析、油脂中有害及风险组分分析等。由此看来，油脂分析是一个非常庞大的体系，很难进行全面地概述，也很难纳入一个统一的理论体系中。1960 年，美国著名分析化学家 V. C. Mehlenbacher 教授在他的专著《油脂分析》（*The Analysis of Fats and Oils*）一书中按以下分类进行论述：

（1）含油量的测定　包括不同油料含油量的各种测定方法。

（2）杂质含量的测定　包括水分、不溶性杂质、游离脂肪酸、不皂化物、灰分、残皂、金属、矿物油等。

（3）稳定性实验　包括过氧化值、氧化稳定性指数、羰基值等各种数值测定及抗氧化剂组成测定。

(4) 油脂掺伪及鉴别实验（油脂定性分析） 包括溶解度实验、特殊成分测定、理化特征测定（与鉴别有关）及各种油脂定性实验。

(5) 化学常数分析 包括皂化值、碘值、硫氰值、二烯值等。

(6) 物理常数测定 包括熔点、膨胀值、冷却曲线、折射率、烟点、闪点、燃点、黏度、色泽等。

(7) 组成测定 包括脂肪酸组成、甘油酯组成、磷脂含量和组成、生育酚含量和组成、固醇含量和组成，以及芝麻酚含量、棉酚含量等的测定。

经过几十年的发展，油脂分析的深度和广度都发生了根本性的变化，分析的目的、要求、技术手段、可靠性等都与20世纪60年代大不相同，特别是现代分析技术的发展，使油脂分析进入高效、高精度的阶段。在此基础上，1982年N. O. V. Sonntag博士把分析方法概括为五类：

(1) 油脂鉴别方法；

(2) 油脂、油脂原料及其副产品、脂肪酸和其他油脂产品的标准分析方法；

(3) 油脂及其产品中有毒或有害物质的检测方法；

(4) 油脂及其产品中对质量和稳定性有益成分的检测方法；

(5) 对油脂质量和稳定性无影响（或影响很小）成分的检测方法。

由于天然油脂的组成成分十分复杂，而且结构又有同源或相似性，故油脂中各种成分的分析、鉴定以及分离手段或方法也比较复杂。为了使分析结果具有可比性，各国政府和国际组织都制定了一系列标准方法，包括国际纯粹与应用化学联合会（International Union of Pure and Applied Chemistry，IUPAC）、国际标准化组织（International Organization for Standardization，ISO）、美国分析化学家协会（Association of Official Analytical Chemists，AOAC）、美国油脂化学协会（American Oil Chemists' Society，AOCS）、美国材料实验协会（American Society for Testing Materials，ASTM）、英国标准协会（British Standard Institute，BSI）、德国油脂科学协会（Deutsche Gesellschaft für Fettwissenschaft，DGF）以及中华人民共和国国家标准等标准方法。

本章主要介绍油脂的常规分析、脂肪酸组成分析、甘油三酯的结构分析；油脂中简单脂质的分析、磷脂、维生素E、抗氧化剂、固醇的组成分析。另外，对简单脂质的分离、脂肪酸的分离、甘油三酯的分离和复杂脂质的分离等做简单介绍。

第一节 样品准备与脂质分离

样品的准备是样品分析的关键步骤之一，要得到一个均匀的、具有代表性的并且符合分析要求的样品需要注意很多事项。商业油脂的扦样一般采用扦样器完成；实验室液体油脂取样前要混合均匀，固体油脂或半固体油脂必须熔化混合均匀后才能取样。对于大多数分析而言，一般要求样品油脂没有明显的固体悬浮物、游离水等杂质，否则样品需经过过滤、沉淀分离等方法处理后才能取样。

在进行脂质分析之前必须将脂质从组织中完全分离出来，如果操作或处理不当，很可能会造成一些特殊成分或脂质产品的损失。例如，组织中若存在大量的游离脂肪酸、磷脂酸或 *N*-乙酰基磷脂乙醇胺，就会对脂质的提取和储存带来不利影响。用多种（或混合）有机溶剂提取脂质时，要确保组织中的脂肪酶失活，并保证提取基本完全。在进行脂质成分分析前可利用溶剂萃取或柱色谱等方式将非脂质污染物去除，每个处理环节均需小心操作，以防止脂质中多不饱和脂肪酸的氧化或水解。

一、组织的贮存

理想情况下，动植物或细菌组织从活的有机体上分离下来后应立即进行脂质提取，这样可最大程度地避免脂质成分发生变化。对于大脑脂质来说，这一步骤尤为重要，但是很难实现，所以组织的贮存非常关键。常见的贮存方法是将组织进行快速冷冻（例如用干冰），并将其放于密封的玻璃容器中，在-20℃、充满氮气的环境下贮存。冷冻贮存可能会永久地破坏原有的组织状态，这是由于渗透作用破坏了细胞膜，使组织脂质所处的环境有所改变。长时间的贮存（即使是-20℃）或熔化状态下脂肪酶会使脂质水解，而且有机溶剂会加速水解的过程。例如，在-16℃的细菌提取物中可以明显地观测到磷脂的脱酰基现象；某些情况下，-10℃比39℃时的脱酰基作用要强的多，类似的现象在动植物组织贮存过程中都有所发现。如果在动植物组织中发现了大量的游离脂肪酸，这就说明其组织已经遭到了不可恢复的破坏，脂质本身也发生了反应。在植物组织中，释放的磷脂酶 D 与磷脂反应，就会产生磷脂酸及相应的水解产物。脂质的其他变化不是很明显，而且不易观察。但是，在沸水中短时间加热会使存在于动植物组织中的酶失活，样品的保质期也会有所延长；用煮沸后的稀乙酸溶液处理样品，也会起到相同的效果；也有人推荐将组织存放于盐溶液中。Holman 建议将组织存放于全玻璃或者带有聚四氟乙烯盖子的玻璃容器中，在-20℃的氯仿溶液中贮存，最后，在不解冻的状况下将样品组织均质后，用溶剂进行萃取。

二、脂质的萃取

要想获取需要的脂质成分用于系统分析，极性较强的有机溶剂是不可缺少的。常见的有机溶剂为氯仿与甲醇的混合溶剂。推荐使用 Folch 方法从动物组织中提取脂质，其具体过程如下。

1g 油料组织加 10mL 甲醇混合 1min，加 20mL 氯仿继续混合 2min，过滤后固体物质与氯仿/甲醇（2∶1，体积比）30mL 混合 3min。二次过滤后，固体部分再用 20mL 氯仿和 10mL 甲醇分别冲洗一次，全部滤液转入量筒内并加入 1/4 滤液体积的 0.88%KCl 水溶液，混合物摇匀后静置分层，去除上层后，加入 1/4 剩余滤液体积的水/甲醇（1∶1，体积比）混合液，摇匀后分层，最下层即为脂质部分。脂质部分用旋转蒸发器在真空条件下去除溶剂，储存备用。

采用这种方法可以将动物组织中 95%~99%的脂质成分提取出来，并且大部分非脂质的组分也在盐水及甲醇的洗涤过程中去除。

植物组织中常含有脂肪酶。因此，从植物组织中提取脂质一般采用可以抑制脂肪酶作用的溶剂，如异丙醇。具体操作为：

一定量的植物组织中加入 100 倍（质量体积比）的异丙醇浸泡。浸泡后的固体过滤物用同样的方式重复萃取一次，最后的固体过滤物用 99 倍的氯仿/异丙醇（1∶1，体积比）浸泡振荡约12h，合并所有的滤液，去除溶剂后加入氯仿/甲醇（2∶1，体积比）混合溶剂，并采用上述 Folch 方法洗涤处理，最后得到所需要的脂质成分。

为了防止提取过程中多不饱和脂质的氧化，可在20℃、充氮气条件下进行提取，也可以添加合成抗氧化剂如BHT（每升溶剂中加入50~100mg）。此外，样品在浸泡前加入浸取溶剂均质，所获取的脂质样品最好尽快分析；若需要贮存，则需要充氮气保护、密封并低温存放（-20℃），以防止脂质性质的改变。

三、对于没有严格分析要求的油脂样品准备

对于没有严格分析要求的油脂样品准备，一般不需要采用本章第一节中的复杂程序，其准备方法相对简单。

首先选择具有代表性的动植物原料，植物油料经粉碎或研磨后采用索氏抽提的方法获取油脂样品；动物组织则经切碎后采用湿法熬炼的方法获取待分析样品。

第二节　油脂的常规分析

天然油脂是成分复杂的混合物，其组成成分的差异性会影响油脂的品质和使用特性。例如，油脂中游离脂肪酸含量较高时，不仅会使油脂的酸价无法满足相关标准规定，同时也会导致油脂的烟点降低，品质下降。若油脂的皂化值明显降低，这可能与油脂中不可皂化的杂质含量太高有关，但也不排除被矿物油类物质污染的可能。因此，采用准确、通用的方法与技术来分析油脂的常规指标是油脂行业质量检测必不可少的。

一、油脂定性分析

油脂的常规定性分析比较简单，一般根据油脂中特种组分的特征性质来鉴别。

1. 棉籽油定性检验

基于二硫化碳与环丙烯结构反应，生成的碳硫双键再聚合，聚合产物为红色来鉴别，主要反映油脂中环丙烯酸的存在情况。但是，环丙烯酸在棉籽油脱臭或者氢化等条件下能被破坏，因此这一试验并不是绝对的。

2. 芝麻油定性检验

基于芝麻素在盐酸作用下与糠醛作用形成一种红色化合物来鉴别，主要反映芝麻油中芝麻素的存在情况。

3. 花生油定性检验

基于花生油（含5%~7%二十及以上长碳链饱和脂肪酸20∶0、22∶0、24∶0）皂化酸解后的脂肪酸在70%乙醇中的浑浊温度（一般花生油是39℃左右）远高于一般常见植物油如大豆、玉米、葵花油等来鉴别，主要反映花生油中长碳链饱和脂肪酸20∶0、22∶0和24∶0的存在情况。

当然，随着现代分析技术的发展，定性鉴别油脂的方法可通过气相色谱、高效液相色谱、核磁共振等技术来完成。

二、油脂的理化指标分析

油脂的理化指标主要用来衡量油脂样品的物理化学性质或者质量指标，主要包括相对密度、克瑞士米尔值、冷冻试验、烟点和闪点、熔点以及皂化值、碘值、酸价、过氧化值等，以下对一些理化指标的测定方法进行简述。

（一）相对密度

见第四章。

（二）克瑞士米尔值

克瑞士米尔值（Crismer，CV）是用来测量油脂在标准混合溶剂中的互溶性，混合溶剂是由叔戊醇、乙醇和水按体积比 5∶5∶0.27 构成，每种油脂的 CV 都在一个较窄的范围，如高芥酸菜籽油的 CV 为 80~82、低芥酸卡诺拉（Canola）油的 CV 为 67~70，该值的大小与构成油脂脂肪酸的不饱和度和碳链长度有关。多数欧洲国家将 CV 作为国际贸易往来的规格标准之一。

（三）冷冻试验

冷冻试验评价的是油脂在 0℃下抗结晶的能力，高熔点的蜡、甘油酯或脂肪酸等会导致油脂更容易结晶。我国相关标准规定一级大豆油、菜籽油、玉米油、葵花油等在 0℃、5.5h 下要澄清透明，即冷冻实验合格。

（四）烟点与闪点

见第四章。

（五）熔点

油脂熔点的测定常采用毛细管法，毛细管法又分开口法和闭口法。开口法测定的熔点通常比闭口法要低 2~3℃。随着油脂分提技术的发展，棕榈油已经分提出 8~61℃等熔点不同的十几种商业产品，用作调和油、煎炸油、烘焙用油、人造奶油、糖果用脂、人乳脂代用品、增塑剂等产品的生产原料。

（六）酸价、皂化值、酯值

酸价（AV）是指中和 1g 油脂中游离脂肪酸所需 KOH 的毫克数，测定方法是用 KOH 标准溶液直接滴定。

游离脂肪酸含量（FFA%）与酸价（AV）的换算关系为：

$$FFA\% = \frac{100 \times AV \times \bar{M}}{56100} \quad (\bar{M}\text{：脂肪酸的平均分子质量})$$

如果油脂中的主要脂肪酸构成以 18 碳酸为主，则：FFA% ≈ 0.5×AV。

皂化值（SV）是指完全皂化 1g 油脂所需 KOH 的毫克数。其测定过程是将过量的 KOH 与油脂反应，并用 HCl 标准溶液滴定剩余的 KOH。利用皂化值可以计算脂肪酸或甘油三酯的平均分子质量：

$$\bar{M}_T = \frac{3 \times 56100}{SV} \quad (\bar{M}_T\text{：甘油三酯平均分子质量})$$

$$\bar{M}_F = \frac{56100}{SV} \quad (\bar{M}_F\text{：甘油三酯中脂肪酸的平均分子质量})$$

酯值（EV）是指完全皂化 1g 油脂中的酯类（主要指甘油酯）所消耗 KOH 的毫克数。

$$EV = SV - AV$$

（七）碘值

碘值（IV）是指100g油脂所能加成I_2的克数。碘值越大，油脂的不饱和程度越大。碘值常用于表征棕榈油各种分提产品的不饱和程度以及氢化油脂的氢化程度。

碘值的测定是基于卤素加成原理进行的，韦氏法（Wijis法）是用ICl，Hanus法是用IBr，多余的ICl或IBr与KI反应后生成I_2，再用$Na_2S_2O_3$标准溶液滴定至终点。

碘值的测定受油脂中杂质含量、非甘油酯成分、油脂氧化程度及碘液的可靠性影响很大。用韦氏法（Wijis法）测定碘值时，共轭双键不能完全被加成，导致测定值比真实值偏低。

随着现代仪器的发展，衡量油脂的不饱和度多采用GC技术，通过分析得到的脂肪酸种类和含量，可以计算油脂的碘值：

$$\text{IV}_{\text{甘油三酯}}=(16:1\%\times0.950)+(18:1\%\times0.860)+(18:2\%\times1.732)+(18:3\%\times2.616)+(20:1\%\times0.785)+(22:1\%\times0.723)$$

$$\text{IV}_{\text{脂肪酸}}=(16:1\%\times0.9976)+(18:1\%\times0.8986)+(18:2\%\times1.810)+(18:3\%\times2.735)+(20:1\%\times0.8175)+(22:1\%\times0.7497)$$

（八）乙酰值和羟值

羟值（HV）是指将1g油脂乙酰化，然后水解其乙酰化油脂产生乙酸，中和乙酸所需KOH的毫克数。

乙酰值（AcV）是指将1g乙酰化油脂水解产生乙酸，中和乙酸所需KOH的毫克数。

羟值和乙酰值均是测定油脂中游离羟基的含量。油脂中的游离羟基主要来源于甘油一酯、甘油二酯、脂肪醇、羟基酸等，其他高级醇也参与反应。一般精炼油脂的羟值为3左右，蓖麻油为165，明显的氧化酸败或被加入的含羟基乳化剂均可使油脂的羟值升高。

（九）过氧化值、羰基价和茴香胺值

过氧化值是指1kg油脂中过氧化物的毫摩尔（mmol）数，用mmol/kg表示。也可以用过氧化物相对于碘的质量分数表示，单位为g/100g。它们之间的换算关系为：

如：$5.0\text{mmol/kg}=\frac{10.0}{78.8}\text{g/100g}\approx0.13\text{g/100g}$

羰基价和茴香胺值也可用于判断油脂的氧化酸败程度，详见第六章。

三、油脂中各种组分的测定

甘油三酯是天然油脂的最主要成分，占95%左右；除此之外，还含有可皂化和不可皂化的其他成分，以下介绍几种常见成分的检测分析方法。

（一）甘油酯含量测定

IUPAC推荐采用柱色谱法分析甘油酯含量：采用硅胶作为载体装柱，根据甘油一酯、甘油二酯、甘油三酯的极性不同，分别用不同极性的溶剂（苯、苯与乙醚的混合液及乙醚）洗脱吸附于硅胶上的样品，依次得到甘油三酯、甘油二酯、甘油一酯等组分，称重后结合酸价计算出各组分的质量分数。

采用高效液相色谱、气相色谱等分析仪器也可分析样品中甘油三酯、甘油二酯、甘油一酯和游离脂肪酸组分的相对含量，其含量多采用面积归一化百分含量表示。

（二）游离脂肪酸含量

游离脂肪酸含量（FFA%）是衡量油脂中以游离状态存在的脂肪酸的多少，通常用酸价

来换算。

（三）不皂化物含量

不皂化物是指不与碱发生反应，不溶于水但溶于脂肪溶剂，并在100℃不挥发的物质，主要包括固醇、烃、脂肪醇等。由于一般油脂中不皂化物的最高含量是一定的，因此，不皂化物含量的测定可作为研究油脂纯度的手段之一。

不皂化物含量的测定是将油脂与氢氧化钾在乙醇溶液中完全皂化后，用石油醚提取不皂化物成分，称重计算其百分含量。

（四）磷脂总含量

油脂中磷脂总含量的测定方法是：将样品高温灰化后，用钼蓝比色法测定磷含量，并乘以换算系数（26.31）。另外，对于富含磷脂的产品也可以通过丙酮不溶物来测定。

（五）矿物质及不溶性杂质含量

矿物质含量的测定采用灰化后称重的方法。

不溶性杂质含量的多少与所选择的溶剂有关，如乙醚不溶物、石油醚不溶物、正己烷不溶物等。

（六）含皂量

中和脱酸过程中会产生钠皂，残留于产品油脂中的微量钠皂会影响油脂的烟点、透明度等。含皂量的测定方法是采用盐酸标准溶液中和滴定油脂中的残皂，皂化物含量以油酸钠进行换算。

（七）水分及可挥发性组分含量

在常压下低于105℃或真空条件下低于60℃可以挥发的物质都属于可挥发性组分，主要包括水分、有机溶剂、低分子质量脂肪酸和精油（偶尔出现）。通常采用常压105±2℃烘干法分析测定，用失重百分比表示。

测定油脂中的水分含量一般采用Karl Fischer滴定法，这种方法的缺点之一是含水量较低时误差较大，并且溶剂的毒性也是需要考虑的。

（八）维生素E含量

国内外相关标准对于油脂中维生素E含量的测定通常采用正相高效液相色谱法将生育酚和生育三烯酚分离，并通过外标法定量。

（九）固醇含量

油脂中固醇总含量常用的测定方法是将油脂皂化，萃取得到不皂化物，再采用薄层色谱法将固醇从不皂化物中分离，通过气相色谱分析，内标法对其进行定量。

（十）类胡萝卜素含量

油脂经皂化使类胡萝卜素转变为游离态，经溶剂萃取，采用反相高效液相色谱法分析，外标法定量。

（十一）叶绿素含量

采用分光光度计测定油脂样品在630nm、670nm、710nm处的吸光度，根据公式计算得到叶绿素的具体含量。

除了以上介绍的相关指标外，油脂的折射率、针入度、黏度、色泽、燃点等也是衡量油脂性质的指标。另外，油脂中还含有微量的金属离子、三氯丙醇、缩水甘油、多酚等物质。

第三节　油脂的脂肪酸组成分析

采用本章前二节中介绍的方法可以分析油脂样品常规组分含量及理化指标。要想进一步分离并分析样品组成，采用普通的经典分析方法是无法完成的，现代分析技术如气相色谱、高效液相色谱、薄层色谱、紫外光谱、红外光谱、核磁共振波谱、质谱等可以有效地分离或分析脂质的组成成分。本节重点介绍构成油脂脂肪酸种类与含量的分析原理和方法。

在气相色谱出现之前，脂肪酸的分离分析均采用传统方法：①醇铅分离法：利用饱和脂肪酸的铅盐等不溶于乙醇的特性来分析鉴别饱和脂肪酸与不饱和脂肪酸；②真空蒸馏法：利用脂肪酸碳链长度及双键数目差异所导致沸点的不同来分析不同沸点脂肪酸的比例；③根据碘值、硫氰值来分析脂肪酸的不饱和度；④碱催化双键共轭化后测定双键的紫外吸收情况，然后分析含两个及更多双键的脂肪酸含量；⑤尿素包合分离法分离分析饱和脂肪酸与不饱和脂肪酸的比例；⑥银离子薄层色谱：利用顺反双键与银离子结合度的差异来分析脂肪酸双键的顺反结构；⑦分步冷冻结晶法分离分析饱和度不同的脂肪酸比例等。这些方法具有分析需要的样品量较大、误差大、操作繁杂和分析时间长等缺点。

气相色谱的出现给油脂的脂肪酸分析带来一场革命，气相色谱技术基本取代了传统的分析手段而应用于脂肪酸分析中。

一、用于脂肪酸组成分析的脂质衍生物制备

采用气相色谱（配备氢火焰离子化检测器）分析油脂的脂肪酸组成时，并非将样品皂化酸解制备的脂肪酸直接进行分析，这主要是因为构成油脂的脂肪酸特别是长碳链脂肪酸（12 碳以上）沸点高，在高温下不稳定，易裂解，容易造成分析中的损失。将脂肪酸转化为脂肪酸甲酯用于分析，可以克服这一缺点。催化油脂或脂肪酸等的甲酯化反应方程式可以简单的表示为：

$$\text{TG(MG、DG)}+CH_3OH \xrightarrow{H^+/OH^-} RCOOCH_3+\text{甘油}$$

$$RCOOH+CH_3OH \xrightarrow{H^+} RCOOCH_3+H_2O$$

根据甲酯化过程中所使用的催化剂及过程不同可将甲酯化分为酸催化甲酯化、碱催化甲酯化、重氮甲烷催化甲酯化等。

（一）酸催化甲酯化

酸催化甲酯化常用于脂肪酸和高酸价油脂的甲酯化。常用的酸性催化剂有盐酸、硫酸和三氟化硼（BF_3）三种。其中，BF_3 是最常用的酸性催化剂。但是，对于含有特殊脂肪酸如环氧酸、环丙烯酸的油脂不宜采用 BF_3 甲酯化。BF_3 溶液的保质期较短，因此不能放置太长时间。

（二）碱催化甲酯化

碱性催化剂主要用于 $AV \leq 2mg\ KOH/g$ 油脂的甲酯化，不适用于脂肪酸的甲酯化。这是因为碱与脂肪酸反应生成皂，在该反应条件下很难转化为脂肪酸甲酯，并且这种盐（皂）若进入色谱柱中特别是毛细管柱会降低柱效，从而影响分离效果，缩短色谱柱的使用寿命。

碱性催化剂主要有 NaOH、KOH 和 CH_3ONa。所用的催化剂均配制为甲醇溶液，浓度为

0.5~2.0mol/L。

（三）重氮甲烷催化甲酯化

重氮甲烷催化甲酯化主要用于脂肪酸的甲酯化。重氮甲烷（CH_2N_2）的活性很高，反应条件温和，其反应速度很快。但是，该方法不适于酯类的甲酯化。

重氮甲烷的醇溶液低温下可放置较长时间，但放置过长的时间，会产生聚合物，从而影响脂肪酸组成的分析。重氮甲烷的制备一般用*N*-甲基-*N*-亚硝基对甲苯基磺酰胺与醇在碱性乙醚溶液中反应制得：

$$CH_3C_6H_4SO_2N(NO)CH_3+CH_3OH \xrightarrow{KOH} CH_2N_2+CH_3C_6H_4SO_3CH_3+H_2O$$

重氮甲烷有毒，浓度高时还易燃爆，操作中应特别注意。

（四）其他甲酯化

1. 富含短碳链脂肪酸油脂或脂肪酸的甲酯化

采用上述甲酯化方法均可以将短链脂肪酸完全甲酯化。但是，由于短链脂肪酸具有易挥发和易溶于水的特点，使之回收率降低而影响测定结果。为了减少甲酯化过程中回流、浓缩、水洗阶段造成短链脂肪酸的损失，对于含短碳链脂肪酸的乳脂、椰子油等推荐使用简易碱式甲酯化方法。具体方法：

20mg 油样溶于 2.5mL 正己烷中（具塞试管中），加入 0.1mL 0.5mol/L 甲醇钠的甲醇溶液，室温下轻摇 5min，然后加入 5μL 乙酸并加入约 1g 无水氯化钙或者无水硫酸钠粉末，静置 1h 后于 2000~3000r/min 下离心 2~3min，上层清液可用于气相色谱分析。

对于短链脂肪酸的甲酯化也可以采用重氮甲烷甲酯化方法。

2. 含特殊脂肪酸油脂的甲酯化

环丙烷酸、环丙烯酸、环氧酸以及含共轭双键脂肪酸等的甲酯化可以用重氮甲烷法；其酯类则需选用碱催化甲酯化的方法，这是因为在酸性条件下环丙烷基、环丙烯基和环氧基团会发生分解；含共轭双键的油脂如桐油在酸性条件下会发生双键异构化，所以不宜采用酸催化甲酯化方法。

3. 薄层板上分离的简单脂质甲酯化

从硅胶薄层板上刮下的甘油一酯、甘油二酯、甘油三酯以及游离脂肪酸谱带，可连带硅胶及 2′，7′-二氯荧光素直接进行甲酯化处理。常见的方法：

刮下薄层板上要分析的谱带倒入试管中，然后加入溶剂与催化剂（如 2%的硫酸甲醇液或甲醇钠的甲醇溶液）进行剧烈混合，然后放在离心机中离心分离，沉淀出硅胶，并用比己烷极性更强的溶剂如乙醚萃取（以保证甲酯的回收），用于分析。

对带硅胶的胆固醇酯而言，直接甲酯化难以反应完全，因此，对于胆固醇酯的脂肪酸分析，一般需要将胆固醇从硅胶中萃取出来，然后进行甲酯化。

（五）羟基酸的硅烷化

对于含有羟基酸的油脂如蓖麻油，上述的甲酯化方法无法酯化羟基，导致其极性仍然很高，不易用于气相色谱分析，而将其制备成三甲基硅烷（通常缩写为 TMS）醚类衍生物可用于气相色谱分析。制备 TMS 醚的最常用试剂包括六甲基二硅氮烷（hexamethyldisilazane）、三甲基氯硅烷（trimethylchlorosilane）和吡啶（3∶1∶10，体积比），方法如下：

取 10mg 左右的羟基化合物加入 0.5mL 吡啶、0.15mL 六甲基二硅氮烷和 0.05mL 三甲基氯硅烷，振荡 30s 后静置 5min，然后采用气相色谱进行脂肪酸组成分析；或者将反应混合物经旋转蒸发器脱溶后用正己烷萃取，蒸馏水洗涤正己烷层，然后再用无水硫酸钠干燥后分析样品的脂肪酸组成。硅烷化衍生物的正己烷溶液可在-20℃条件下长时间保存。

二、气相色谱（GC）分析脂肪酸组成

（一）分析条件

早期 GC 分析脂肪酸组成采用的是填充柱，目前填充柱基本上被石英毛细管柱替代。这种柱子不用担体，而是将固定相直接涂于毛细管内壁上。毛细管柱内径一般为 0.25～0.32mm，柱长 10～120m 不等。现在可供选择分离脂肪酸甲酯的毛细管柱很多，如 BPX-70、HP-88、DB-225、脂肪酸分析柱等。在不需要分离脂肪酸甲酯顺、反异构体的情况下，选用 30m 长的毛细管柱即可；在需要分离脂肪酸甲酯的顺、反异构体时，多选用长度为 100m 或者 120m 的毛细管柱。

为了保证各种脂肪酸甲酯的有效分离，柱温可以采用恒温，一般在 160～220℃；也可以采用程序升温，最高温度可达 250℃。

脂肪酸甲酯分析采用的检测器最常用的是氢火焰离子化检测器（FID），有时也用质谱（MS）。检测器的温度通常比柱温高 50℃左右。

载气一般用氮气，国外也常用氦气和氢气，氮气流速常用 30～80mL/min，由于仪器及色谱柱不同，载气流速有较大差异。

根据样品浓度选择合适的进样量（一般 0.2～1.0μL）以及合适的分流比。

（二）脂肪酸甲酯定性分析

常用的定性方法是标准样品法，即采用单一或定量混合的脂肪酸甲酯标准品（图 11-1）对分析样品的谱图进行有效定性。在相同的操作条件下，同一根色谱柱中保留值相同的为同一脂肪酸甲酯。另外，利用已知组成油脂的脂肪酸甲酯谱图与未知谱图进行对照定性，这种方法也比较有效。对于无法确定的脂肪酸甲酯可以配合质谱或者分离纯化后通过质谱及核磁共振等手段进行有效鉴别。

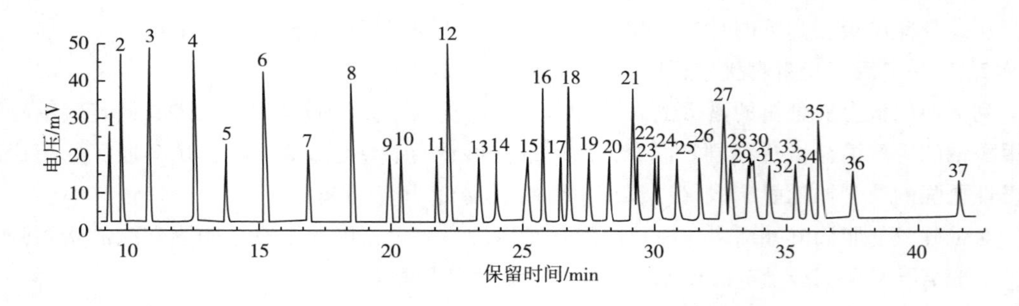

图 11-1　典型的混合脂肪酸甲酯气相色谱图

注：色谱柱：HP-88（100m×0.250mm×0.20μm）；载气：N_2（1mL/min）；柱温：140℃（5min），240℃（4℃/min，20min）；进样品：分流进样，分流比：1∶50；FID 检测器温度：260℃。标号 1～37 的峰对应的脂肪酸分别是：4∶0、6∶0、8∶0、10∶0、11∶0、12∶0、13∶0、14∶0、14∶1、15∶0、15∶1、16∶0、16∶1、17∶0、17∶1、18∶0、*t*18∶1、18∶1、*t*18∶2、18∶2、20∶0、18∶3（*n*-6）、18∶3（*n*-3）、20∶1、21∶0、20∶2、22∶0、20∶3（*n*-6）、20∶3（*n*-3）、22∶1、20∶4、23∶0、22∶2、20∶5、24∶0、24∶1、22∶6。

（三）脂肪酸甲酯定量分析

油脂的脂肪酸组成含量多采用脂肪酸甲酯的面积归一化或者质量分数来表示。由于16碳或者18碳的脂肪酸甲酯的响应因子差别不大，因此，其质量分数与峰面积百分比差别极小。但是，对于碳数远远低于或高于16碳或者18碳的脂肪酸甲酯而言，需要配合各种脂肪酸甲酯的响应因子与峰面积来计算其质量分数。

（四）注意事项

GC分析脂肪酸甲酯组成时色谱条件如色谱柱、柱温、载气流速对分离情况影响较大。如乳脂、椰子油等含有4碳、6碳和8碳等短链酸的分析，一般需要采用程序升温（低温选择80℃左右）。

实际测定中常要注意：①取样要均匀；②甲酯化要完全；③进样中不会有脂肪酸甲酯损失或污染；④定性要准确。另外，所有N_2应达到99.99%以上的纯度，柱效应达到2000以上理论塔板数，硬脂酸甲酯和油酸甲酯的分离度不低于1.25（测定及计算方法见有关标准方法）。气相色谱分析要求对于相对含量5%以上的组分重现性相对误差应小于3%，绝对误差不大于1%；对于相对含量小于5%的组分则相对误差及绝对误差均应按比例缩小。实验室之间重现性对于相对含量5%以上的组分其相对误差小于10%，绝对误差小于3%，对于相对含量5%以下的组分，误差均应按比例缩小。

第四节　脂肪酸在甘油三酯的*sn*-1、*sn*-2和*sn*-3位分布情况分析

油脂的性质主要由脂肪酸和甘油三酯组成共同决定，所以，要认识油脂的性质，不仅要分析其脂肪酸组成，对甘油三酯的*sn*-1、*sn*-2和*sn*-3三个酰基位置上（图11-2）的脂肪酸分布也应有全面的了解。下面详细介绍脂肪酸在甘油三酯的*sn*-1、*sn*-2和*sn*-3位分布的分析方法。

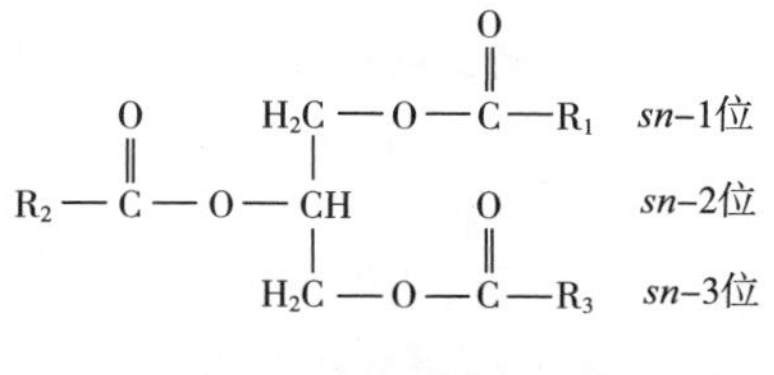

$$
\begin{array}{lll}
 & H_2C-O-\overset{O}{\overset{\|}{C}}-R_1 & sn\text{-1位} \\
R_2-\overset{O}{\overset{\|}{C}}-O- & CH & sn\text{-2位} \\
 & H_2C-O-\overset{O}{\overset{\|}{C}}-R_3 & sn\text{-3位}
\end{array}
$$

图11-2　甘油三酯的化学结构式

一、总脂肪酸组成分析

根据本章第三节油脂脂肪酸组成分析的具体要求方法来分析构成油脂的总脂肪酸组成和相对含量。

二、*sn*-2位脂肪酸组成分析——胰脂酶水解法

1938年，Balls和Hatalk发现胰脂酶具有选择性水解甘油三酯*sn*-1,3位的特性；1952—1956年，Mattson Bosgston等完善了这一方法，为研究甘油三酯的脂肪酸分布开创了新局面，

图 11-3 所示是胰脂酶水解甘油三酯分析其 *sn*-2 位脂肪酸组成的示意图。

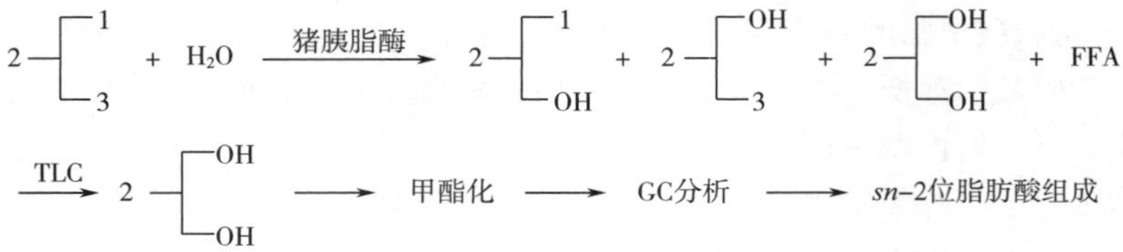

2 [1, 2, 3] + H_2O —猪胰脂酶→ 2 [1, 2, OH] + 2 [OH, 2, 3] + 2 [OH, 2, OH] + FFA

—TLC→ 2 [OH, 2, OH] ——→ 甲酯化 ——→ GC分析 ——→ *sn*-2位脂肪酸组成

图 11-3 胰脂酶水解甘油三酯分析其 *sn*-2 位脂肪酸组成示意图

具体测定过程：首先通过柱色谱分离出中性甘油三酯，把游离脂肪酸、甘油一酯、甘油二酯以及复杂脂质等去除（对于酸价和甘油一酯含量很低的油脂，可以省略柱色谱纯化步骤），中性油中有时还含有固醇酯、烃类等物质，但不影响测定结果。水解时加入缓冲溶液调节 pH 7~8 并使油脂分散，加入胆酸钠或脱氧胆酸钠可增加乳化效果并激活胰脂酶，加入 $CaCl_2$ 使水解产生的游离脂肪酸以钙皂形式析出来，以减少副反应，且促进 Ca^{2+} 对酶的分散，在 39℃ 下水解反应 1min 后加入盐酸终止反应，随后用乙醚萃取反应水解产物，通过 TLC 分离，取得甘油一酯的谱带（图 11-4），将甘油一酯经甲酯化处理后通过 GC 分析其油脂甘油三酯的 *sn*-2 位脂肪酸组成。

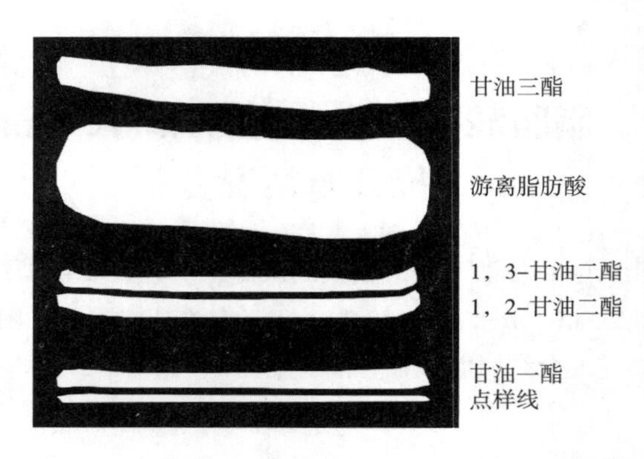

图 11-4 胰脂酶水解大豆油的薄层色谱分离示意图

水解过程要严格控制反应条件，若操作不当，甘油二酯及甘油一酯都会发生酰基位移，造成得到的 2-甘油一酯的脂肪酸组成不能真实反映油脂甘油三酯的 *sn*-2 位脂肪酸组成。另外，水解不足，则甘油一酯的生成量无法满足分析要求。

除胰脂酶外（主要是猪胰脂酶，马、鼠、人胰脂酶也具有这种选择性），有些植物酶和微生物酶也具有 *sn*-1,3 位选择性（见第七章）。脂肪酶水解不同甘油三酯的速度有明显差异：富含短链酸如 4、6、8、10 碳酸的油脂一般水解较快，而富含 20 碳以上脂肪酸的油脂水解较慢（该方法不适用于 EPA、DPA 和 DHA 含量高的油脂水解），含特殊脂肪酸如环氧酸、环丙烯酸、羟基酸等油脂也具有不同的水解特征。难水解油脂的酶解条件或效果还需要进一步研究确定。

三、立体专一分析

目前还没有发现对甘油三酯 *sn*-1 位或 *sn*-3 位有专一选择性的水解酶，因此 *sn*-1 位和 *sn*-3 位的脂肪酸分布均以间接方法测定。

（一）利用 Brockerhoff A 法测定 *sn*-1 位脂肪酸组成

磷脂酶 A_2 只能水解 1,2-二酰基-*sn*-3 磷脂（简称 *sn*-3 磷脂）中 *sn*-2 酰基位置上的脂肪酸，不能水解 2,3-二酰基-*sn*-1 磷脂（简称 *sn*-1 磷脂）。利用这一特征，首先将甘油三酯水解并分离获得 1,2-甘油二酯和 2,3-甘油二酯的混合物，然后合成磷脂，只有 *sn*-3 磷脂可被磷脂酶 A_2 水解产生 *sn*-1 酰基溶血磷脂，甲酯化后采用 GC 分析，即可得到 *sn*-1 位脂肪酸分布。

（P）　　1
2　　　　2
3　　　　（P）
sn-1磷脂　　*sn*-3磷脂

利用 Brockerhoff A 法测定 *sn*-1 位脂肪酸组成的具体分析过程如图 11-5 所示：

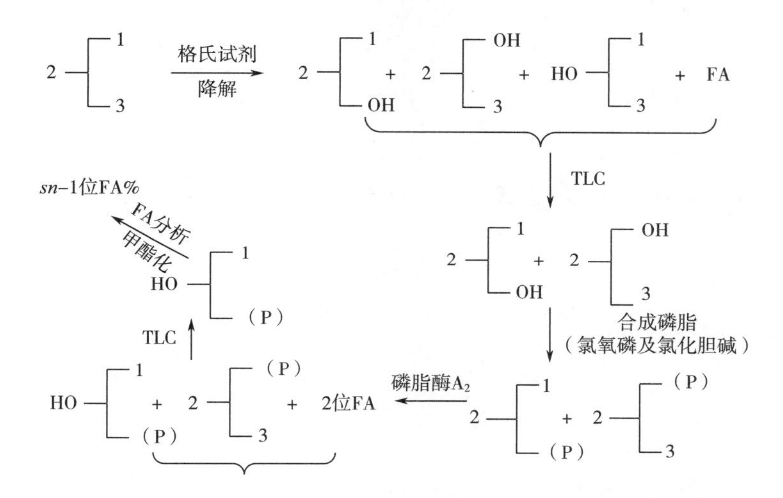

图 11-5　Brockerhoff A 法（磷脂酶 A_2）分析油脂 *sn*-1 位脂肪酸组成的过程

这种方法可以直接测定 *sn*-1 位脂肪酸分布，*sn*-2 位仍由胰脂酶水解测定。*sn*-3 位不能直接测定，可由计算得出，计算过程如下：

$$sn\text{-}3\% = 3 \times sn\ (1,\ 2,\ 3)\% - sn\text{-}1\% - sn\text{-}2\%$$

该方法的优点是取得的甘油二酯组成代表原甘油三酯组成的精密度高；缺点是分析时间较长，*sn*-3 位脂肪酸组成仍为间接法获得。

（二）利用 Brockerhoff B 法测定 *sn*-1、*sn*-3 位脂肪酸组成

磷脂酶 A_1 具有选择性水解磷脂的 *sn*-1 位脂肪酸的功能，可用于分析甘油三酯的 *sn*-1、*sn*-3 位脂肪酸组成，其分析过程如图 11-6 所示。

该方法的优点是：*sn*-1、*sn*-3 位脂肪酸均可直接测定；缺点是得到的甘油二酯不能充分代表原甘油三酯组分，受酰基位移的影响，*sn*-1,3 甘油二酯被 *sn*-2,3、*sn*-1,2 甘油二酯污染的可能性大（可高达 6%～10%）。

（三）Lands 法分析 *sn*-1，2 位脂肪酸组成

根据甘油二酯激酶（diglyceride kinase）只能催化 *sn*-1，2 甘油二酯合成磷脂酸的原理，Lands 提出了一种 *sn*-1 和 *sn*-3 位脂肪酸组成均由计算而得到的方法，过程比较简单，其具体分析过程如图 11-7 所示：

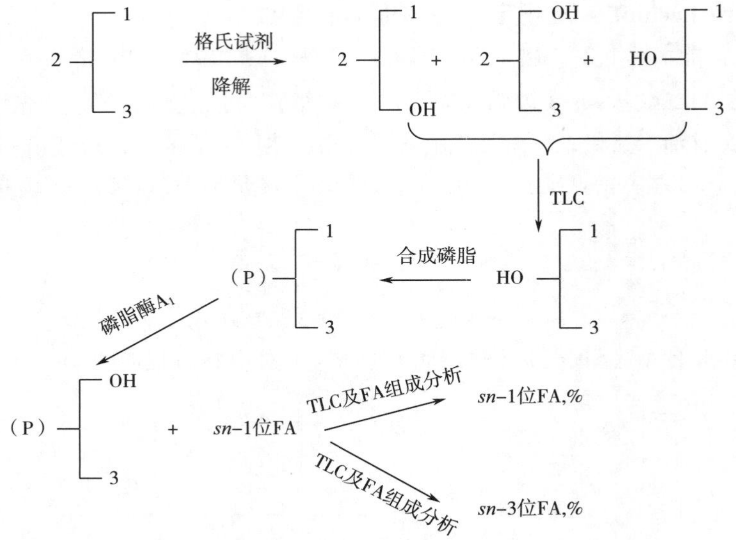

图 11-6　Brockerhoff B 法（磷脂酶 A_1）分析油脂 *sn*-1 和 *sn*-3 位脂肪酸组成的过程

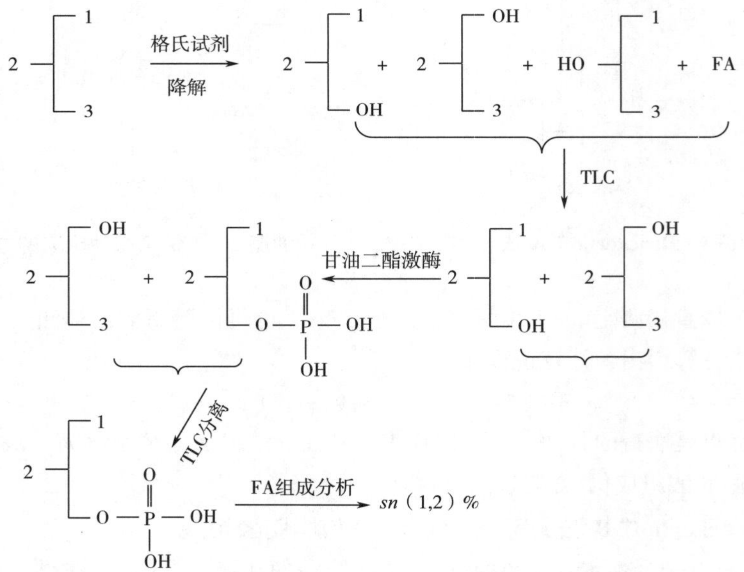

图 11-7　Lands 法（甘油二酯激酶）分析油脂 *sn*-1，2 位脂肪酸组成的过程

根据测得的 *sn*-1，2 位脂肪酸分布，*sn*-1 位和 *sn*-3 位由计算得到：

$$sn\text{-}1\% = 2 \times sn\,(1,\ 2)\,\% - sn\text{-}2\%$$

$$sn\text{-}3\% = 3 \times sn\,(1,\ 2,\ 3)\,\% - 2sn\,(1,\ 2)\,\%$$

Lands 方法的优点：省去了磷脂酶水解操作，大大简化了分析时间；缺点：*sn*-1、*sn*-3 位脂肪酸组成均为间接得到，精密度低，误差大于 10%。

甘油二酯激酶（diglyceride kinase）的来源为大肠杆菌（*E. Coli*）。

很多科学家对于甘油三酯的脂肪酸分布分析技术进行完善与提升，主要集中在克服或者减少酰基位移、简化操作过程、提高精确度等方面，随着生物技术和现代分析技术的发展，更便捷更精确的检测方法会逐步产生。

第五节　甘油三酯组分分析

分析油脂的甘油三酯组成最常用的方法是气相色谱（GC）和高效液相色谱（HPLC），以下重点介绍这两种分析甘油三酯组成的方法。

一、GC 分析油脂的甘油三酯组成

GC 可用于脂肪酸组成分析，也可用于甘油三酯组成分析。用于甘油三酯分析的色谱柱比脂肪酸甲酯的短，一般为 15m 或 30m。常用色谱柱有 SE-30、JXR、OV-1、Dexsil3000、DB-1ht 等，它们的固定相是硅酮类或甲基硅氧烷聚合物类高热稳定性物质。甘油三酯分离一般要用程序升温，温度范围 200~360℃，升温速度 10~50℃/min，保留时间应在 45min 内。

甘油三酯的分离情况与甘油三酯的总碳数以及双键数目有关，椰子油和大豆油的甘油三酯 GC 色谱分离图如图 11-8 和图 11-9 所示。

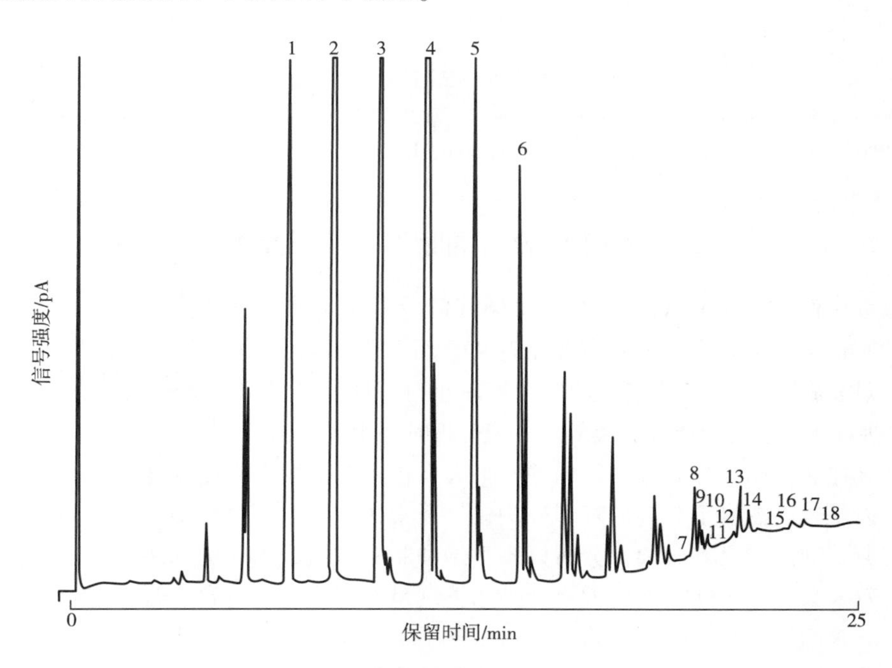

图 11-8　椰子油甘油三酯的 GC 色谱分离图

分析条件：色谱柱：65%苯基甲基硅油（固定相），15m×0.25mm×0.25mm；程序升温 250~365℃，升温速度 5℃/min；检测器：FID 检测器。

峰 1 CyLaLa；2 CpLaLa；3 LaLaLa；4 LaMM；5 MMM；6 PPSt；7 PPSt；8 POP+MOSt；9 MOO；10 PLP；11 MLO；12 POSt；13 POO；14 PLO；15 StOSt；16 CpOO；17 OOO；18 OLO，其中，Cy 表示辛酸，Cp 表示癸酸。

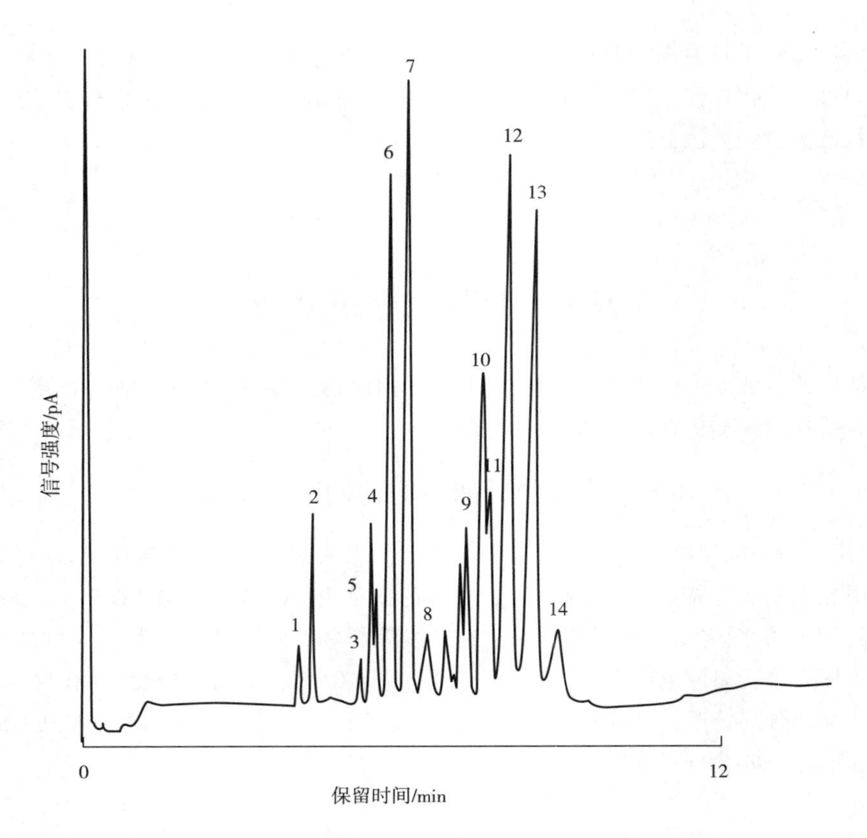

图 11-9 大豆油甘油三酯的 GC 色谱分离图

分析条件：色谱柱同图 11-8；程序升温 275~360℃，升温速度 2℃/min。峰 1 POP；2 PLP；3 POSt；4 POO；5 PLSt；6 PLO；7 PLL；8 PLLn；9 PLO；10 OOL；11 StLL；12 OOL；13 LLL；14 LLLn。

二、 HPLC 分析油脂的甘油三酯组成

反相高效液相色谱（RP-HPLC）分析甘油三酯组成多采用 C_{18} 色谱柱，柱长一般为 25cm 或 30cm，当然柱子越长分离效果越好，可将两根或三根柱子串联使用（总长可达 100cm）以提高分离效果。固定相的颗粒度较小时，柱长可以相应缩短而不降低分离效果；当然，增加柱子长度可以提高分离效果，但分析时间相应延长。

柱温对甘油三酯的分离效果影响并不很大。在一定范围内降低温度可提高甘油三酯的分离度，但是较高温度下分离的峰形较尖锐。通常 30~45℃下可缩短分析时间并能确保三饱和脂肪酸甘油酯的良好分离。分析以多不饱和脂肪酸组成为主的油脂时，采用低一点的温度分离效果会更好一些。溶解油脂样品的溶剂最好与流动相一致，若考虑到溶解度问题可采用丙酮、四氢呋喃或其混合物溶解，一般不单独用氯仿溶解。流动相对分离效果影响很大，一般选用以乙腈为主的混合溶剂。乙腈的比例与分析时间有很大关系，流动相极性越大，流出时间也越长。除乙腈外可选用丙酮、二氯甲烷、甲醇、四氢呋喃、异丙醇、乙醇或氯仿等溶剂，其中丙酮更常用一些。流动相流速一般为 0.5~1.5mL/min，流动相比例一般为丙酮：乙腈 =（3~7）：5（体积比）。丙酮/乙腈流动相不适于紫外检测器，当用紫外检测器时可选用四氢呋喃、异丙醇等与乙腈混合。三饱和脂肪酸甘油酯在丙酮

/乙腈中溶解度很小，此时选用乙腈/氯仿效果较好，单独用丙腈作流动相也能实现良好分离效果。

常用的 HPLC 检测器有差示折光检测器（RID）、紫外检测器（UV）、二极管阵列检测器（DAD）和荧光检测器（FLD）、蒸发光散射检测器（ELSD）等，其中，ELSD 常用于甘油三酯的检测。

反相高效液相色谱（RP-HPLC）分离甘油三酯的效果受很多因素的影响，一定条件下其分离情况仍具有规律性，流出顺序一般是根据甘油三酯的理论碳数（theoretical carbon number，TCN）从小到大先后出峰。

$$TCN = ECN - \sum_{3}^{1} U_i$$

其中，当量碳数（ECN）= 总碳数-2×双键数目；U_i 为常数，可由实验测定，一般饱和脂肪酸为 0，反油酸约为 0.2，油酸为 0.6~0.65，亚油酸及以上脂肪酸为 0.7~0.8。根据使用条件不同，U_i 并不完全相同，使用者应自己测定。

如 OOO 的 TCN 为 3×18-3×2-3×0.6=46.2，与 POO、PPO、PPP 具有相同的 ECN 值，但 TCN 值不同，分别为 46.8、47.4 和 48.0，从而可有效分离。

甘油三酯组分的定性是一个仍需研究的问题，许多问题还没完全解决。根据标准样品、ECN 值、TCN 值以及相对保留时间可进行初步定性，更准确的定性结果仍需要结合质谱（MS）、极碳共振（NMR）、脉冲无线电（IR）等技术辅助完成。典型的甘油三酯、可可脂中甘油三酯的 HPLC 分离色谱图如图 11-10 和图 11-11 所示。

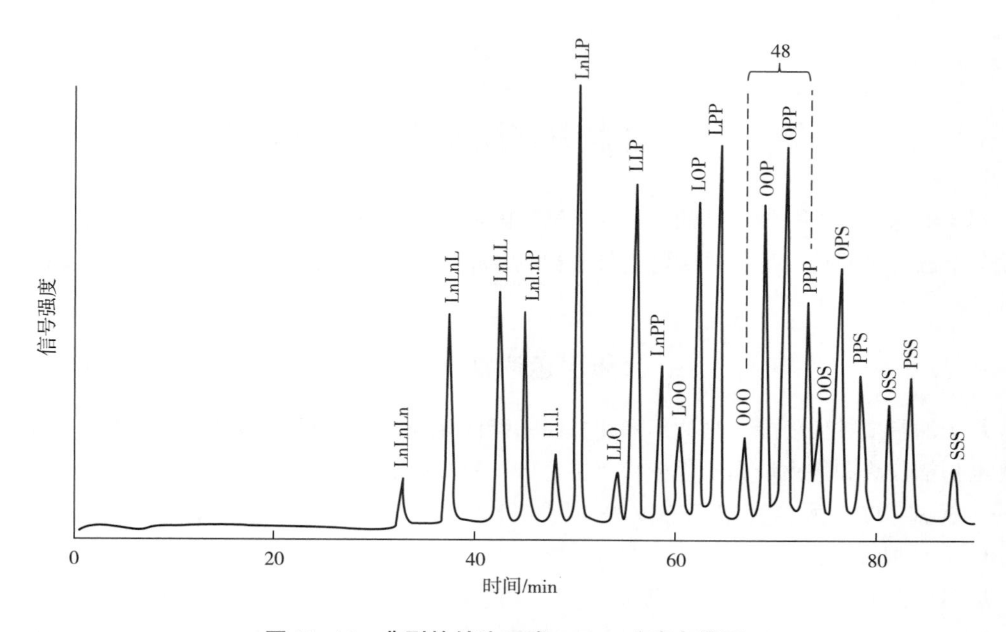

图 11-10　典型的甘油三酯 HPLC 分离色谱图

分析条件：色谱柱：Zorbax C_{18} ODS（250mm×4.6mm×5μm），两个柱串联；二氯甲烷-乙腈梯度洗脱从 3∶7 到 6∶4（120min），流速 0.8mL/min，ELSD 检测器。

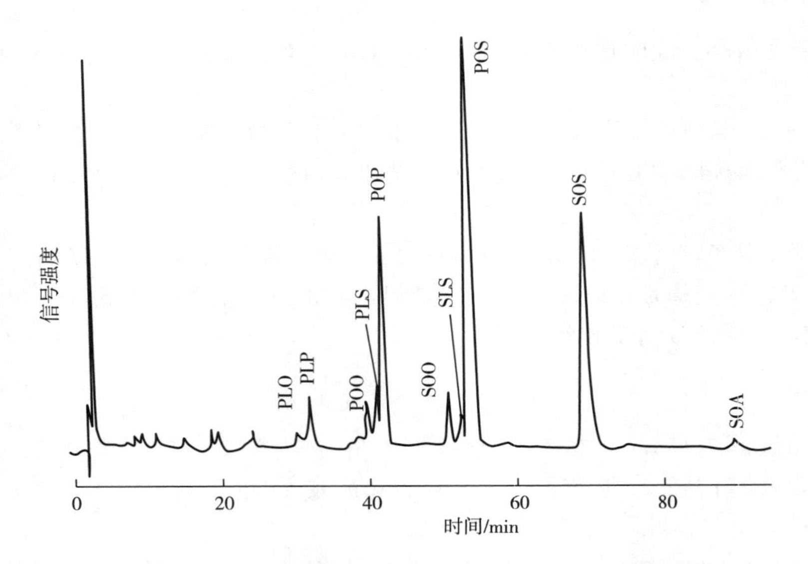

图 11-11 可可脂中甘油三酯的 HPLC 分离色谱图

分析条件：色谱柱：Spherisorb^{TM} S30-ODS2（150mm×4.5mm×3μm），两个柱串联；流动相：乙腈-四氢呋喃（73∶37，体积比），流速 1mL/min，ELSD 检测器。

随着现代分析技术的发展，临界条件液相色谱、超临界流体色谱、液相色谱-质谱联用等也逐渐用于甘油三酯组分分析。

第六节 油脂中甘油酯相对含量分析

用于油脂中甘油一酯、甘油二酯和甘油三酯的相对含量分析方法有多种，常用的方法有薄层色谱法、气相色谱法、薄层色谱与气相色谱相结合的方法、高效液相色谱法以及柱色谱法等。

一、薄层色谱法（TLC）

用于油脂中甘油一酯、甘油二酯和甘油三酯的相对含量分析的 TLC 法分为板式-TLC 配合光电扫描仪法和氢火焰离子化棒状薄层色谱（TLC-FID）法两种。

（一）板式-TLC 配合光电扫描仪法

1. TLC 展开分离

涂布硅胶 G 的板式-TLC 在溶剂体系中单向展开就可有效地分离简单脂质。常用的展开剂有正己烷、乙醚和冰乙酸（或甲酸），简单脂质的 TLC 展开情况如图 11-12（1）和图 11-12（2）所示。

分析条件：板（1）展开剂：正己烷-乙醚-甲酸（80∶20∶2，体积比）；板（2）展开剂：苯-乙醚-乙酸乙酯-冰乙酸（80∶10∶10∶0.2，体积比）。

在 20cm×20cm 硅胶厚度为 0.5mm 的薄层板上，分离简单脂质量最低为 0.5μg，最高可达 50mg，一般为 20mg。

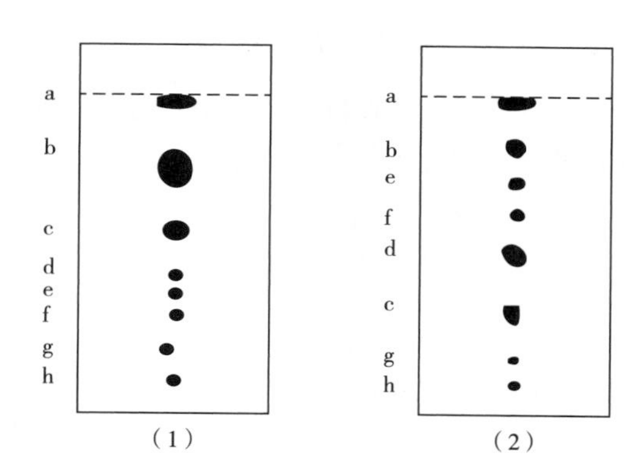

图 11-12 涂布硅胶 G 的板式-TLC 分离简单脂质示意图

a—胆固醇酯 b—甘油三酯 c—游离脂肪酸 d—胆固醇 e—1,3-甘油二酯 f—1,2-甘油二酯 g—甘油一酯 h—杂脂质。

2. 定性鉴别简单脂质

一般的鉴别方法可采用标准样品对照法，将待分析样品与标准样品在同一个薄层板分别点样，并在溶剂中展开，显色后定性。

3. 定量

分离后的 TLC 采用薄层光电扫描仪进行定量。薄层扫描仪是使用一束长宽可以调节的一定波长与强度的光照射到薄层斑点上，进行整个斑点的扫描，测量通过斑点时光束强度的大小而达到定量的目的。

由于测定方式不同，薄层扫描仪可以分为吸收测定法（波长 200~800nm 范围内进行测定）和荧光测定法（用于测定对紫外光有吸收并能放出荧光的化合物）两种。

根据扫描方式不同，薄层扫描仪可分为线性扫描和锯齿扫描。线性扫描是用一束比斑点略长的光束对斑点作单向扫描，该法适用于规则圆形斑点或条状斑点。锯齿扫描是用微小的正方形光束在斑点上按锯齿形轨迹同时沿 X 轴和 Y 轴两个方向扫描，该方法适用于形状不规则与浓度不均匀的斑点。

（二）氢火焰离子化棒状薄层色谱（TLC-FID）法

TLC-FID 是将薄层色谱（TLC）分离技术和氢火焰离子化检测器（FID）相结合的分析技术。样品的点样与展开是在表面带有特殊覆层的石英柱（长度 15.2mm、直径 0.9mm）上进行。石英柱的表面涂层由硅胶和无机黏结剂烧结而成。由于硅胶粒子小、涂层薄，所以这种石英柱有很高的分离效率。与板式-TLC 相似，将样品点样于棒状色谱柱上，经展开剂展开后，加热干燥去除展开剂，然后通过 FID 仪进行分析，定量监测和获取信号的原理是：由机械驱动棒状色谱柱通过 FID 检测器时，样品被高能的氢火焰离子化，然后在电场作用下负离子移向燃烧器，正离子移向收集电极，电极间离子的移动会产生电流，电流的大小正比于样品的量。收集的电流信号经过放大和转换，输出为电流随时间变化的信号。

板式-TLC 和棒状-TLC 分析甘油酯的优点：可进行定性和定量分析，应用范围广（几乎适用于各种难挥发物），易于操作，分析速度快，分析成本较低，对展开剂纯度要求低，样品不需要前处理或特殊处理等。缺点：定量分析的准确度低于 GC 和 HPLC。

二、气相色谱法（GC）

常见动植物油脂中甘油一酯、甘油二酯和甘油三酯以及游离脂肪酸、脂肪酸甲酯等在350℃左右都可以气化，所以溶解于正己烷的油脂样品经过滤后可直接采用 GC 分析。茶油的甘油酯 GC 分离色谱图如图 11-13 所示。

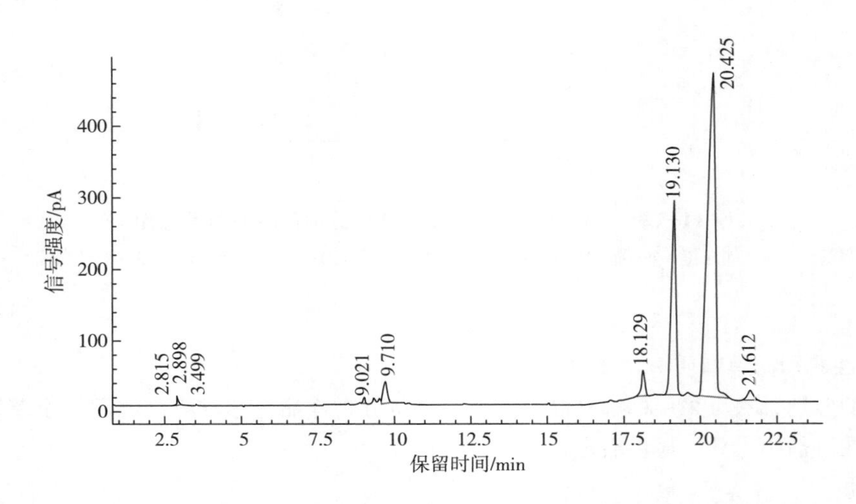

图 11-13 茶油中甘油一酯、甘油二酯和甘油三酯的 GC 分离色谱图

分析条件：色谱柱：DB-1ht（30m×0.250mm×0.10μm）；进样口温度：350℃；分流比 20：1；FID 检测器温度：350℃；氢气流量 60.0mL/min；空气流量 400mL/min；柱箱：初始温度 100℃，以 50℃/min 升温至 220℃，以 15℃/min 升温至 290℃，以 40℃/min 升温至 320℃，保持 8min，以 20℃/min 升温至 360℃，保持 10min；载气：氮气，流速 4mL/min。

该方法不适合富含≥20 碳的高度不饱和脂肪酸如 ARA、EPA 和 DHA 等油脂的分析。另外，游离脂肪酸与甘油一酯往往不能很好分开，常需要配合酸价测定来分析甘油一酯、甘油二酯和甘油三酯的相对含量。另外，高温下甘油一酯与甘油二酯会发生歧化反应，影响结果的精确度。

三、薄层色谱-气相色谱法（TLC-GC）

GC 法分析甘油酯组成时，甘油一酯与游离脂肪酸不能完全分开。采用 TLC 结合 GC 不仅可以得到甘油酯的相对含量还可以得到游离脂肪酸的相对含量，分析程序是：将板式-TLC 上已分离好的谱带分别刮下，并进行甲酯化处理，然后分别加入等量的标准物（如十七酸甲酯），通过 GC 分析脂肪酸甲酯组成，经计算得出甘油一酯、1,3-甘油二酯、1,2-甘油二酯、游离脂肪酸、甘油三酯等的相对含量。

该方法分析数据与质量含量接近，但是操作过程比较烦琐。

四、高效液相色谱法（HPLC）

简单脂质可以通过 HPLC 进行分离分析，其中的甘油一酯、甘油二酯和甘油三酯含量可通过蒸发光散射检测器（ELSD）进行检测。ELSD 的工作原理是将洗脱液雾化成细小的雾滴，并通过蒸发器将这些雾状物中的溶剂全部蒸发掉，然后再经过一个光散射检测器来测定散射光的强度，根据散射光强度与组分浓度的关系式计算出被检测物的浓度。简单脂质的 HPLC 分离色谱图如图 11-14 所示。

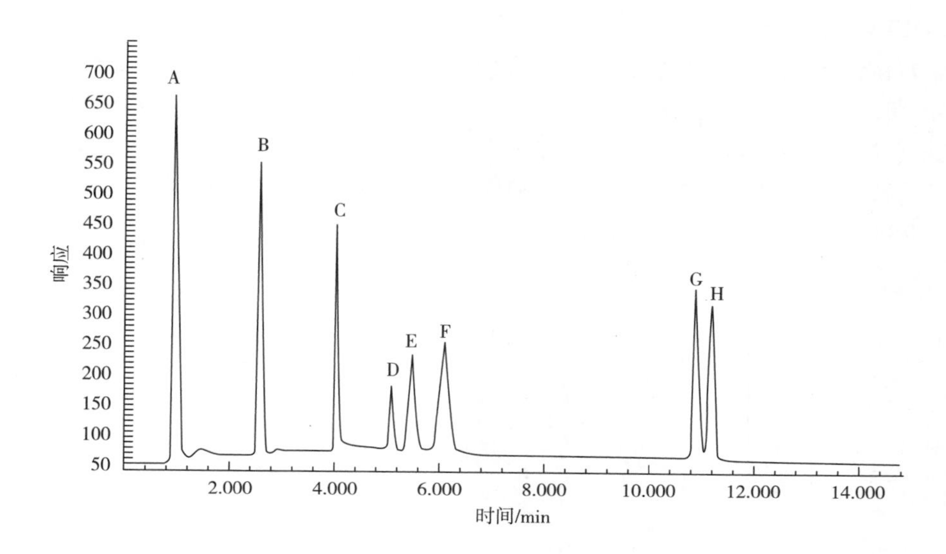

图 11-14　简单脂质的 HPLC 分离色谱图

A—胆固烯豆蔻酸酯　B—棕榈酸甘油三酯　C—棕榈酸　D—1,3-棕榈酸甘油二酯　E—固醇；F—1,2-棕榈酸甘油二酯　G—1-棕榈酸甘油一酯　H—2-棕榈酸甘油一酯

分析条件：色谱柱：SI-60（150mm×4.6mm×5μm）；柱温：40℃；检测器：ELSD 检测器；流动相：A 相为正己烷；B 相为正己烷-异丙醇-乙酸乙酯-10%甲酸异丙醇溶液（80：10：10：1，体积比），流速：2mL/min；梯度洗脱：0min 流动相（A）98%，0~8min 流动相（A）从 98%降至 65%，8~8.5min 流动相（A）从 65%降至 2%，8.5~15min 保持不变，15~15.1min 流动相（A）从 2%增至 98%，15.1~19min 保持不变。

五、柱色谱法（CC）

柱色谱法可用于油脂中甘油一酯、甘油二酯、甘油三酯及游离脂肪酸含量的测定，也可用于甘油一酯、甘油二酯和甘油三酯等的分离制备。

以硅胶作为载体装柱，根据游离脂肪酸、甘油一酯、甘油二酯、甘油三酯的极性不同，分别用不同极性的溶剂（苯、苯与乙醚的混合液、乙醚）洗脱吸附于硅胶上的样品，依次得到甘油三酯、甘油二酯、游离脂肪酸与甘油一酯组分，称重后计算出各组分的含量。对于甘油一酯及甘油二酯含量低的油脂，该方法分析误差较大。

第七节　其他组分的分析

油脂中除了含有甘油一酯、甘油二酯、甘油三酯及游离脂肪酸外，还含有影响油脂氧化稳定性、使用特性及营养特性等的物质。以下主要介绍磷脂、酚类抗氧化剂及固醇等的组成分析。

一、磷脂的组成分析

（一）HPLC 法分析磷脂的组成

植物磷脂主要含有磷脂酰胆碱、磷脂酰乙醇胺、磷脂酸、肌醇磷脂、磷脂酰丝氨酸、溶血磷脂酰胆碱、溶血磷脂酰乙醇胺等组分，在 HPLC 法应用以前，磷脂的分离分析主要采用薄层色谱、柱色谱及萃取分离法，这些方法的不足之处均是很难准确定性与定量。HPLC 出现以后，磷脂组分分析变得方便、快捷、准确，HPLC 成为磷脂分析的常用方法，磷脂组分的典型 HPLC 分离色谱图如图 11-15 所示。

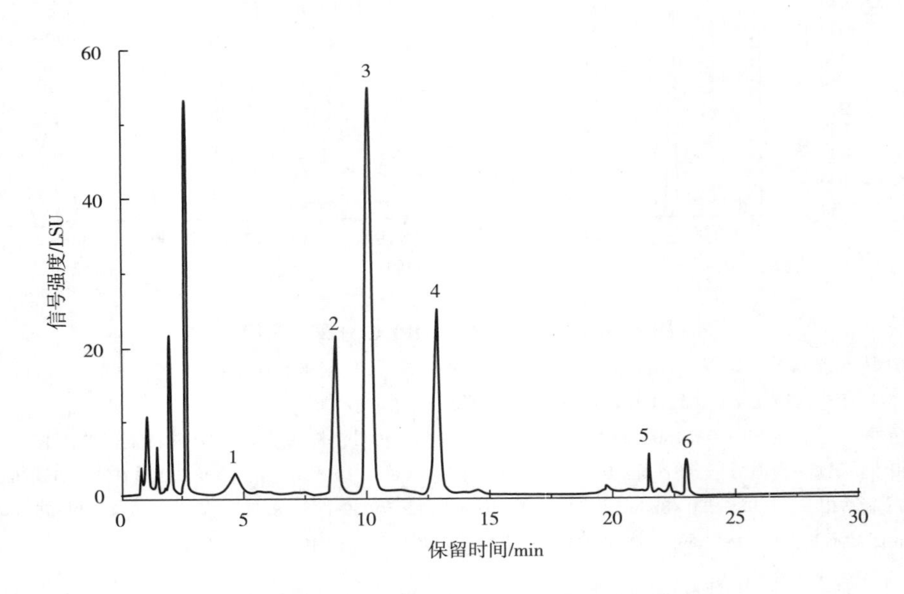

图 11-15　大豆浓缩磷脂的 HPLC 分离色谱图

1—磷脂酸（PA）　2—磷脂酰乙醇胺（PE）　3—磷脂酰胆碱（PC）　4—磷脂酰肌醇（PI）　5—未知组分 1　6—未知组分 2

分析条件：色谱柱：Lichrospher100 二醇柱（4mm×125mm×5μm）；柱温：50℃；进样量为 10μL；流量为 0.9mL/min；检测器：ELSD 检测器；进样量：10μL；流动相：以正己烷-异丙醇-冰乙酸-三乙胺（410：85：7.5：0.4，体积比）为流动相 A，以异丙醇-水-冰乙酸-三乙胺（210：35：3.5：0.2，体积比）为流动相 B，流速：0.9mL/min；梯度洗脱：0min 流动相（A）95%，0～12min 流动相（A）从 95%降至 67%，12～15min 流动相（A）从 67%增至 100%，15～20min 流动相（A）从 100%降至 0%，20～21min 保持不变，21～25min 流动相（A）从 0 增至 95%，25～30min 保持不变。

（二）NMR 分析磷脂的组成

^{31}P NMR 是根据处于强磁场中的^{31}P 原子核对射频辐射的吸收，进而解决含磷化合物分子结构信息的分析方法，可通过图谱上不同的化学位移判断一个复杂样品中的各种含磷化合物。分析油脂中磷脂组成一般过程：将油脂样品溶解于氘代氯仿中，加入一定量的甲醇和 pH8.5 的 0.2mol/L 的乙二胺四乙酸二钠-氢氧化铯缓冲液，充分混匀后离心，取下层清液利

用^{31}P NMR进行分析。大豆毛油中磷脂的^{31}P NMR分离图如图11-16所示。

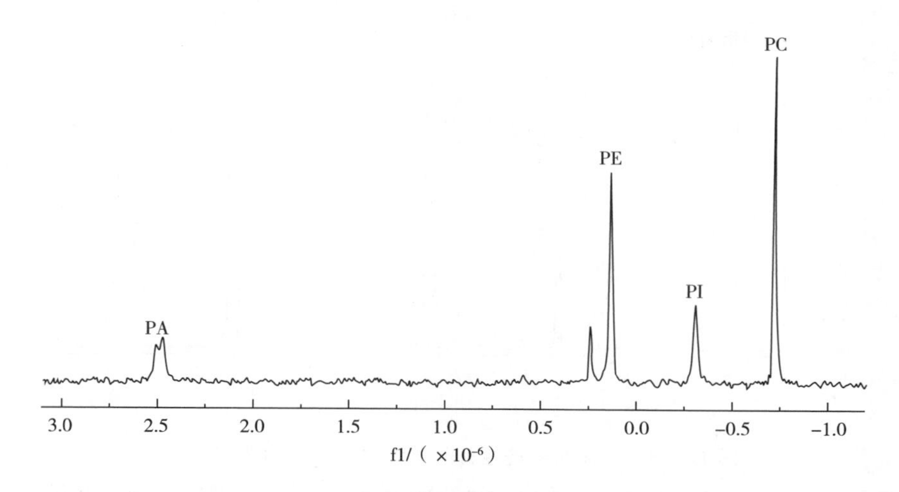

图11-16　大豆毛油中磷脂的^{31}P NMR分离图

分析条件：^{31}P NMR工作频率600MHz；检测探头PABBO NMR；温度25℃；脉冲宽度11.2μs；脉冲延迟时间2s；扫描次数16；采样点数65536。

二、维生素E的组成分析

植物油中的维生素E包括α-生育酚、β-生育酚、γ-生育酚、δ-生育酚及对应的生育三烯酚组分。正相HPLC法分析油脂中维生素E的组成具有步骤简单、耗时短、样品消耗量少等优点，分析过程：将油脂样品溶解在正己烷中，经膜过滤后采用HPLC直接分离各生育酚单体，并通过外标法计算每种生育酚的含量。生育酚和生育三烯酚标准品的HPLC分离色谱图如图11-17所示，大豆油中生育酚单体的HPLC分离色谱如图11-18所示。

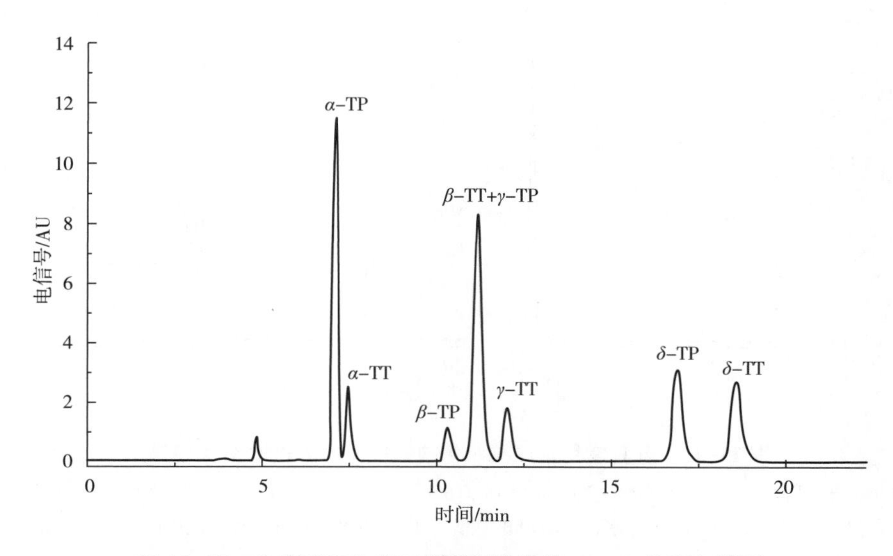

图11-17　生育酚和生育三烯酚标准品的HPLC分离色谱图

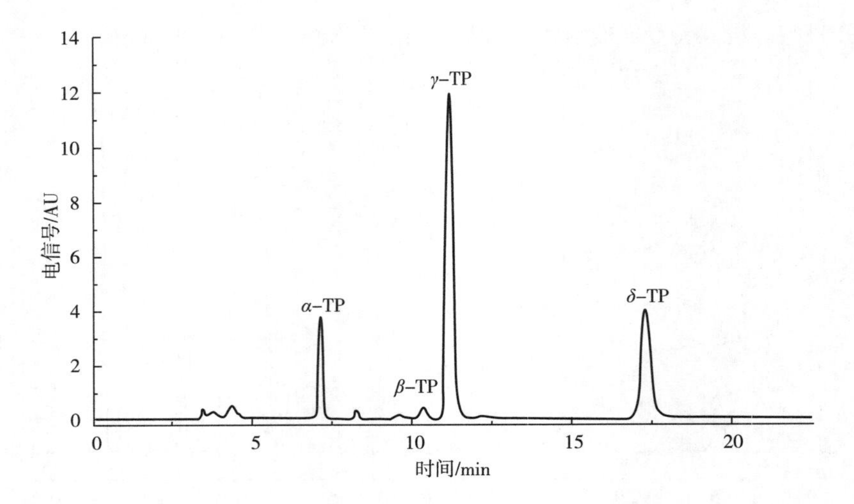

图 11–18 大豆油中各生育酚单体的 HPLC 分离色谱图

分析条件：色谱柱：SunFire Prep silica（4.6mm × 250mm × 5μm）；柱温：25℃；FLD 检测器，激发波长：290nm，发射波长：330nm；流动相：正己烷–异丙醇（99.5∶0.5，体积比）；进样量：20μL。

三、常见合成酚类抗氧化剂的组成分析

反相 HPLC 具有灵敏度高、检出限低、分离效果好、重复性好、分析时间短、可同时测定多种抗氧化剂等优点。分析油脂中合成酚类抗氧化剂的一般过程：通常采用甲醇或乙腈等溶剂萃取油脂样品，离心后取上清液过滤后经 HPLC 直接分离分析。几种合成酚类抗氧化剂标准样品的 HPLC 分离色谱图如图 11–19 所示。

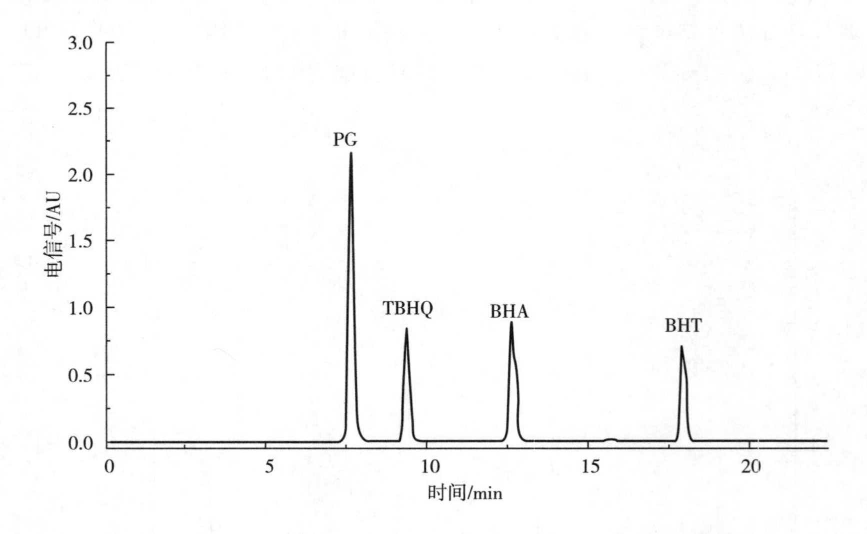

图 11–19 几种常用合成抗氧化剂标准品的 HPLC 分离色谱图

注：色谱柱：SunFire C18（4.6mm×250mm×5μm）；柱温：35℃；检测器：UV 检测器，检测波长：280nm；进样量：20μL；流动相 A：0.5%乙酸水，流动相 B 甲醇，流速：0.8mL/min，梯度洗脱：0min 流动相（A）60%，0~8min 流动相（A）从 60%降至 20%，8~15min 流动相（A）从 20%降至 0，15~20min 流动相（A）0，20~28min 流动相（A）从 0 增至 60%。

四、甾醇的组分分析

（一）GC 分析油脂中甾醇的组成

植物油中的甾醇多以酯态和游离态两种形式存在，其中酯态的甾醇可皂化，而游离甾醇不可皂化。油脂中总甾醇的组成分析一般过程：先将油脂皂化，使酯态甾醇变为游离甾醇，萃取分离不皂化物，再采用薄层色谱法将甾醇从不皂化物中分离出来，将甾醇经硅烷化衍生后，通过 GC 内标法（通常以胆固烷醇为内标）对甾醇进行定性定量分析。

对于油脂中游离甾醇含量的测定，可将胆固烷醇内标加入油脂中，通过固相萃取处理，将游离甾醇洗脱出来，甾醇经硅烷化衍生后通过 GC 对其进行分离并定量，该方法较为简便快捷，还可同时将油脂中的生育酚分离检测出来。葵花籽油中植物甾醇的 GC 分离色谱图如图 11-20 所示。

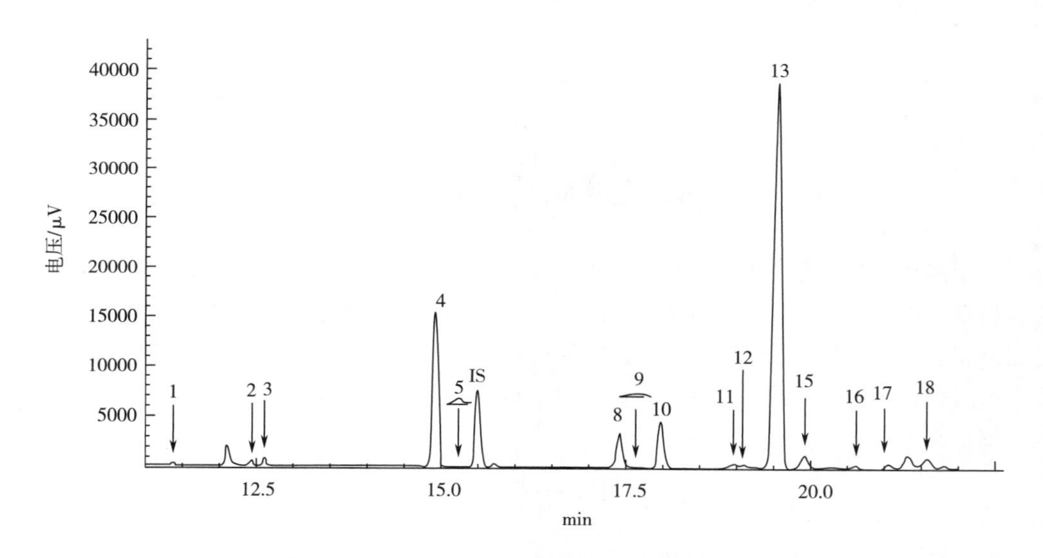

图 11-20　葵花籽油中植物固醇的 GC 分离色谱图

1—δ-生育酚　2—β-生育酚　3—γ-生育酚　4—α-生育酚　5—胆固醇　IS—胆甾烷醇　8—菜油甾醇　9—菜油甾烷醇　10—豆甾醇　11—Δ7-菜油甾醇　12—赤桐甾醇　13—β-谷甾醇　14—谷甾烷醇　15—Δ5-燕麦甾烯醇　16—Δ5,24-豆甾二烯醇　17—Δ7-豆甾烯醇　18—Δ7-燕麦甾烯醇

分析条件：色谱柱：DB-5MS（30m×250μm×0.25μm）；检测器：FID 检测器；进样口温度：320℃；分流比：12∶1；进样量：1μL；以氦气为载气；流速：1.2mL/min；柱箱：100℃保持 1min，以 40℃/min 升至 290℃，保持 20min。

（二）HPLC 分析油脂中甾醇的组成

HPLC 可用于食用植物油中最常见的菜籽甾醇、豆甾醇、菜油甾醇和β-谷甾醇的分离与分析。通常将食用植物油样品皂化后，用冰乙酸调节至一定 pH，用乙醇定容后冷冻离心，取上清液测定。常见的植物甾醇标准样品的 HPLC 分离色谱图如图 11-21 所示。

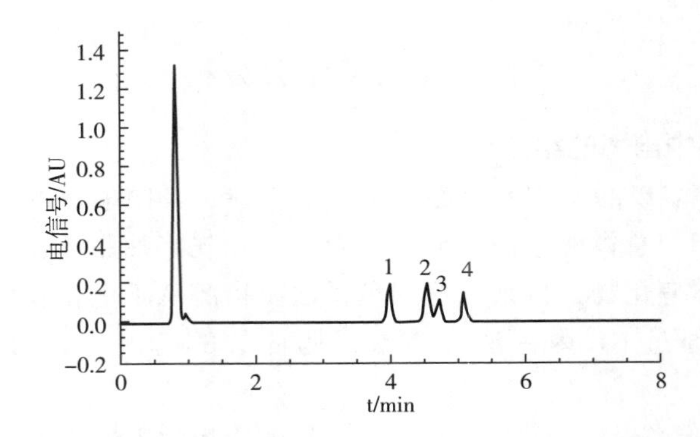

图 11-21 常见植物甾醇标准品的 HPLC 分离色谱图

1—菜籽甾醇 2—豆甾醇 3—菜油甾醇 4—β-谷甾醇

分析条件：色谱柱：C_{18}（100mm×2.1mm×1.8μm）；检测器：DAD 检测器，检测波长：205nm；柱温：35℃；流动相：甲醇，等度洗脱；流速 0.3mL/min；进样量：2μL。

第八节 高纯度脂质样品的分离与制备

用于高纯度脂质分离的方法很多，比较常见的方法包括：根据熔点差异进行分离的结晶法、根据沸点（蒸气压）差异进行分离的蒸馏法、根据两相溶剂中的分配比不同进行分离的逆流分布法或液-液分配色谱法、根据极性或者与担体吸附性差异进行分离的柱色谱法、根据与尿素包合的差异性进行分离的包合法等。以下主要介绍脂肪酸、简单脂质以及复杂脂质的分离与制备。

一、单一脂肪酸的分离与制备

制备单一脂肪酸时，原料选择很关键。一般动物油、高熔点植物油及氢化植物油是制备饱和脂肪酸的原料，而低熔点植物油是制备不饱和脂肪酸的原料。

（一）饱和脂肪酸

椰子油通常是制备 C_8～C_{14} 饱和脂肪酸的原料，而牛油或氢化油则是制备长碳链饱和酸的原料，某些植物油是特定饱和脂肪酸的制备原料，例如，樟树籽油富含 C_8 和 C_{10} 短链酸。采用真空蒸馏可制备特定的短链酸或者单酯；通过溶剂中的多次冷冻结晶可纯化制备常见的饱和脂肪酸；奇碳数的饱和脂肪酸一般通过化学合成的方法来制备。

（二）不饱和脂肪酸

1. 原料

制备不饱和脂肪酸时，原料的选择也十分重要。如橄榄油、茶油或者高油酸花生油、高油酸葵花油是制备油酸的原料油；红花油是制备亚油酸的原料油；亚麻籽油是制备 α-亚麻酸的原料油；鱼油是制备 EPA 和 DHA 的原料油；裂殖壶藻油是制备 DHA 和 DPA 的原料油；菜籽油是制备芥酸的原料油等。

2. 低温结晶法

低温结晶法可以很容易地从溶剂中分离制备富含不饱和脂肪酸或单酯组分。分离脂肪酸甲酯样品，常选用丙酮为溶剂；分离脂肪酸样品，则选用丙酮、乙醚或正己烷为溶剂。常用的制冷剂为干冰（可降至-70℃以下）、乙二醇等。

低温结晶法通常可分离到三种组分：富含饱和脂肪酸的组分、富含一烯酸的组分和富含多不饱和酸的组分。例如，将浓度为1g脂肪酸/10mL丙酮的样品在-50℃下缓慢搅拌并保温5h达到平衡，过滤分离出固、液两部分。此时，液体部分的主要成分为多不饱和脂肪酸，当然也混有少量的饱和酸和一烯酸；而固体部分的主要成分为饱和酸和一烯酸。为了使分离效果更好，可将液体部分、固体部分作为原料，再结晶分离即可。如果过程控制得当，有时能够将脂肪酸的异构体有效分离，如岩芹酸（$18:1\omega-12$）与油酸（$18:1\omega-9$）的分离。采用此低温结晶技术可获得含量为93%~99%的油酸或亚油酸。

这种分离方法的缺点是产品纯度不太高，同时溶液在达到平衡前需保持很长时间。优点是能够用单一的操作单元处理大量的脂肪酸，并且所使用的操作温度（低温）对多不饱和脂肪酸的结构组成影响甚微。

3. 尿素包合法

尿素包合法可用于多不饱和脂肪酸的分离，其分离原理是：甲醇或乙醇等溶剂中的尿素分子在结晶过程中易与饱和或者单不饱和脂肪酸（或者单酯等）形成较稳定的晶体包合物，在一定温度下结晶析出；而多不饱和脂肪酸不易被包合而留在滤液中。其分离原理：尿素是四面体结晶，当它与脂肪酸等化合物生成包合物后，包合物呈六面体结晶（图11-22），尿素包合物两头都是敞开的。尿素包合物客分子（被包合的物质）和主分子（尿素）之间只有较微弱的范德瓦尔斯力，经计算，尿素包合物形成的棱柱内径为5.5~0.60nm，因此直径大于0.55nm的分子不能形成包合物。饱和脂肪酸的直径约为0.45nm，尿素能和饱和脂肪酸形成包合物，不同脂肪酸被尿素包合的难易程度不同，碳链越长，越易包合；双键越多，越难包合。脂肪酸与尿素形成包合物的难易顺序为：硬脂酸>棕榈酸>油酸>亚油酸>亚麻酸。因此，尿素包合法可用于不饱和脂肪酸与饱和脂肪酸的分离，直链酸与支链酸的分离。

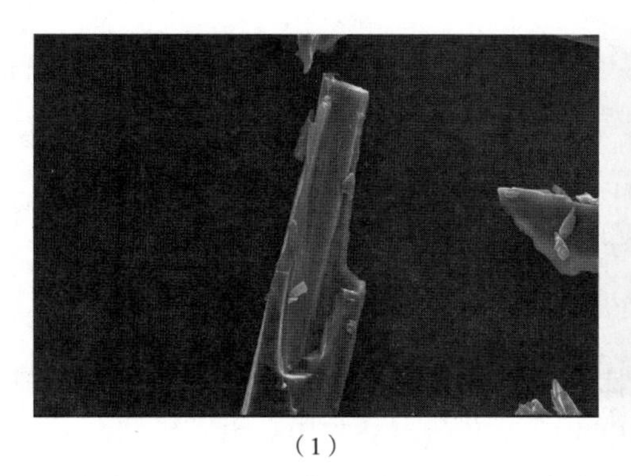

（1）

（2）

图11-22　甲醇溶液中尿素的结晶（1）、尿素与脂肪酸包合结晶（2）的电镜扫描图

操作方法一般是将脂肪酸、尿素、甲醇（或乙醇）混合溶解，静置冷却至10℃左右，使碳链长、饱和度高的脂肪酸先结晶析出；然后可再加入尿素进行二次包合、三次包合等使脂肪酸得到纯化。尿素包合法对工业化脂肪酸的分离具有很高的应用价值，当前高纯度的亚油酸、DHA 等不饱和酸的工业化制备就采用这种方法。

二、简单脂质的分离与制备

为了研究的需要，常常需要纯化制备简单脂质样品。简单脂质分离纯化的常用方法有柱色谱、分子蒸馏等方法。

（一）柱色谱法

较大量的简单脂质的分离可通过柱色谱完成。常用的吸附剂为硅胶、酸洗硅酸镁或硅酸镁等；常用的洗脱剂为正己烷和乙醚；洗脱方式为梯度洗脱。从图 11-23 和图 11-24 中可以看出，采用不同比例的正己烷-乙醚混合溶剂进行梯度洗脱，可以将其中的烃、胆固醇酯、甘油三酯、胆固醇、甘油二酯、甘油一酯等有效分离。洗脱液的极性变化以及吸附剂的选择会影响到各个组分的分离效果，如图 11-23 中胆固醇与甘油二酯没有分离开；而图 11-24 中它们基本完全分开。

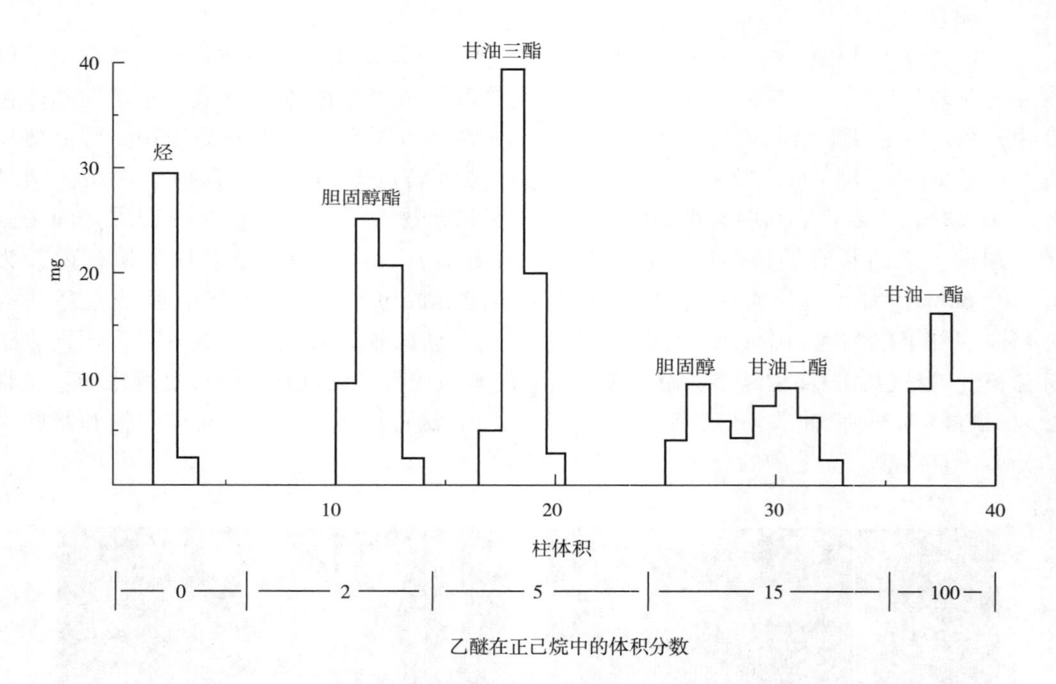

图 11-23　柱色谱分离简单脂质

柱规格：Φ1. 5cm×20cm；硅胶：30g

游离脂肪酸可以采用乙醚-乙酸（98：2，体积比）洗脱收集。当大量的胆固醇酯、甘油三酯或甲酯必须从天然或合成的混合物中分离出来时（其他组分不用分离），可优先选用硅酸镁为吸附剂，必要时可加入 7%的水来实现最好的分离效果以及减少拖尾现象的发生。1g 的脂质能够在装填 20g 吸附剂的色谱柱中得到较好较快地分离。吸附剂可以通过甲醇、氯仿和正己烷多次洗涤后再生利用。

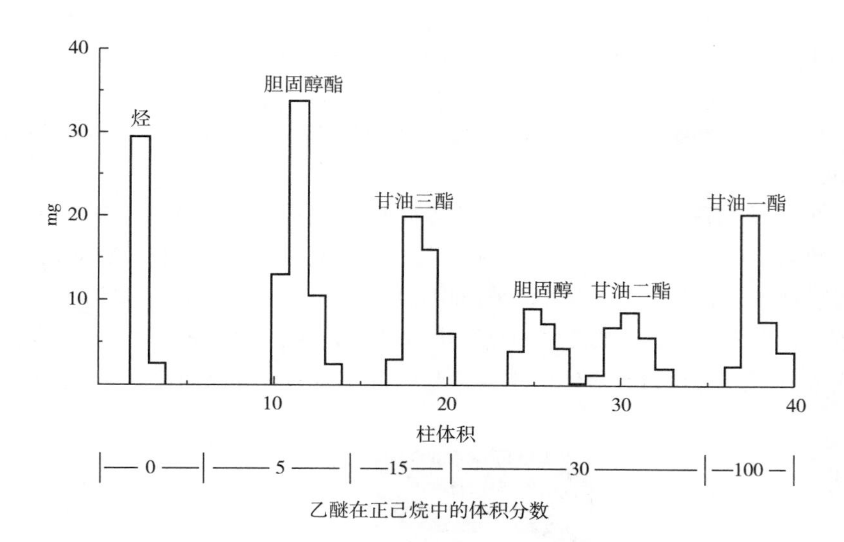

图 11-24　柱色谱分离简单脂质

柱规格：Φ1.5cm×20cm；硅酸镁：30g

（二）分子蒸馏法

分子蒸馏是基于分子运动平均自由程的差异实现不同分子的分离，分子在液态时受到较大的束缚力，当获得足够能量，就能克服束缚力成为气态分子，气态分子逸出液面后不与其他分子碰撞的直线运行距离称为分子自由程。不同类型分子在同一外界条件下有不同的分子自由程，即使同一分子，在不同的时刻其分子自由程的大小也不完全相等，其平均值就称为分子平均自由程。轻分子的平均自由程大，重分子的平均自由程小，若在离液面小于轻分子的平均自由程而大于重分子平均自由程处设置一冷凝面，使得轻分子落在冷凝面上被冷凝，而重分子因达不到冷凝面而返回原来液面，这样混合物就分离了。分子蒸馏技术具有蒸馏温度低于物料沸点、蒸馏压降小、受热时间短、分离程度高等特点，采用分子蒸馏技术可把单甘油酯的含量提高到90%以上，有时会高达99%。分子蒸馏技术也可实现脂肪酸的分离与纯化。

三、 Ag^+-TLC 法分离制备高纯度甘油三酯

油脂中甘油三酯是混合物，性质很相似。分离制备高纯度的某种甘油三酯一般可通过色谱技术来实现。

Ag^+与顺式双键之间存在微弱作用力，而与单键及反式双键不发生作用。由于空间阻碍作用，Ag^+与 α 位上脂肪酸双键的作用力在相同条件下比 β 位大，因此利用 Ag^+-TLC 不仅可分离饱和度不同的甘油三酯，还可分离甘油三酯位置异构体及脂肪酸顺反异构体。

Ag^+-TLC 分离甘油三酯自上而下（点样线的位置为下端）的顺序：000、001、011、002、111、012、112、022、003、122、013、222、113、023、123、223、033、133、233、333。（备注：0-饱和酸；1-一烯酸；2-二烯酸；3-三烯酸。例如，033 是指一饱和酸二三烯酸甘油酯。）

一般一个脂肪酸的两个双键与 Ag^+的作用力比双键分布于两个脂肪酸上具有更强的作用力，例如，002 作用力比 011 大。根据这种原理，甘油三酯的展开顺序也可由计算方法进行判断：各种脂肪酸与 Ag^+的作用力规定 S（0）= 0、M（1）= 1、D（2）= 2+a、T（3）= 4+

4a，其中 a<1，则（033）= 8+8a，（223）= 8+6a，所以 033 与 Ag^{+}的作用力大于 223，因此 223 在前，033 在后。

甘油二酯、甘油一酯以及脂肪酸的分离具有类似规律。对于顺、反结构的分离，一般反式在前，顺式在后。

$AgNO_3$-TLC 的制备：$AgNO_3$ 的含量一般为硅胶 G 含量的 2%～10%，对于多不饱和甘油三酯的分离纯化可选用 15%～30%$AgNO_3$ 的含量，含量高时也有利于将位置异构体分开。$AgNO_3$ 可在调浆时溶于水中加入，也可以采用均匀喷雾、浸泡或在 $AgNO_3$ 水溶液中展开等方式向普通硅胶板中引入 $AgNO_3$，然后经加热活化而成。$AgNO_3$-TLC 应在避光干燥器中存放，由于 $AgNO_3$ 易被氧化，操作过程应特别注意。大豆油 Ag^{+}-TLC 分离图如图 11-25 所示。

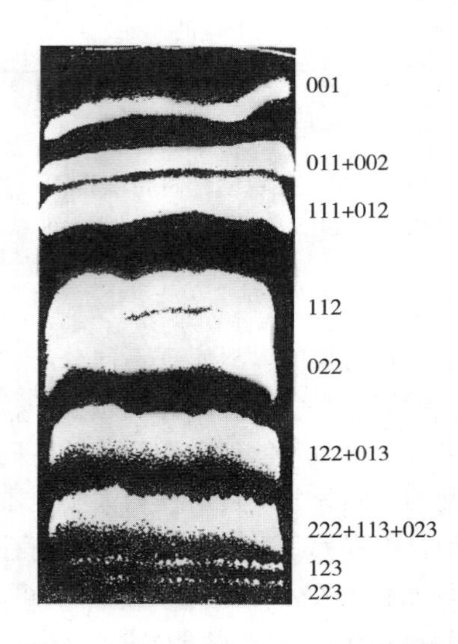

图 11-25　大豆油 Ag^{+}-TLC 分离图

分析条件：展开剂：苯-乙醚（85∶15，体积比）；硅胶 G-$AgNO_3$（7∶3，质量比）；薄层板规格：20cm×40cm×0.10mm；点样量 60mg。

第九节　复杂脂质的分离与制备

天然的复杂脂质成分极其复杂，因此对它们进行分离、鉴定与定量都比较困难。来源不同，复杂脂质的组成差别很大。一般通过硅胶柱色谱就可以将脂质样品中的简单脂质与复杂脂质分开；单向或双向薄层色谱可满足大多数复杂脂质的分离，并可用于分析或制备。若需要制备量较大的某一组分，则必须利用柱色谱如 DEAE 纤维素柱色谱分离获得各个组分，然后再利用柱色谱或薄层色谱细化分离。

一、复杂脂质的初步分离与制备

一般复杂脂质与简单脂质的分离可通过填充硅胶或酸洗硅酸镁的短粗柱（30mg 脂质/g

吸附剂）来完成。简单地说，利用氯仿或乙醚（10 倍柱体积）洗脱简单脂质，用甲醇（10 倍柱体积）洗脱复杂脂质。若需要进一步细分复杂脂质，则可用丙酮（10~40 倍柱体积）将糖酯、神经酰胺等从复杂脂质中洗脱下来，然后用甲醇将磷脂洗脱下来。

对于量大的简单脂质与复杂脂质的分离可采用正己烷、乙醇的逆流分布法来完成，因为简单脂质可以溶解于正己烷中，复杂脂质易溶于乙醇中。但是由于游离脂肪酸的极性较大，使复杂脂质中也存在部分脂肪酸，还需要通过柱色谱将其中的脂肪酸及其他简单脂质分离除去。

二、柱色谱分离复杂脂质

硅胶柱色谱是分离量大复杂脂质的有效方法，优点是分离量较大（30mg 脂质/g 吸附剂）。缺点是吸附效果会随吸附剂的物理状态的微小变化而变化，如颗粒的大小、吸水程度等。表 11-1 总结了一些采用硅胶柱色谱分离复杂脂质的有效方法。

表 11-1　　硅胶柱色谱分离复杂脂质方法

组分	洗脱成分	展开剂[1]	洗脱体积（柱体积的倍数）
方法 A	动物油脂		
1	简单脂类	氯仿	10
2	糖酯及微量酸性磷脂	丙酮	40
3	磷脂	甲醇	10
方法 B[2]	A 中组分 3		
1	剩余的磷脂酸和心磷酸	氯仿-甲醇（95：5，体积比）	10
2	磷脂酰乙醇胺和磷脂酰丝氨酸	氯仿-甲醇（80：20，体积比）	20
3	肌醇磷脂和磷脂酰胆碱	氯仿-甲醇（50：50，体积比）	20
4	鞘磷脂和溶血磷脂酰胆碱	甲醇	20
方法 C	B 中组分 2		
1	磷脂酰乙醇胺	氯仿-甲醇（80：20，体积比）	8
2	磷脂酰丝氨酸	甲醇	3
方法 D	植物油脂		
1	单半乳糖二酰基甘油	氯仿-丙酮（50：50，体积比）	8
2	单半乳糖二酰基甘油和硫代磷脂	丙酮	10
3~6	同方法 B		

注：①以上展开剂只供参考；②B 中组分 3、4 用硅酸-硅酸盐作吸附剂分辨率更高。

硅酸镁载体很少用于磷脂的分离，因为磷脂与硅酸镁结合得很牢固，不容易洗脱回收，特别是硅酸镁中含水量低，使回收变得更加困难。三氧化二铝也很少用于复杂脂质的分离，这是因为磷脂会发生水解转化为溶血磷脂而影响测定结果。

三、 TLC 分离磷脂

TLC 法分离磷脂是一种简便易行的方法。磷脂可在 TLC 上得到完全分离，如果磷脂中含有酸性成分如磷脂酸等，则吸附剂不能用硅胶 G，因为硅胶 G 中含有黏合剂 $CaSO_4$，影响酸性成分的分离，此时要用硅胶 H 做吸附剂。以氯仿/甲醇/乙酸/水（25/15/4/2，体积比）为展开剂，展开顺序从上到下（点样线的位置为下端）为：心磷脂+磷脂酸（CL+PA）、磷脂酰甘油+磷脂酰乙醇胺（PG+PE）、磷脂酰丝氨酸（PS）、磷脂酰肌醇（PI）、磷脂酰胆碱（PC）、神经（鞘）磷脂（SPH）、溶血磷脂酰胆碱（LPC）。

单向 TLC 一般很难将磷脂各组分完全分开，采用双向 TLC 则可将磷脂组分完全分开，两次展开选用不同的溶剂系统达到不同的分离效果，非常有效。双向 TLC 的点样量一般为 3mg，点于右下角或左下角 2cm 处，植物中复杂脂质的双向 TLC 展开图如图 11-26 所示。

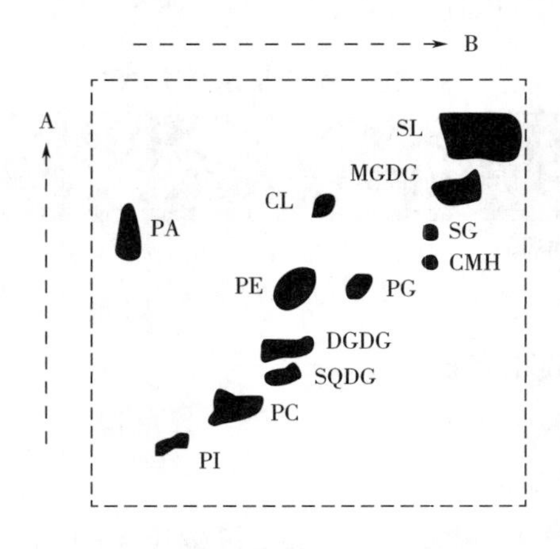

图 11-26 复杂脂质双向 TLC 展开图

分析条件：A 氯仿-甲醇-7mol/L 氨水（60：30：4，体积比）；B 氯仿-甲醇-乙酸-水（170：25：25：6，体积比）；SL 简单脂质；MGDG 单半乳糖甘油二酯；SG 固醇配糖物；CMH 神经酰胺单己糖苷；DGDG 二半乳糖甘油二酯；SQDG 硫代异鼠李糖甘油二酯；其他缩写见第八章。

油脂中的复杂脂质成分有很多，今后需要建立更精细更快捷的分离分析方法，更全面地认识油脂中复杂脂质成分的结构和性质。

总之，构成天然油脂的成分十分复杂，除了上述提到的一些主要物质外，还含有色素、蜡、黄酮、多酚、烃等天然成分，另外还有加工过程中形成的 3-氯丙醇、缩水甘油酯、多环芳烃等风险因子，这些物质对油脂的品质及人体健康有有利或不利的影响，因此，对天然油脂中的所有天然成分或储运加工过程中形成的物质等进行分离与分析是非常重要的。由于油脂中很多物质的结构具有相似性，所以本章所述的分离分析方法也可能同样适用于油脂中其他组分的分离纯化与分析。另外，本书中尚未涉及到的一些方法与技术，例如，傅里叶变换红外光谱（FTIR）、超临界流体色谱（SFC）、二维液相色谱-多级质谱联用（2D-HPLC/MS/MS）、超高效液相色谱-四极杆飞行时间质谱联用（UHPLC-QTOF-MS/MS）等也可应用于油脂中各种组分的分离分析，根据需要可查阅相关的文献与方法。

APPENDIX

附录

附录一　部分脂肪酸的特性常数

1. 己酸（hexanoic acid）

分子式	$C_6H_{12}O_2$
CAS 登记号	142-62-1
相对分子质量	116.16
酸值/[（mgKOH）/g]	483.0
性状	无色到浅黄色油状液体，有辛辣味和不愉快椰肉油气味
熔点/℃	-4~-1.5
沸点（101.3kPa)/℃	202~205
相对密度 d_4^t	0.9272（20）　0.9230（25）
膨胀率/[mL/(g·℃）]	0.00098（液态）
黏度/(mPa·s)	3.23（20）　2.814（25）　1.279（75）
表面张力/(mN/m)	31.2（-20）　30.7（-10）　29.7（0）　28.5（10）　27.5（20）　26.6（30）　25.8（40）　25.1（50）　24.2（60）　23.4（70）　3.0（75）　22.5（80）　21.6（90）
熔胀率/[mL/(g·℃）]	0.116（13.5mL/mol)
折射率 n_D^t	1.417（20）　1.4150（25）　1.4132（30）　1.4095（40）　1.4054（50）　1.4012（60）　1.3972（70）　1.3944（75）　1.3931（80）
摩尔折射率	31.70（80）（计算值）
电阻/Ω	1280（25）　810（50）

续表

电导/S	379（25）	
生成热/（kJ/mol）	-584（液态）	
熔化热/（kJ/mol）	15.2	
结晶热/（kJ/mol）	15.1	
比热容/[J/(g·℃)]	1.88（-33/-10） 2.14（0/23） 2.22（29/105）	
燃烧热/（kJ/mol）	3492（25）	
汽化热/（kJ/mol）	556（94） 540（135） 473（190）	
溶解性/（g/100g 溶剂）	能与乙醇、乙醚、丙酮、氯仿等有机溶剂混溶	
水	0.864（0） 1.717（60） 0.968（20） 1.019（30） 1.095（45）	
丙酮	91.6（-31.7） 24.4（-56.6） 60.3（-38.8） 38.5（-46.9） 11.6（-70）	
低共熔物组成		
乙酸	97.7%己酸（-5.4℃）	
毒性数据 LD_{50}/（mg/kg）	项目	数值
	经口——鼠	5970~6440
	经皮——兔	630
	静脉——小鼠	1725
	皮肤/眼影响	对兔子皮肤和眼睛有刺激和腐蚀

2. 庚酸（heptanoic acid）

分子式	$C_7H_{14}O_2$
CAS 登记号	111-14-8
相对分子质量	130.19
酸值/[(mgKOH)/g]	431
性状	无色油状液体，不纯时有恶臭
熔点/℃	-7.5
沸点（101.3kPa）/℃	223
相对密度 d_4^t	0.9345（0） 0.9222（15） 0.922-0.918（20） 0.9130（25） 0.9099（30） 0.8670（80）
摩尔体积/（mL/mol）	141.89（20）150.07（80）
黏度/（mPa·s）	5.53（11） 4.766~5.46（15） 4.33（20） 3.784（25） 3.413~3.300（30） 0.891（120）

续表

折射率 n_D^t	1.417（20）
表面张力/(mN/m)	28.3（20） 28.41（25） 27.5（30） 27.3（40） 26.9（50） 26.3（60） 25.2（70） 25.1（75） 24.7（80） 23.4（90） 22.7（100） 21.1（120）
熔胀率/[mL/(g·℃)]	0.124~0.130（21.4mL/mol 和 22.4mL/mol）
摩尔折射率	36.34（80）（计算值）
介电常数/(F/m)	2.587（71）
电导/S	378（25）
生成热/(kJ/mol)	-610.2（液态）
熔化热/(kJ/mol)	15.13
结晶热/(kJ/mol)	15.0
汽化热/(kJ/mol)	66.5
离解常数	4.89（25）
溶解性	水中轻微溶解
冰点下降的最大值/℃	2.05（含水 3.2%）
与乙酸的低共熔组成	98.8%庚酸（-6.5）

毒性数据 LD_{50}/(mg/kg)	项目	数值
	口服——鼠	7000
	口服——小鼠	6400
	静脉——小鼠	1200
	皮肤/眼影响	对人体皮肤和眼组织有腐蚀

3. 辛酸（caprylic acid）

分子式	$C_8H_{16}O_2$
CAS 登记号	142-07-2
相对分子质量	144.22
酸值/[(mgKOH)/g]	389.0
性状	具有轻微不愉快气味以及强烈酸味的油状液体
熔点/℃	16.3~16.7
沸点（101.3kPa)/℃	239.7
相对密度 d_4^t	1.0326（10） 1.0274（15） 0.910（20） 0.8708（70） 0.8662（75） 0.8615（80）
摩尔体积/(mL/mol)	140.2（15） 162.61（50） 158.57（20） 167.30（80）
黏度/(mPa·s)	5.74（20） 5.16（25） 2.62（50） 1.85（75）
熔胀率/[mL/(g·℃)]	0.119（17.2mL/mol）

续表

界面张力（与水接触）/(mN/m)	8.2（15） 5.8（75）
表面张力/(mN/m)	28.3（20） 27.7（30） 26.6（40） 25.8（50） 24.6（60） 23.7（70） 22.8（80） 22.0（90） 21.6（100）
折射率 n_D^t	1.4280（20） 1.4260（25） 1.4243（30） 1.4205（40） 1.4167（50） 1.4125（60） 1.4089（70） 1.4069（75） 1.4049（80）
摩尔折射率	41.08（80）（计算值）
介电常数/(F/m)	2.54（71）
电导/S	377（25）
生成热/(kJ/mol)	-635（液态）
熔化热/(kJ/mol)	21.4（148kJ/kg）
结晶热/(kJ/mol)	21.4
比热容/[J/(g·℃)]	2.62（固态） 1.95（12/0） 2.11（18/46）
燃烧热/(kJ/mol)	4800（液态）
汽化热/(kJ/mol)	435（134） 452（172） 406（224）
闪点/℃	132
蒸气密度（空气=1）	5.00
水溶液中的离解常数 K	1.41×10^{-5}（25）
溶解性/(g/100g 溶剂)	溶解于乙醇、乙醚、苯及其他有机溶剂中
水	0.044（0） 0.068（20） 0.079（70） 0.113（60） 0.095（45）
苯	770（70） ∞（>20）
环己烷	670（10） ∞（>20）
氯仿	213（0） 720（10） ∞（>20）
四氯化碳	115（0） 370（10） ∞（>20）
甲醇	330（0） 1300（10） ∞（>20）
95%乙醇	262（0） 1035（10） ∞（>20）
异丙醇	280（0） 900（10） ∞（>20）
正丁醇	225（0） 750（10） ∞（>20）
丙酮	221（0） 975（10） ∞（>20）
乙酸乙酯	161（0） 610（10） ∞（>20）
乙酸丁酯	206（0） 700（10） ∞（>20）
硝基乙烷	25.2（0） 790（10） ∞（>20）
乙腈	44.5（0） 1020（10） ∞（>20）
正己烷	14.7（-20） 42.5（-10） 136（0） 2600（10）
冰点下降的最大值（%水）/℃	1.25（1） 1.65（2） 1.85（3） 1.95（4）最大值

续表

低共熔物组成		
苯	50.4%辛酸（-10.5）	
环己烷	22.0%辛酸（-14.0）	
乙酸	80.0%辛酸（-3.1）	
毒性数据 LD_{50}/(mg/kg)	项目	数值
	口服——鼠	10080
	皮肤——兔	>5000
	静脉——小鼠	600
	吸入——鼠	浓缩蒸气吸入无影响的最大时间 4h
	皮肤/眼影响	腐蚀
	致敏作用	1%石油醚溶液没有致敏反应

4. 壬酸（nonanoic acid）

分子式	$C_9H_{18}O_2$
CAS 登记号	112-05-0
相对分子质量	158.24
酸值/[(mgKOH)/g]	354
性状	具有强烈哈味的无色油状液体
熔点/℃	12.5
沸点（101.3kPa)/℃	255.6
相对密度 d_4^t	0.9916（10） 0.9109（12.5） 0.9093（15） 0.9055（20） 0.9022（25） 0.8978（30） 0.8901（40） 0.8813（50） 0.8570（80） 0.8443（100） 0.7826（180）
摩尔体积/(mL/mol)	160.1（15） 174.53（20） 174.53（20） 179.43（50） 184.50（80）
熔胀率/[mL/(g·℃)]	0.086（13.6mL/mol）
黏度/(mPa·s)	9.66（15） 8.08（20） 7.00（25） 6.11（30） 3.79（50） 1.56（100） 0.6088（180）
折射率 n_D^t	1.4322（20） 1.4301（25） 1.4287（30） 1.4250（40） 1.4210（50） 1.4171（60） 1.4132（70） 1.4092（80）
摩尔折射率	45.66（80）（计算值）
电导/S	377（25）
生成热/(kJ/mol)	-659（液态）
熔化热/(kJ/mol)	20.3（128kJ/kg）
结晶热/(kJ/mol)	20.3
比热容/[J/(g·℃)]	2.11（44/18）

续表

燃烧热/(kJ/mol)	5456（25）（液态）
汽化热/(kJ/mol)	74.51
闪点/℃	约 140
水溶液中的离解常数 K	11×10^{-5}（25）
溶解性/(g/100g 溶剂)	能溶于乙醇、乙醚、乙酸和其他有机溶剂
水	0.014（0） 0.026（20） 0.032（30） 0.041（45） 0.051（60）
苯	2680（10） ∞（>20）
环己烷	2340（10） ∞（>20）
四氯化碳	158（0） 1150（0） ∞（>20）
氯仿	336（0） 2340（10） ∞（>20）
甲醇	510（0） 4650（10） ∞（>20）
95%乙醇	393（0） 3230（10） ∞（>20）
异丙醇	422（0） 2920（10） ∞（>20）
正丁醇	355（0） 2530（10） ∞（>20）
丙酮	356（0） 3740（10） ∞（>20）
乙酸乙酯	250（0） 2020（10） ∞（>20）
乙酸丁酯	316（0） 2340（10） ∞（>20）
硝基乙烷	45（0） 2340（10） ∞（>20）
己腈	51（0） 3470（10） ∞（>20）
正己烷	25.2（-20） 74.7（-10） 249（0） 640（10）
冰点下降的最大值（%水）/℃	1.2（1） 1.55（2） 1.75（3.5）最大
低共熔物组成	
苯	54%壬酸（-13.1）
环己烷	23.9%壬酸（-17.5）
乙酸	83.6%壬酸（1.6）

	项目	数值
毒性数据 LD_{50}/(mg/kg)	口服——小鼠	15000
	口服——鼠	>3200
	静脉——小鼠	224
	皮肤——兔	>5000
	吸入——鼠	不产生反应
	皮肤/眼影响	对皮肤有强烈刺激（几内亚猪）
		对兔皮肤中等刺激
		对兔眼有剧烈刺激
		对人体皮肤和眼组织有腐蚀
	致敏作用	12%石油醚溶液没有致敏反应

5. 癸酸（capric acid）

分子式	$C_{10}H_{20}O_2$
CAS 登记号	334-48-5
相对分子质量	172. 27
酸值/[(mgKOH)/g]	325
性状	具有特殊不愉快气味的白色结晶
熔点/℃	31. 2~31. 6
沸点（101. 3kPa)/℃	270. 6
相对密度 d_4^t	1. 0266（15） 1. 0176（25） 0. 895（30） 0. 8884（35） 0. 8858（40） 0. 8773（50） 0. 8583（75） 0. 8531（80） 0. 8372（100）
膨胀率/[mL/(g·℃)]	0. 000329（固态） 0. 000984（液态）
黏度/(mPa·s)	4. 34（50） 2. 88（70） 2. 56（75）
表面张力/(mN/m)	28. 2（20） 28. 41（25） 27. 5（30） 27. 3（40） 26. 9（50） 26. 3（60） 25. 2（70） 25. 1（75） 24. 7（80） 23. 4（90） 22. 7（100） 21. 1（120）
熔胀率/[mL/(g·℃)]	0. 124~0. 130（21. 4mL/mol 和 22. 4mL/mol）
界面张力/(mN/m)	8. 0（75）对水
折射率 n_D^t	1. 4288（40） 1. 4248（50） 1. 4212（60） 1. 4169（70） 1. 4149（75）
摩尔折射率	50. 36（80）（计算值）
电阻/Ω	1280（25） 810（50）
电导/S	348（25） 519（50）
生成热/(kJ/mol)	-685（液态）
熔化热/(kJ/mol)	28. 0（163kJ/kg）
结晶热/(kJ/mol)	28. 0
比热容/[J/(g·℃)]	21. 0（24/0） 2. 09（35/65）
燃烧热/(kJ/mol)	6109（25）（液态）
汽化热/(kJ/mol)	414（145） 44（187） 356（246）
溶解性/(g/100g 溶剂)	易溶于乙醇、乙醚和大多数有机溶剂
水	0. 0095（0） 0. 015（20） 0. 018（30） 0. 023（45） 0. 027（60）
苯	145（10） 398（20） 8230（30） ∞（>40）
环己烷	103（10） 342（20） 7600（30） ∞（>40）
三氯甲烷	61（0） 122（10） 326（20） 6550（30） ∞（>40）
四氯化碳	27（0） 64（10） 210（20） 4650（30） ∞（>40）
甲醇	80（0） 180（10） 510（20） 9900（30） ∞（>40）
95%乙醇	61（0） 94（10） 440（20） 8980（30） ∞（>40）

续表

异丙醇	67（0） 140（10） 360（20） 5750（30） ∞（>40）
正丁醇	59（0） 103（10） 280（20） 4650（30） ∞（>40）
丙酮	45（0） 112（10） 407（20） 4660（30） ∞（>40）
2-丁酮	42（0） 100（10） 318（20） 7040（30）
冰乙酸	576（20） 8230（30） ∞（>40）
乙酸乙酯	34（0） 90（10） 289（20） 7850（30）
乙酸丁酯	45（0） 111（10） 330（20） 8230（30）
硝基乙烷	9.2（0） 12.5（10） 55（20） 7000（30）
乙腈	11.8（0） 21.0（10） 66（20） 7600（30）
正己烷	21（-20） 6.7（-10） 23.8（0） 81.2（10） 290（20） 5150（30） ∞（>40）
冰点下降（%水）/℃	1.1（1） 1.35（2） 1.55（3.2）最大
低共熔物组成	
苯	34.3%癸酸（-2.0）
环己烷	14.1%癸酸（-3.2）
乙酸	55.1%癸酸（8.6）

	项目	数值
毒性数据 LD_{50}/(mg/kg)	经口——鼠 经皮——兔 静脉——小鼠 皮肤/眼影响 致敏作用	>10000 >5000 129 腐蚀刺激 1%石油醚溶液无致敏反应

6. 月桂酸（lauric acid）

分子式	$C_{12}H_{24}O_2$
CAS 登记号	143-07-7
相对分子质量	200.32
酸值/[(mgKOH)/g]	280.1
性状	白色或浅黄色有光泽的结晶固体或细粉，有油脂气味
熔点/℃	44.0~44.2
沸点（101.3kPa）/℃	299.2
相对密度 d_4^t	1.0099（35） 1.0055（40） 0.8690（50） 0.8516（75） 0.8477（80） 0.807（143） 0.789（163） 0.776（179） 0.756（200）
摩尔体积/(mL/mol)	195.2（15） 229.84（50） 236.29（80）
膨胀率/[mL/(g·℃)]	0.166（33.2mL/mol）计算值 0.143（28.6mL/mol）

续表

黏度/(mPa·s)	7.30（50） 4.43（70） 3.84（75） 3.60（80） 2.98（90） 1.67（130） 1.38（142） 1.12（155） 0.74（190）
界面张力/(mN/m)	8.7（75）相对水
表面张力/(mN/m)	28.1（50） 27.3（60） 26.6（70） 25.8（80） 24.8（90） 24.1（100） 22.5（120） 20.9（140）
折射率 n_D^t	1.4328（45） 1.4304（50） 1.4267（60） 1.4230（70） 1.4208（75） 1.4191（80）
摩尔折射率	59.73（80）计算值
生成热/(kJ/mol)	-776（固态）
熔化热/(kJ/mol)	36.6（183kJ/kg）
结晶热/(kJ/mol)	36.6
比热容/[J/(g·℃)]	2.14（19/9） 2.15（48/78） 2.39（40/100） 2.06（70） 2.12（98） 2.27（146） 2.41（163） 2.69（180） 2.85（198）
燃烧热/(kJ/mol)	7414（25）（液态）
汽化热/(kJ/mol)	406（164） 322（247）
溶解性/(g/100g 溶剂)	在丙酮，乙醇和醚中可观察到溶解
水	0.0037（0） 0.0055（20） 0.0063（30） 0.0075（45） 0.0087（60）
苯	32.3（10） 93.6（20） 260（30） 1390（40） ∞（>50）
环己烷	19.8（10） 68（20） 215（30） 1310（40） ∞（>50）
氯仿	22.4（0） 39.1（10） 83（20） 207（30） 2120（40） ∞（>50）
四氯化碳	9.2（0） 20.5（10） 53（20） 160（30） 835（40） ∞（>50）
甲醇	12.7（0） 41.1（10） 120（20） 383（30） 2250（40） ∞（>50）
99%乙醇	20.4（0） 41.6（10） 105（20） 292（30） 1540（40） ∞（>50）
95%乙醇	15.2（0） 34.0（10） 91.2（10） 260（30） 1410（40） ∞（>50）
异丙醇	21.5（0） 44.1（10） 100（20） 253（30） 1270（70） ∞（>50）
正丁醇	21.4（0） 37.2（10） 83（20） 217（30） 1070（40） ∞（>50）
丙酮	9.0（0） 21.9（10） 61（20） 218（30） 1590（40） ∞（>50） 6.94（-3.5） 2.05（-18.1） 0.59（-31.4） 0.2（-42.9） ∞（>50）
2-丁酮	11.5（0） 24.7（10） 65（20） 202（30） 1825（40） ∞（>50）
冰乙酸	81.8（20） 297（30） 1480（40） ∞（50）
乙酸乙酯	9.4（0） 18.5（10） 52（20） 250（30） 1250（40） ∞（>50）
乙酸丁酯	13.0（0） 26.8（10） 68（20） 212（30） 1350（40） ∞（>50）
硝基乙烷	1.9（0） 2.8（10） 5.4（20） 16.3（30） 1460（40） ∞（>50）
乙腈	2.1（0） 2.8（10） 7.6（20） 24.4（30） 1540（40） ∞（>50）

续表

正己烷	0.2（-20） 1.5（-10） 4.9（0） 14.7（10） 47.7（20） 193（30） 1440（40） ∞（>50）	
冰点下降（%水）/℃	0.85（1） 1.15（2.3） 最大	
低共熔物组成		
苯	11.2%月桂酸（4.5）	
环己烷	6.8%月桂酸（3.2）	
乙酸	17.3%月桂酸（12.8）	
毒性数据 LD_{50}/(mg/kg)	项目	数值
	经口——鼠静脉——小鼠	12000 和>10000
	皮肤/眼影响	131
	致敏作用	刺激眼（兔）对皮肤不刺激（兔）
	经口——鼠静脉——小鼠	无

7. 肉豆蔻酸（myristic acid）

分子式	$C_{14}H_{28}O_2$
CAS 登记号	544-63-8
相对分子质量	228.39
酸值/[(mgKOH)/g]	245
性状	白色或淡黄色，具有一定光泽的结晶固体
熔点/℃	53.9~54.4
沸点（101.3kPa）/℃	326
相对密度 d_4^t	1.02（20） 0.858（60） 0.853（70） 0.848（75） 0.8439（80）
摩尔体积	270.41（80）
熔胀率/[mL/(g·℃)]	0.173（39.5mL/mol）计算值
黏度/(mPa·s)	5.83（70） 5.060（75） 5.984（70） 4.791（80） 3.906（90）
表面张力/(mN/m)	28.4（60） 23.5（120） 27.4（70） 22.0（140） 26.8（75） 26.2（80） 25.6（90） 24.9（100）
界面张力/(mN/m)	9.2（75）相对于水
折射率 n_D^t	1.4329（55） 1.4310（60） 1.4273（70） 1.4251（75） 1.4236（80）
摩尔折射率	69.00（80）计算值
生成热/(kJ/mol)	-836（固态）
熔化热/(kJ/mol)	45.0（197kJ/kg）
结晶热/(kJ/mol)	44.9

续表

比热容/[J/(g·℃)]	2.18（24/43） 2.16（23/84） 2.26（56/100）
燃烧热/(kJ/mol)	8721（25）（液态）
汽化热/(kJ/mol)	389（182）
溶解性/(g/100g 溶剂)	溶于醚、丙酮、冰乙酸和氯仿
水	0.0013（0） 0.0020（20） 0.0024（30） 0.0029（45） 0.0034（60）
苯	6.95（10） 29.2（20） 87.4（30） 239（40） 1290（50） ∞（>60）
环己烷	5.3（10） 21.5（20） 72（30） 217（40） 1310（50） ∞（>60）
氯仿	8.1（0） 15.1（10） 32.5（20） 78（30） 205（40） 100（50） ∞（>60）
四氯化碳	3.2（0） 6.8（10） 17.6（20） 55（30） 166（40） 870（50） ∞（>60）
甲醇	2.8（0） 5.8（10） 17.3（20） 75（30） 350（40） 2670（50） ∞（>60）
99.4%乙醇	7.1（0） 9.8（10） 23.9（20） 85（30） 263（40） 1560（50） ∞（>60）
95%乙醇	3.9（0） 7.6（10） 18.9（20） 67（30） 238（40） 1485（50） ∞（>60）
异丙醇	7.2（0） 13.6（10） 31.6（20） 82（30） 230（40） 1210（50） ∞（>60）
正丁醇	7.3（0） 13.1（10） 28.7（20） 71（30） 194（40） 980（50） ∞（>60）
丙酮	2.8（0） 6.5（10） 15.9（20） 42.5（30） 149（40） 0.91（-9） 0.53（-12.3） 0.18（-25.3） 0.05（-79.3） ∞（>56.5）
2-丁酮	4.3（0） 8.5（10） 18.5（20） 54.3（30） 189（40） 1230（50） ∞（>60）
冰乙酸	10.2（20） 51（30） 289（40） 1410（50）
乙酸乙酯	3.4（0） 6.6（10） 15.3（20） 44.7（30） 164（40） 1350（50） ∞（>60）
乙酸丁酯	4.8（0） 9.9（10） 21.6（20） 61（30） 208（40） 1370（50） ∞（>60）
硝基乙烷	0.3（0） 0.5（10） 1.2（20） 3.3（30） 10.7（40） 1180（50） ∞（>60）
乙腈	0.7（0） 0.9（10） 1.8（20） 4.1（30） 13.0（40） 1210（50） ∞（>60）
正己烷	0.1（-10） 1.5（0） 4.1（10） 11.9（20） 41.81（30） 198（40） 1650（50） ∞（>60）

续表

低共熔物组成		
苯	2.88%肉豆蔻酸（5.20）	
环己烷	2.4%肉豆蔻酸（5.6）	
乙酸	5.3%肉豆蔻酸（15.18）	
	项目	数值
毒性数据 LD_{50}/(mg/kg)	经口——鼠	>10000
	静脉——小鼠	43
	皮肤/眼影响	对皮肤或眼睛没有明显刺激

8. 棕榈酸（palmitic Acid）

分子式	$C_{32}H_{64}O_4$
CAS 登记号	57-10-3
相对分子质量	256.43
酸值/[(mgKOH)/g]	218
性状	无气味，蜡状结晶白色固体
熔点/℃	62.5~63.1
沸点（101.3kPa）/℃	351.5
相对密度 d_4^t	1.025（20） 0.853（62） 0.849（70） 0.8440（75） 0.8414（80） 0.808（130） 0.798（143） 0.784（163） 0.774（179） 0.755（200）
熔胀率/[mL/(g·℃)]	0.181（46.4mL/mol）
膨胀率/[mL/(g·℃)]	0.00028（-7/40） 0.00097（63/72）
黏度/(mPa·s)	7.8（70） 7.1（75） 6.08（80） 4.89（90） 2.67（128） 2.14（141） 2.08（143） 1.93（151） 1.62（167） 1.41（171） 1.05（194） 1.02（196）
界面张力/(mN/m)	9.2（75）
表面张力/(mN/m)	28.2（70） 27.5（80） 26.7（90） 26.1（100） 24.5（120） 22.9（140）
折射率 n_D^t	1.4335（60） 1.4309（70） 1.4288（75） 1.4272（80） 1.4255（85.6）
摩尔折射率	78.30（80）计算值
介电常数/(F/m)	2.3（71）
生成热/(kJ/mol)	-893（固态）
熔化热/(kJ/mol)	54.4（212kJ/kg）

续表

结晶热/(kJ/mol)	54.4
比热容/[J/(g·℃)]	0.70~1.80(-180/20) 2.06(22/53) 1.82~2.84(82/199) 2.27(68) 2.73(65/104)
燃烧热/(kJ/mol)	10031(25)(液态)
汽化热/(kJ/mol)	351(202) 318(244)
溶解性/(g/100g 溶剂)	
水	0.000456(0) 0.00072(20) 0.00083(30) 0.0010(45) 0.0012(60)
苯	1.04(10) 7.30(20) 34.8(30) 105(40) 306(50) 2170(60)
环己烷	0.9(10) 6.5(20) 27.4(30) 92(40) 285(50) 2530(60)
氯仿	2.9(0) 6.0(10) 15.1(20) 36.4(30) 91(40) 250(50) 1820(60)
四氯化碳	0.6(0) 1.8(10) 5.8(20) 21.5(30) 72(40) 212(50) 1590(60)
甲醇	0.8(0) 1.3(10) 3.7(20) 13.4(30) 77(40) 420(50) 4650(60) 0.16(-10) 0.05(-20)
99.4%乙醇	1.9(0) 3.2(10) 7.2(20) 23.9(30) 94.2(40) 320(50) 2600(60)
95%乙醇	0.9(0) 2.1(10) 4.9(20) 16.7(30) 73.4(40) 287(50) 2280(60)
91.1%乙醇	0.76(0) 1.94(10) 4.60(20) 15.3(30)
异丙醇	2.4(0) 4.6(10) 10.9(20) 32.3(30) 94(40) 270(50) 2460(60)
正丁醇	1.9(0) 4.2(10) 10.5(20) 30.0(30) 84(40) 243(50) 1960(60)
丙酮	0.04(-30) 0.10(-20) 0.27(-10) 0.66(0) 1.94(10) 5.38(20) 15.6(30) 58(40) 880(56.5)
2-丁酮	0.90(0) 3.09(10) 8.57(20) 20.6(30) 66(40) 228(50) 2390(60)
冰乙酸	2.14(20) 8.11(30) 51.7(40) 313(50) 2280(60)
乙酸乙酯	0.02(-30) 0.06(-20) 0.18(-10) 0.8(0) 2.2(10) 6.1(20) 17.6(30) 53(40) 203(50) 2340(60)
乙酸丁酯	1.5(0) 3.8(10) 8.9(20) 23.4(30) 69(40) 226(50) 2330(60)
硝基乙烷	0.1(20) 0.7(30) 2.6(40) 10(50) 1650(60)

续表

乙腈	0.1（0） 0.2（10） 0.3（20） 1.0（30） 2.8（40） 9.9（50） 1200（60）
正己烷	0.4（10） 3.1（20） 14.5（30） 62.5（40） 239（50） 2280（60）
乙醚	2.95（0） 1.35（-10） 0.56（-20） 0.21（-30）
甲苯	1.41（10） 0.36（0） 0.086（-10） 0.018（-20）
正庚烷	0.30（10） 0.08（0） 0.02（-10） 0.005（-20）
三氯乙烷	38.3（39） 23.7（31.7） 9.4（20） 3.84（10.7）
冰点下降（%水）/℃	0.6（1.25）最大
低共熔物组成	
苯	0.19%棕榈酸（5.40）
环己烷	0.4%棕榈酸（6.40）
乙酸	1.23%棕榈酸（16.17）

	项目	数值
毒性数据 LD_{50}/(mg/kg)	经口——鼠	>10000
	静脉——小鼠	57
	皮肤/影响	对皮肤或眼睛没有明显刺激

9. 硬脂酸（stearic acid）

分子式	$C_{18}H_{36}O_2$
CAS登记号	57-11-4
相对分子质量	284.49
酸值/[(mgKOH)/g]	197.2
性状	白色无定形固体
熔点/℃	69.6
沸点（101.3kPa）/℃	370.0（分解），376.1（推算值）
相对密度 d_4^t	0.9408（20） 0.847（69.3） 0.8431（75） 0.8390（80） 0.8358（90） 0.798（143） 0.785（163） 0.777（179） 0.768（200）
摩尔体积	338.85（80）
熔胀率/[mL/(g·℃)]	0.00026（固态） 0.00097（液态）
黏度/(mPa·s)	11.6（70） 9.04（75） 7.79（80） 6.29（90） 3.55（130） 2.01（155） 1.70（168） 1.32（188） 1.14（198）
界面张力/(mN/m)	9.5（75）
表面张力/(mN/m)	28.9（70） 28.6（80） 27.5（90） 26.7（100） 25.1（120） 23.8（140）

续表

折射率 n_D^t	1.4337（70） 1.4318（75） 1.4299（80） 1.4283（85.6）
摩尔折射率	87.59（80）计算值
介电常数/(F/m)	2.3（70/100）
生成热/(kJ/mol)	-949（固态）
熔化热/(kJ/mol)	63.2（22.2kJ/kg）
结晶热/(kJ/mol)	63.2（22.2kJ/kg）
比热容/[J/(g·℃)]	1.67（15） 1.92（20/56） 2.30（75/137） 2.16（116） 2.20（129） 2.45（150） 2.64（170） 2.76（200） 3.24（250）
燃烧热/(kJ/mol)	11342（25）（液态）
汽化热/(kJ/mol)	280（243）
闪点/℃	196
自燃点/℃	395
蒸气密度（空气：1）	9.80
溶解性/(g/100g 溶剂)	
水	0.00018（0） 0.00029（20） 0.00034（30） 0.00042（45） 0.00050（60）
苯	0.24（0） 2.46（20） 12.4（30） 51.0（40） 145（50） 468（60）
环己烷	0.2（10） 2.40（20） 10.5（30） 43.8（40） 133（50） 450（60）
氯仿	0.4（0） 2.0（10） 6.0（20） 17.5（30） 48.7（40） 124（50） 365（60）
四氯化碳	0.2（10） 2.4（20） 10.7（30） 36.4（40） 108（50） 325（60）
甲醇	0.090（0） 0.26（10） 0.1（20） 1.8（30） 11.7（40） 78（50） 520（60） 0.031（-10） 0.011（-20）
99.4%乙醇	0.42（0） 1.09（10） 2.25（20） 5.43（30） 22.7（40） 105（50） 400（60）
95.0%乙醇	0.24（0） 0.65（10） 1.13（20） 3.42（30） 17.1（40） 84（50） 365（60）
91.1%乙醇	0.13（0） 0.35（10） 0.66（20） 2.30（30） 13.5（40） 69（50）
80.8%乙醇	0.06（0） 0.35（10） 0.20（20） 0.81（30） 3.20（40） 51（50） 238（60）
异丙醇	0.1（0） 0.4（10） 2.0（20） 10.0（30） 38.1（40） 118（50） 422（60）
正丁醇	0.2（10） 1.6（20） 9.0（30） 36.2（40） 111（50） 370（60）
丙酮	0.21（0） 0.80（10） 1.54（20） 93（30） 17.0（40） 220（56.5）

续表

2-丁酮	0.023（-10） 0.005（-20） 0.25（0） 1.01（10） 2.99（20） 8.34（30） 24.8（40） 85（50） 344（60）
硝基乙烷	0.3（40） 2.7（50） 14.0（60）
冰乙酸	0.12（20） 1.68（30） 7.58（40） 74.8（50） 4.85（60）
乙酸乙酯	0.5（20） 5.2（30） 21.6（40） 78（50） 348（60） 0.58（10） 0.13（0） 0.027（-10） 0.006（-20）
乙酸丁酯	<0.1（0） 0.2（10） 1.6（20） 8.1（30） 28.7（40） 97（50） 350（60）
乙腈	0.3（30） 0.8（40） 2.0（50） 10.3（60）
正己烷	0.5（20） 4.3（30） 19.0（40） 79.2（50） 303（60）
乙醚	2.40（10） 0.95（0） 0.38（-10） 0.15（-20） 0.051（-30）
甲苯	0.390（10） 0.080（0） 0.015（-10） 0.003（-20）
正庚烷	0.080（10） 0.018（0） 0.004（-10）
甲基环己烷	0.20（10） 0.06（0） 0.02（-10） 0.005（-20）
正戊烷	0.089（10） 0.015（0） 0.003（-10）
异戊烷	0.096（10） 0.040（0） 0.017（-10）
二异丙基己烷	0.070（10） 0.015（0） 0.004（-10）
新己烷	0.04（0） 0.01（0） 0.003（-10）
2-甲基丙烷	0.086（10） 0.03（0） 0.01（-10） 0.003（-20）
异辛烷	0.051（10） 0.02（0） 0.008（-10） 0.003（-20）
三氯乙烯	28.7（41.5） 9.9（29.3） 3.85（20.3） 1.00（12.1）
冰点下降（%水）/℃	0.45（0.9）
低共熔物组成	
苯	0.015%硬脂酸（5.50）
环己烷	<0.1%硬脂酸（约 6.6）
乙酸	0.03%硬脂酸（16.48）

	项目	数值
毒性数据 LD_{50}/(mg/kg)	经口——老鼠	>10000
	经皮——兔	>5000
	静脉——小鼠	23
	静脉——鼠	21.5
	皮肤/眼	对皮肤或眼的刺激不明显
	致敏作用	7%石油醚溶液无致敏反应

10. 花生酸（arachidic acid）

分子式	$C_{20}H_{40}O_2$
CAS 登记号	506-30-9
相对分子质量	312.54
酸值/[(mgKOH)/g]	179
性状	蜡状结晶固体
熔点/℃	75.3~75.4
沸点（101.3kPa）/℃	328（分解），204（133.3pa）
相对密度 d_4^t	0.8240（100）
折射率 n_D^t	1.4307（85.6）　1.4250（100）
生成热/(kJ/mol)	1064（固态）
熔化热/(kJ/mol)	70.87（226.8kJ/kg）
结晶热/(kJ/mol)	70.9
比热容/[J/(g·℃)]	1.92（20~56）　2.00（20~66）　2.37（22~100）
燃烧热/(kJ/mol)	12660（15）（液态）　12595（15）（固态） 12660（20）（固态）　13976（25）（液态）
溶解性/(g/100g 溶剂)	很少溶于冷乙醇，能快速溶于氯仿、乙醚和苯
甲醇	0.080（10）　0.028（0）
乙酸乙酯	0.14（10）　0.036（0）
乙醚	0.90（10）　0.38（0）
丙酮	0.13（10）　0.035（0）
甲苯	0.12（10）　0.026（0）
正庚烷	0.028（10）　0.005（0）
90%乙醇	0.022（25）　0.045（20）

11. 山嵛酸（docosanoic acid）

分子式	$C_{22}H_{44}O_2$
CAS 登记号	112-85-6
相对分子质量	340.60
酸值/[(mgKOH)/g]	164
性状	蜡状结晶固体
熔点/℃	79.9~80.0

续表

沸点（101.3kPa）/℃	440.0
相对密度 d_4^t	0.8221（100）
表面张力/(mN/m)	27.77（90） 27.61（95）
折射率 n_D^t	1.4326（85.6） 1.4270（100）
熔化热/(kJ/mol)	78.5（230.5kJ/kg）
结晶热/(kJ/mol)	78.6
比热容/[J/(g·℃)]	2.03（18~71） 2.32（到100）
燃烧热/(kJ/mol)	13968（固态）
溶解性/(g/100g溶剂)	
甲醇	0.019（10） 0.007（0） 0.002（-10）
乙酸乙酯	0.055（10） 0.16（0） 0.004（-10）
乙醚	0.48（10） 0.18（0） 0.068（-10）
丙酮	0.05（10） 0.014（0） 0.004（-10）
甲苯	0.04（10） 0.01（0） 0.002（-10）
正庚烷	0.012（10） 0.002（0）
90%乙醇	0.102（17）
91.5%乙醇	0.218（25）（g/100mL乙醇）
86.2%乙醇	0.116（25）（g/100mL乙醇）
63.1%乙醇	0.011（25）（g/100mL乙醇）

12. 油酸（oleic acid）

分子式	$C_{18}H_{34}O_2$
CAS登记号	112-80-1
相对分子质量	282.47
酸值/[(mgKOH)/g]	199
性状	新鲜产品为无色至浅黄色液体，但暴露于空气中时因吸收氧气色变深，具有类似猪油的气味和味道
熔点/℃	13.5 16.3（β）
沸点（101.3kPa）/℃	360.0（分解）
相对密度 d_4^t	0.8939（15） 0.8905（20） 0.8870（25） 0.8835（30） 0.8735（45） 0.8634（60） 0.8429（90） 0.898（15） 0.895（20） 0.887（30） 0.867（69） 0.854（78） 0.851（83） 0.842（104） 0.812（144） 0.785（179）

续表

摩尔体积/(mL/mol)	319.5（30） 326.9（60） 334.9（90）
熔胀率/[mL/(mol·℃)]	0.1183（33.42mL/mol）
表面张力/(mN/m)	32.50（20）
黏度/(mPa·s)	38.80（20） 37.64（25） 23.01（30） 19.46（35） 14.08（45） 9.41（60） 4.85（90） 2.67（124） 2.41（134） 1.81（153） 1.50（162） 1.39（173） 1.25（181） 1.02（196） 1.00（198）
折射率 n_D^t	1.4582 和 1.4599（20） 1.4564（30） 1.4544（35） 1.4487（50） 1.4449（60） 1.4418（70）
介电常数/(F/m)	2.50~2.60（20） 2.45（60） 2.4（100）
生成热/(kJ/mol)	-803（液态）
熔化热/(kJ/mol)	28.4~43.1
比热容/[J/(g·℃)]	1.933（10） 2.046（50） 2.29（100） 2.669（150）
燃烧热/(kJ/mol)	11228（25）（液态）
汽化热/(kJ/mol)	238.5
闪点/℃	189
自燃点/℃	363
蒸气密度（空气=1）	9.74
溶解性/(g/100g 溶剂)	
苯	253（0） 720（10）
环己烷	80（-10） 233（0） 870（10）
氯仿	11.5（-40） 23.3（-30） 46.0（-20） 92（-10） 205（0） 760（10）
邻二甲苯	88（-10） 250（0） 1100（10）
乙醚	1.2（-40） 4.4（-30） 17.9（-20） 60（-10） 195（0） 870（10）
丙酮	0.06（-60） 0.17（-50） 0.53（-40） 1.4（-30） 5.1（-20） 27.4（-10） 159（0） 870（10）
2-丁酮	1.0（-40） 2.6（-30） 8.6（-20） 33.5（-10） 170（0） 880（10）
甲醇	0.03（-60） 0.10（-50） 0.29（-40） 0.86（-30） 4.02（-20） 31.6（-10） 250（0） 1820（10）

续表

95%乙醇	0.7（-40） 2.2（-30） 9.5（-20） 47.5（-10） 235（0） 1470（10）
2-丙醇	1.1（-40） 3.2（-30） 11.5（-20） 56.5（-10） 226（0） 1160（10）
正丁醇	1.3（-40） 4.0（-30） 15.2（-20） 56.5（-10）
乙酸乙酯	0.06（-60） 0.20（-50） 0.62（-40） 1.90（-30） 5.95（-20）
甲苯	0.08（-60） 0.28（-50） 0.96（-40） 3.12（-30）
正己烷	0.1（-40） 1.2（-30） 9.1（-20） 44.4（-10） 160（0） 720（10）
正庚烷	0.01（-60） 0.05（-50） 0.19（-40） 0.66（-30） 2.25（-20）
甲基环己烷	0.34（-40） 0.11（-50）
二异丙基己烷	0.21（-40） 0.11（-50）
异辛烷	0.16（-40） 0.07（-50）
新己烷	0.13（-40） 0.05（-50）
2-甲基庚烷	0.19（-40） 0.08（-50）
二氯乙烯	89.6（9） 23.9（-10.5） 1.9（-18） 0.55（-25.8）
四氯化碳	72.7（4.8） 35.7（-9） 13.7（-19.3） 1.51（-22.5）
三氯乙烯	89.6（9.5） 53.4（-4.5） 10.1（-26.7） 5.92（-34.5）
低共熔物组成	
苯	59.7%油酸（-9.2）
环己烷	38.9%油酸（-12.1）
四氯化碳	9.4%油酸（-25.6）
邻二甲苯	6.0%油酸（-31.0）

	项目	数值
毒性数据 LD_{50}/（mg/kg）	经口——鼠	>21.5mL/kg（75% 油酸）
	静脉——小鼠	230mg/kg
	皮肤/眼	对兔皮、兔眼有轻微刺激（75%油酸）

13. 亚油酸（linoleic acid）

分子式	$C_{18}H_{32}O_2$
CAS 登记号	60-33-3
相对分子质量	280.45
酸值/[(mgKOH)/g]	200
碘值	181
性状	无色至浅黄色液体
熔点/℃	-5
沸点（101.3kPa)/℃	407.8
相对密度 d_4^t	0.9007（22.8） 0.9025（20） 0.9038（18）
折射率 n_D^t	1.4699（20） 1.4703（20） 1.4664（30） 1.4588（50）
介电常数/(F/m)	2.3~2.7（20）
溶解性/(g/100g 溶剂)	不溶于水，但能与任何比例的甲醇互溶，也能与任何比例的乙醚和绝大多数其他有机溶剂互溶
水（mL/100mL）	16（6.7）
正己烷	3.0（-50） 14.3（-40） 53（-30） 170（-20） 990（-10）
氯仿	19.0（-50） 40（-40） 88（-30） 210（-20） 770（-10）
丙酮	3.3（-50） 8.6（-40） 27.2（-30） 147（-20） 1200（-10） 0.52（-70） 4.10（-50） 1.20（-60） 0.35（-70）
甲醇	3.3（-50） 9.9（-40） 48.1（-30） 233（-20） 1850（-10） 0.39（-70） 3.10（-50） 0.90（-60） 0.25（-70）
95%乙醇	4.5（-50） 11.1（-40） 42.5（-30） 208（-20） 1150（-10）
2-丙醇	6.0（-50） 11.7（-40） 45.2（-30） 203（-20） 1080（-10）
正丁醇	8.0（-50） 18.9（-40） 56（-30） 180（-20） 870（-10）
乙酸乙酯	4.40（-50） 1.38（-60） 0.39（-70）
正庚烷	0.98（-50） 0.20（-60） 0.0042（-70）
甲基环己烷	2.06（-50） 0.38（-60） 0.072（-70）
二异丙基己烷	0.94（-50） 0.17（-60） 0.032（-70）
石油溶剂	0.60（-70）
二硫化碳	4.12（-62）
苯	320（-20） 1250（-10）
环己烷	275（-20） 1210（-10）
四氯化碳	70（-30） 160（-20） 600（-10）

续表

低共熔物组成		
苯	74.6%亚油酸（-21.2）	
环己烷	51.8%亚油酸（-28.3）	
四氯化碳	31.9%亚油酸（-35.3）	
毒性数据 LD_{50}/(mg/kg)	项目	数值
	经口——小鼠	>3200
	经口——鼠	>3200
	皮肤/几内亚猪	>20mL/kg
	皮肤刺激	轻微

14. 亚麻酸（linolenic acid）

分子式	$C_{18}H_{30}O_2$	
CAS 登记号	463-40-1	
相对分子质量	278.44	
酸值/[(mgKOH)/g]	202	
性状	无色液体	
熔点/℃	-11	
沸点（101.3kPa）/℃	530.9~534.0（α-亚麻酸）	
相对密度 d_4^t	0.9157（20）	
折射率 n_D^t	1.4820（20） 1.4678（50） 1.4806（20） 1.4772（30） 1.4738（40）	
介电常数/(F/m)	2.55（-10） 2.76（20） 2.97（60） 3.01（100）	
溶解性	溶于石油醚、丙酮、乙醇和醚	
丙酮中溶解度/(g/100g 丙酮)	45.1（-36.9） 25.8（-41.3） 11.4（-49.3） 7.79（-53.8） 5.66（-56.3） 3.22（-62.3） 2.73（-66.9） 1.04（-79.3）	
毒性数据 LD_{50}/(mg/kg)	项目	数值
	经口——小鼠	>3200
	经口——鼠	>3200
	皮肤/几内亚猪	>20（mL/kg）
	皮肤刺激	轻微

15. 芥酸（erucic acid）

分子式	$C_{22}H_{42}O_2$
CAS 登记号	112-86-7
相对分子质量	338. 58
酸值/[(mgKOH)/g]	166
碘值	74. 98
熔点/℃	33～34
沸点（101. 3kPa）/℃	457. 1
相对密度 d_4^t	0. 8600（55） 0. 8532（70） 0. 8357（90） 0. 8327（95）
黏度/(mPa · s)	27. 8（50）
表面张力/(mN/m)	28. 56（90） 27. 77（95）
折射率 n_D^t	1. 4758（20） 1. 4567（35） 1. 4443（70）
生成热/(kJ/mol)	-855（液态）
熔化热/(kJ/mol)	51. 5（152kJ/kg）
燃烧热/(kJ/mol)	13793（15）（固态） 13797（25）（液态）
汽化热/(kJ/mol)	99. 0（292kJ/kg）
溶解度/(g/100g 溶剂)	
甲醇	62（21. 4） 60. 4（18） 2. 25（-2） 0. 49（-10） 0. 19（-20） 0. 068（-30） 0. 024（-40） 0. 007（-30）
乙醇	63. 4（21. 4） 8. 24（-2）
丙醇	63（21. 4） 60. 5（18） 10. 2（-2）
乙酸乙酯	0. 31（-20） 0. 11（-30） 0. 04（-40）
乙醚	1. 20（-30） 0. 49（-40） 0. 18（-50）
丙酮	0. 28（-20） 0. 10（-30） 0. 037（-40）
甲苯	0. 68（-20） 0. 16（-30） 0. 044（-40）
正庚烷	0. 35（-10） 0. 11（-20） 0. 03（-30） 0. 008（-40）

注：①1J/(g · ℃) = 1000/(K-273. 15) J/(kg · K)

②括号中数字代表温度，单位为℃。

附录二 脂肪酸甲酯和乙酯的特征常数

名称	英文名称	分子式	速记表示	熔点/℃	沸点/℃	ρ^{25}/(kg/m³)	ρ^{50}/(kg/m³)	P_{sat}^{100}/Pa	P_{sat}^{150}/Pa	C_p^{25}/[J/(mol·K)]	C_p^{50}/[J/(mol·K)]	η^{25}/mPa·s	η^{50}/mPa·s
月桂酸甲酯	methyl laurate	$C_{13}H_{26}O_2$	12:0	5.1(2)	268(2)	865.4(5)	845.6(6)	218(6)	2660(50)	437(2)	451(2)	2.80(5)	1.71(4)
肉豆蔻酸甲酯	methyl myristate	$C_{15}H_{30}O_2$	14:0	19.0(5)	295(10)	863.2(10)	844.1(6)	53.8(3)	850(60)	501(3)	511(2)	4.07(8)	2.35(5)
棕榈酸甲酯	methyl palmitate	$C_{17}H_{34}O_2$	16:0	29.6(5)	324(6)	851(3)^{40}	842(2)	12.2(10)	270(11)	572(3)^{40}	578(3)	3.75(10)^{40}	3.04(10)
棕榈油酸甲酯	methyl palmitoleate	$C_{17}H_{32}O_2$	16:1	−33.7(6)	325	865.1(7)	846.1(6)	9.9(13)	242(32)			3.75(10)	2.2(1)
硬脂酸甲酯	methyl stearate	$C_{19}H_{38}O_2$	18:0	38.7(6)	353(8)	849.7(10)^{40}	842.5(8)	2.7(3)	84(4)	633(5)^{40}	641(4)	5.0(1)^{40}	4.0(1)
油酸甲酯	methyl oleate	$C_{19}H_{36}O_2$	18:1	−19.7(5)	347(5)	871.1(6)	853.2(6)	3.3(3)	102(3)			5.6(1)	3.1(1)
亚油酸甲酯	methyl linoleate	$C_{19}H_{34}O_2$	18:2	−36.6(5)	347(5)	883.4(6)	865.1(6)	3.7(2)	106(2)			4.4(1)	2.7(1)
亚麻酸甲酯	methyl linolenate	$C_{19}H_{32}O_2$	18:3	−49(4)	348(8)	895.1(15)	877.1(15)	3.4(3)	100(3)			3.9(1)	2.5(1)

续表

名称	英文名称	分子式	速记表示	熔点/℃	沸点/℃	ρ^{25}/(kg/m³)	ρ^{50}/(kg/m³)	P_{sat}^{100}/Pa	P_{sat}^{150}/Pa	C_p^{25}/[J/(mol·K)]	C_p^{50}/[J/(mol·K)]	η^{25}/mPa·s	η^{50}/mPa·s
花生酸甲酯	methyl arachidate	$C_{21}H_{42}O_2$	20:0	46.4 (3)	371 (15)	848.7 (10)^{40}	841.9 (10)	0.7 (2)	32 (7)	700 (7)^{40}	708 (6)	6.1 (2)^{40}	4.8 (1)
山嵛酸甲酯	methyl behenate	$C_{23}H_{46}O_2$	22:0	53.3 (4)	402 (16)	844.4 (10)^{40}	838.5 (10)	0.3 (3)	1.3 (6)			7.8 (14)^{40}	6.0 (5)
芥酸甲酯	methyl erucate	$C_{23}H_{44}O_2$	22:1	-1.1 (5)	400 (9)	867.1 (7)	849.3 (6)	0.2 (1)	1.1 (2)			9.1 (1)	4.8 (1)
月桂酸乙酯	ethyl laurate	$C_{14}H_{28}O_2$	12:0	-1.8 (4)	276 (3)	858.1 (6)	839.2 (7)	132 (8)	1782 (40)			3.01 (5)	1.85 (4)
肉豆蔻酸乙酯	ethyl myristate	$C_{16}H_{32}O_2$	14:0	12.3 (8)	308 (3)	857.1 (6)	838.0 (5)	32 (2)	572 (15)			4.2 (1)	2.46 (5)
棕榈酸乙酯	ethyl palmitate	$C_{18}H_{36}O_2$	16:0	24.2 (4)	334 (7)	857.2 (7)	838.4 (4)	5.4 (3)	157 (30)			5.7 (1)	3.20 (7)
棕榈油酸乙酯	ethyl palmitoleate	$C_{18}H_{34}O_2$	16:1	-36 (1)								4.5 (10)	2.8 (10)
硬脂酸乙酯	ethyl stearate	$C_{20}H_{40}O_2$	18:0	33.1 (7)	356 (6)	844.1 (9)^{40}	837.2 (8)	2.2 (3)	65 (6)	667 (3)	683 (2)	7.5 (1)	4.05 (10)
油酸乙酯	ethyl oleate	$C_{20}H_{38}O_2$	18:1	-21 (2)	357 (9)	865.9 (8)	847.6 (8)	2.5 (2)	78 (25)			5.8 (1)	3.31 (8)

续表

名称	英文名称	分子式	速记表示	熔点/℃	沸点/℃	ρ^{25}/(kg/m³)	ρ^{50}/(kg/m³)	P_{sat}^{100}/Pa	P_{sat}^{150}/Pa	C_p^{25}/[J/(mol·K)]	C_p^{50}/[J/(mol·K)]	η^{25}/mPa·s	η^{50}/mPa·s
亚油酸乙酯	ethyl linoleate	$C_{20}H_{36}O_2$	18：2	-55（5）	351（10）	877.0（15）	861.1（15）	1.9（15）	64（30）			4.8（1）	2.9（1）
亚麻酸乙酯	ethyl linolenate	$C_{20}H_{34}O_2$	18：3		357（10）	889.5（15）	870.9（15）	2.4（11）	75（20）			3.95（10）	2.50（7）
花生酸乙酯	Ethyl arachidate	$C_{22}H_{44}O_2$	20：0	41.7（5）	389		838.7（15）	0.4（4）	22（10）				5.0（1）

注：1. ρ^{25}（ρ^{50}）是指压力为0.1MPa，温度为25℃（50℃）时，液相物质的密度；

2. $P_{sat}{}^{100}$（$p_{sat}{}^{150}$）是指温度为100℃（150℃）时物质的饱和蒸气压；

3. $C_p{}^{25}$（$C_p{}^{50}$）是指压力为0.1MPa，温度为25℃（50℃）时，液相物质的比热容；

4. η^{25}（η^{50}）是指压力为0.1MPa，温度为25℃（50℃）时，液相物质的黏度；

5. 部分物质在25℃下不是液态，该数值在40℃下测定，采用上角标“40”表示；

6. 括号中的数值为置信水平0.95时该属性值最后一位的扩展不确定度。

附录三　部分油脂的理化特征参数

油脂	英文名称	来源	熔点/℃	ρ/(g/cm³)	n_D	皂化值	碘值
扁桃仁油	almond kernel oil	植物		0.910^{25}	1.467^{26}	188~200	89~101
鳀鱼油	anchovy oil	海洋动物				191~194	163~169
杏仁油	apricot kernel oil	植物		0.910^{25}	1.469^{25}	185~199	97~110
摩洛哥坚果籽油	argan seed oil	植物		0.912^{20}	1.467^{20}	189~195	92~102
鳄梨油	avocado pulp oil	植物		0.912^{25}	1.466^{25}	177~198	85~90
巴巴苏油	babassu palm oil	植物	24	0.914^{25}	1.450^{40}	245~256	10~18
牛油	beef tallow	陆地动物	47	0.902^{25}	1.454^{40}	190~200	33~47
黑加仑油	blackcurrant oil	植物		0.923^{20}	1.480^{20}	185~195	173~182
琉璃苣油	borage (starflower) oil	植物				189~192	141~160
婆罗洲脂	Borneo tallow	植物	38	0.855^{100}	1.456^{40}	189~200	29~38
乳脂	butterfat	陆地动物	32	0.934^{15}	1.455^{40}	210~232	26~40
亚麻荠油	camelina oil	植物		0.924^{15}	1.477^{20}	180~190	127~155
低芥酸卡诺拉菜籽油	canola (rapeseed) oil (low erucic)	植物	−10	0.915^{20}	1.466^{40}	182~193	110~126
低亚麻酸卡诺拉菜籽油	canola (rapeseed) oil (low linolenic)	植物	−10				91
毛鳞鱼油	capelin oil	海洋动物			1.463^{50}	185~202	94~164
页蒿子油	caraway seed oil	植物			1.471^{35}	178	128
腰果油	cashew nut oil	植物		0.914^{15}	1.463^{40}	180~196	79~89
蓖麻油	castor oil	植物	−18	0.952^{25}	1.475^{25}	176~187	81~91
樱子油	cherry kernel oil	植物		0.918^{25}	1.468^{40}	190~198	110~118
鸡油	chicken fat	陆地动物		0.918^{15}	1.456^{40}		76~80
乌桕脂	Chinese vegetable tallow	植物	44	0.887^{25}	1.456^{40}	200~218	16~29
可可脂	cocoa butter	植物	34	0.974^{25}	1.457^{40}	192~200	32~40
椰子油	coconut oil	植物	25	0.913^{40}	1.449^{40}	248~265	5~13
鱼肝油	cod liver oil	海洋动物		0.924^{15}	1.482^{25}	180~192	142~176

续表

油脂	英文名称	来源	熔点/℃	ρ/(g/cm³)	n_D	皂化值	碘值
羽叶棕榈果油	cohune nut oil	植物		0.914^{25}	1.450^{40}	251~260	9~14
芫荽籽油	coriander seed oil	植物		0.908^{25}	1.464^{25}	182~191	86~100
玉米油	corn oil	植物	-20	0.919^{20}	1.472^{25}	187~195	107~135
棉籽油	cottonseed oil	植物	-1	0.920^{20}	1.462^{40}	189~198	96~115
海甘蓝籽油	crambe oil	植物		0.906^{25}	1.470^{25}		87~113
大戟籽油	euphorbia lagascae seed oil	植物		0.952^{25}	1.473^{25}		102
月见草油	evening primrose oil	植物			1.479^{20}	193~198	147~155
葡萄籽油	grape seed oil	植物		0.923^{20}	1.475^{40}	188~194	130~138
榛子油	hazelnut oil (filbert)	植物		0.909^{25}	1.473^{25}	188~197	83~90
鲱鱼油	herring oil	海洋动物		0.914^{20}	1.474^{25}	161~192	115~160
雾冰草脂	illipe (mowrah) butter	植物	27	0.862^{100}	1.460^{40}	188~207	53~70
木棉子油	kapok seed oil	植物	30	0.926^{15}	1.469^{25}	189~197	86~110
藤黄果油	kokum butter	植物	41		1.456^{40}	192	33~37
苦松油	kusum oil	植物			1.461^{40}	220~230	48~58
亚麻籽油	linseed oil	植物	-24	0.924^{25}	1.480^{25}	188~196	170~203
芒果籽油	mango seed oil	植物		0.912^{15}	1.461^{25}	188~195	39~48
白芒花籽油	meadowfoam seed oil	植物			1.464^{40}	168	86~91
鲱鱼油	menhaden oil	海洋动物		0.920^{15}		192~199	150~200
辣木籽油	moringa peregrina seed oil	植物		0.903^{24}	1.460^{40}	185	70
芥子油	mustard seed oil	植物		0.913^{20}	1.465^{40}	170~184	92~125
羊脂	mutton tallow	陆地动物	48	0.946^{15}	1.455^{40}		35~46
印度楝树油	neem oil	植物	-3	0.912^{30}	1.462^{40}	195~205	68~71
黑芝麻油	niger seed oil	植物		0.924^{15}	1.468^{40}	188~193	126~135
肉豆蔻脂	nutmeg butter	植物	45		1.468^{40}	170~190	48~85
燕麦豆油	oat bean oil	植物		0.904^{25}	1.472^{30}	181~187	86~96
燕麦油	oat oil	植物		0.917^{25}	1.467^{40}	190~199	105~116
奥蒂油	oiticica oil	植物		0.972^{20}	1.514^{25}	188~193	140~150
橄榄油	olive oil	植物	-6	0.911^{20}	1.469^{20}	184~196	75~94
棕榈仁油	palm kernel oil	植物	24	0.922^{15}	1.450^{40}	230~250	14~21

续表

油脂	英文名称	来源	熔点/℃	ρ/(g/cm^3)	n_D	皂化值	碘值
棕榈油	palm oil	植物	35	0.914^{15}	1.455^{40}	190~209	49~55
棕榈液油	Palm olein	植物		0.910^{40}	1.459^{40}	194~202	>56
棕榈硬脂	palm stearin	植物		0.884^{60}	1.449^{40}	193~205	<48
欧芹籽油	parsley seed oil	植物			1.480^{40}		110~120
花生油	peanut oil	植物	3	0.914^{20}	1.463^{40}	187~196	86~107
紫苏籽油	perilla oil	植物		0.924^{25}	1.477^{25}	188~197	192~208
福瓦拉脂	phulwara butter	植物	43	0.862^{100}	1.458^{40}	188~200	40~51
松子油	pine nut oil	植物		0.919^{15}		193~197	118~121
猪油	pork lard	陆地动物	30	0.898^{20}			
米糠油	rice bran oil	植物		0.916^{25}	1.472^{25}	181~189	92~108
红花籽油	safflower seed oil	植物		0.924^{15}	1.474^{25}	186~198	136~148
红花籽油（高油酸）	safflower seed oil (high oleic)	植物		0.921^{20}	1.470^{25}		91~95
萨尔脂	sal fat	植物	33		1.456^{40}	175~192	31~45
鲑鱼油	salmon oil	海洋动物		0.924^{15}	1.475^{25}	183~186	130~160
沙丁鱼油	sardine oil	海洋动物		0.915^{25}	1.464^{65}	188~199	159~192
芝麻油	sesame seed oil	植物	−6	0.917^{20}	1.467^{40}	187~195	104~120
鲨鱼肝油	shark liver oil	海洋动物		0.917^{25}	1.476^{25}	170~190	150~300
牛油树脂	sheanut butter	植物	38	0.863^{100}	1.465^{40}	178~198	52~66
大豆油	soybean oil	植物	−16	0.920^{20}	1.468^{40}	189~195	118~139
花椒籽油	stillingia seed kernel oil	植物		0.937^{25}	1.483^{25}	202~212	169~191
葵花子油	sunflower seed oil	植物	−17	0.919^{20}	1.474^{25}	188~194	118~145
妥尔油	tall oil	植物		0.969^{25}	1.494^{25}	154~180	140~180
桐油	tung oil	植物	−2	0.912^{25}	1.517^{25}	189~195	160~175
斑鸠菊籽油	vernonia seed oil	植物		0.901^{30}	1.486^{32}	176	55
核桃油	walnut oil	植物		0.921^{25}	1.474^{25}	189~197	138~162
小麦胚芽油	wheatgerm oil	植物		0.926^{25}	1.479^{25}	179~217	100~128

注：ρ 和 n_D 数值的上角标为测定温度。

附录四　部分油脂的脂肪酸组成和相对含量

单位：%

油脂	C12：0	C14：0	C16：0	C16：1	C18：0	C18：1	C18：2	C18：3 n-3	C20：0	C20：1	C22：0	其他	英文名称
藻油（DHA）	4.50	15.40	11.60	2.30	0.30	11.30	0.80	0.20	0.10	0.10	0.10	C10：0　0.60 C22：6n-3　51.70	algae oil
扁桃仁油			6.70	0.40	1.70	66.40	21.60		0.10				almond oil
苋菜油			20.00		4.00	33.30	38.20	1.00					amaranth oil
苦油树油			20.90	1.00	12.10	51.20	13.00	0.50	1.30				andiroba oil
苹果籽油			5.61	0.06	1.47	26.47	43.03	0.60	1.31		0.27		apple Seed oil
杏仁油			5.40	0.70	0.80	66.40	21.60			0.10			apricot oil
摩洛哥坚果油			15.60~16.50		3.70~8.50	41.20~45.00	35.00~37.90						argan oil
洋蓟籽油		0.10	11.30	0.10	3.20	30.20	53.30		0.40	0.20			artichoke seed oil
鳄梨油			20.40	9.80	0.40	49.90	12.00	0.40	0.10				avocado oil
巴巴苏仁油	50.00	20.00	11.00		3.50	12.00							babassu oil
罗勒油			7.33	0.12	2.60	7.43	24.89	54.58	0.16		0.04		basil oil
辣木油			6.50	1.00	5.67	76.00	1.29		3.00	1.20	5.00		ben oil
黑莓籽油	0.04	0.05	3.71		2.18	14.72	61.22	17.60	0.47				blackberry seed oil
巴西胡桃油		1.79	13.55		2.58	55.64	21.65						brazil nut oil
仙人掌梨籽油			20.10	1.80	2.72	18.30	53.50	2.58					cactus pear seed oil

续表

油脂	C12：0	C14：0	C16：0	C16：1	C18：0	C18：1	C18：2	C18：3 n-3	C20：0	C20：1	C22：0	其他		英文名称
辣椒籽油			13.84	0.12	3.71	14.56	67.77							capsicum seed oil
胡萝卜籽油			3.71		0.42	82.08	13.19	0.28	0.33					carrot oil
腰果油			11.00	0.50	8.00	61.00	19.00	0.30	0.30					cashew oil
蓖麻油			1.60		1.50	3.60	5.00	0.40	0.10	0.30		12-OH，9c-C18：1	82.70	castor oil
香柏籽油		0.03	4.61	0.04	2.98	27.33	41.33	0.16	0.33			C18：3n-6	18.73	cedar oil
奇亚籽油						4.00	26.00	54.10						chia oil
可可脂			27.30		34.70	32.50	2.50							cocoa butter
椰子油	45.00	20.00	7.00		5.00	5.00						C8：0 C10：0	9.00 10.00	coconut oil
咖啡籽油			20.2~23.6		1.1~9.1	12.4~20.2	25.5~37.6		>2.00					coffee seed oil
羽叶棕榈果油	46.50	16.00	9.50		3.00	10.00	1.00					C8：0 C10：0	7.50 6.50	cohune oil
芫荽子油			5.30	0.30	3.10	7.60	13.00					C18：1n-6	68.50	coriander seed oil
玉米油	0~0.30	0~0.30	8.60~16.50	0~0.50	0~3.30	20.00~42.20	34.00~65.60	0~2.00	0.30~1.00	0.20~0.60				corn oil
棉籽油		0.60~1.00	21.40~26.40	1.20	2.10~3.30	14.70~21.70	46.70~58.20	0.40	0.20~0.50		0.60			cottonseed oil
月见草油	0.03	0.07	6.00~10.00	0.04	1.50~3.50	5.00~12.00	65.00~80.00	0.20	0.30	0.20	0.10	C18：3n-6	8.00~14.00	evening primrose oil

续表

油脂	C12：0	C14：0	C16：0	C16：1	C18：0	C18：1	C18：2	C18：3 n-3	C20：0	C20：1	C22：0	其他		英文名称
葡萄籽油		0.08	7.40	0.60	3.90	15.60	72.20	0.24						grapeseed oil
榛子油			5.27	0.17	2.45	85.18	6.27	0.08	0.13	0.17	0.03			hazelnut oil
麻风树籽油		0.10	14.30	0.80	6.50	29.00	34.60	0.20	0.20	0.10				jatropha seed oil
霍霍巴油			0~2.00			10.00~13.00			66.00~71.00		0~1.00	11*c*-C22：1	14.00~20.00	jojoba oil
猕猴桃籽油						12.89	12.59	63.99						kiwi seed oil
月桂脂	27.70	1.00	17.10	0.30	1.50	27.20	21.50	1.20						laurel oil
亚麻籽油			5.10~6.70		0.25~4.60	17.80~24.30	16.30~20.00	45.10~55.00						linseed oil
芒果籽油			9.80		41.60	40.60	5.40	0.30	1.90		0.30			mango seed oil
金盏花籽油		0.50	4.20		2.00	3.80	28.50	1.10	0.40			金盏酸	59.10	marigold seed oil
白芥子油			2.00			28.00	19.50		1.00			C22：1*n*-9	52.00	white mustard seed oil
黑芥子油			4.15		1.40	26.28	10.68	8.16	0.53	9.68		C22：1*n*-9	38.76	black mustard seed oil
苦楝油			21.40		20.60	35.10	17.70	0.60	1.10	0.60				neem oil
黑芝麻油			9.20		10.10	9.00	71.70							Niger seed oil
肉豆蔻油	8.00	55.10	14.87		7.30									oil of nutmeg
萝卜籽油			7.10		2.20	40.00	16.90	14.50	0.40	9.30		C22：1*n*-9	9.60	oilseed radish oil
橄榄油			16.72	1.87	1.49	66.90	12.10	0.91						olive oil
西瓜籽油		0.11	11.30	0.29	10.24	18.07	59.64	0.35						otanga oil
棕榈仁油	48.30	15.60	7.80		2.00	15.10	2.70					C8：0 C10：0	4.40 3.70	palm kernel oil

续表

油脂	C12：0	C14：0	C16：0	C16：1	C18：0	C18：1	C18：2	C18：3 n−3	C20：0	C20：1	C22：0	其他		英文名称
棕榈油	0. 30	1. 10	45. 10	0. 10	4. 70	38. 80	9. 40	0. 30	0. 20					palm oil
木瓜油			15. 10		5. 00	76. 30	3. 40							papaya oil
百香果籽油			6. 78		1. 76	19. 00	59. 90	5. 40	0. 34					passion fruit seed oil
桃仁油			5. 40	0. 60	2. 70	63. 90	25. 30	0. 10						peach kernel oil
花生油			10～13	0～0. 1	1～4	35～41	35～41	0～0. 3	1～2	1～2	4～5			peanut oil/ African peanut oil
梨子油			13. 50		3. 00	27. 20	51. 50	1. 10	2. 60		0. 80			pear seed oil
美洲山核桃油			3. 30		1. 90	77. 80	15. 80		0. 10					pecan oil
胡椒油	2. 50	3. 10	27. 20		7. 30	29. 90	7. 70					C10：0	4. 10	pepper oil
巴西油桃木果油		0. 20	41. 10	0. 50	1. 90	54. 00	0. 90		0. 20	0. 20				pequi oil
紫苏籽油			7. 00		2. 00	13. 00	14. 00	64. 00						perilla oil
松仁油			5. 55	0. 16	3. 20	36. 34	47. 19	0. 63		0. 74				pine kernel oil (Pinus pinea)
开心果油		0. 60	8. 20		1. 40	69. 60	20. 00							pistachio oil
梅仁油			6～12		4～9	55～65	15～35							plum kernel oil
石榴籽油			3. 90		2. 60	6. 60	6. 90					9c，11t，13c−C18：3	74. 50	pomegranate seed oil
南瓜籽油		0. 10	12. 00	0. 10	5. 10	31. 80	48. 60	0. 10	0. 40		0. 30			pumpkin seed oil
藜麦油		0. 32	11. 40	0. 07	0. 79	25. 60	52. 80	7. 00	0. 29					quinoa oil
菜籽油			2. 50			15. 00	13. 50	8. 00				C22：1n−9	48. 00	rapeseed oil
米糠油		0. 4～1	12～18	0. 2～0. 4	1～3	40～50	29～42							rice bran oil

续表

油脂	C12：0	C14：0	C16：0	C16：1	C18：0	C18：1	C18：2	C18：3 n-3	C20：0	C20：1	C22：0	其他	英文名称
玫瑰果油						29.30	56.70	9.40					rose hip oil
美藤果油			4.30		3.00	9.00	36.20	46.80					Sacha inchi oil
红花籽油		0.10	6.90	0.10	2.10	10.40	79.00	0.10	0.30		0.20		safflower oil
沙棘籽油		0.10	19.50	10.50	0.70	49.80	11.30	1.10	0.10				sea buckthorn oil
芝麻油			8.20	0.10	5.60	39.00	45.70	0.40	0.60		0.10		sesame oil
大豆油		0.10	11.70	0.10	3.90	20.00	55.20	6.20	0.30		0.30		soya bean oil
乌桕油			9.00		5.00	10.00	30.00	54.00					stillingia oil
葵花籽油			5~8		2.5~7	13~40	48~74	0~0.3			0.5~1.3		sunflower oil
茶籽油		0.30	7.60		0.80	83.30	7.40		0.60				tea seed oil
番茄籽油	0.50	0.50	15.00	0.50	6.50	23.00	50.50	2.00	0.50				tomato Seed Oil
桐油			2.00		3.00	4~10	8~15	2.00				桐酸 71~82	tung oil
核桃油			7.80	0.10	2.50	14.90	62.00	10.60	0.10	0.30			walnut oil
小麦胚芽油			18.00	1.30	1.30	21.60	51.30	6.40					wheat-germ oil

附录五 部分油脂的甘油三酯组成

油脂	英文名称	甘油三酯	相对含量/%
扁桃仁油	almond oil	LLL	1~4
		OLL	12~20
		PLL	1~4
		LOO	21~28
		POL	7~11
		OOO	23~40
		POO	7~10
		PPO	<0.4
		StOO	1~5
苋菜油	amaranth oil	LLL	4.00
		LnLO	0.60
		LnLP	0.50
		OLL	12.10
		PLL	13.80
		OLO	11.80
		PLO+StLL	20.00
		PPL	7.50
		OOO	7.90
		POO+StOL	12.50
		PLSt	2.10
		POP	3.80
		StOO	2.20
		StOSt	1.30
苹果籽油	apple seed oil	LnLL+LnLnO	0.50
		LLL+LnLO	16.70
		LnLP+LnLnSt	0.90
		LLO+LnOO	27.00
		LLP+LnLSt+LnOP	9.00
		LOO	19.20
桃仁油	peach kernel oil	POO	7.00
		StOO	2.00
		PPL	0.30
		OOO	31.00
		POL	9.00
		OOL	28.00
		PLL	2.00
		OLL	17.00
		LLL	4.00
花生油	peanut oil	PStO	2.20
		POO	6.70
		StOO	1.50
		PPL	2.90
		OOO	11.80
		POL	12.90
		OOL	19.40
		PLL	5.10
		OLL	18.30
		LLL	2.00
		POP	2.30
		PLP	5.30
		StOL	3.90
		StLL	1.40
		LOL	2.20
梨籽油	pear seed oil	LnLL+LnLnO	0.40
		LLL+LnLO	20.30
		LnLP+LnLnSt	0.80
		LLO+LnOO	27.60
		LLP+LnLSt+LnOP	2.30

续表

油脂	英文名称	甘油三酯	相对含量/%
苹果籽油	apple seed oil	LLSt+LOP+LnOSt	10. 70
		LPP+LnPSt	1. 60
		OOO	7. 20
		LOSt+OOP	4. 20
		LPSt+OPP	0. 80
		OOSt	2. 10
洋蓟籽油	artichoke seed oil	LLL	19. 20
		XLO	0. 30
		LLO	19. 10
		LLP	11. 80
		LOO	12. 50
		LOP	13. 00
		LPP	2. 30
		OOO	6. 40
		LOSt	2. 60
		OOP	5. 80
		LStP	1. 10
		POP	1. 60
		OOSt	2. 10
		LStSt	0. 30
		POSt	0. 90
		StPP	0. 10
		StOSt	0. 10
鳄梨油	avocado oil	OLL	5~8
		PLL+POL	2~7
		OOL	10~18
		POL+POO	12~27
		PPL+PPO	0~3
		OOO	12~30
		POO	19~25
		PPO	3~11
		PPO	<0. 2
梨籽油	pear seed oil	LOO	18. 50
		LLSt+LOP+LnOSt	11. 30
		LPP+LnPSt	1. 20
		OOO	11. 20
		LOSt+OOP	4. 50
		LPSt+OPP	0. 10
		OOSt	1. 80
美洲山核桃油	pecan oil	POO	3~5
		StOO	0. 1~0. 7
		OOO	4~10
		POL+POO	8~10
		StOL	0. 1~1
		OOL	24~29
		StLL	0. 3~1
		OLL	24~29
		LLL	12~17
		LnLO	0. 5~1
		LnOO	6~9
		LnLL	1~3
		LnLnL	0. 1~1
		LnLnLn	0. 3~1
松仁油	pine kernel oil (pinuspinea)	LLL	10. 80
		OLnL	2. 23
		PLnL	0. 83
		OLnO	23. 50
		PLL	5. 32
		PLnO	1. 23
		LOL	18. 60
		PLO	10. 60
		LPP	0. 87
		OOO	10. 30
		StLO	3. 39

续表

油脂	英文名称	甘油三酯	相对含量/%
腰果油	cashew oil	PStO	3~6
		StOSt	2~3
		PPO	2~5
		POO	15~19
		StOO	11~12
		PPL	1~2
		OOO	19~29
		POL	8~11
		StOL	4~5
		OOL	12~17
		PLL	2~3
		OLL	3~5
		LLL	0.50
香柏籽油	cedar oil	LnLnLn	0.33
		LnLnL	3.34
		LnLL	66.40
		LLL	30.00
奇亚籽油	chia oil	LnLnLn	32.80
		LnLnL	20.30
		LnLL	13.80
		LnLnP	7.70
		LnLO	7.00
		LnLP	5.30
		LnOO+LnOP	8.30
		LnPP	0.80
		LLSt	1.10
		LnOSt	2.10
		LnStP	1.00
棉籽油	cottonseed oil	PLL	24.50
		POL	17.10
		LLL	13.50
		OLL	13.10
		PPL	9.00

油脂	英文名称	甘油三酯	相对含量/%
松仁油	pine kernel oil (pinuspinea)	POO	5.38
		OPP	0.77
		StOO	1.87
		StLSt	0.25
		POSt	0.46
		OStSt	0.28
		PStSt	0.14
梅仁油	plum kernel oil	LLL	8.05
		LLO	17.60
		LOO	33.50
		OOO	40.90
南瓜籽油	pumpkin seed oil	LLL	27.80
		OLL	24.20
		PLL	19.90
		OOL	7.30
		StLL	4.50
		POL	9.40
		PPL	1.70
		OOO	0.90
		StOL	1.50
		POO	1.50
		PPO	1.30
藜麦油	quinoa oil	LnLnL	1.09
		LnLL	6.04
		LLL	19.22
		PLnL	2.86
		OLL+OOLn	21.09
		PLL+PLnO	11.34
		OOL+POO	12.78
		POL	9.47
		PPL	1.54
		OOO+MStO	1.99
		OOP+PStL	3.88

续表

油脂	英文名称	甘油三酯	相对含量/%
棉籽油	cottonseed oil	OOL	5. 70
		PPO	3. 40
		POO	2. 50
		StLL	2. 10
		PStL	1. 70
		StOL	1. 50
		OOO	0. 80
葡萄籽油	grapeseed oil	LLL	35. 70
		OLL	21. 00
		PLL	17. 00
		StLL+LOP	15. 90
		LOO	10. 30
榛子油	hazelnut oil	PPP	0. 10
		PPO	0. 30
		POO	9. 90
		StOO	3. 50
		PPL	0. 10
		OOO	69. 60
		POL	1. 70
		OOL	11. 60
		PLL	0. 20
		OLL	2. 00
		LLL	0. 70
黑芝麻油	Niger seed oil	LLL	37. 97
		OLL	12. 35
		PLL	15. 01
		OOL	2. 62
		POL	14. 89
		PPL	1. 63
		OOO	3. 89
		POO+StOL	2. 51
		StOO	1. 66
藜麦油	quinoa oil	POP	1. 97
		PPO	0. 61
		PPP	0. 34
		OOSt	0. 41
美藤果油	sacha inchi oil	LnLnLn	12. 30
		LnLLn	22. 20
		LLnL	18. 20
		LnOLn	7. 30
		PLnLn	3. 20
		LLL	5. 30
		OLLn	9. 30
		PLLn	4. 40
		StLnLn	2. 10
		LOL	3. 00
		OLnO	1. 80
		LLP	6. 90
		OLO	0. 80
		StLL	2. 70
		OOO	0. 10
		StLO	0. 40
芝麻油	sesame oil	PStO	0~0. 6
		POL	0~8
		StOSt	0. 3~4
		StOL	4~21
		PPO	0~0. 6
		OOL	15~20
		POO	0~3
		PLL	0~11
		StOO	2~10
		StLL	3~10
		PPL	0~2
		OLL	18~25

续表

油脂	英文名称	甘油三酯	相对含量/%
橄榄油	olive oil	OLL	0.30
		OLLn	0.90
		OOLn	1.00
		PLL	0.50
		POLn	0.30
		OOL	10.40
		POO	1.10
		POL	4.50
		PPO	0.40
		PPL	0.70
		OOO	43.10
		POO	23.10
		PPO	2.90
		PStP	0.80
		PPP	0.50
		StOO	3.60
		PStO	0.40
		PPSt	0.60
木瓜油	papaya oil	LLL	0.02
		OLL	0.03
		PLL	0.03
		OLO	2.54
		PLO	1.72
		PLP	0.18
		OOO	43.77
		POO+StLO	33.83
		POP	6.19
		OGO	0.42
		StOO	8.37
		POSt	2.41
		StOSt	0.20
		StStP	0.27
芝麻油	sesame oil	PStL	0~1
		LLL	5~20
		StStL	0.5~5
		ALO	0~0.3
		OOO	4~7
		LnLL	0~0.5
大豆油	soybean oil	LLnLn	0.80
		OOL	7.60
		LLLn	7.50
		StLL	4.20
		OLnLn	0.30
		POL	7.80
		LLL	19.30
		PPL	1.50
		OLLn	5.00
		OOO	1.90
		PLLn	2.80
		StOL	3.00
		OLL	20.40
		POO	1.30
		OOLn	0.80
		PPO	1.00
		PLL	13.10
		PStO	0.70
		POLn	0.70

参考文献

[1] 汤逢．油脂化学 [M]．南昌：江西科学技术出版社，1985.

[2] 丁纯孝．酯交换反应及其在食用油脂工业中的应用 [J]．油脂科技，1985，(3)：54-64.

[3] 徐学兵．油脂化学 [M]．北京：中国商业出版社，1993.

[4] 韩国麒．油脂化学 [M]．郑州：河南科学技术出版社，1995.

[5] 刘庆慧，高淳仁．几种鱼油的脂肪酸组成及贮藏期间的变化 [J]．中国海洋药物，1998，17 (3)：27-30.

[6] 张根旺．油脂化学 [M]．北京：中国财政经济出版社，1999.

[7] Y. H. Hui. 徐生庚，邱爱泳，译．贝雷：油脂化学与工艺学 [M]. 5 版．北京：中国轻工业出版社，2001.

[8] 马传国．油脂深加工与制品 [M]．北京：中国商业出版社，2002.

[9] 张金廷．脂肪酸及其深加工手册 [M]．北京：化学工业出版社，2002.

[10] 郭诤，张根旺，孙彦．共轭亚油酸制备方法的研究进展 [J]．化学通报，2003，66 (9)：592-597.

[11] 卢行芳，卢荣．天然磷脂产品的加工及应用 [M]．北京：化学工业出版社，2004.

[12] 张玉军，陈杰瑢．油脂氢化化学与工艺学 [M]．北京：化学工业出版社，2004.

[13] 毕艳兰．油脂化学 [M]．北京：化学工业出版社，2005.

[14] 刘新锦，朱亚先，高飞．无机元素化学 [M]. 3 版．北京：科学出版社，2005.

[15] 张阜青，王兴国，胡鹏．不同硬度棕榈油基人造奶油组成及结晶行为研究 [J]．中国油脂，2009，34 (9)：30-34.

[16] 张立坚，杨会邦，蔡春. 3 种淡水鱼油脂肪酸的含量分析 [J]．食品研究与开发，2011，32 (4)：115-117.

[17] 王兴国，金青哲．油脂化学 [M]．北京：科学出版社，2012.

[18] 苏国忠，牟英，杨天奎．新型中长链甘油三酯的制备及其在人造奶油中的应用 [J]．中国油脂，2012，37 (11)：49-53.

[19] 胡蒋宁，邓泽元，唐亮，等．利用樟树籽油制备低/零反式脂肪酸塑性油脂的方法 [J]. 2012，CN102326630A.

[20] 何东平．油脂化学 [M]．北京：化学工业出版社，2013.

[21] 金青哲．功能性脂质 [M]．北京：中国轻工业出版社，2013.

[22] 谢达平．食品生物化学 [M]．北京：中国农业出版社，2014.

[23] 王莉蓉，金青哲，冯国霞，等．我国及欧美煎炸食用油法律法规与标准概述 [J]．食品安全质量检测学报，2015，6 (9)：3774-3779.

[24] 牛跃庭，胡明明．巧克力涂层基料油的理化性质及其相容性研究 [J]．粮油食品科技，2015，23 (5)：40-44.

[25] Fereidoon Shahidi. 王兴国，金青哲，译．贝雷油脂化学与工艺学 [M]. 6 版．北京：中国轻工业出版社，2016.

[26] 刘元法. 食品专用油脂 [M]. 北京：中国轻工业出版社，2017.

[27] 张惠君，王兴国，金青哲. 3 种海洋鱼油脂肪酸组成及其位置分布 [J]. 食品与机械，2017，33 (9)：59-63.

[28] 王兴国. 人乳酯及人乳替代品 [M]. 北京：科学出版社出版，2018.

[29] 任顺成. 食品营养与卫生 [M]. 北京：中国轻工业出版社，2019.

[30] 金俊，金青哲，王兴国. 起酥油的类型与特征指标研究 [J]. 中国油脂，2021，46 (5)：53-57.

[31] Ahmad M U, Xu X. Polar lipids: Biology, Chemistry, and Technology [M]. Urbana: AOCS Press, 2015.

[32] Akoh C C. Food lipids: Chemistry, Nutrition, and Biotechnology [M]. 4th ed. Boca Raton: CRC press, 2017.

[33] Alvarez H M, Mayer F, Fabritius D, et al. Formation of intracytoplasmic lipid inclusions by Rhodococcus opacus strain PD630 [J]. Archives Micorbiology, 1996, 165 (6): 377-386.

[34] Bornscheuer U T. Enzymes in Lipid Modification [M]. Weinheim: Wiley-VCH Verlag GmbH, 2000.

[35] Costa A B. Michel Eugene Chevreul: Pioneer of Organic Chemistry [M]. Madison: State Historical Society of Wisconsin, 1962.

[36] Deuel H J. The Lipids: Their Chemistry and Biochemistry, Volume I: Chemistry [M]. Geneva: Interscience Publishers, 1951.

[37] Erickson R D. Handbook of Soy Oil Processing and Utilization [M]. Urbana: ASA and AOCS, 1980.

[38] Fatemi S H, Hammond EG. Analysis of oleate, linoleate and linolenate hydroperoxides in oxidized ester mixtures [J]. Lipids, 1980, 15 (5): 379-385.

[39] Van Gemert L J. Odour Thresholds: Compilations of Odour Threshold Values in Air, Water and Other Media. 2nd edtion [M]. Utrecht: Oliemans Punter and Partners BV, 2011.

[40] Green D W, Southard MZ. Perry's Chemical Engineers' Handbook [M]. 9th ed. New York: McGraw-Hill Education, 2019.

[41] Gunstone F D. An Introduction to the Chemistry of Fats and Fatty Acids [M]. London: Chapman & Hall, 1958.

[42] Gunstone F D. Fatty acid and lipid chemistry [M]. London: Blackie academic & professional, 1996.

[43] Gunstone F D. Structured and Modified Lipids [M]. Boca Raton: CRC Press, 2001.

[44] Gunstone F D. Scientia Gras: A Select History of Fat Science and Technology [M]. Urbana: AOCS Press, 2000.

[45] Gunstone F D. The Chemistry of Oils and Fats [M]. Boca Raton: CRC Press, 2004.

[46] Gunstone F D, Harwood J L, Dijkstra A J. The Lipid Handbook [M]. 3rd ed. Boca Raton: CRC Press, 2007.

[47] Gunstone F D, Norris F A. Lipids in Foods: Chemistry, Biochemistry and Technology [M]. New York: Pergamon Press, 1983.

[48] Gurr M I, Harwood JL, Frayn KN, et al. Lipids: Biochemistry, Biotechnology and Health [M]. 6th ed. New Jersey: John Wiley & Sons, 2016.

[49] Guzman R D, Tang H, Salley S, et al. Synergistic effects of antioxidants on the oxidative stability of soybean oil-and poultry fat-based biodiesel [J]. Journal of the American Oil Chemists' Society, 2009, 86 (5): 459-467.

[50] Hamilton R J, Bhati A. Recent Advances in Chemistry and Technology of Fats and Oils [M]. Berlin: Springer, 1983.

[51] Hanahan D J, Lipid Chemistry [M]. John Wiley & Sons Inc. , 1960.

[52] Haynes W M. CRC Handbook of Chemistry and Physics [M]. 97th ed. Boca Raton: CRC Press, 2017.

[53] Hilditch T P, Williams PN. The Chemical Constitution of Natural Fats [M]. 4th ed. London: Chapman & Hall, 1964.

[54] Jaeger K E, Ransac S, Dijkstra BW, et al. Bacterial lipases [J]. FEMS Microbiology Reviews, 1994, 15: 29-63.

[55] Johnson R W, Fritz E. Fatty Acids in Industry [M]. New York: Marcel Dekker Inc. , 2002.

[56] Karleskind A, Wolff JP. Oils and Fats Manual. A Comprehensive Treatise, Properties-Production-Applications [M]. Paris: Lavoisier Publishing, 1996.

[57] Kates M. Glycolipids, Phosphoglycolipids, and Sulfoglycolipids [M]. Berlin: Springer, 1990.

[58] Hraš AR, Hadolin M, Knez Z, et al. Comparison of antioxidative and synergistic effects of rosemary extract with α-tocopherol, ascorbyl palmitate and citric acid in sunflower oil [J]. Food Chemistry, 2000, 71 (2): 229-233.

[59] Krist S. Vegetable Fats and Oils [M]. Berlin: Springer, 2020.

[60] Kuksis A. Handbook of lipid research-Fatty acids and glycerides [M]. New York: Plenum Press, 1978.

[61] Li J, Bi Y, Liu W, et al. Effect of acid value on TBHQ and BHT losses in heating oils: Identification of the esterification products of TBHQ and free fatty acids [J]. Journal of the American Oil Chemists' Society, 2014, 91 (10): 1763-1771.

[62] Li J, Bi Y, Yang H, et al. Antioxidative properties and interconversion of tert-butylhydroquinone and tert-butylquinone in soybean oils [J]. Journal of Agricultural Food Chemistry, 2017, 65: 10598-10603.

[63] Leray C. Lipids: Nutrition and Health [M]. Boca Raton: CRC Press, 2015.

[64] Lin Y, Knol D, Trautwein EA. Phytosterol oxidation products (POP) in foods with added phytosterols and estimation of their daily intake: A literature review [J]. European Journal of Lipid Science and Technology, 2016, 118: 1423-1438.

[65] Litchfield C. Analysis of Triglycerides [M]. Cambridge: Academic Press, 2012.

[66] Liu W, Chen J, Liu R, et al. Revisiting the enzymatic epoxidation of vegetable oils by perfatty acid: Perbutyric acid effect on the oil with low acid value [J]. Journal of the American Oil

Chemists' Society, 2016, 93: 1479-1486.

[67] Liu W, Lu G, Yang G, et al. Improving oxidative stability of biodiesel by cis-trans isomerization of carbon-carbon double bonds in unsaturated fatty acid methyl esters [J]. Fuel, 2019, 242: 133-139.

[68] Malcata F X, Reyes HR, Garcia HS, et al. Kinetics and mechanisms catalyzed by immobilized lipases [J]. Enzyme and Microbial Technology, 1991, 14: 426-446.

[69] Marangoni A G, Narine SS. Physical Properties of Lipids [M]. New York: Marcel Dekker Inc., 2002.

[70] Markley K S. Fatty Acids: Their Chemistry and Physical Properties [M]. Geneva: Interscience Publishers, 1947.

[71] O'Brien R D. Fats and Oils: Formulating and Processing for Applications [M]. 3rd ed. Boca Raton: CRC Press, 2008.

[72] Reyes H R, Hill Jr. CG. Kinetic modeling of interesterifification reactions catalyzed by immobilized lipase [J]. Biotechnology and Bioengineering, 1994, 43: 171-182.

[73] Sreenivasan V. Interesterification of fats [J]. Journal of the American Oil Chemists' Society, 1978, 55: 796-805.

[74] Subramaniam P, Kilcast D. The Stability and Shelf-life of Food [M]. Sawston: Woodhead Publishing, 2000.

[75] Wältermann M, Luftmann H, Baumeister D, et al. Rhodococcus opacus strain PD630 as a new source of high-value single-cell oil? Isolation and characterization of triacylglycerols and other storage lipids [J]. Micorbiology, 2000, 146 (5): 1143-1149.

[76] Widlak N, Hartel R, Narine S. Crystallization and Solidification Properties of Lipids [M]. Urbana: AOCS Press, 2001.

[77] Xu L, Mei X, Chang J, et al. Comparative characterization of key odorants of French fries and oils at the break-in, optimum, and degrading frying stages [J]. Food Chemistry, 2021, 368: 130-581.

[78] Yang T, Fruekilde MB, Xu X. Applications of immobilized thermomyces lanuginosa lipase in interesterification [J]. Journal of the American Oil Chemists' Society, 2003, 80: 881-887.

[79] Yang T, Xu X, He C, et al. Lipase-catalyzed modification of lard to produce human milk fat substitutes [J]. Food Chemistry, 2003, 80: 473-481.

[80] Zhang L, Yang G, Chen J, et al. Effect of lard quality on chemical interesterification catalyzed by KOH/glycerol [J]. Journal of the American Oil Chemists' Society, 2015, 92: 513-521.